文
景

Horizon

社 科 新 知　文 艺 新 潮

社 科 新 知　文 艺 新 潮

演化的故事

40亿年生命之旅

[美] 卡尔·齐默 著
唐嘉慧 译

上海人民出版社

目录

序

无尽的领域

在生命的历史中，五年只是一瞬间。但是对于我们人类来说，五年却占很大一部分。《演化的故事》在 2001 年首次出版，那时的生命与今天已非常不同。我们今天的谈话充满了专名和通名——博客、“基地”组织——这些词在五年前还未出现。五年中科学也取得了巨大的进步。我们对自然世界有了更多认识，从干细胞到其他恒星系里的行星。我们也掌握了更多关于生命如何演化的知识，这要感谢 2001 年以来数以万计新发表的科学论文。

这些关于演化论最激动人心的最新研究成果，正是建立在我写在本书中的那些成就的基础之上：从早期的生命演化到物种大量灭绝，从雄性和雌性的共同演化到寄主和寄生物之间的军备竞赛。但是对我来说，这部作品中最令人印象深刻的是书的最后一部分：人类的演化。它之所以激动人心是因为它与我们休戚相关。

在 2001 年，人们已经清楚地知道，与人类最接近的生物是黑猩猩和倭黑猩猩（bonobo）。这种认识，是基于 20 世纪 90 年代对人类和其他动物 DNA 片断的研究而出现的。科学家比对这些片断，得出了一个演化树，并确定了哪个分支最接近我们自己。这些研究也使科学家可以估算出我们的祖先从什么时候脱离其他猿类。在数百万年中，突变以一种大致有序的步伐积累在物种的 DNA 上。因此，科学家通过比较从一个共同祖先演化而出现的不同物种，来阅读“分子钟”。在人类和黑猩猩的案例中，科学家估计他们共同的祖先生活在 500 万年到 700 万年前。

但是如果这个分子钟是正确的，那就意味着史前人类学家有很多事情要做。在 2001 年，已知最古老的原始人类——这个物种在演化树上属于我们自己短短细细的那枝——是一种被称作拉密达地猿（Ardipithecus ramidus）的物种。在埃塞俄比亚发现的它的化石，已有440万年之久。如果分子钟是对的，那这个化石事实上可能也不算多古老，原始人类可能在那之前的250万年前就出现了。

当《演化的故事》首次出版时，那250万年是一个巨大的空白。但是就在这五年中，这个空白已经由三种不同的原始人类物种填补了。在2004年，发现拉密达地猿的那个研究小组在埃塞俄比亚同一地点发现了一种更古老的物种。他们把它命名为卡达巴地猿（Ardipithecus kadabba），这个物种生活在570万年前。同时，在肯尼亚，另一个古人类学家研究小组发现了670万年前的化石，他们称之为图根原人（Orrorin tugenensis）。而在荒无人烟的撒哈拉大沙漠，第三个研究小组发掘出了保存极好的第三个物种的头骨，据估计这个物种大约生活在距今600万到700万年前。他们将这一物种命名为乍得沙赫人（Sahelanthropus tchadensis）。

这些发现提供了一个关于演化生物学家如何创造和检验假说的案例。按照五年前得到的DNA证据，人们预计古人类学家应该发现时间在大约500万到700万年之间的人类化石。人们甚至可能会预言那些化石会在非洲出土。因为，所有超过200万年的原始人类化石都来自非洲，就像离原始人类、黑猩猩、倭黑猩猩的化石最近的物种都是来自那里的一样。这两个预言都被证明是正确的。

然而，科学发现并不仅仅是要证实旧的假说，它们也引发关于自身的新争论。一些科学家认为这些新的原始人类化石是早期物种巨大的多样性的第一条线索。这些科学家认为，生命树上的原始人类分支原本有一个浓密的基础，但其中很大一部分都由于物种灭绝而被砍掉了。另一些研究者认为并非如此。他们认为原始人类的演化并不那么繁茂，而且他们将地猿（Ardipithecus）、原人（Orrorin）、沙赫人（Sahelanthropus）归于同一个属。对于他们来说，原始人类的这一分支应该看起来接近于一条直线。

另一个对于新化石的疑问是，第一个原始人类看起来是什么样子？早期的原始人类直立起来可能跟黑猩猩一样高，而且大脑尺寸也跟黑猩猩相同（是我们现在大脑的三分之一）。但是他们在一个重要方面可能已经和黑猩猩以及其他现存的猿有所不同了：他们可以直立行走。原始人类的大腿骨被认为已经可以稳固地支撑自己上半身的重量了。对沙赫人的认识仅仅来自头骨，但这也给我们提供了他们是两足动物的线索。这一线索来自头骨底部通常是脊髓通过的孔，也就是枕骨大孔（foramen magnum）。枕骨大孔的位置反映出现存的各种猿类的行走方式。黑猩猩采用后背前倾的方式用关节支撑行走，所以它们的枕骨大孔位于头骨的背部。人类用后背直接支撑自己的头部来直立行走，因此人类枕骨大孔的位置在头骨的底部。沙赫人的枕骨大孔的位置和人类的很接近，可以支持他们直立起来。换句话说，在原人动物化石显示的时代，他们可能已经直立行走了。因此，行走方式的演化可能是把原始人类与其他猿类区分开来的首要变革因素。

当古人类学家在非洲搜寻有关人类演化的化石线索时，其他科学家开始研究我们的DNA。他们的研究由于2001年人类基因组的公布而分外引人注目。相比从前只能关注少数的DNA片断之外，科学家现在已能够分析全部的30亿个编码。他们也能够将人类的基因组和上百个其他物种的基因组进行比较，包括老鼠、鸡、斑马鱼，以及黑猩猩。既然这些物种都是生命树上的一枝，那么科学家就能够通过比较不同的基因组来发现我们基因的历史。

这一新的研究使我们更加明确黑猩猩是与我们最接近的物种。在相当长的片断中，这两个基因组几乎是完全一致的。大部分情况下，这些片断承载着制造蛋白质编码的基因。更值得一提的是，人类和黑猩猩还共有一些相同的破损基因。

关于破损基因最显著的例子之一来自我们的鼻子。所有的哺乳动物都有数以百计的基因来制造鼻子神经末端的气味接收器。这些基因因意外复制而演化。当单个基因成为两个时，起先这两个基因是为同一个气味接收器编码的。但是其中一个发生了突变，改变了接收器获得气味的能力。如果接收器因突变而能力变差，自然选择便倾向于删掉这个基因。但是在某些情况下，突变使接收器获得了捕捉新气味分子的能力，扩展了哺乳动物的嗅觉。经过上百万年的时间，这一过程使负责为气味接收器编码的基因变成了一个庞大的家族。

老鼠、狗和其他哺乳动物都非常依赖它们的嗅觉，几乎所有与之相关的基因都正常工作。但是黑猩猩和人类的大部分气味接收器基因都有缺陷。它们完全无法形成接收器。科学家基本上同意这些突变基因积聚在我们的基因组中是因为古代猿在演化过程中越来越少用到它们的鼻子，而更多地依赖它们的眼睛，因此，黑猩猩和人类共享一个由共同祖先留下来的奇怪遗产：破损基因。

从化石到基因，过去的这五年，我们置身于雪花般纷多的新证据中，证明我们和猿有共同的祖先——证明我们是演化的产物，和地球上所有其他的有机物一样。但是这一消息显然没有传到犹他州参议员克里斯·巴塔斯（D. Chris Buttars）那里。在2005年，巴塔斯在《今日美国》上发表了他的意见："演化论，声称人类是由其他物种演化而来的，这一理论的漏洞比用钩针编织的浴缸还多。"

不顾科学家在过去五年所描述的所有新化石——更别说早些时候发现的数千件原始人类化石——巴塔斯竟断然声称"并没有任何科学的化石证据把猿跟人联系在一起"。他甚至都没有提到藏在DNA中的人类演化的证据。显然他的反驳根本不值得回应。

2005年，当巴塔斯发起了一场要求改变犹他州生物教学课程的运动后，他引起了全国的关注。他希望老师不要把演化论作为今天物种多样性的唯一可行的科学解释。他希望学生同样也能够学到他所谓的"神的设计"。

巴塔斯还并不是很清楚"神的设计"的意思。根据《盐湖论坛报》的报道，巴塔斯"相信上帝是造物主，但是他的创造物在自己的物种内部发生了演化"。

巴塔斯在报纸上说："我们有不同的狗和猫，但是你从没见过'狗猫'。"

就算不管狗猫到底是什么，我们也不难得知巴塔斯的脑子里在想些什么。在《演化的故事》中，我描述了在20世纪80年代神创论是如何在法院遭到惨重失败的。法官认识到"创世科学"（creation science）事实上是一种宗教，因而它没能在课堂中占领一席之地。一些创世论者打算把很多他们的旧理论重新包装，不再明确提到宗教，而是赋予它们一个新的名字：智慧设计论（Intelligent design）。1989年，智慧设计论的鼓吹者们出版了《关于熊猫和人》（*Of Pandas and People*），他们打算将这本书作为九年级学生的教材。像西雅图发现研究院（Discovery Institute of Seattle）这样的机构，开始宣称智慧设计论是一种切实可行的演化论的替代理论。

1999年，堪萨斯州管理委员会的保守派成员严肃认真地对待了这一想法，并决定起草修改州教育标准。这种修改可能引起对于演化论的怀疑和不确定。在某些情况下，他们其实就是把演化论从标准中整个剥除了——连同对地球年龄以及宇宙大爆炸理论的讨论一起。他们的提案引起了全球的关注，并有可能导致了创世论者联盟成员在2000年的几次落败。

然而，故事并没有在这里结束。在下一轮的选举中，管理委员会曾经往回摆动，但接着又再次被推向前。2005年10月，堪萨斯州教育委员会最终通过了他们新的教育标准。这一修改其实已经延伸到了演化论之外，而变成重新定义科学本身。原先，堪萨斯州的标准是"科学是人类为在周围世界中观察到的事物寻求自然之解释的一种行为"——这一定义被几乎所有的主流科学家组织所认可。但是新标准不再将科学限制在自然界。教育委员会将科学重新定义为"一种运用观察、检验假说、测量、实验、逻辑论证和理论建设的手段，为获得对自然现象更充分的解释，而进行不断地调查的系统化方法"。关于世界的超自然解释在科学中获得了一席之地——至少是在堪萨斯州。

在过去的五年中，其他州也尝试过停止或至少减少在公立学校中关于演化论的教学内容。而2004年10月，宾夕法尼亚州多佛尔市的一个乡村学校则更进一步，开始推行智慧设计论。当地的教育委员会给他们的新科学课程加上了这样的说明："学生将意识到在达尔文理论和其他演化理论之间的分歧 / 问题，这些其他理论包括智慧设计论，但并不仅限于此。"

教育委员会还要求老师在多佛尔市所有的生物课堂上大声宣读一种声明，即：演化论只是一种理论，而不是事实。这混淆了事实和理论两者的本质。"智慧设计论是一种不同于达尔文观点的关于生命起源的解释。"声明中继续说道，"如果学生试图了解智慧设计论到底包括什么，《关于熊猫和人》一书为他们提供了了解这种观点的途径。所有的理论都一样，学生应该被鼓励持有一个开放的心态。"

多佛尔的科学教师对这样的决定感到惊讶，他们拒绝宣读声明。管理者不得不进行干涉。当学生问起在智慧设计论背后是怎样的一个设计者时，管理者告诉他们这得回去问他们的父母。

两个月后，多佛尔地区学校的11名家长提起诉讼，认为这样的声明违反了美国宪法第一修正案，因为它象征了不被允许的宗教之建立。而教育委员会反驳说，他们并没有这种意思。学校首席顾问理查德·汤普森（Richard Thompson）说："多佛尔市教育委员会所做的一切，都是为了让学生能够看到科学界正在进行的如火如荼的论战。"

然而，在接下来的几周中发生了一些麻烦事。汤普森是密歇根州托马斯·莫尔法律中心的主席，这个中心形容自己是"献身于保卫和促进天主教的宗教自由、经过时间检验的家庭价值，以及人类生活的神圣性"。早在2000年，托马斯·莫尔法律中心的律师们就已经拜访过全国各地的教育委员会，试图找到哪个委员会愿意在科学课堂上讲授《关于熊猫和人》。根据《纽约时报》在2005年11月份的报道，律师们保证说如果委员会被起诉，他们将免费帮其打官司。在西弗吉尼亚州、明尼苏达州和密歇根州，律师们都遭到拒绝。但是在多佛尔，他们的运气就好得多了。呈堂证供证明了多佛尔教育委员会成员如何开始讨论他们应当怎样把智慧设计论加入到科学课堂中，"从而把祈祷和信仰重新带回学校"。

由于东南路易斯安那大学（Southeastern Louisiana University）的科学哲学家芭芭拉·福里斯特（Barbara Forrest）的证词，审判最终解决了关于智慧设计论起源的问题。福里斯特比较了《关于熊猫和人》的初稿和定稿。她为大家展示了作者如何在初稿中一百五十多次运用到诸如创世论或创世科学等字眼，而之后又把它们都转变为智慧设计论。

最终，这次审判对创世论者造成了摧毁性打击。就在审判刚刚结束之后——法官约翰·E. 琼斯三世（John E. Jones Ⅲ）宣布他的决定之前——多佛尔市的人们投票剔除了委员会中喜欢智慧设计论的成员。他们被那些承诺要将创世论排除在学校教育之外的候选人所取代。七周后，也就是2005年12月20日，琼斯法官的判词宣布了整个智慧设计论运动的惨败。

他写道："我们的结论是，智慧设计论的宗教本质很容易被客观的旁观者、成人或是小孩所意识到。"他裁定，从各个方面来说，智慧设计论作为一种科学不甚妥当。

那位首席顾问曾宣称，学生应该被告知"科学界正在进行的如火如荼的论战"，但事实上这样的科学论战并不存在。在真正的科学论战中，双方都要在同行审阅的期刊上发表一系列的文章，提供通过实验和观察得出的新证据。在真正的科学论战中，科学家会参加高端会议来向那些能与其一争高下的同行展示他们的成果。从关于建筑构思的讨论到癌症病因的争论，从不缺乏符合这种标准的科学论战。

然而，智慧设计论，距此何止十万八千里。你得花很长时间，费很多工夫，才能在科学期刊上找到一篇相关文献，论述自然界如何有可能以智慧设计论的形式运作的最新重要发现。2004 年，西雅图发现研究院兴奋地宣布他们的成员之一，史蒂芬·迈耶（Stephen Meyer），在同行审阅的刊物上发表了第一篇关于智慧设计论的论文。在《华盛顿生物学学会公报》（*Proceedings of the Biological Society of Washington*）上发表的一篇评论文章中，迈耶认为寒武纪大爆炸（即大多数动物首次出现的时代）不可能是演化的结果。但是这一荣誉昙花一现。华盛顿生物学学会理事会作出这样的声明：处理迈耶论文的前任编辑违反了期刊要求的同行审阅规则。他们认为“智慧设计论作为一个可检验的假说来解释有机物多样性的起源，并没有可信的科学证据。因此，迈耶的论文并不符合《公报》的科学标准”。

就如我前面所解释的那样，在演化论中，人类起源问题是一个最激动人心的研究区域。为了理解科学家们为什么觉得智慧设计论如此无用，我们只需比较一下智慧设计论对人类起源问题所必须进行的解释。《关于熊猫和人》解释说，“设计信徒”认为原始人类“比猿多一点”，接着生硬地转向描述“人类与猿在文化和行为模式上的区分”。他们并没有解释一个创造出至少 20 个与人类谱系相近而后来都灭绝了的猿类的智慧设计者的智能是什么；他们也没有解释为什么越古老的原始人类家族越像猿类，脑容量更小、胳膊也更长；他们并没有解释为什么年轻点的家族逐渐获得了更多的与人类的共同点，比如更高的身高，更大的脑容量，能制造更复杂的工具；他们并没有为我们理解黑猩猩和人类之间大量的基因相似性增加任何证据，或者解释那些差别是怎么来的；他们也没有提供任何关于人类是什么时候、在哪里，以及如何首次出现的假说。

公平地说，前面几段的相关内容均出自《关于熊猫和人》一书在 1993 年的最新版本。但从那之后出现的所有研究成果之中，智慧设计论的信徒们找到了更多具体的东西来解释人类起源的问题了吗？几乎没有。在 2004 年的一篇论文中，威廉·邓布斯基（William Dembski），一位南方浸礼会神学院（Southern Baptist Theological Seminary）的数学家和神学家，保持了传统的朦胧。“可能有很好的理由认为人类是经再设计的猴子，”他这样写道，“但即便如此，设计理论中的观点并不要求新的设计必须来自于对现存设计的改造。因此，可能也有很好的理由认为再设计的过程并没有创造出人类，相反，人类是被整个从零塑造出来的。设计理论家们至今也还没有就此达成一致意见。”

从新的草图设计而来还是从对猴子的再设计而来，这两者之间有很大的不同。有人好奇，我们还要等多久才能等到这个问题的答案。

在人类起源问题上，智慧设计论和演化生物学之间的差别泾渭分明。当智慧设计论提倡者们还徘徊于上述迷雾中时，演化生物学家在发现新的化石和找到关联人类与其他猿类的 DNA 证据之外，还做了很多研究。自 2001 年以来，他们在理解使人之为人的基因改变方面取得了惊人的进展。

借助新的统计学方法来侦测自然选择的印迹，使得这种进展成为可能。一个普通的突变改变了一个核苷酸——基因编码中的一个“字母”。这种突变能够导致两种结果：一些突变改变了细胞将基因编码翻译成蛋白质的方式，另一些突变则不改变这种翻译方式。科学家把这些突变分别称为非沉默替换和沉默替换。

非沉默替换产生了新的蛋白质。那些蛋白质因为极度变形从而可能会引起毁灭性的疾病，但它们也有可能变得有利于个体的生存。自然选择可能更喜欢有益的非沉默替换，这种突变会在后种的生物体间传播，直到每个个体都携带上这种突变。而沉默替换对于蛋白质的结构没有影响。自然选择既不能使它们灭绝也不会帮助它们传播。它们的命运是纯粹的几率问题。

一种侦测自然选择的印迹的方法是将某个人类基因中的沉默和非沉默替换加总。当一个基因经历激烈的自然选择时，就会产生一系列突变来改变其制造的蛋白质的形状。与沉默替换相比，非沉默替换造成基因改变的比例要大得多。

自 2001 年以来，在这种方法的帮助下，科学家得以发现数以千计的、在过去的 600 万年中历经了激烈自然选择的基因。科学家甚至可以测量出作用于这些基因的自然选择的强度。你可能会认为在强度列表最顶端的基因是关系到那些使得我们看起来最明显地区别于其他动物的事情，比如我们极大的脑容量或是直立行走。然而，事情并不是这样。性和疾病对我们的 DNA 的影响才是最强烈的。

就像我在《演化的故事》的第九章和第十章中解释的那样，这两个因素是整个自然世界中巨大的演化力量。所以我们人类也遵从这一规则并不奇怪。细菌、病毒以及其他病原体已经在我们的身体中适应了数百万年了。对于我们的祖先来说，演化出新的防御系统来对抗疾病意味着生与死的差别。我们的祖先一旦演化出新的防御系统，他们的寄生虫就会演化出新的方法来躲避。与疾病相关的基因处于这样一场永恒的军事竞赛中，在原始人类演化的这600万年间，它们也已经发生了巨大的改变。

激烈的自然选择在与制造卵子和精子有关的人类基因上也同样起作用。对动物的研究已经揭示了性别选择是如何变成军备竞赛的。例如雄性果蝇，在交配时会注射一种化学物质，使得雌性果蝇变得不那么容易接受其他雄性。同样，雌性果蝇则会演化出中和这种化学物质的方法，这又刺激雄性果蝇演化出更强力的化合物。两性之间这种无意识的战争可能就是导致某些在人类基因上的强烈自然选择表现的原因。

精子彼此间也存在竞争。一个基因要是能使精子迅速成长并忽略掉原本会让它们停止分裂的信号，那就会产生更多携带此种基因的精子。科学家认为，某些快速演化的基因在癌细胞中也很活跃，这并不是一种巧合。对快速分裂的精子细胞有利的事情，对快速分裂的肿瘤细胞也有利。

自然选择对人类大脑的影响更微妙——但同样重要。600万年前，我们祖先的大脑是我们现在的三分之一大小。他们的心智可能和其他猿相似。他们通过咕哝和手势交流；他们不会用火或制造复杂的石制工具；他们无法深刻理解其他个体的想法或感受。2001年的时候，科学家们还无法识别活跃于人脑中的单个基因的自然选择印迹。而当我写下这些时，他们已经找到了数百个这样的印迹。

要想把这些新的研究片断集合起来，从而对人类大脑如何从其他猿类大脑分化出来形成一种清晰的理解，还需要一段很长的时间。科学家们对于基因如何构建出大脑还所知甚少。但是线索已经浮现。其中最诱人的线索来自一个叫ASPM的基因。它首次受到科学家们的关注，是因为这个基因在突变时所带来的灾难性影响。拥有这种突变形式基因的孩子通常长着很小的——或者叫畸形小头的（microcephalic）——大脑。大脑的外层，即大脑皮层，几乎从畸形小头人的大脑中全部消失。很明显，ASPM 基因在大脑生长环节中扮演着关键角色。而在我们的祖先从其他猿类中分离出来的过程中，这个基因曾经应该受到过激烈的自然选择。ASPM 也很有可能是我们的大脑为什么变得这么大的部分答案。ASPM 的演化可能对于我们执行大部分抽象思维的大脑皮层的扩张至关重要。

然而，大小并不是全部。自然选择也塑造了某些控制特殊思维的人类基因，如语言。就像我 2001 年写的那样，我们学习语言的能力表现为某种与生俱来的本能。也就是说基因塑造语言。而在那时科学家们还并不知道任何与语言相关的基因。现在他们知道了一个。这个基因是在伦敦一个遭遇遗传性语言及语法困难的家庭中发现的。2002 年，英国科学家宣布这个家庭中有语言障碍的成员都携带一种变异基因，他们称之为 FOXP2。后来的大脑扫描揭示，携带 FOXP2 变异基因的人，他们的大脑中称作布洛卡氏区（Broca's area）的这个与语言相关的区域都不活跃。

接着科学家们对比了人类的 FOXP2 基因和其他哺乳动物携带的类似基因。显然，FOXP2 在其他物种中不能制造语言能力。但是在 2005 年的一个小鼠实验中，科学家们展示了 FOXP2 对动物间交流的影响。携带了仅一个 FOXP2 基因复本的幼鼠便会对它们的母亲叫唤得更多，而那些不携带任何复本的幼鼠则完全不叫唤。

沉默和非沉默替换的对比显示出 FOXP2 经历了激烈的自然选择。科学家们甚至可以估计出这样的自然选择发生的时间不到 20 万年前。那恰巧是我们这个物种首次出现的时候。这些结果暗示成熟的语言是一种迟来的能力，它的演化发生在原始人类谱系中相对近代的时候。

但是自然选择并没有在那里停下脚步。几项新的研究已经识别出了一些在过去 5 万年中才演化出来的基因。其中芝加哥大学的科学家们在 2006 年 3 月发表的研究特别让人兴奋。他们在寻找发生在最近几千年中的自然选择的痕迹。科学家们将他们的研究立足于基因在代际间分裂的方式。每个人都携带两对染色体，当卵子和精子形成时，每个染色体会与另一个交换一大段基因段。遗传给孩子的基因段中可能携带着提供了主要生殖优势的基因。经过代代相传，这个基因会在群体中迅速传播——而与其处在同一段基因段上的周围基因也会随之一起传播。

科学家们努力寻找那些始终出现在同一段基因段上的周围基因的各种变体。他们发现人类基因组中有700个区域含有这种迅速传播基因。这些基因会影响从肤色到消化能力等各种特征。味觉和嗅觉基因也同样演化得很快。很多这样的基因，据估算在过去的6000到10000年间才演化出来，它们是随着人类开始食用驯化的动植物出现的。一些仍在演化中的基因在大脑中很活跃。文明与丰富的人类文化的发展是否推动了这些基因的演化？回顾过去五年中事物的发展速度，科学家可能已经有了答案。

过去的五年中演化生物学已经有了长足的进展，但是仍然能够看到一些重要思想家的疏漏。2004年，英国生物学家约翰·梅纳德·史密斯（John Maynard Smith）去世，享年84岁。梅纳德·史密斯意识到他能够通过借鉴数学和经济学概念来理解演化论。其中一个重要而富有成效的引用是博弈论，即关于不同的策略如何导致玩家成败的研究。梅纳德·史密斯将有机体视为玩家，将他们的行为视为策略，这样就有可能分析出不同策略在自然选择的作用下如何造成繁荣或灭绝。

科学家已经发现，在很多案例中几种不同的行为可以共存。例如，一只雄性海象可能会通过挑战另一只大个的雄性海象来获得成功的繁殖，也可以通过躲藏在大个雄性的势力范围内悄悄地与一些雌性交配来获得。科学家已经发现了很多这种所谓的演化上的平衡策略。演化上的平衡策略也可以告诉我们很多关于人类行为的东西。基因在个性、智力和行为方面都起着作用，而这些作用显然千差万别。很可能，在数百万年的时间里，这些基因彼此之间已经达到了一种演化上的平衡状态。而关于像合作这类独特的行为是如何在我们的种群中演化出来的，这些游戏也可以为我们建立一个模型。

在这本书中，我描述了一个叫恩斯特·迈尔（Ernst Mayr）的年轻鸟类学家在20世纪20年代考察太平洋岛屿的情形，以及在此过程中他如何为当代对物种的理解以及物种是如何诞生的问题打下了基础。迈尔死于2005年，享年100岁。在他生命最后的几十年中，迈尔眼看着他的思想激发了好几代生物学家，而他乐于注视着他们在其思想的推动下超越他并继续前进。“对于所有积极的演化论者来说，新的研究都有一个最鼓舞人心的消息，”他在临终前的一篇文章中这样写道，“那就是演化生物学是一个无尽的区域，仍然有很多东西等待被发现。我唯一感到遗憾的是，我无法亲身经历那些未来的进展了。”

不幸的是，斯蒂芬·杰·古尔德并不像梅纳德·史密斯或迈尔那样长寿。2002年，他在60岁的时候就去世了。在他去世前的一年，他为我这本书所写的介绍使本书大大增光添彩，当时我并不知道他会这么快就离开我们。我那时感到非常荣幸，而《演化的故事》因这一篇介绍而始终与他有所关联，使得我现在感到更加荣幸。古尔德是伟大的科学家和作家。他迫使生物学家用新的方法思考演化论，无论是观察化石记录还是胚胎。在过去的150年中，在将演化生物学的光辉成就传播给普罗大众方面，几乎没有哪个作家能够与他媲美。以此篇新序献给这三位伟大的科学家——以及那些未来的演化生物学家们。

卡尔·齐默

推荐序

冲一个达尔文式的“冷水澡”

有一则轶闻（也很可能确有其事）从达尔文学说出现早期就流传下来，很适合拿来当作了解“演化”在科学及人类生命中扮演的关键性角色之切入点：一位英国贵妇人——某伯爵或主教夫人（没错，英国国教准许神职人员结婚）——在搞懂了演化论的异端邪说之后，对丈夫惊叫道：“噢，天啊！但愿达尔文先生说的不是真的，就算是真的，也不可以让一般人知道！”

科学家常引用这个流传甚广的故事来嘲讽老旧的观念和礼教，尤其是上流社会将如此具革命性的自然界真理收藏于密，仿佛锁入伏魔殿般的可笑模样。轶闻中的女主角因此成为历史上贵族愚人的代表。不过在此为了替本篇序文提纲挈领，且让我们尊她为先知或预言家，因为达尔文先生所言果然真实不虚，而且至今仍然不是人人都知道，或是愿意承认（至少在美国是如此，这在西方世界是个特例）。我们必须探究造成这个怪现象的原因。

演化的真理

科学肩负两项任务：一是尽可能经由实证来推定自然界的特性；二是探究为何这个世界是以这种方式，而非其他可以想象却没有成形的方式运作——简而言之，即详述事实及确定理论。科学从业人士不断强调：我们不可能提出绝对的真理，因此我们所作的结论，永远只是暂时性的。这种怀疑论很健康，但切勿夸大成虚无主义，因为若干事实已获得足够的确认，理所当然可断言为“真理”。例如：或许我无法完全确定地球是圆的，不是扁的，但已有足够证据证明地球大致为球形，因此我在科学课堂上，不需再花同样的时间，甚至花任何时间，讨论“扁平地球学说”。演化论乃一切生物科学最基本的观念，就像“地圆说”，它也已获得相同程度的确认，因此亦可称为真理。

讨论演化真理时，我们必须和达尔文一样，明确划分演化的简单事实及演化的各项理论：前者指的是地球上一切生物在遗传上皆互有关联，因为所有物种都是来自共同祖先，任一谱系的发展史都是由此根源不断修改的结果；而后者则是科学家对造成演化变化的原因提出来的解释，例如达尔文的自然选择说。

最足以彰显演化事实的证据，可分为三大类。第一类为人类直接观察到的证据，由达尔文于 1859 年出版的明确理论引路，佐以长期改良农作物及家畜家禽后，数量庞大、详尽无比的各种细微之处变化的记录，印证演化理论对如此短暂时间（以地质学标准而言）的预测无误。这类例证包括蛾翅为了适应因工业煤烟而变黑的基质（substrate，如树皮等）而改变颜色，加拉帕戈斯群岛的达尔文芬雀因气候及食物来源变更而改变喙的形状，以及细菌菌株发展出对抗生素的抗性等。这类细微之处的变化证据不胜枚举，任何人——包括相信上帝创造世界的“神创论者”（creationists）——都不能否认。但我们仍需证明这类细微变化能够经过地质学时间的累积，形成不断扩张的多样性生物历史。

因此我们必须仰赖第二类直接证据，即在化石中发现重大改变的各过渡阶段记录。我们常听到一个几乎已可算是“城市传说”的说法，认为根本没有过渡态的存在，这都是假的，盲信演化论的古生物学者或刻意隐瞒此事，或谎称化石记录不够完美，无法保存这类必定存在过的居间生物。事实上，尽管化石记录的确很零星，像断简残篇（大凡史料不都有这个问题吗？），但经过古生物学者的努力，现今已发掘出许多连续的居间态（而非单一的“居中”样本），可以依照时间顺序追溯差异极大之后代的共同祖先——例如鲸是由陆栖哺乳类经过数个过渡阶段（包括“陆行鲸”[Ambulocetus]）演化而来；鸟的祖先为擅跑的小型恐龙；哺乳动物的祖先是爬虫类；以及人类在过去 400 万年来脑容积扩增了三倍，等等。

最后一类，即第三类证据，比较不直接，却无所不在，让我们可以借着观察存在于所有现代生物体内不完美或奇怪、没道理的构造，清楚推断出那是从远古不同形态的祖先，历经种种变化而留下来的演化遗迹。这个原则不局限于生物演化，也适用于各种历史事件。我们可以推断某条废弃铁路，曾经连接一系列呈线性排列、间隔规律的城市（这种排列法不会有别的理由）；也可以根据语源学，由许多字词在农业时代与工业时代的不同意义，而看出社会的变迁（例如英文“传播”［broadcast］本指用手撒种子；“金钱上的”［pecuniary］原意为“数牛”，源自拉丁文“母牛”［pecus］）。同样的，所有生物体内都具有某些残留构造或退化器官，它们之前在其祖先身上以不同形态存在时仍有作用，如今却完全无用，像隐藏在某些鲸鱼皮下的细小腿骨，或有些蛇体内毫无作用的骨盆骨块，都是它们有脚的祖先留下来的痕迹。

对演化的无知

达尔文的发现颠覆了人类以往的自满与自信，其震撼力非其他科学革命所能比拟。稍可相提并论的，是哥白尼及伽利略。这两人将人类从宇宙中心的地位，贬到一个环绕太阳的小小周边物体上。但天体的重新排列只粉碎了我们的不动产美梦，达尔文演化论革命的对象，却是人的意义及本质（限于科学可以讨论的范围）：我们到底是谁？我们来自何处？我们和其他的生物关系如何，又有什么样的关联？

演化论取代了过往令人心安的自然神学解释：一位慈爱的神依照自己的形象造人，并让人主宰整个地球与所有生物，而整个地球的历史，除了头五天之外，都很荣幸地有人类参与。演化论却指出生命之树巨大茂密，所有枝丫皆一脉相承，彼此相连，而人类只代表其中一小枝；而且“智人”（Homo sapiens）这一小枝，出现的时间就地质学而言仿佛昨日；我们繁盛的时段对浩瀚宇宙来说，不过一瞬。（智人只存在10万年左右，整个人类谱系和我们在血缘最近的亲戚——黑猩猩——分支的时间，距今也不过600万到800万年而已。相对的，地球上最古老的细菌化石却有36亿年的历史。）

如果我们能信奉某种和旧信仰——如人类之必要性及先天优越地位——不相抵触的演化理论，上述事实所造成的冲击或许还不至于这么大。很多人有一种误解，认为演化论暗示演化的方向可以预测，且循序渐进，所以即使人类起源得晚，仍可视为演化的必然结果及登峰造极之作。但根据我们对演化运作的了解——即关于演化机制最为人所接受的“理论”，而非上一节所提及的简单“事实”——却发现就连这种观念上的安慰都是假象。有真凭实据亦最受肯定的达尔文自然选择说，完全不支持这类相信人类在宇宙中有必要性及重要性的传统冀望。

因此，当我自问：为什么最受科学界肯定的演化论，在达尔文发表该理论近150年之后，在全球科技最先进的美国，仍有许多人不知道或不承认它？我只能推断那是因为美国人曲解了达尔文学说更广阔的含意，尤其误认为他的学说是悲观的，或企图颠覆人类心灵的渴望与需求，所以才造成许多美国民众至今仍无法接纳这项最详实的生物学概论。其实达尔文学说在道德上是中立的，在知性上则令人振奋。因此，我决定以达尔文学说的意义，或说演化论的含意（而不仅仅是演化的事实）作为主题，试图分析这一明显事实至今仍未获广泛认知的原因。

一般人不懂达尔文的自然选择说，绝对不是因为它观念复杂——再没有另一个伟大的理论，结构像它这般简单明了，以三项无法否认之事实，以三段论法推演出一个结论。（有一则真实的逸话，谓赫胥黎在读完《物种起源》［*Origin of Species*］后，对自然选择说只有一句评语：“我真是太蠢了，居然没有先想到。”）第一，生物所繁殖的后代，不可能全数存活；第二，即使是属于同一物种的生物，也必定各个不同；第三，这些差异至少有一部分会遗传给下一代。根据这三项事实，便可演绎出自然选择的原则：因为只有某些后代可能存活，而平均说来，存活者都是较能适应当地环境变化的幸运儿，又因为这些后代都遗传了父母适应环境的特征；所以，平均说来，它们的下一代将更能适应当地的生存条件。

令人无法下咽的，并不是这套简单的机制，而是这套阐述因果关系的理论，完全剥去了传统带来的安慰，比如对进步的许诺、自然界和谐的本性，或任何固有的意义和目的，这在哲学上的影响是深远而根本的（这一点达尔文自己也非常清楚）。达尔文的这套机制，只能产生对地区环境的适应，它随时间而改变，而且不具方向，这意味着生命的历史没有目标，也不一定遵循进步的轨迹。（根据达尔文的理论系统，身体构造低等如肠胃寄生虫，不过是寄主体内一小撮会摄食及繁殖的组织罢了，但在适应力上，它们却和擅用智谋、动作矫捷、自由徜徉在大草原上的肉食哺乳动物一样成功，前途同样光明。）而且，尽管生物体构造精美，生态系和谐有序，但这种生命层次只是生物个体无意识地为自身繁殖而奋斗的结果，并非具有“更崇高”目的之自然法则运作的直接结果。

达尔文的机制，乍看之下或许令人丧气，但深究后就会让我们欣然接受自然选择（及其他许多演化机制，小至断续平衡，大至自然灾难造成的集体灭绝）。这有两项基本理由，首先，科学具有实质上的解放力量；了解自然机制，我们在受到现实事物伤害时，才有能力治疗及康复。比方说，明白了细菌及其他致病生物是如何演化后，我们才能了解抗生素抗体，还有艾滋病毒不寻常的突变能力，是怎么发展出来的，进而找到方法与其对抗。当我们体认到，现今所谓的不同人种全是不久前从同一个非洲祖先分支出来的，当我们检视各种族间微不足道的遗传差异时，我们便会明白数世纪以来荼毒人类关系的种族歧视论，完全没有事实根据。

第二个理由是广义的，冲过达尔文式的“冷水澡”，面对现实后，我们才终于能够抛弃长久以来根深蒂固的虚幻期冀，即自然界可以为我们提供生命的意义，并确认人类先天固有的优越性，或证实演化存在之目的即推送人类登上生命的巅峰。基本上，不论宇宙真实状态为何，都不可能教我们“该怎么活”或“生命的意义是什么”——因为这类有关价值与意义的道德问题，隶属人生其他领域，诸如宗教、哲学与人文主义。一旦我们在别的领域内做出道德决定，自然界实存现象便可协助我们达到目标。比方说，当我们认同人皆享有不可剥夺之生存、自由及追求快乐的权利之后，存在于人类不同族群间细微的遗传差异，便可帮助我们了解全人类本是一体的。无论事实多么魅惑，多么纯美，或多么不可逃避（肉体之衰败及死亡便是最明显的例子），事实终究只是事实，道德的正确性或精神上的意义，都属于人类不同的追求区域。

若认定自然实体符合我们的希望与需求——世间唯有真善美，一切皆为生而优越的人类制造——便极易掉入把现实与正义划上等号的陷阱。只有当我们意识到演化的自然道路充满神奇，生命的多样性与变化繁如织锦，“智人”不过是其中最蓊郁的那棵大树上偶然出现的一小枝时，我们才终于能够抛开对道德真理及精神意义的追求，而以科学的角度探索自然界的各种事实与机制。当达尔文替“此宏伟之生命观”（引自《物种起源》最后一句话）下定义时，他便解放了我们，教我们从此不必再对自然提出过分的要求。这么一来，无论这个世界隐藏多么可畏的玄机，我们都能了无拘束、充满自信地深入探究。我们知道，我们对崇高意义的追求，绝不会受到威胁，因为只有人类的道德意识，才是它唯一的源头。

斯蒂芬・杰・古尔德[1]

[1] 斯蒂芬・杰・古尔德（Stephen Jay Gould，1941—2002），世界著名演化生物学家，古生物学家，哈佛大学教授，同时也是著名科普作家。

前言

危险却了不起的主意

此刻我坐在唐恩小筑（Down House）内，目睹达尔文教导他八岁大的女儿安妮（Anne）观察藤壶（barnacle）。他把粗制的小型显微镜移到她面前，让她看清楚镜片底下肉乎乎的丑陋东西，接着开始一连串科学描述（毕竟他正处在对演化论的发展大有帮助、长达十年潜心研究藤壶的时期），她却娇笑调皮地戏称它们是玩具“小茶壶”。达尔文已育有七个小孩，日后还会再生三个，但安妮永远都是他的最爱。

达尔文虽沉迷科学研究，但和孩子们仍十分亲近。旁观的我突然了解到，他是知其不可为而为地努力想把自己的两个世界——工作和家庭——拉拢在一起。他对周遭的世界很清楚，明白家门外局势的混乱。传统的英式生活正受到来自四面八方的威胁，工业革命改变了贵族与平民及劳资之间的关系，而他探讨动植物——包括人类——相互关系的演化论，不但势必威胁许多朋友的信仰，更会摇撼整个社会结构，就连他的家人也不能避免遭到波及；然而此事他非做不可。

导演阿勒斯泰·瑞德（Alastair Reid）突然大叫“卡！”，达尔文瞬时变成演员克里斯·拉金（Chris Larkin），安妮变成小演员艾乐诺·玛莎·奥格本（Eleanor Martha Ogbourne），我也从19世纪被猛然拉回现代。我们置身纠葛的灯光、电线和摄影机之间，躲在巴斯（Bath）城外一幢极典雅的老房子里，凝望雨点敲击窗棂。

今天是为期15天拍片计划的第三天，我们正在拍摄达尔文生平，准备纳入长达八小时的介绍演化的电视系列节目中。经过两年策划以及探索了多项令人赞叹的科学成果后，现阶段可谓最后冲刺。过去一年，摄影小组远征的地点，包括南美及埃及沙漠，墨西哥及夏威夷的山峰，乌干达与坦桑尼亚的森林，俄罗斯的肺结核患者监狱，以及土耳其地中海海滨及法国南部的山洞。有关当局为保护工作人员不受由哥伦比亚渗入的叛军骚扰，曾经护送摄影小组走出厄瓜多尔森林，令我们不得不在一个月之后返回该地完成剩余工作；某军事政府禁止我们进入缅甸境内的喜马拉雅山山麓拍摄，结果塞翁失马，我们竟在隔壁的泰国丛林内发现了类似的故事。

欲讲述演化的故事，几乎跟拍摄它一样困难。摄影机只能记录眼前事，演化却不可能在几分钟内发生，但我们仍尝试去做，结果在 8 个小时内便走完了地球自有生命出现后的 38 亿年——等于用一秒钟电视时间走过 13.2 万年的生命。

但是，像这样的节目早就该做了。演化并非 160 年前某个维多利亚时代绅士脑子里的怪主意，而是把有史以来生物学者及博物学者所搜集到的一切信息都结合在一起的集大成之观念。观察生物的行为，无论是蝾螈、蛇、无花果树、黄蜂、鸟类、老虎、兰花，还是藻类，都因为这个观念而有了道理。它结合了我们对基因最新的知识，以及对人类这个物种过去的演变的了解，交织出所有生物共同的历史；它解释了跨越将近 40 亿年的浩繁化石记录，包括在我们之前出现的各种动植物以及我们本身的传承。

说来奇怪，身为拍片者，我们肩负的任务竟和达尔文类似。从很多方面来看，他在 160 年前所面对的冲突，至今仍然存在。和他一样，我们也企图在所知所见，以及我们看待周遭世界的方式之间，寻找一个平衡点；我们也有幸接触浩如烟海的知识——对有些人而言，这些知识所隐含的意义却令他们惊惧不已。

然而，更重要的是，演化至今仍在影响我们的日常生活，而且影响极大。比方说，在医疗保健方面，它帮助我们对付对抗生素具抗性的细菌；在农业方面，它帮助我们对付对农药具抗性的害虫；它教我们认识正在剧烈改变的地球生命结构——我们正面临地球上 50% 的物种可能集体灭绝的大危机。了解演化，我们才能拥有应变的工具，以及预见劫后景象的能力。

哲学家丹尼特（Daniel Dennett）曾经这样评论演化论："如果让我颁一个'最佳创意奖'给某人，我会颁给达尔文，而非牛顿或爱因斯坦或任何其他人。自然选择这一演化观念简单明了，却将生命及其意义，空间与时间的目的、起因与结果，以及运作机制与物理定律等领域一举结合在一起。这个主意不仅了不起，而且还很危险。”

为什么危险？因为它威胁到相信圣经字面意义，认为神在六天内创造世界的这一许多人所尊奉的宗教信仰；也因为它遭到历史上太多人的曲解及滥用，如德国纳粹党和企图“改进”人种的优生学学者；更因为有人误认为相信演化论，便违逆了生命不仅止于活在当下，而具有更崇高意义的信念。

用电视这种媒体传达这个危险的观念，是一项令人废寝忘食、深具启示更具有挑战意义的工作。我们的责任是以科学观点来报道已知及未知的事物。这意味着检验过去150年来所累积的各种事实及假设，考察可以测试的观点，以及阐释可以重复的实验结果；以这些内容作为故事的架构，提供给任何一个与演化休戚相关的人——只要你的生活受它影响，或许你对它感到好奇，或许你为“我们是谁”和“我们从哪来”的含意感到困扰——也就是说，我们把它提供给每一个人。

《演化》这个节目所讲述的，其实是随时间推移而改变的故事——谁活下来，谁死了，谁抓住机会把遗传特征传给了下一代、再下一代、再下一代。我们在讲述一个由达尔文发现的简单机制，以及那个机制如何改变了人对自我的观点；它同时也在讲述为什么有这么多人不能接受演化论。换句话说，这是一个有关地球上所有生命，以及所有生命如何交织在一起的真实故事。

达尔文的一生体现了一个观念：通过科学的视角所观察到的世界，其令人惊叹之程度，意义之深远，绝对不逊于远古神话所阐释的世界。要感受藤壶之美与自然运作的奇妙，那就交给达尔文吧！

理查德·赫顿[1]

[1] 理查德·赫顿（Richard Hutton），电视节目《演化》执行制作人。

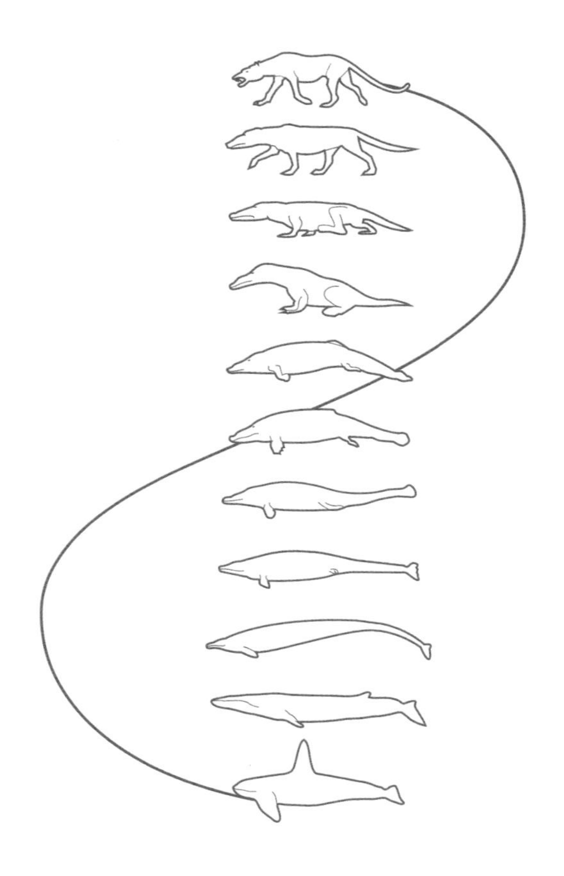

第 一 部 分

迟来的胜利：达尔文与达尔文学说的崛起

Slow Victory

Darwin and the Rise of Darwinism

1
达尔文与小猎犬号

1831年10月底，一艘长90英尺、名为小猎犬号（HMS Beagle）的双桅帆船停泊在英国普利茅斯港。船上的船员来来往往，有如蚁窝里的白蚁，忙着把船舱尽量塞满，因为这艘船即将出海五年，航绕世界一周。船员将一桶桶面粉和朗姆酒滚入船舱，又在甲板上堆满木箱，箱中装的是搁在木屑堆里的实验时钟，因为小猎犬号此行负有科学任务，船员将替英国海军测试这批时钟的准确度——海军航行大海全靠精确计时。此行另一项任务是制作精细的地图，因此艉楼上加装了许多桃花心木橱柜，柜里塞满航海图。船员还将船上的10门钢炮换成了铜炮，确保小猎犬号上的罗盘绝对不会受到任何干扰。

一位22岁的年轻人小心翼翼在乱阵中穿梭，动作有点笨拙。不仅因为他的六英尺之躯在窄小船身间移动困难，更因为他意识到自己是个局外人。他在船上没有正式职位，只是应邀上船陪伴船长度过漫长航程，并担任非正式的博物学者。通常博物学者都由随船医师兼任，可是这位笨拙的青年并不谙医术。他是医学院的辍学生，身无一技之长，打算在航行结束后下乡去当牧师。等他把自己的保存罐、显微镜及其他装备收进艉楼后，便无事可做了。他本想协助助理测量员校定定时器上的刻度，可惜他数学太差，连这点事也做不了。

达尔文（1809—1882），摄于1854年。

这位笨拙的年轻人名叫查尔斯·达尔文（Charles Darwin）。五年后，待小猎犬号返回英国时，他会蜕变成全英国前途最被看好的年轻科学家。他将在这次航途中萌生出生物学史上最重要的一个观念，永远改变人类对于自身在自然界地位的想法。达尔文将运用他在小猎犬号上搜集到的线索，证明自然界从创始成形至今，形貌多有改变；生命不断演化，改变的时间邈不可追，改变的动力则全凭遗传定律，不需任何神圣力量干预。人类绝非上帝造物的极致和目的，而是众多物种中的一种，只是演化的另一项产物罢了。

维多利亚时代的英国将因达尔文的理论陷入危机，但他却提供了另一种后来被证明同样宏伟的生命观。今天我们可以清楚看见演化让我们和地球的黎明、流星雨及恒星的死亡之风连接在一起；演化创造出我们吃的农作物，也帮助昆虫去摧毁这些农作物；演化解开医药之谜，例如无脑的细菌为何竟可战胜顶尖科学家的智能；演化警示我们向地球索取无度的后果；演化透露人类的智能如何从孤立的小群猿类开始。或许，至今我们仍因演化所揭示出的人类在宇宙中的地位而苦恼，但宇宙却因此更显浩瀚伟大。

“小猎犬号”名垂千古，完全是达尔文的功劳，但你若这么告诉当时在船上滚木桶的水手，一定会让他们笑掉大牙，他们对那位不懂装懂的年轻人可是一眼也懒得瞧。

“我最主要的工作，”达尔文从普利茅斯写信给家人，“便是努力在小猎犬号上假扮水手；不过，不管男女老少，我看我谁也骗不了。”

追寻甲虫与社会地位

达尔文在英格兰西部什罗普郡的塞文河畔长大，童年时他忙着搜集石头和小鸟，对自己优越的家庭背景浑然不觉。他母亲苏珊娜出身于以制造瓷器致富的韦奇伍德（Wedgwood）家族；父亲罗伯特·达尔文虽非出生于富贵之家，却靠自己行医及谨慎借贷给病人聚积财富，后来有能力为家人在俯临塞文河的山丘上建造了一幢巨宅，名为“蒙特宅邸”（the Mount）。

查尔斯和长他五岁的哥哥伊拉斯谟（Erasmus）特别亲近，真的可谓是灵犀相通。青少年时期兄弟俩在蒙特宅邸里造了一间实验室，玩化学实验和水晶。查尔斯16岁那年，伊拉斯谟赴爱丁堡读医学，父亲让查尔斯去伴读，之后也送他进了医学院。查尔斯乐意同行，不但可以和哥哥在一起，还可以探险。

到了爱丁堡，两兄弟却被城市里的肮脏乱象吓坏了。他们生长在简·奥斯汀笔下的乡绅世界，这是头一遭见识到贫民窟。当时政治情势混乱，苏格兰独立分子、詹姆斯二世党人及加尔文派为政教权势你争我夺，爱丁堡大学的学生也是乌合之众，凶蛮者甚至在课堂上吼叫开枪。查尔斯与伊拉斯谟独善其身，以偕伴去海滨聊天散步、看报纸和看舞台剧自娱。

查尔斯很快便发觉自己厌恶医学。老师演讲内容乏味，解剖尸体仿佛噩梦，实习手术（通常都不给病人麻药便进行肢体切除）更是骇人，于是他一头钻进博物史内。尽管他知道自己不可能当医生，却没胆子跟父亲摊牌。夏天回家度假时，他完全避开这个话题，整天猎鸟和学做鸟类标本。以后他的个性也没变，一辈子都不喜欢正面冲突。

暑假过后，父亲决定送伊拉斯谟去伦敦继续习医，于是查尔斯在 1826 年 10 月独自返回爱丁堡。他厌恶学校生活，只有博物史与他为伴。后来他在爱丁堡交了不少博物学者朋友，其中一位名叫罗伯特·格兰特（Robert Grant）的动物学家对他特别照顾。格兰特本来习医，后来放弃职业，变成英国最著名的动物学者之一，专门研究当时鲜为人知的海笔（sea pen）、海绵（sponge）及其他生物。格兰特是位良师，“他表面上冷淡拘谨，私底下却极为热忱。”达尔文日后写道。格兰特传授达尔文许多研究动物学的诀窍，像是如何在显微镜底下解剖置于海水中的海洋生物；反过来达尔文则是个聪明的学生——他是有史以来目睹海带雌雄性细胞共舞的第一人。

1828 年，达尔文在爱丁堡求学届满两年，返回蒙特宅邸，不能再和父亲避不见面了。他终于坦承，称自己不想当医生。父亲大发雷霆，对查尔斯说:“你整天不务正业，只知道打猎、玩狗和抓老鼠，将来你会丢尽自己和家人的脸！”

罗伯特并不是个坏爸爸；他的儿子将来肯定很富有，但他不希望儿子游手好闲。他认为，查尔斯若真不想当医生，那只有一条路可走：当牧师。其实达尔文家族并非虔诚教徒——罗伯特自己私下甚至怀疑上帝是否真的存在。然而在英国，担任圣职受人尊敬，收入又稳定。查尔斯虽然从来不热衷于去教堂，却还是同意了。第二年他便到剑桥去攻读神学。

但他并没有变成一位勤奋的学生，他宁可搜集甲虫，也不愿研究《圣经》。他到野地上和森林里去找虫子，为了采集到最稀罕的标本，甚至雇用一名工人去刮树上的青苔和清除驳船船底的芦苇。至于前途，他的梦想不是领圣职薪俸，而是离开英国。

他阅读洪堡深入巴西雨林及安第斯山脉的探险记，向往旅行，想发现自然运作的方式。洪堡对加那利群岛上蓊郁的低地丛林及险峻的火山山脉赞不绝口，于是达尔文开始计划远征，他找到一位愿意跟他一起去加那利的同伴——剑桥讲师拉姆齐。之后为了钻研地理学，跟随剑桥地理学者塞奇威克赴威尔士工作了数周，担任后者的助手。可是等他回来着手筹备加那利群岛之行时，却接到一封信，通知他拉姆齐死了。

达尔文大受打击，离开剑桥返回蒙特宅邸，前途茫茫。等他回到家中时，却收到剑桥另一位教授亨斯洛的信——亨斯洛想知道达尔文对周游世界是否有兴趣。

小猎犬号船长，菲茨罗伊（Robert FitzRoy，1805—1865）。

寂寞船长

发出邀请的人是小猎犬号的船长菲茨罗伊。菲茨罗伊负有两项任务：运用新一代的精确时钟绕航世界一周，同时绘制南美洲的海岸地图。当时阿根廷及邻近国家刚脱离西班牙控制，英国必须绘制航海图，建立新的贸易航线。

这是菲茨罗伊第二度以小猎犬号船长的身份出航，当时他才27岁。此人出身贵族世家，家族在英格兰及爱尔兰都拥有众多地产。他在皇家海军学院求学时，数学及科学两科成绩特别突出，后来赴地中海及布宜诺斯艾利斯服役，1823年23岁的时候，便成为小猎犬号的船长。

前一任船长企图勘测惊涛拍岸的火地群岛，在航行途中发疯，他的船员得了坏血病，再加上地图不准确，害得他在海上兜圈子。“男人的灵魂已死。”船长在航海日志中写下这么一句话，然后举枪自尽。

菲茨罗伊是个充满矛盾的人：集礼教、热情、贵族传统及现代科学于一身；具有狂热的使命感，性格却孤僻、极端。他第一次指挥小猎犬号执行任务时，在勘测火地群岛期间，一艘小船被印第安人偷走，作为报复菲茨罗伊便抓了几个人质，结果大部分人质都逃跑了，只剩下两男一女，似乎挺乐意待在船上。菲茨罗伊突发奇想决定带他们回英国接受教育，打算日后把他们送回去教化其他的印第安人。返航途中他又用一枚镶螺钿的纽扣买下了另一名印第安人。回到英国之后，其中一个印第安人患天花死亡，但菲茨罗伊仍依计划教育其他三人，并在第二次出航时连同一位传教士一起带回火地群岛，留在当地教化蛮族。

菲茨罗伊决定，第二次出航时他需要带上一位友伴。船长不适合与船员交往，被迫独处可能令人发疯——上一任船长自杀后阴魂不散，仍纠缠着这艘船；而且菲茨罗伊有另一项隐忧：他从政的叔伯在事业坍台后割喉自杀，或许菲茨罗伊本人也易患抑郁症。（他的预感很准。30 多年后，他因自己在海军官运蹇滞而极度沮丧，也割喉自杀了。）

菲茨罗伊要求组织此次远航的博福特（Francis Beaufort）替他找位朋友，两人同意这位旅伴将担任非正式的博物学者，记录小猎犬号所发现的动植物。菲茨罗伊希望对方也是位谈吐优雅、能和他聊得来的绅士，好帮他排遣寂寞。

博福特联络他在剑桥的朋友亨斯洛。虽然这个机会诱人，但亨斯洛觉得抛家弃子这么久不妥，于是让贤给最近才从剑桥毕业的杰宁斯（Leonard Jenyns）。杰宁斯收拾行装后却临时变卦，因为他刚受任接管某教区，突然辞职似不明智。亨斯洛这时才想到达尔文。环游世界的壮举，远超过达尔文一睹加那利群岛的梦想，没有家累与工作的他，跃跃欲试。

但父亲却不热衷。他担心船上肮脏艰苦的生活环境，又怕儿子会淹死；况且绅士不该涉足海军，未来的牧师深入蛮荒也不光彩；查尔斯这么一去，以后可能永远无法安定。查尔斯很不甘愿地写信给亨斯洛，表示他父亲不赞成。

其实父亲心意未决。查尔斯决定去韦奇伍德家族庄园打猎散心，父亲写了封短笺给姻兄约瑟夫·韦奇伍德，解释他反对的理由，却又补充道："如果您的看法不同，我愿让他听从您的意见。"

查尔斯把情况解释给舅舅听，约瑟夫先给外甥打气，再写信给罗伯特，辩称研究博物史非常适合牧师，而且"能行万里路增广阅历"，机会难得。约瑟夫一大早差人送信后，便带查尔斯去猎山鹑散心，可是到了10点钟，两人却决定一起回蒙特，亲自找罗伯特游说。抵达后却发现罗伯特已经读完信，心也软了。他出资让儿子出游，查尔斯的姐姐们则送了他好几件新衬衫。

达尔文去信给博福特，请他别理会之前寄给亨斯洛的那封信：他已决定随小猎犬号出航。当时他尚未与菲茨罗伊见面，但已着手安排启程。不久他便听说船长又改变心意了。原来反复无常的菲茨罗伊放话，宣称那个空缺已经给了他朋友，这话也传到达尔文耳里。

达尔文既困惑又苦恼，却仍依约赴伦敦与菲茨罗伊见面。路上，他凝视着马车车窗外，心里担忧这次计划又会像上一次一样如泡影般消失。

菲茨罗伊一见到达尔文，立刻出言恐吓：旅途将辛苦又昂贵，而且可能不会环绕整个地球。但达尔文不为所动，反而以牧师般友善的态度、充分的科学训练、文雅的剑桥口音及恰到好处的敬意征服了菲茨罗伊。晤谈结束后，两人同意偕伴出航。

“南美洲的甲虫要倒霉了！”达尔文宣称。

建造地球

达尔文于1831年10月抵达普利茅斯港时，皮箱里塞满了书及科学器材，脑袋里则装满了同时代人对于地球及地球生物的观念。剑桥的老师告诫他，研究世界，便可探知上帝的旨意。可是随着英国科学家发现愈多，《圣经》反而变得愈不可信了。

比方说，英国的地质学者不再接受世界只有几千年历史的说法。以前的人真的相信《圣经》的字面意义，认为上帝在创世一星期内便创造了人类。1658年的时候，北爱尔兰阿马区大主教厄谢尔甚至根据《圣经》及历史记录，断定上帝创造地球的时间为公元前4004年的10月22日。可是大家很快便明白，地球自创始以来变化很大。地质学者在断崖表面发现的贝壳化石及其他海洋生物痕迹，总不可能是上帝在创世时留在那里的吧！早期地质学者把那些化石解释成诺亚时代被大洪水淹死的动物遗体；当时海洋淹没整个地球，生物沉入水底，被埋在泥里，这些沉积物在海床上形成岩层，待水退之后，有些岩层崩塌，便形成化石密布的断崖及山脉。

到了18世纪末，大部分地质学者已放弃将地球历史压缩成几千年、只经历过一次洪水大变化的说法。有些人认为地球成形时地表汪洋一片，海水逐渐沉积出花岗岩及其他种类岩石。海洋撤退后，露出岩石，经过侵蚀，形成新的岩层。

另一派地质学者认为创造地表的力量来自地心。苏格兰的詹姆斯·赫顿（James Hutton）便想象地心是一片炽热的岩浆，不断把花岗岩往上推，在某些地方形成火山，某些地方则隆起大片地表。风雨侵蚀山脉及其他隆起部分，沉积冲入海中，又形成新岩层，日后因一连串全球性的创造及毁灭循环，再度被推出海平面。赫顿认为地球是一部结构精细、不停运转的机器，而且永远保持适宜人类居住的状态。

赫顿在苏格兰找到了支持自己理论的证据。他发现有些花岗岩脉往上深入沉积岩中，又发现有些裸露部分上段的沉积岩层为均匀横向排列，但紧接在下面的岩层却几乎呈垂直倾斜。他认为下段的岩层原本沉积在远古大海中，被来自地心的力量往上推出海面，造成倾斜，再逐渐遭雨水侵蚀。后来倾斜的岩层又被水淹没，新的横向沉积再覆盖其上。最后整个结构再度被推出水面，形成赫顿所见的露头岩脉。

“我们自然必须提出一个关于时间的问题，”赫顿在首度发表新理论时表示，“这么浩大的工程，至少需要多久的时间呢？”

他的答案是：很久！事实上，他认为这需要“无限久的时间”。

赫顿发现了地球变化的一项基本原则，即有史以来不断重塑地球的力量，正是至今仍在运作、但细微不可察觉又缓慢的那股力量。他因此成为现今许多地质学家眼中的英雄。可是当时大家都反对他。少数人批评他的理论违背《圣经》里的《创世记》，大部分地质学者则不同意他认为地球历史没有方向，只是不断重复自我创造与毁灭的轮回，无始无终。这批人在仔细检视过地质记录后，发现以前的世界和现在大不相同。

最有力的证据并非岩石，而是岩石内的化石。举例来说，法国有一位名叫居维叶（Georges Cuvier）的古生物学者，他比较了现生大象与在西伯利亚、欧洲、北美洲——这些地方现在大象已绝迹——发现的象化石，描绘化石象（即长毛象［mammoth］）下巴巨大、牙齿粘在一起变成波状厚板等特征，和现生象之间有根本的差异。他写道："差异之大，甚至比狗与胡狼（jackal）及土狼（hyena）的差别还大。"如此醒目的巨兽到处走动，怎么可能没人注意呢？他是有史以来第一位证实过去曾有物种灭绝的博物学者。

居维叶接着证明还有其他许多种哺乳动物也灭绝了。他的发现"似乎证明在我们的世界之前，存在另一个世界，它因为某种大灾难而毁灭了。到底那个原始地球是什么？那不受人类主宰的自然是什么？又是什么样的变革彻底毁灭了它，如今除了一些半腐烂的骨头外，不留下任何痕迹？"

居维叶进一步指出，发生在长毛象及其他绝种哺乳动物身上的灾难不止一次，而是一连串地出现。不同时代的化石之间差异极大，居维叶甚至可以用它们来辨认不同的岩层。到底造成大灾难的原因为何，居维叶不敢确定，他只猜测变革的动力可能是海水剧涨或气候突然变冷。劫后新动植物或移居自其他地方，或重新被创造。但居维叶可以断定一点：变革在地球历史中很常见。即使诺亚的大洪水真有其事，也只是发生在一连串大灾难后最近的一次；每次灾劫都毁灭大量物种，而且多数皆在人类出现之前发生。

为了探究生命历史的真实轨迹，塞奇威克等英国地质学者深入田野，欲层层绘制地球的完整地质记录。他们替岩层取的名字，诸如泥盆纪、寒武纪，至今仍被沿用。不过，英国地质学者虽早已不相信《圣经》的字面意义，却仍视科学为宗教使命，深信科学研究可以彰显神迹，甚至神的旨意。塞奇威克本人便把自然比喻为"上帝的大能、大智与良善的反映"。

精良设计

对于塞奇威克这样的英国研究者来说，上帝的德威不只反映在创造地球的方式上，也反映在创造生命的方式上：上帝分别创造每个物种，自此从未改变；物种又可归类——如分为动物及植物，然后再往下细分，如鱼类及哺乳类。英国博物学者相信这种模式反映了上帝造世的良善计划，组织分明，循序渐进，始于无生命个体及黏糊糊的生命，逐渐往高等进阶——"高等"的定义，当然是指较像人类。这条"生命巨链"的每一个环节都不可变更，否则便意味着上帝造物不够完美。诚如英国诗人蒲柏（Alexander Pope）的诗

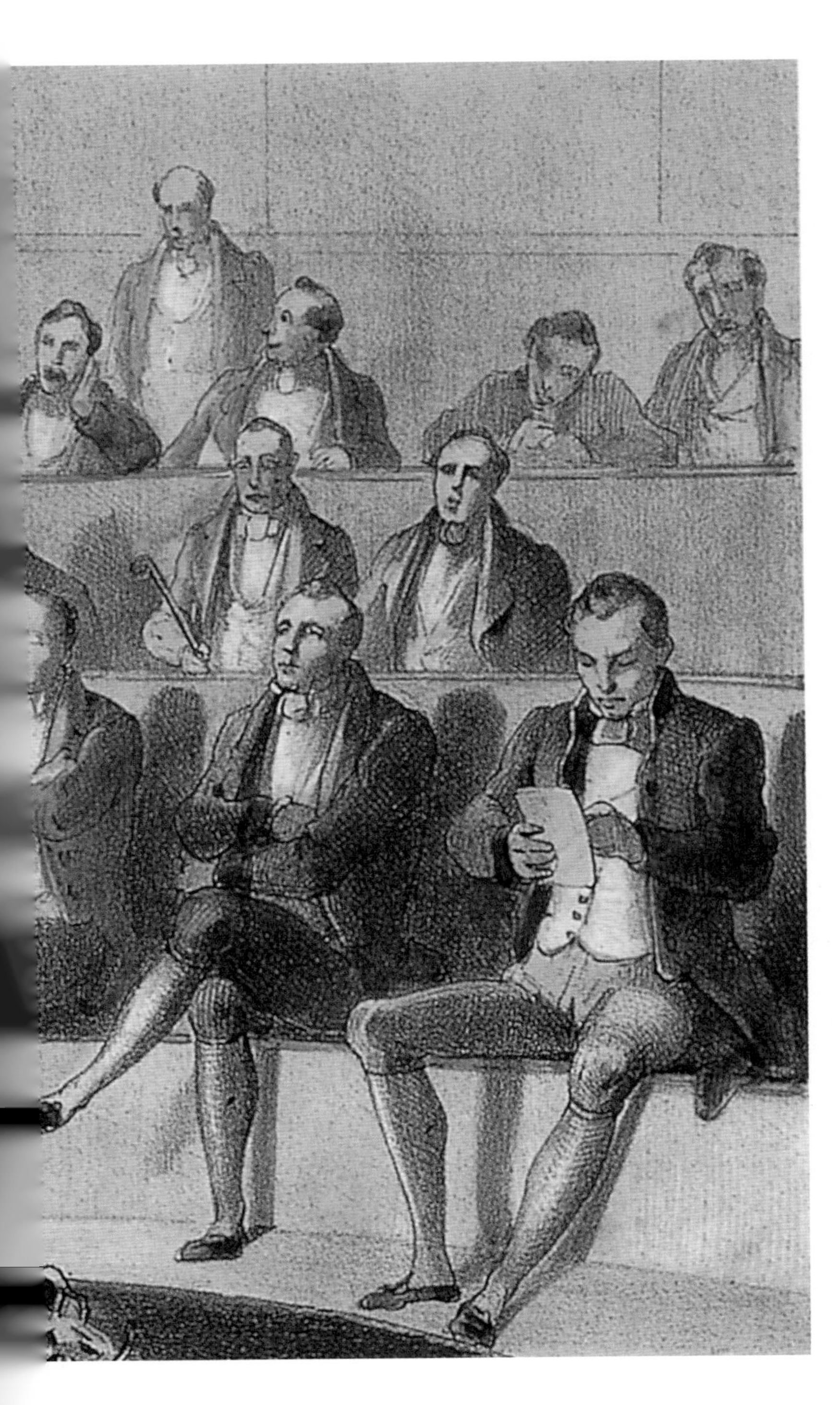

居维叶（1769—1832）是有史以来用化石作科学研究的第一人。他证实了大多数的化石生物都已绝种。

句所说：“无论你击向自然之链的哪一环节 / 第十环，或第一万环，巨链都将断裂。”

不仅“生命巨链”在揭示上帝的良善设计，各个物种的精细构造——无论是人眼或鸟翅——亦然。英国有一位牧师佩利便著书宣扬这个说法，他的书是达尔文及其他攻读博物学和神学的剑桥学生的指定读物。

佩利的论调以一个诱人的比喻作为重点：“穿过石南丛生的荒野，”他写道，“我若踢到一块石头，并问说这石头从哪里来。”据佩利所知，石头可能一直就躺在那里。“但我若在地上发现了一只表，那就该追究表到底是怎么来的。”佩利认为这次结论应和上述极不相同；表和石头不同，它有很多零件，全是为达到同一个目的——计时——组合起来的。那些零件只有在组合后才有作用，半只表是无法计时的。

因此必定有个设计表的人。佩利可以断言，即使自己不懂得制表，或者找到的那只表已经坏了，表还是有设计师。因为，要说表只是这些零件多种不同组合法里的一种，这种说法太荒谬了。

佩利指出，当我们观察自然时，会发现数不清比表更复杂的构造。望远镜和眼睛的构造原理相同，都是利用透镜折射光线来形成影像。若想在水中折射光线，必须用比在空气中更圆的透镜。你瞧，鱼眼的水晶体不就比陆栖动物的水晶体圆吗！“还有什么比这种差异更能彰显其精良的设计？”佩利问。

牡蛎、琵鹭、肾脏，佩利观察的任何东西，确在显示自然是经过设计的。虽然 18 世纪天文学者用来描述行星运转轨道的物理定律，似乎令上帝的荣光略微减色（“天文学这个例子，”佩利坦承，“并不适合用来证明有造物者存在。”），但生物界仍是耕耘神学的肥田。

佩利从观察自然中不但归纳出有造物者存在，还指出他是慈爱的，因为绝大多数的例子都显示出上帝的善意。至于世间少数的恶，只不过是不幸的副作用。人可以用牙齿去咬别人，但牙齿的目的终究是让人能够吃东西。如果上帝希望我们彼此伤害，一定会把更厉害的武器放进我们的嘴里。生命中的阴影不能遮蔽佩利看见的阳光：“毕竟这是个快乐的世界。空气、土壤和水中，到处充满愉悦存在的生命。”

达尔文的祖父，伊拉斯谟·达尔文（1731—1802），医生及植物学者，他认为物种会演化。

长颈鹿的长脖子哪里来？

达尔文觉得佩利很具说服力，但关于生命如何成形，他同时也听见一些比较不那么冠冕堂皇的说法，而且有些竟源自家门内。他祖父伊拉斯谟·达尔文（Erasmus Darwin）虽然在他出生的七年前已过世，但影响力仍然很大。他祖父是医生，但同时也是一位博物学者、发明家、植物学者和畅销诗人。他曾经写过一首诗，题名为《自然神殿》，暗示所有的现生动植物最早全是从微生物变来的：

生活在无尽浪底的生物
在海洋珍珠洞内孕育滋长
最初形态微小，透镜也看不见
居于泥土之中，或躲入潮湿的石缝深处

历经世代昌荣
获得新力量与更壮硕的肢足

伊拉斯谟的私生活和他的科学观念同样引人非议。他在妻子去世后，便开始力行“自然之爱”，生下两名私生子。“赞美性爱之神！”他宣称，“雌雄两性因之欣然结合。”罗伯特一直替父亲觉得难为情，所以在平静规矩的蒙特长大的查尔斯，对祖父所知有限。

等到查尔斯赴百家齐鸣的爱丁堡求学，才发现自己的祖父竟有许多信徒，其中一位便是后来变成他良师的动物学者格兰特。格兰特专门研究海绵及海笔，不是为了嗜好，而是他相信这类生物乃动物界的根基，可能是所有动物的祖先。每当格兰特带领达尔文到海边潮汐水坑内采集标本时，都会向年轻的达尔文叙说他是如何景仰伊拉斯谟·达尔文及其“迁变”（transmutation）理论——指某物种改变成另一物种的过程。格兰特又告诉伊拉斯谟的孙子，法国也有一些博物学者勇于想象生命并不固定，而且具有演化的可能。

格兰特提到的一个人是居维叶在巴黎国立博物馆的同事：拉马克（Lamarck）爵士。拉马克于1800年宣布物种固定不变的想法其实是幻觉，震惊了居维叶及整个欧洲。他认为许多物种在创始之初的形态与现今不同，随地球历史推进，新物种自然衍生。每个新物种出现时都具备所谓的“神经液”（nervous fluid），经过数代时间，便可完成转化。演化结果，便是构造越来越高等复杂。新物种持续不断出现及转化，形成“生命巨链”，而低等生物只不过比高等生物起步晚而已。

拉马克认为生物还可用另一种方式改变，即适应当地的环境。比方说，长颈鹿住在树叶生得很高的地方，现代长颈鹿的祖先可能是某种短颈动物，但为了吃叶子，每天努力伸长脖子。它愈常伸颈子，流向脖内的神经液就愈多，结果脖子愈变愈长，等到生小长颈鹿时，便把长脖子遗传给下一代。拉马克提出人类可能是某些从树上爬下来、直立走向平原的猿类后代。仅仅尝试用两脚走路，便可逐渐改变身体构造，变成我们如今的模样。

拉马克的说法令大部分法国及国外的博物学者惊骇万分。居维叶一马当先，要求拉马克提出证据。演化基础为神经液一说纯属假设，不可能找到化石记录。若拉马克的理论正确，那么远古化石动物一般来说应该比现代物种构造简单，因为它们进阶的时间短，但1800年时已发现的最古老化石生物，便有许多和现代生物一样复杂。当时正值拿破仑的军队入侵埃及，法军在法老王墓穴内发现陪葬动物的木乃伊，给了居维叶另一个反驳拉马克的机会：几千年前圣鹮（the sacred ibis）的骨骸和现存埃及的圣鹮类并无差别！大部分浸淫于佩利自然神学论的英国博物学者比居维叶更反对拉马克，因拉马克将人类及自然界的一切降格为某种无秩序之物质力量的产物。敬佩拉马克者，如格兰特，只是极少数的异类，这批人因此遭到英国核心科学圈的排斥。

格兰特对拉马克的崇拜令年轻的达尔文惊讶。“有一天我们一起散步，他突然开始赞美拉马克和他对演化的看法，滔滔不绝，”日后达尔文在自传中写道，“我十分震惊，静静聆听，但心里毫无同感。”

时隔四年，达尔文登上小猎犬号，演化的观念老早被他抛诸脑后。唯有当他返航回国之后，这个想法才会重新抬头，而且已经过蜕变，来势汹汹。

成为地质学者

此次航行出师不利。达尔文于1831年10月抵达普利茅斯港，小猎犬号却经过数周整修且起航失利，耽搁到12月7日才出航。一离港，达尔文便开始严重晕船，每餐吃下肚的食物全吐进海里。他虽在海上待了五年，却一直无法适应。

达尔文发现陪伴船长菲茨罗伊并不简单。他脾气暴躁，阴晴不定，管理属下的方式更令达尔文咋舌。那年圣诞有几个小猎犬号的船员醉酒，隔天菲茨罗伊下令鞭挞惩处。每天早晨达尔文和菲茨罗伊用完早餐走出船舱时，下级官总会问他：“今天早上泼了多少咖啡？”这是个暗语，用来探听船长情绪如何。不过达尔文仍然很尊敬菲茨罗伊坚强的意志力、献身科学的精神，以及对基督教虔诚的信仰。每周日达尔文都列席聆听船长布道。

达尔文渴望能够登陆，却被困在海上数周。船行至马德拉群岛（Madeira），因为风浪太大，菲茨罗伊决定不下锚。到了下一个港口加那利群岛，又碰上霍乱流行，菲茨罗伊决定不浪费时间待在岸上的检疫站内，继续航行。

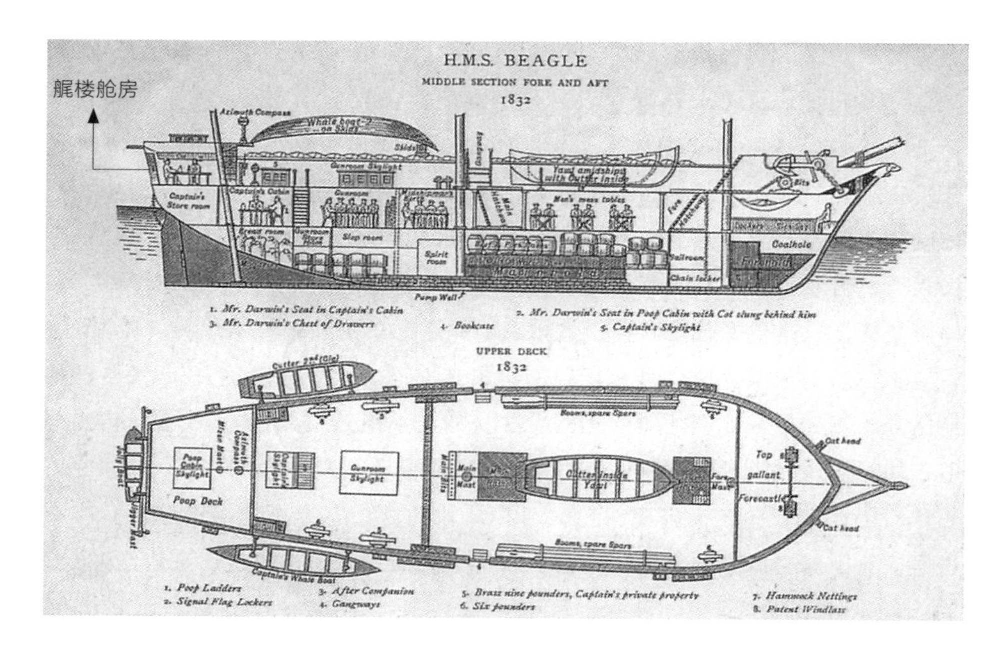

小猎犬号船身中段（上）及上甲板（下）。由上图可见船上窄小拥挤的船员舱房，左上角是达尔文在艉楼舱房的座位，后面挂着吊床，左边是书柜，右边是五斗柜。

小猎犬号穿越南美洲南端麦哲伦海峡。

后来小猎犬号终于在佛得角群岛（Cape Verde Islands）首度停泊。达尔文在圣雅各（Saint Jago）冲下船，兴奋地在椰树下走动，看石头、植物和动物。他找到一只会变色的章鱼，看它从紫色变成土灰色。等他把章鱼放进船舱里的保存瓶内，它还会在黑暗里发光。

不过达尔文最想看的，其实是岛上的地质。驶离英国后，达尔文迷上一本新书：《地质学原理》（*Principles of Geology*），作者是一位名叫赖尔（Charles Lyell）的英国律师。此书改变了达尔文对整个地球的看法，最后引导他发展出演化论。赖尔攻击当时最风行的灾难地质学说，重新提出赫顿 50 年前的地球不断规律变化的学说。

但是《地质学原理》并非单纯在炒赫顿的冷饭。赖尔提出更科学且更详尽的说法，证明人类目击之变化可能逐渐塑造地球。他以火山爆发形成岛屿及地震使土地隆起为例，接着解释侵蚀作用如何将这些暴露的结构再度夷平。赖尔认为自有人类历史以来的地质改变速度极缓，微不可测。该书以古罗马塞拉皮斯（Serapis）神庙为卷首插画，显示列柱顶端颜色较深，因为曾有软体动物栖身其上，这表示整个神庙一度沉入海底，然后又露出水面。赖尔不同意赫顿提出地球整体历经创造及毁灭循环的说法，他认为地球不断在进行局部改变，这里侵蚀，那里爆发，并无一定方向，且历时久远，不可想象。

达尔文对《地质学原理》非常着迷，该书不仅宏观地球历史，更提供了他一个验证的方法。在圣雅各登陆后，他把握机会，爬到岛上的火山岩上，找到许多熔岩倾入大海并炙烤珊瑚与贝类的证据。来自地心的力量后来又将熔岩推出水面，接着一定又升降了数次。而且达尔文发现熔岩的升降不久前才发生过，因为他在断崖某一段石头内找到和岛上现生贝类一模一样的化石。地球持续改变，亘古皆然，到了 1832 年还在变。

日后达尔文在自传中写道："佛得角群岛的圣雅各是我第一个观察的地点，这里清楚地显示出，赖尔研究地质的方式，远胜过当时甚至日后我所阅读过的任何一位作者的主张。"

他利用赖尔的方法，做了一些测试，非常成功，达尔文立刻变成赖尔的忠诚拥护者。

赖尔所著《地质学原理》以意大利塞拉皮斯神庙为卷首插图。列柱顶端的黑色区域乃因软体动物穿孔所致，证明这些列柱曾在有人类历史之后沉入水底，再升出水面。赖尔指出这类变化可逐渐创造山岳及地表其他地理特征。

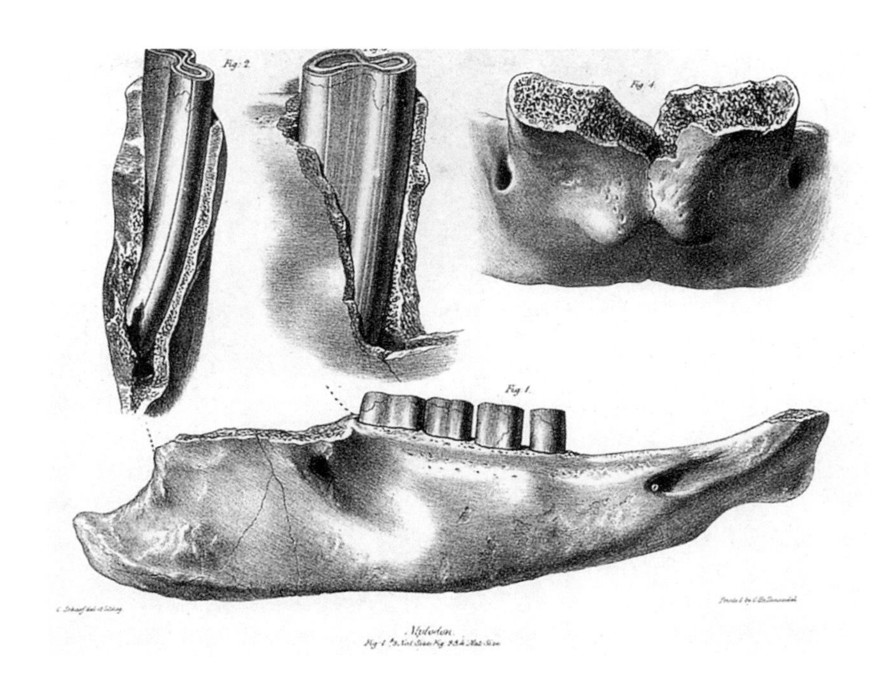

达尔文在南美洲发现许多巨大哺乳动物的化石，例如（上图）发表在他《小猎犬号航程动物日记》（*Zoology of the Voyage of HMS Beagle*）一书中的巨大地懒的颚骨。日后这些化石将启发他完成演化论。

奇异的不安全感

小猎犬号于1832年2月抵达南美洲。菲茨罗伊下令在里约热内卢停靠三个月，然后再往南。接下来三年，小猎犬号沿南美洲海岸航行，但大部分时间达尔文都在陆上活动。他曾住在巴西丛林的小屋里，周遭的生物伊甸园令他大受震撼；到阿根廷南部巴塔哥尼亚（Patagonia）高原之后，他常骑马深入内陆，一去数周，却总能及时赶回小猎犬号，随船继续航行。他巨细靡遗地记录自己的遭遇：萤火虫、山脉、奴隶和牛仔。他的保存瓶罐开始装满千奇百怪的生物。

有一次他去阿根廷海岸靠近蓬塔阿尔塔（Punta Alta）的地方观察低矮断崖，发现了一些骨头。他把骨头从碎石及石英内挖出来，赫然发现它们竟然

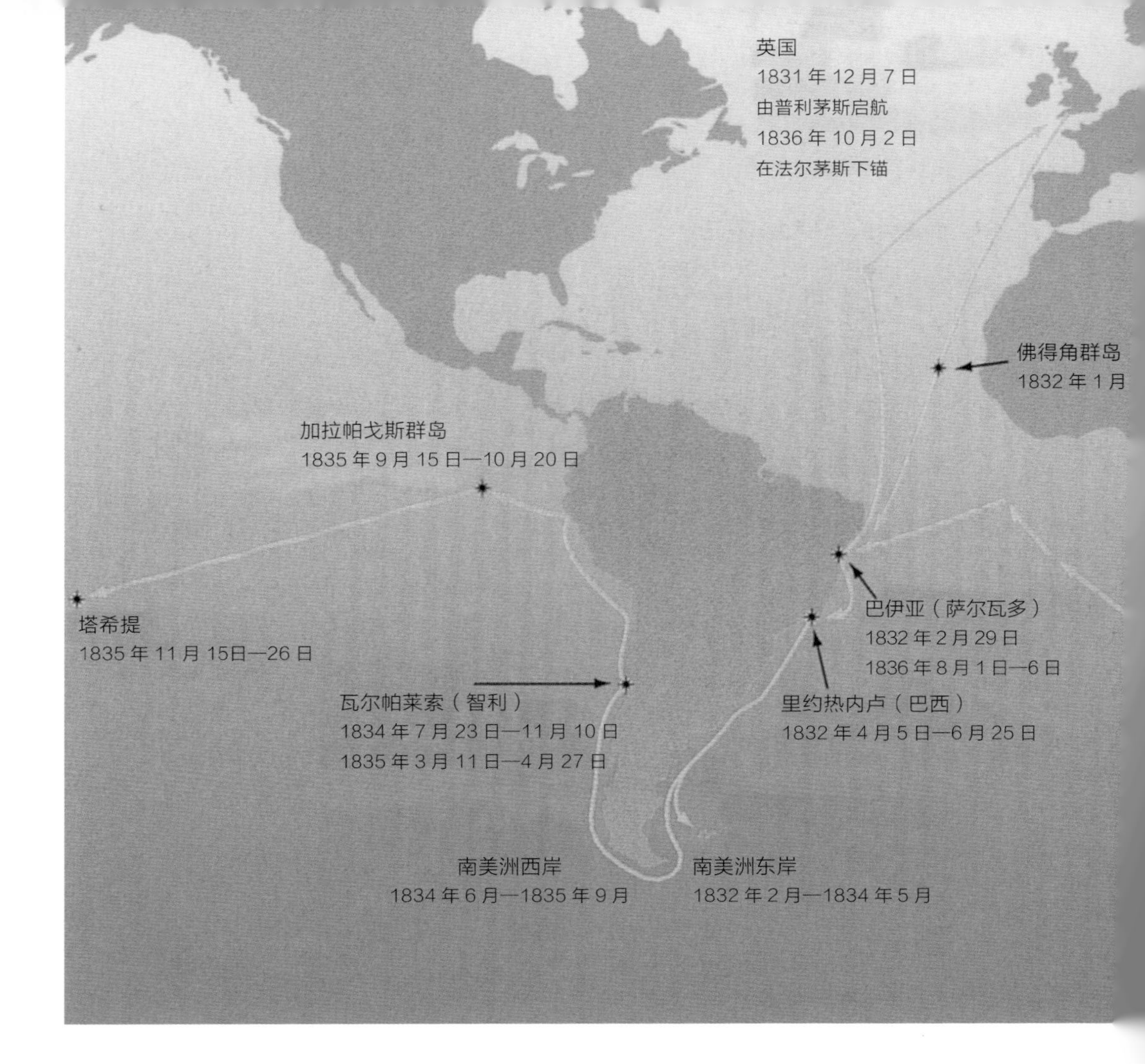

小猎犬号航线。

是某种已绝种巨型哺乳动物的巨齿及髋骨。往后几天他每天都回去挖。当时每种灭绝哺乳动物在英国境内都只有一副化石标本，达尔文却在蓬塔阿尔塔掘出以吨计的骨头。他一头雾水，猜测它们可能是巨大的犀牛或树懒。但那时的达尔文仍只是个采集者，只负责打包化石，寄回英国。

达尔文在此次航行中遭遇到的第一批化石是个谜。信仰居维叶的达尔文认定它们是洪水发生前的巨兽，早已灭绝。可是和那些骨头混合在一起的贝类化石，却几乎和当时活在阿根廷海岸上的种类一模一样；岩层是在暗示：那些巨兽并非远古生物。

小猎犬号于 1832 年 12 月绕过火地群岛。本来这应该是菲茨罗伊此行的

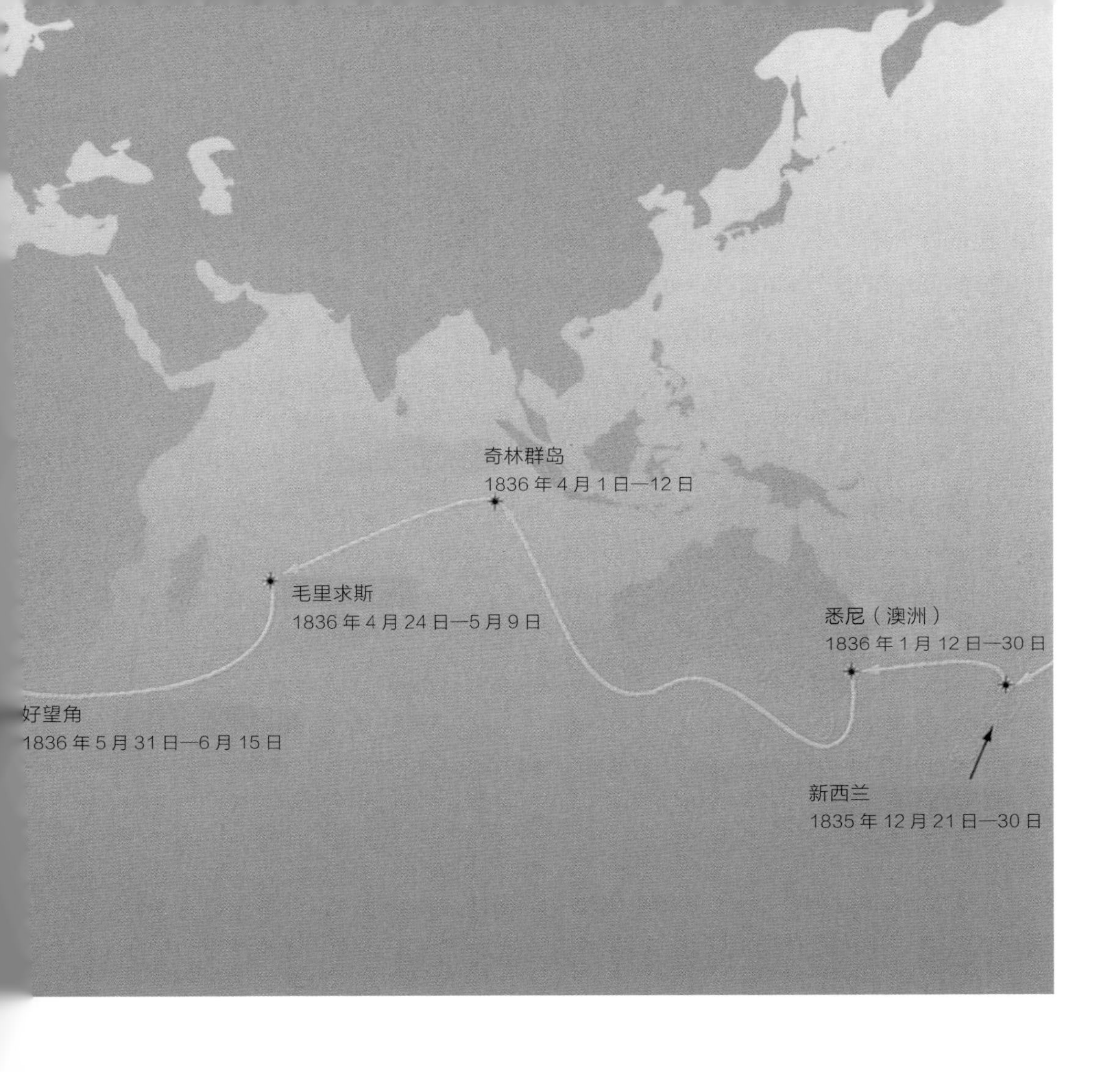

高潮，他可以把俘虏来的印第安人交还给族人，同时给印第安部落带去文明的教化，可惜他再一次被火地群岛打败了。菲茨罗伊打算在瓦雅湾（Wollya Bay）建立一座传教所，他盖了三座圆锥形小屋和两个花园，再用捐赠自伦敦贵妇（她们心地虽慈善，头脑却不大清楚）的酒杯、茶具、汤碗及纯白亚麻，装饰了传教所。几周后，小猎犬号驶回瓦雅湾，只见传教士尖叫救命，奔回船上：所有东西都被火地岛民偷走或破坏了，船回航时，土著正用蚌壳刮传教士的胡子逗乐。

郁闷的菲茨罗伊指挥小猎犬号绕过合恩角（Cape Horn），航向南美西岸，达尔文则利用机会攀登安第斯山脉，随着赖尔想象高峰自海中升起的情景。

然后他重返小猎犬号，自瓦尔帕来索（Valparaiso）往北航行途中，峰顶呈完美锥形的奥索尔诺（Osorno）火山就耸峙在他们东方。在雨中操作仪器的水手有时会暂停工作，凝望从山顶冒出来的烟团。一月的某一天晚上，奥索尔诺果真爆发了，喷出巨石与火焰。就连赖尔自己也没亲眼见过火山爆发。

地球并未就此停止暴动。几周后，小猎犬号在智利的瓦尔迪维亚（Valdivia）港下锚，1835年2月20日那天，地球竟在达尔文脚下跳起舞来。当时达尔文正在城外森林内散步，决定停下来休息。他躺下，感觉土地坚实钢硬，沉静如常，但下一刻便开始天摇地动。

“事出突然，历时两分钟，但感觉仿佛很久。”达尔文后来写道。生长在地壳稳定的英国，他从未经历过地震。“我还是可以站着，只不过被晃得头晕眼花，仿佛划船经过漩涡，更像在薄冰上溜冰，感觉到冰面因身体的重量而凹了下去。”

树在风中摇摆，地震停止。达尔文永远不会忘记那次经历。“一次强烈地震立刻摧毁了我们的古老想法，象征坚硬稳固的大地如今在我们脚下移动，如同覆在液体上的一层脆皮；短短一秒钟，便带来如此奇异的不安全感，这是沉思数小时也体悟不到的。”

地震结束后，达尔文赶回城内，发现大致安好。可是沿海岸往北的康塞普西翁（Concepción）却已变成一片瓦砾。该城不仅发生地震，还遭到了由地震引发的海啸袭击，城里大教堂的前段就像被凿刀凿了下来似的。“真是太痛苦、太难堪了，”达尔文在日记中写道，“目睹耗费人类如此多时间及精力的结晶，在刹那间倾覆。”地面塌裂，岩石震碎。达尔文猜想地震两分钟所造成的损坏，比100年的自然磨损还厉害。

而地震对海岸造成的影响，远比坍崩建筑及淹毙牛只更严重，而且更难估计。大片本来沉在水底的地面突然升出水面，覆满奄奄一息的甲壳类生物。菲茨罗伊用船上的勘测仪器测量出好几段海岸在地震期间竟升高了8英尺。两个月后他返回康塞普西翁，发现地面仍居高不下。

达尔文明白赖尔的理论可以解释他所目睹的现象。奥索尔诺火山因内部熔岩压力升高而爆发，接着引发地震。新的熔岩注入海中，形成新的陆地。日积月累，整座山都可能升高。

过了几天，达尔文最后一次深入内陆旅行，再度登上安第斯山脉。他在围绕乌斯帕亚塔山口（Uspallata Pass）的几座峰顶上，看见和几个月前他在东方低地平原所见到的一模一样的岩层——本来都是海中的沉积；又在山口内发现一处化石森林，化石树仍直立站着，就跟他在巴塔哥尼亚高原所见过的化石一样。

他写信给姐姐苏珊说："这批化石树上覆盖着深达数千英尺的砂岩及熔岩，而这两种岩层只能在水底形成，但显然这些树是在海平面之上生长的，可见地面一定曾经降低至少数千英尺，因为横亘在上的水底沉淀物极厚。"

达尔文对地震和火山爆发的记忆犹新，他因此推测安第斯山脉是很新的结构。这片高达 1.4 万英尺的山峦一度和东方的草原一样平坦，被他发现的那批化石哺乳巨兽，也曾在这里游荡。后来这片土地沉入水底，然后再度升起，因为来自地心的压力把它往上推挤。达尔文意识到这片山脉可能比哺乳动物还年轻，而且可能仍在他的脚底下持续升高。

鸟类搜集

小猎犬号完成海岸勘测，往北向利马（Lima）航行，然后转西，离开南美洲。经历过火地群岛的劲风和安第斯山脉的酷寒，达尔文渴望抵达热带。第一站将是一群名叫加拉帕戈斯（Galápagos）的奇特岛屿。

海鬣蜥（左图）以及蓝足鲣鸟（右图）为众多加拉帕戈斯群岛特有生物中的两个例子。

小猎犬号于1832年登陆东太平洋上的加拉帕戈斯群岛。该群岛因火山爆发形成，景观为荒凉的熔岩地形。

加拉帕戈斯群岛素以达尔文演化论之发轫地著称，其实达尔文要再过将近两年才会意识到此地的重要性。初抵加拉帕戈斯的他，仍专注于地质学，而非生物学，他只想实证赖尔的说法，观察新成形的陆地。

达尔文首先踏上查塔姆岛（Chatham，现称圣克里斯托瓦尔［San Cristobál］）。那只是一座火山，连植物和土壤都没有，迎接达尔文的是丑陋的鬣蜥和多不胜数的螃蟹。“这群岛的博物史极特殊，”达尔文日后写道，“仿佛自成一个小世界。”他的意思是指这个小世界和大世界不同。这里有龟背直径长达7英尺、以仙人掌果实为食的巨龟，就算达尔文骑在它们背上也无动于衷；这里还有两种极丑陋的鬣蜥，一种活在岛上，另一种潜入海中吃海藻。岛上的鸟镇静非常，就算达尔文走到它们旁边，也不飞走。

达尔文例行公事，搜集鸟类，记录从简。有些鸟喙很大，适合击碎大种子；有些鸟喙形状像尖头钳子，适合啄出密藏的小种子。达尔文根据鸟喙，猜测有些可能是鹪鹩，有些是芬雀、莺，或黑鸫。但他并没有留心记录哪只鸟来自哪个岛，因为他认定这些鸟全是移居到群岛的南美洲鸟种。

等到完成动物搜集之后，达尔文才意识到自己的大意。小猎犬号驶离群岛后，他便在查尔斯岛（Charles Island，又称圣马利亚［Santa María］）上遇见管理该岛充军地的英国人劳森（Nicholas Lawson）。劳森用龟壳当花盆，他注意到每个岛上的陆龟都各具特色，可以根据龟壳上的斑点及凸缘指认其出产地；换句话说，每个岛上的陆龟都是独立的变种，甚至是独立的种。同样，达尔文发现岛上的植物也各不相同。

或许鸟类也如此，但因为大部分鸟标本都没有注明出产地，他也无从证实。一直等到他返回英国后，才终于把鸟标本整理出来，然后着手解开生物形态迁变之谜。

生命自然衍生

小猎犬号勘测完加拉帕戈斯群岛之后，横越波平如镜的太平洋，船行迅速，三周便抵达塔希提岛，四周抵达新西兰，两周抵达澳大利亚。横越印度洋期间的任务为绘制珊瑚礁图。珊瑚礁是活生生的地理学，由不断长出体外骨骼的微小水螅体集团形成，水螅体只能在靠近海洋表面的区域生存，后来海洋生物学家发现这是因为它们必须仰赖活在它们体内、有光合作用的藻类。小猎犬号航经印度洋上的珊瑚礁，令达尔文非常好奇，为什么它们可以形成如此完美的圆形，有时环绕岛屿，有时凭空出现水中？为什么珊瑚礁总是靠近水面，争取足够赖以生存的阳光？达尔文在《地质学原理》中读到赖尔对珊瑚的假设：它们只可能在海底火山的山顶上方形成。他第一次认为赖尔错了。火山顶的说法很别扭，因为这表示每一座珊瑚礁都必须正好端坐在躲于水面下的火山口上。达尔文想到另一个解释。

若根据赖尔的地质学理论，安第斯山脉仍在持续上升中，那么地表某些部分必定在持续下降。印度洋可能便是其中一例。珊瑚可能先在环绕新生岛屿或大陆海岸的浅水中形成，后来陆地开始沉入水中，珊瑚也随着下沉。但它们可能继续存在，因为珊瑚礁顶部可能会继续长出新的珊瑚。沉入黑暗中的老珊瑚虽然死了，但珊瑚礁仍存在。经过一段时间，岛屿可能因侵蚀完全消失，但珊瑚礁仍继续在靠近水面处存活。

小猎犬号所勘测到的珊瑚礁，全都符合这个假设。船上的勘测员在奇林群岛（Keeling Islands，又称可可斯［Cocos］群岛）测知珊瑚礁朝向大海的一端有往海底陡降的情形，他们采集靠近海底的珊瑚，发现全都死了——达尔文的预测完全得到验证！

达尔文不再只是赖尔的信徒，俨然已成为成熟独立的思想家。他利用赖尔的原理，青出于蓝，想出了一个更好的解释珊瑚礁的理论，并设计出一套测试办法。他已学会如何以科学的态度研究历史——地球生物的历史。虽然他不能让时光倒流几千年，重新观察珊瑚成长，但只要他的假设没错，他就可以验证。日后他写道："我们一眼便洞见了地表分裂的过程和作用，如果有地质学者长生不死，能记录过去一万年来的变化，当然会更完美，但我们的方式却也相去不远。"

或许地球看似恒常不变，但达尔文已学会以百万年为刻度来观察它。从这个角度来看，地球好比一粒颤抖的球，不停地膨胀、坍塌，表皮不断自行撕裂。只要有足够的时间，珊瑚礁便可在不断下沉的海床之上建起巨大的城堡，以祖先的骨骸为基石，永远不溺毙。

小猎犬号花了六个月时间才航离珊瑚礁区域，绕过好望角，航经亚速尔群岛，返抵英国；但达尔文的名声却早一步先到了。剑桥的老师亨斯洛已将他一部分信札摘录成一篇科学论文及一本小册子出版，他所搜集的哺乳类化石也全数安全海运回国，正受到英国一流解剖学者的悉心照料。就连达尔文的偶像赖尔，也迫不及待想见他。

离开普利茅斯港五年之后，小猎犬号在滂沱大雨中驶进英吉利海峡。1836 年 10 月 2 日，菲茨罗伊在船上举行最后一次布道。当天稍晚，达尔文走下船，启程返家。此生他再也不曾离开英国——甚至没离开自己的家。

达尔文一踏上祖国的土地，便深深意识到自己已脱胎换骨，绝不可能再忍受当乡村牧师的生活。他已经变成一名活跃的博物学者，并决心这样度过余生。他同时还很清楚自己必须像赖尔那样做一名独立学者，而非进大学执教，否则他不可能快乐。可是若想过赖尔那样的生活，必须仰赖父亲给他金钱资助。一如往常，达尔文仍为父亲的反应忐忑不安。

10 月 4 日深夜，达尔文在什鲁斯伯里（Shrewsbury）下了马车，他渴望与家人团聚，却不愿在三更半夜打扰他们，于是他夜宿客栈，隔天早晨在父亲及姐姐们用早餐时，出其不意地走进蒙特宅邸。姐姐们高兴地尖叫，父亲叹道："唉，他的头形都变了。"但他的狗却表现得仿佛他才离开一天似的，像以往一样，急着想跟他一起出去散步。

达尔文怕父亲生气，其实是杞人忧天。在他离家期间，长兄伊拉斯谟放弃行医，在伦敦当起独立学者。有哥哥当开路先锋，父亲并不反对。而且当父亲看见查尔斯写的小册子后，心中充满骄傲，他知道查尔斯将成为一名博物学者，不会整天猎兔，浪费生命。他赠予儿子一部分股票以及每年 400 英镑的津贴，足以让他自立。

达尔文再也不必畏惧父亲，可是他继承了父亲爱面子的个性，总是设法避免不必要的冲突。他从来没有叛逆过，以后也不想叛逆。然而，就在返家的几个月内，他便开始进行一项科学革命，把自己也吓了一大跳。

2

“就像承认是一场谋杀”：《物种起源》之缘起

达尔文到了伦敦，发现哥哥并不是一位认真的博物学者。让伊拉斯谟如鱼得水的地方，不是实验室，而是晚宴和绅士俱乐部。他带查尔斯进入社交圈，查尔斯立刻融入其中，但他和伊拉斯谟不同，他同时也勤奋工作：撰写讨论地质学的论文，完成一本叙述自己航旅经历的书，并且安排专家研究他手上的化石、植物、鸟类及扁虫等各类标本。

几个月不到，达尔文的努力便得到回报，如今他俨然已是全英国最有前途的年轻地质学者。但他心里却包藏着一个秘密：他在私人小笔记本里涂写的都是关于生物学的笔记，而非地质学。他朝思暮想的是一个令人不安的可能性：或许他祖父的想法是对的！

生物学在达尔文离家的五年内有长足的进步，许多新物种被发现，旧秩序因此受到挑战，同时科学家利用显微镜，开始了解卵如何发育成动物。英国的博物学者不再满足于佩利所提倡的上帝分别设计出每种生物的说法，因为这无法解释关于生命最根本的问题：如果生物真的是上帝精心设计的，他设计的“精密度”为何？有些物种彼此非常相似，有些物种则差异极大，这又如何解释？所有的生物都是在地球形成时就出现了，还是由上帝逐渐创造出来的？

英国的博物学者不再把上帝看作一个事必躬亲的管理员，反之，他们认为上帝创造出一套自然法则，然后激活它们，让它们自行运作。时时刻刻都

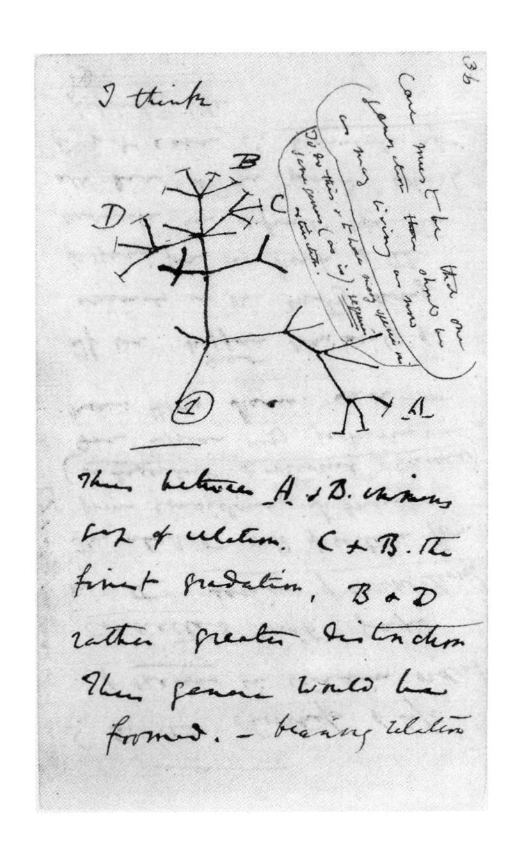

1837年，达尔文第一次在私人笔记本中画出生命树。

得插手的上帝，似乎不如一开始便做出正确的——而且有弹性的——通盘设计的上帝能干。许多英国博物学者都同意：生物随着地球历史进程而改变，曾经有许多较简单的动植物灭绝，被较复杂的动植物取代。但他们仍认为这是一个庄严神圣、遵循上帝指引的过程，而不是像拉马克在1800年所提出的纯物质的演化。到了19世纪30年代，另外一位巴黎国家博物馆的动物学者圣伊莱尔（Saint-Hilaire）开始鼓吹新的演化理论，让这些英国佬又起了一阵寒栗。

原型与祖先

在博物馆内共事的拉马克和圣伊莱尔是几十年的老朋友，但圣伊莱尔是靠自己研究、比较过不同动物的身体构造后，才接纳了演化的观点。当时的传统观念相信，只有身体功能类似的动物，才会有类似的构造，圣伊莱尔却发现太多的例外；例如，虽然鸵鸟不会飞，但它们和飞鸟却有着相同的骨骼构造。同时，圣伊莱尔指出，许多物种看似与众不同的标记，其实并不特殊；比方说，犀牛角看起来很特别，其实只是由一团密实的毛所形成。

圣伊莱尔在尝试解开物种之间隐秘关联的过程中，从德国生物学者那儿获得许多启发。对后者来说，科学是一种形而上的追求，旨在发掘生命合一的秘密。例如，诗人（也是科学家）歌德认为植物的每一个部分——从花瓣到刺——其实全是同一个基本形态的变异：叶子！这些德国生物学者认为在多元化的生命中，隐藏着某些永恒不变的模型，亦即他们所谓的“原型”（archetype）。圣伊莱尔决心找出所有脊椎动物的原型。

圣伊莱尔认为每只脊椎动物骨骼内的每一根骨头，都是原型脊柱骨的变异；他接着更进一步宣称，所有的无脊椎动物都是根据同一个蓝图发展出来的。依照他的解释，龙虾和鸭子其实是同一“主题”的两种变异。龙虾是节肢动物，这组动物还包括昆虫、虾及鲎。节肢动物与脊椎动物虽有少许相似处——它们的身体都是沿着长主轴对称发育，头部有眼及口——但两者差异却极大。节肢动物的骨骼为一层硬壳，长在身体外面；脊椎动物的骨骼却长在体内。脊椎动物有一根沿背部往下走的脊髓（即脊柱神经），还有一条沿身体正面往下走的消化管道；这种安排到了龙虾或任何一种节肢动物体内，却正好相反，变成肠子在背部，神经系统在腹部。

节肢动物与脊椎动物看似无从比较，但圣伊莱尔却不这么想。他认为节肢动物其实是活在一根脊柱骨内的，而且把腹部变成背部也很容易，所以龙虾可以转变为鸭子。节肢动物的设计和脊椎动物一模一样，只是反过来而已。“因此，从哲学的角度来看，只有一种动物。”圣伊莱尔声称。

到了19世纪30年代，圣伊莱尔把自己的理论再往前推一步，宣称：这种转化并非纯粹是几何学上的抽象概念，动物的确曾随着时间而改变形状。圣伊莱尔并不想让拉马克的理论复辟，因为他并不同意拉马克认为后天获得

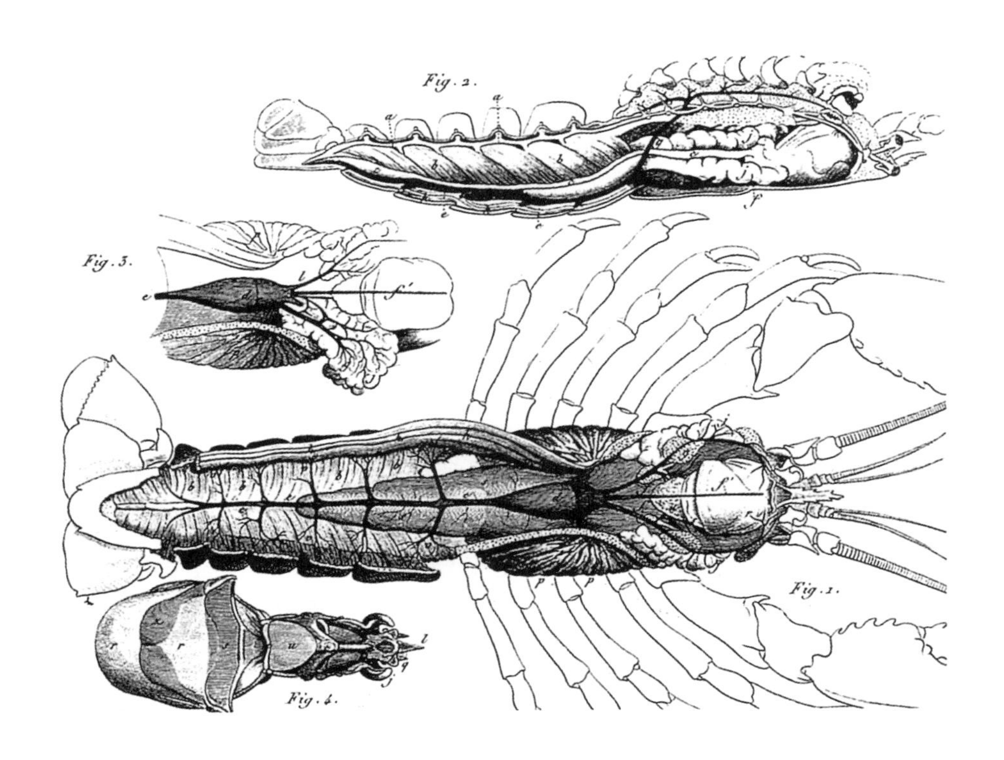

法国博物学者圣伊莱尔指出物种间存在许多出人意料的相似处。他利用上图解释龙虾的消化系统是贴着背侧，一根神经索则沿着腹侧（相对于我们的腹部）往下；他指出这其实是人类身体构造（脊椎神经沿背部往下）的反转版本。

的特征可以遗传给下一代的假设。他认为是因为环境发生变化，使卵的发育受到干扰，才生出畸形动物，变出新的种。

圣伊莱尔宣称任何一个观察胚胎发育的人，都可以清楚看见上述的演化史。当时的德国科学家已发现胚胎可以在几天之内，从一种形态，发展成另一种和成体迥然不同的形态，他们将倏忽即变的身体部分及形状仔细记录下来，宣称观察的时间愈长，愈能在无秩序中找出秩序。尤其是胚胎形态由简到繁，特别惊人。研究者甚至断言每次形态变得更复杂，即表示发育进入另一个新阶段。

其中一位德国科学家奥肯（Lorenz Oken）对此过程的解释如下："动物个体在发育过程中历经动物界的每一个阶段，随着新器官的成形而不断升上新的台阶；胎儿在不同时段所代表的类别则囊括了所有的动物类别。”胚胎刚开始像条虫，只是一个管状物；后来长出肝及血管系统，变成一只软体动物；有了心脏及阴茎后，又变成一只蜗牛；待冒出肢足后，变成昆虫；等骨头发育好了，就是条鱼；有了肌肉，是爬虫类；循序渐进，最后变成人。“人是自然界发展的巅峰。”奥肯宣布。

圣伊莱尔认为胚胎不仅攀爬自然之梯，拾级而上，还重演历史。人类的祖先其实是鱼，胎儿在发育早期有鳃裂，便是实证。

在圣伊莱尔鼓吹演化理论期间，欧洲的探险家发现了许多新物种，全都符合他的理论。比方说，澳大利亚的鸭嘴兽是哺乳动物，却有个鸭嘴，而且是卵生，圣伊莱尔因此说它是哺乳类及爬虫类之间的“过渡”形态。探险家又在巴西发现可以用肺呼吸空气的肺鱼，这种怪鱼连接了海中及陆上的脊椎动物。

英国的一流科学家群起驳斥圣伊莱尔，就像他们反对拉马克一样。剑桥地质学者塞奇威克便指责两位法国人的研究结果，是“粗劣（甚至‘肮脏’）的生理学”。不过尽管一般英国科学家厌恶演化论，但在19世纪30年代正面攻击演化论的人却只有一位名叫欧文（Richard Owen）的杰出青年解剖学者。

凡英国获得如肺鱼及鸭嘴兽等新物种的标本时，通常都由欧文首先进行解剖研究，他利用这个机会来打击圣伊莱尔的主张。欧文指出鸭嘴兽会分泌乳液，这是哺乳类的标记；而肺鱼虽有肺，却不像陆上脊椎动物有明显的鼻孔。对欧文来说，这一点便足以将肺鱼归类为普通的鱼。但就连欧文也不能心安理得地坚持上帝创造万物，众生的设计反映了上帝的良善。欧文也想发掘造物的自然机制，他是位优秀的博物学者，虽厌恶圣伊莱尔对演化妄加臆测，却无法否认后者的说法有些道理。物种间的类似处，以及它们显示出的一系列转化阶段，实在不容否认。

欧文的结论是：圣伊莱尔对证据的诠释过于偏颇。比方说，他知道圣伊莱尔对胚胎形态的看法已被最新的研究结果淘汰：一位名叫冯贝尔（Karl von Bär）的普鲁士科学家已证明生命的进程并非一道简单的阶梯，由高等动物的胚胎简要呈现出较原始动物的发展过程。脊椎动物的胚胎在最早期看起来的确都很类似，但这是因为那时它们的细胞数目还很少。随着时间过去，它们会愈变愈不一样。鱼类、鸟类、爬虫类及哺乳类都有肢足，其胚胎一开始时

英国解剖学家欧文爵士（1804—1892）曾检验过达尔文在航行途中搜集的化石，日后却变成达尔文最大的敌人。

都是形成肢芽（limb bud）；但经过一段时日，肢芽会变成鳍、手、蹄、翅膀和各种独特的肢足，这些类别不可能互换。“将动物依完美程度作线性排列，”冯贝尔写道，“是不可能的。”

欧文野心勃勃，欲集冯贝尔、圣伊莱尔及当代所有伟大生物学者的研究之大成。他想抵抗演化论，只是，他的抵抗方法，是找出能够解释化石及胚胎证据的自然规律。

小猎犬号返国三周后，欧文第一次见到达尔文。他们俩同去赖尔家晚餐，达尔文叙述智利大地震的经历，娱乐宾主。餐后，赖尔介绍这两位年轻人认识（欧文只比达尔文大五岁），二人相谈甚欢。达尔文知道借着欧文的名气，自己的哺乳动物化石将受到全英国的重视，于是当晚便邀请欧文检查他的化石。欧文欣然同意，心想这些前所未见的化石将提供他一次验证自己观点的机会。

但是，欧文万万没有想到，有一天达尔文也会把他变成一尊食古不化的化石。

令人困惑的异端之说

小猎犬号返国四个月之后，达尔文开始听到专家对于他搜集的化石及动物标本的回音。刚开始众说纷纭，令他困惑。欧文在检视哺乳动物化石后，宣布它们是南美洲现生动物的巨大变种，包括跟河马一样大的啮齿动物，以及跟马一样大的食蚁兽。达尔文不禁要问：地球同一地点的已灭绝动物及现生动物之间，是否存在连续性？现今的动物会是化石动物经过修正的后代吗？

达尔文早已将他搜集自加拉帕戈斯的鸟标本交给英国最杰出的鸟类学家古尔德（James Gould）。采集的时候他并不重视这批标本，直到他去动物学学会参加过古尔德的讨论会后，才为自己的轻率大感遗憾。达尔文根据鸟喙，判断大部分标本为芬雀、鹪鹩及鸫，但古尔德却宣布它们全是芬雀，只不过其中有些具有像鹪鹩或鸫的喙，以便摄食某些特别的食物。

后来达尔文去古尔德的办公室，古尔德指出他犯了一个更严重的错误：大部分的鸟都没有精确记录采集自哪一个岛屿。达尔文当时觉得这并不重要，他只记录了三只来自三个不同岛屿的反舌鸟（嘲鸫），结果古尔德指出这三只反舌鸟“分别”属于三个全新的鸟种！

达尔文不懂为什么三种不同的反舌鸟会离得这么近，难道住在不同岛屿上的芬雀也全属于不同种吗？达尔文联络菲茨罗伊，请小猎犬号上爱搜集鸟的船员把标本寄给古尔德。幸亏船员比达尔文仔细，记录了射猎到鸟的岛屿。果然，就和反舌鸟一样，不同岛上的芬雀全部属于不同的鸟种。

达尔文意识到大事不妙，为什么如此相似的岛屿上会有这么多独特的物种？他打开笔记本，想找出一个解释加拉帕戈斯芬雀的答案。虽然他在别人面前表现得和往常没有两样，照常研究地质，书写珊瑚礁、隆起的平原及火山锥，但私底下他却因为一个奇想而废寝忘食：也许最早的芬雀并不具有目前的形态，也许它们经过演化！

达尔文所著《研究札记》(*Journal of Researches*)插图之一，显示四种加拉帕戈斯芬雀，每一种都具有特殊的喙，以利啄食坚硬的种子或昆虫等不同的食物。

毕竟生物居住的陆地并非恒常不变。达尔文的芬雀现在住的群岛，全是某个时候从海底冒出来的。一旦加拉帕戈斯群岛成形，南美洲某原始种类的芬雀便可移居过来，经过一段时间，分占各岛屿的后代为了适应新生活，变成目前形态各异的物种。就这样，原始殖民种的后代分支成不同谱系；同样的分支情况也可能发生在巴塔哥尼亚的哺乳动物身上。达尔文发现到的那些化石巨兽，可能分支成现今形体类似但体积较小的后代。

达尔文在笔记本里画下一棵树：在这棵树上，由旧的物种分支出许多新的物种。

达尔文觉得这个想法可怕极了，他开始心律不齐、胃痛，常因做怪梦而半夜惊醒。他明白主宰芬雀或食蚁兽的律法，必定也主宰人类，他开始认为人类仅是众多哺乳动物中的一种，只不过心智特别发达罢了。他在笔记本里写道："认为某种动物比另一种动物高等，是极荒谬的说法。人们经常高谈阔论具有智能的人类的出现是多么神奇，其实具备其他官能的昆虫的出现更神奇。看到地球表面覆盖着绝美的草原与森林，谁敢说智能便是世上唯一的目标？”或许人类也是演化的结果，就像芬雀一样。达尔文去动物园看一头新捕来的红毛猩猩“珍妮”，在它脸上看见和婴儿一样的表情。他写道：“人是从猴子变来的？”

尽管达尔文的想法甫具雏形，但他已深知其危险性。若公开宣称人类曾经过演化，如赖尔等他所尊重、同时也会影响他事业前途的博物学者，可能立刻就会开始排挤他。即使如此，达尔文仍继续写笔记，发展理论，同时搜集相关资料。

达尔文想找出特征由上一代遗传给下一代，以及特征在此过程中改变的迹象。他去询问园丁、动物园管理员及养鸽人，又向自己的理发师请教如何繁殖纯种狗。虽然他看到了物种无常的迹象，却仍然找不到任何物种彻底转型的证据。拉马克宣称动物可以在活着的时候改变，然后把后天获得的特征传给子代，但这类证据阙如。达尔文决定换个方向解释演化的发生。

结果他在一本以悲观论调讨论人类劫难的书里找到了。1798年，一位名叫马尔萨斯（Thomas Malthus）的乡村牧师写下《人口论》（*An Essay on the Principle of Population*），指出任何一个国家的人口，若未经饥荒或疾病的遏制，必将在数年之内爆炸。假设每对夫妻都生养4个小孩，人口便可轻易地在25年内加倍，而且持续地加倍——不是呈算术级数（3，4，5）增加，而是呈几何级数（4，8，16）增加。

马尔萨斯警告：倘若人口以此方式爆炸增长，粮食供应绝对赶不上。将荒地开垦为农田虽可增加作物产量，却只能以算术而非几何级数的方式增加。不节育必定招致饥馑与苦难。人类之所以尚未处在永远挨饿、万劫不复的状态中，乃因人口的增加不断受到瘟疫、婴儿高死亡率及结婚年龄延后至中年的制衡。

他又指出，多产与饥荒这两种控制人口的力量，同样也在控制动植物。假使苍蝇生蛆完全不受阻碍，世界很快将蛆满为患，因此大部分的苍蝇（每一种皆然）必须在不繁殖任何后代的情况下死亡。

达尔文在马尔萨斯悲观的论文中找到推动演化的动力。得以繁衍后代的少数幸运者并非纯靠运气，而是因为这些个体拥有较能适应特殊环境的特

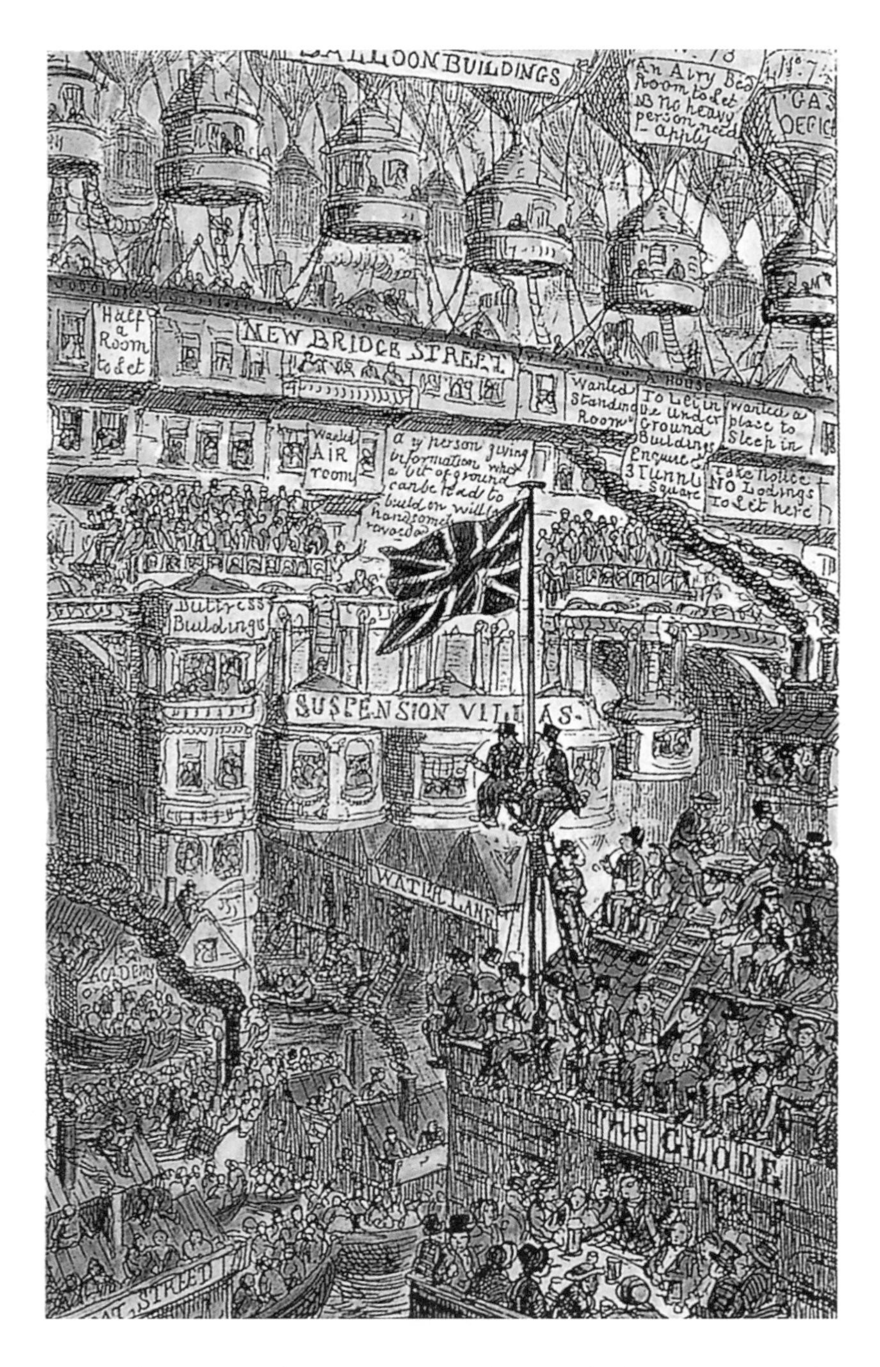

一位漫画家在 1851 年想象未来伦敦的拥挤。英国学者马尔萨斯提出人口爆炸的危险性，启发达尔文发展出自然选择学说。

征——或许长得比较大，或喙特别细，或毛较浓密。拥有这类特征的个体，繁殖后代的几率将比同种其他较弱的个体为高，加上子代多半像亲代，它们又会把这些制胜的特征继续传给下一代。

单单一代的偏向或许微不可测，但达尔文已经习惯于微不可测的地质变化可以造山的事实；这等于是生物性的造山运动。假设一群鸟移居到加拉帕戈斯某小岛上，能繁殖后代的一定是最适合该岛环境的个体，假以时日，累积改变便可形成新鸟种。

达尔文发现可以用农夫培育作物的过程作比喻：农夫会比较个体植株的优劣，然后只留最好的植株做种，不断筛选之后，作物便发展成特殊的变种。然而大自然里并没有农夫，只有彼此为了生存、光源、水源及食物而竞争的动植物个体，但它们也在经历筛选——一种没有筛选者的筛选。达尔文明白，有了这种不借助于任何创造动作干预的筛选结果，便可自然形成生命精密的设计。

就像承认是一场谋杀！

达尔文除了勤写笔记之外，还成了家。他在出航之前，爱上一位名叫芬妮·欧文（Fanny Owen）的女人，可是起航不久，她便嫁人了。返家后，他怀疑自己到底该不该结婚。达尔文秉持科学家讲究方法的一贯作风，做出一份比较利害得失的资产负债表，在左边写下“结婚”，右边写下“不结婚”，然后在中间写下：“这是个问题！”。这位为婚姻大事苦恼的“哈姆雷特”想道：如果做单身汉，他将有较多时间研究科学，或去绅士俱乐部聊天，也不用多赚钱抚养孩子；可是，妻子可以提供“女性的闲聊”，而且老来有伴。他把两行加一加，作出结论：“结婚——结婚——结婚。Q. E. D.[1]。”

达尔文选择了他的表妹埃玛·韦奇伍德（Emma Wedgwood）。他对伦敦的世故女人不感兴趣，却看中了母亲的外甥女。埃玛和他一样，也在乡下长大，而且老早就喜欢上偶尔来访的达尔文。虽然他追求的方式笨拙，语焉不详，又态度闪烁，但她还是很高兴。不过当他出其不意，神情紧张地向她求

[1] Q. E. D.，拉丁文，证明完毕之意。

达尔文于1839年与表妹埃玛·韦奇伍德（1808—1896）（右上）结婚。

婚时，她还是吓了一跳。她虽允诺了，却因为太震惊，立刻出门跑到主日学校上课去了。不过想到即将嫁给一位她认为“个性温柔”的男士，埃玛很快便高兴起来。达尔文却担心自己因为海上生活变得不善社交，不能适应婚姻生活，他把希望全寄托在埃玛身上。“相信你会容忍我，”他写信对她说，“而且很快教我懂得除了在孤独寂静中发展理论及搜集资料外，人生还有更大的快乐。”

埃玛只担心一件事，每当达尔文谈起可能主宰自然的律法时，身为虔诚英国国教徒的她，心里明白他对《圣经》有诸多怀疑。“你可不可以帮我一个忙？”她写信给他，请他阅读《约翰福音》的训诲：“我赐给你们一条新命令，乃是叫你们彼此相爱；我怎样爱你们，你们也要怎样相爱。”达尔文若从爱着手，或许会变成真正的基督徒。

他向埃玛保证，他感觉“诚心诚意”，但只要看看他当时的笔记，便知道他说的并非全是实话。他怀疑，宗教多半源自本能的心理需求，而非对真神的爱。他是因为爱埃玛，所以才不愿对她讲实话。

婚后达尔文带着埃玛搬到伦敦，开始单调却舒适的家居生活。埃玛仍担心丈夫缺乏心灵寄托，继续写信给他。她在1839年写给他的一封信里提到她担心达尔文一心一意想发掘自然界的真相，反而因此排斥不同形式的真相——例如只有宗教才能提供的真相。只相信能够验证的真理，将使他拒绝接受“其他不可能验证的真理，因为或许它超出我们的理解范围”。她恳求他别忘记耶稣为他及世人所做的一切。达尔文将信搁置一旁，并没有回信，但他一辈子都没有忘记。

1839年，达尔文出版了《在菲茨罗伊船长领导下搭乘小猎犬号绕航世界所经国家之自然史及地质研究札记》（*Journal of Researches into the Natural History and Geology of the Countries Visited During the Voyage of HMS Beagle Round the World, Under the Command of Captn.FitzRoy, R.N.*），这本书在英国引起轰动，确立了达尔文身为博物学者的声誉。那时他与埃玛已结婚三年，育有两子。他们决定离开伦敦，因为两人都已厌倦城市里的犯罪率、将衣服染成黑色的煤烟，以及粘在鞋底的马粪。他们想让孩子跟自己一样，在乡下长大，便在距离伦敦16英里外的肯特郡内，选购了一座占地18英亩、名为“唐恩小筑”的农庄。达尔文变成一位农绅，侍花弄草，还买了一匹马和一头母牛。他彻底离开科学圈，只靠通信及经过慎选的朋友的周末来访，带来必要的信息。（伊拉斯谟痛恨离开伦敦去拜访弟弟，便谑称唐恩小筑为“沮丧小筑”[Down at the Mouth，英文发音与Down House相似]。）

达尔文继续秘密地、深思熟虑地发展他的演化论。他写下自然选择说的梗概，但在1844年写成后却不知如何是好，甚至不知道该如何跟别人讨论它。为搜集证据，他曾向十多个人索要资料，却从来没让任何一个人知道他在做什么研究。当年那位不敢跟父亲讲他不想当医生的男孩，如今又变成不敢向任何人透露自己危险思想的男人。

但他终究得告诉别人。他必须找一位优秀客观的科学家，帮他看看论文中是否有致命的疏漏。最终他选择了胡克（Joseph Hooker）。胡克是一位年轻的植物学家，一直在研究达尔文海外航旅途中搜集到的植物。达尔文认为他没什么偏见，或许不会指责他为亵渎者，便写信给胡克说：“返国后我一直在从事一项冒大不韪的研究，我知道任何人都会认为它愚蠢至极。但加拉帕戈

达尔文在“唐恩小筑”内的书房；他就是在这个房间内完成了《物种起源》及许多伟大的作品。

斯生物的分布实在是令我印象深刻，我决定盲目地搜集任何有关物种定义的资料。我已阅读无数农业及园艺书籍，搜集实例，未曾一日稍歇。终于恍然大悟，如今几乎已确信（和我刚开始的信念正好相反）物种其实并非不可突变（这么说就像承认这是一场谋杀）！我认为我已发现了（这便是‘大不韪’的部分）物种敏锐适应各种环境的简单方式。你大概要唉声叹气了：‘我怎么会浪费时间跟这种人通信！’或许我在五年之前也会这么想。”

胡克果然没有辜负达尔文。“我很乐意听听你对物种为何会改变的意见，”他写道，“因为直到目前为止，尚无任何学说令我满意。”

达尔文因胡克的反应而勇气倍增，几个月后也把论文拿给埃玛看。他知道她看了心情一定会起伏，但他怕自己会早死，希望埃玛能在他死后出版这篇论文。埃玛读后既没哭，也没昏倒，只指出一些语焉不详的段落。读到达尔文描述自然选择可能创造出如眼睛这般复杂的结构时，她的评论是："大胆的臆测！"

恢复躲藏

达尔文与这两个人分享秘密之后，逐渐有了出版论文的信心。但才过一个月，一切又灰飞烟灭了。1844 年 10 月，有一本名为《自然创造史的遗迹》（*Vestiges of the Natural History of Creation*，后面简称《遗迹》）的新书出炉，作者是苏格兰人，名叫钱伯斯（Robert Chambers），他匿名出书，甚至隐藏了出版商付他版税的途径——他这么谨慎，其实非常明智。

《遗迹》一开始不伤大雅，先描述太阳系及邻近恒星，以物理及化学原理解释地球如何从气盘中形成。然后钱伯斯依序介绍了当代所知的地质记录，列举历史上陆续形成的化石；先出现简单的，然后变得复杂，随时间过去，留下愈来愈高等的生物痕迹。这时钱伯斯作下令人变色的结论：如果我们可以接受上帝利用自然的律法创造天体，"那我们为什么不敢假设生物界也是自然律法运作的结果，也是以同样的方式宣示上帝的旨意呢？"这比上帝诸事过问，甚至亲手造小虾或石龙子更合理吧，"显然这种说法太荒谬无稽，不值一提。"

至于他所谓的自然律法到底如何运作，钱伯斯提出些二手的化学及胚胎学大杂烩。他认为一道电花便可能将无生命物变成简单的微生物，接下来，生物便借发育上的改变而演化。钱伯斯借用德国生物学者早已过时的思想，指出天生的缺陷经常是因为发育步骤不完全——有些婴儿的心脏没有四个心室，只有两个，就跟鱼一样。他推测这类缺陷是"母体所提供的发育能力不健全所致，原因可能是母亲身体不健康，或生活贫困"。但若情况相反，有些母亲可能会生下发育进入新阶段的婴儿。一只鹅可能生下一只身体像大老鼠的小鹅，因而创造天下第一只鸭嘴兽。"因此，新形态生物的产生，就像化石记录所显示的，只不过是孕育过程中发展进入新阶段的结果。"

钱伯斯并不认为读者应该为他们是鱼的后代而感到羞耻。他所提出的演进过程乃“最崇高的奇迹，因我们可在每一个变化中看见神旨的效果，只有上帝才能全面安排外在的物质条件，臻于和谐。”阅读《遗迹》的英国中产阶级，仍然可以照常过日子，遵守同样的道德原则。“由此，我们一方面敬谨接受大自然之启示，同时完全保有对习常信仰之尊崇，丝毫不需改变。”

《遗迹》引起巨大轰动，销售数万本，首度将演化的观念介绍给英国一般大众，却遭到国内一流科学家猛烈抨击。“我相信作者必定是个女人，”塞奇威克写道，“部分原因是该书对扎实的物理逻辑完全无知。”令塞奇威克更反感的是，这样的生命观可能会在不知不觉中破坏礼教。他宣称，如果该书所说属实，那么“宗教便是谎言；人类的律法便是集愚蠢与不公不义之大成；道德则是胡诌”。

猛烈的反应吓坏了达尔文，令他退缩，再度潜伏。以前他不知道塞奇威克和他别的老师反对演化竟如此激烈。但他并未因此放弃自己的理论，他要想个办法避免重蹈钱伯斯的覆辙。

达尔文看出《遗迹》有个最明显的弱点：钱伯斯读了别人的论述之后，再搅和成一套翻造过的理论。从某个角度来看，达尔文也犯了同样的罪——他的理论基础，全是他从十几个人那儿读来或听来的——赖尔、马尔萨斯，甚至包括他的理发师。虽然他在地质学方面的权威已得到确认，但他担忧生物学界会视他为门外汉。若想博取尊重，他必须证明自己也是一流的博物学者，能够解析大自然的复杂性。

他重新去观察从小猎犬号带回来八年未碰的标本。其中一个瓶子里装了一粒藤壶；多数人只觉得藤壶是粘在船身上的讨厌东西，其实它们是海洋里最奇特的生物之一。动物学者起初以为藤壶是一种软体动物，就和蛤及牡蛎一样，用坚固的外壳黏附在其他物体平坦的表面上。其实藤壶跟龙虾及虾一样，都是甲壳动物。它们的真实身份一直到 1830 年才被识破：一位英籍军医观察藤壶幼虫，发现竟然和幼虾类似。一旦藤壶幼虫被释放入海水中，立刻会寻找落脚点——船身或蛤壳皆可，然后头下脚上地附在被选中的表面。接着它们便会失去大部分甲壳动物的特征，而长出一个锥形外壳，再伸出羽状足，过滤食物。

达尔文 1835 年在智利海岸搜集到一种针头大小、粘在海螺壳内的藤壶。

令达尔文沉迷八年的藤壶，是一种附着于坚硬表面，用足部过滤海水中食物的甲壳动物。

他用显微镜观察，这才发现其实每粒藤壶都有两个个体：一个大的雌体，上面附着一个极小的雄体。当时科学家最熟悉的藤壶种类都是同时具备雌雄两种生殖器官的两性体生物。针头藤壶构造如此奇特，达尔文认定它属于全新的属。

从此，达尔文展开一段漫长旅程。刚开始他只想写一篇短短的论文，描述其发现。但在动笔之前，他必须先决定如何归类。藤壶种类众多，他向欧文借来一些藤壶标本，并请后者指点正确的研究方法。

欧文指出达尔文必须找出他的藤壶标本——无论看起来有多奇特——和最基本甲壳动物原型之间的关联。19 世纪 40 年代时，欧文已判定研究动物学的关键在于原型。他自己正企图复原出脊椎动物的原型——在他看来，不过是一根脊柱、一副肋骨和一张嘴。欧文宣称这个身体蓝图并不存在于自然中，只存在于上帝脑海中。上帝以它为基础，创造出愈来愈复杂的形态。比较不同的脊椎动物时，你一定可以看出它们和原型的关系。

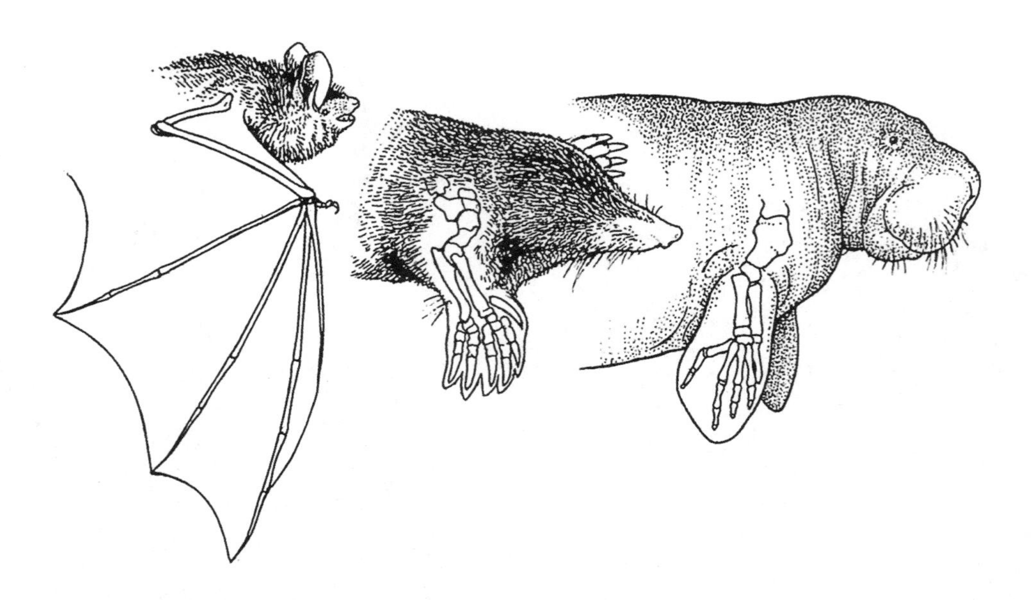

蝙蝠的翅膀、鼹鼠的脚及海牛的鳍，看似大相径庭，却暗藏相似之处。这三种肢足都具有长形手骨、小块腕骨，以及五根指头。生物学者称这类隐藏的一致性为“同源性”。

以蝙蝠、海牛及鸟为例：蝙蝠的翅膀其实是一片覆盖在细长手指上的薄膜；海牛有利于游泳的鳍状肢；鸟翅则是几根手骨接合成能屈曲的长杆，羽毛附着其上。这三种脊椎动物都具有适应其特殊生活方式的肢足，却又彼此一致，一根骨头都不差。它们都有指骨，和类似弹珠的腕骨连接，再连接两根长形骨，然后与另一根长形骨在手肘处接合。欧文在这些一致性（科学家称为“同源”［homology］）中发掘出了一幅共同的身体结构蓝图。

欧文敦促达尔文找出藤壶与其他甲壳动物之间的同源。达尔文私底下认为欧文的原型论是胡说八道，脊椎动物之所以类似，只显示它们其实源自同一祖先。但为了追溯藤壶源自较普通之甲壳动物的演化过程，他必须观察许许多多的藤壶（目前已知的种类有 1200 种）。他向别的博物学者借标本，又研究藤壶化石，甚至还设法借到了大英博物馆的全部收藏。结果他花了八年时间研究藤壶；在这段时间内，他对演化的解释—— 一个和哥白尼以太阳为中心的宇宙论同样具革命性的想法—— 一直被束之高阁。

为什么要拖？一个理由是恐惧，或许达尔文想拖延与几位老师不可避免的正面冲突，另一个理由可能是他太疲倦了。他在海上度过艰苦的五年，接下来八年又孜孜不倦地著书及写论文。他的健康状况自返国后每况愈下，现在已到了经常猛烈呕吐以致虚脱的地步。三十几岁的达尔文需要过平静的生活。另一个令他拖延的原因是悲伤。他最钟爱的女儿安妮于1851年因流行性传染病，才十岁就夭折了。他目睹爱女承受不该有的磨难，从此不再相信天使的存在。安妮死后，他无法跟埃玛讨论自己信仰破灭的问题，研究藤壶可能是他逃避痛苦的办法。

姑且不论他的恐惧、疲倦或悲伤，达尔文的确也为藤壶着迷。事后证明，藤壶是研究演化作用最理想的动物。比方说，达尔文因此发现了他的智利标本藤壶的祖先如何从两性体起源，历经过渡形态，渐次演变，直至产生分离的雌体及雄体。同种藤壶个体之间的差异性也令他极感兴趣，藤壶的身体构造没有一部分是一成不变的。达尔文意识到这丰富的原料储存库，最适合自然选择作用。最早他以为自然选择只会在特殊时段内发生作用，如新岛屿浮出或大陆沉陷。但若有这么多变异可供选择，自然选择大可随时运作。

但这些想法从未在达尔文的藤壶专论中露脸。他出版了一本长达千页的大部头书，为他挣得了赞美、奖项，以及他渴望的博物学者地位。到了1854年，他已准备周全，打算重新开始思考关于自然选择的问题。

自然选择启封

达尔文先从回答胡克的疑问着手。达尔文宣称：目前生活在岛上的动植物并不是在岛上创造的，而是经过修正的移民后代。若此说属实，这些移民必须有法子迁徙到岛上。胡克是经验丰富的植物学者，他知道种子可借风及水散播数英里之外，但他怀疑种子是否真能跨越像达尔文所说的那么遥远的距离。

于是达尔文将种子丢进盐水桶，浸泡四个月，再种在干燥土壤里，结果还是能发芽，因此回答了胡克的问题。他又发现种子可由鸟爪携带，就算被猫头鹰吃下肚，再随鸟粪排出来，仍能存活。达尔文的理论导致一项假设，这个假设已通过测验。

达尔文同时开始研究育种，他陪着育鸽者一边喝着杜松子酒，一边听他们解说如何运用极细微的差异，培育出形态全新的鸽种。达尔文自己也养鸽，杀了之后用水煮，将骨架上的肉剥干净，再检测个体间的差异。他发现每个品种都有显著差异，若在野外发现，人们一定会以为是完全不同的品种。鸽子身体构造的每一部分，从鼻孔、肋骨，到蛋的大小，几乎都和别的变种不同；但是，一般人都知道，所有鸽类变种全是同样一种野生岩鸽的后代。

1856年，达尔文已发现足够的演化证据，他翻开1844年完成的论文，开始重写。论文很快便膨胀成巨著，字数近百万。他将这些年来的所学倾箱倒箧：航途见闻、阅读和谈话的心得、藤壶及种子研究……他决心以排山倒海的实证，淹没任何反对意见。

自从1844年把手稿拿给埃玛看过之后，达尔文很少提起他的理论。但现在他颇有自信，愿和少数人分享——尤其是能够接受新事物的开明青年。被他选中的几个人之中，有一位勤奋的积极向上的年轻动物学家，最近才和他变成朋友，名叫赫胥黎（Thomas Huxley）。

赫胥黎无法享受达尔文那种以绅士身份研究科学的特权。他在一家肉店楼上出生，父亲在一所后来关闭的学校当过老师，又在一家后来倒闭的银行里当过理事，根本没钱让赫胥黎受教育。赫胥黎在13岁的时候，开始做一位医生的学徒，三年之后，随医生来到伦敦，在那里接受外科医生的训练，靠奖学金及向姻亲借贷勉强支撑。为了还债，他唯一的出路便是加入海军，登上“响尾蛇号”，担任随船外科医生的助手。该船的目的地是新几内亚海岸，赫胥黎老早便对动物学产生兴趣，那次航行让他有机会尽量搜集珍禽异兽。

经过四年航行，赫胥黎于1850年返回英国。和达尔文一样，他因那次航程变成一名科学家；和达尔文一样，他的名气也比他的人早到一步，抵达时多篇论文已发表，有关许多怪异生物，如僧帽水母，实际上是一种群居动物。赫胥黎和皇家海军达成协议，停职留薪三年，以便让他能够继续从事研究。结果没有学历的他，在26岁那年便入选成为皇家学会会员。

海军曾三度召他归队，他三度拒绝，结果遭到除名。他留在伦敦到处求

赫胥黎（1825—1895）因为热烈拥护《物种起源》，以“达尔文的斗犬”闻名。

职，最后在矿冶学院找到一份兼职的工作，加上写专栏及评论，总算能够养家糊口。赫胥黎痛恨那些因为有钱、有资金便掌控科学界的人。他靠自己建立起声名地位，可不怕正面抨击英国生物学界的当家老大：欧文。

当时欧文正忙着构思所谓的神圣演化论（divine evolution），他指出：上帝在漫长的时间里，不时以他设计的原型为基础，创造新种。欧文想象众生万物依照神圣的计划，庄严展开，先是一般的生物，而后转到特殊的生物，此乃“神授之持续转化”。欧文为了安抚他那批仍坚持自然神学及物种不变的赞助人，夸口保证生物学仍旧“与最崇高之道德思想相联结”。

无论公开演讲或写评论文章，赫胥黎都嘲讽欧文想把上帝塑造成一名工匠，把化石当成上帝不断进行修改的记录。赫胥黎完全不相信演化——无论是神授或唯物主义的；他认为从地球及生物历史并看不出任何进步之迹象。1856 年达尔文邀请赫胥黎去乡下度个周末，从此改变了他的想法。

达尔文说明自己的演化理论足以解释一切自然界的运作模式，不需假借天意或任何干预行动。他让赫胥黎看他的鸽子和种子，后者很快便被说服，日后成为达尔文最热心的盟友。

达尔文如履薄冰，慢慢为公开发表做准备。本来一切顺利，但 1858 年 6 月 18 日那天，有一封信从世界的另一端寄到唐恩小筑，写信者是一位名叫华莱士（Alfred Russel Wallace）的旅行博物学者。当时华莱士正在东南亚探险，靠搜集动物支付旅费，同时寻找演化的证据。他在 21 岁那年阅读了《遗迹》，从此相信自然万物经年累月步步高升的论点。读过达尔文的航行故事后，华莱士也决定出国旅行。

他先于 1848 年远征亚马孙河流域，后来又抵达现在的印度尼西亚去寻找红毛猩猩，因为他想研究人类的祖先。他一路将一盒盒的甲虫、鸟皮及别的标本寄回给伦敦的商人及赞助人。达尔文便是他的赞助人之一，请他提供鸟皮作研究。就这样，两位博物学者开始通信。

达尔文鼓励华莱士宏观地、有系统地去思考演化的问题，并向后者透露他自己也发展出了一套解释物种起源的理论，华莱士因此决定写信向达尔文说明他自己的想法。达尔文才把信打开，一颗心立刻往下沉。华莱士也读过马尔萨斯的论文，他也在思索繁殖过盛对自然界造成的影响，他的结论跟达尔文一样，认为物种将因此改变，经过一段时间，形成新种。

达尔文在收到华莱士那封信之前，本来打算再写个几年才发表，但此刻他看见另一位科学家已写下和他如出一辙的理论，虽然并非完全一致——华莱士并未强调同种个体之间的竞争，只是指出环境将淘汰不适者——但达尔文绝不愿抹杀华莱士应得的荣誉。他是位君子，宁可把自己的书给烧了，也不愿别人认为他欺骗了华莱士。

于是达尔文联络赖尔，安排在林奈学会（Linnean Society）同时发表华莱士和他自己的研究成果。1858 年 6 月 30 日，林奈学会会员聆听了达尔文于 1844 年完成的论文的摘要，以及他 1857 年写给胡克叙述他想法的信件部分内容，还有华莱士的论文。长达 20 年的秘密研究及烦恼不安，突然就此了断，现在且让世人来作评断。

但外界却一片静寂。达尔文和华莱士的论文在林奈学会一次冗长且议程紧凑的会议中发表，听众毫无反应。也许两篇论文都言简意赅、措辞保守，听众根本不懂他们的立论核心。达尔文决定再写一篇论文，将他的论点发表在科学期刊上。

接下来几个月，他努力想将庞大的《自然选择》手稿精简摘要，可是写着写着，摘要又膨胀成一本书：他预想反对者的攻击，实在有太多论点及例证必须纳入。然后他联络了《研究札记》的出版商默里（John Murray），问后者是否愿意出版第二本书。《研究札记》非常畅销，默里乐意出版新书，书名定为：《物种起源：自然选择》（*On the Origin of Species: by Means of Natural Selection*），现常简称《物种起源》。

在此期间达尔文的健康又出现大的问题。1859 年 11 月，他接到以绿绒布精装出炉的新书时，正在约克郡某温泉养病。赠阅书很快跟着寄到，达尔文寄了一本去印度尼西亚给华莱士，并在书中附上一张短笺写道："天晓得一般大众会怎么想。"

宏伟的生命观

《物种起源》的论点脱胎自 1844 年那篇原始论文，但如今内涵已远较当年广泛，涵括地球上所有的生物。

达尔文决定不从遥远的加拉帕戈斯群岛或珊瑚礁环绕的阴暗海洋深处开始写起，反而从安适的英国日常生活着手，描述借育种者之手发展出来的、形态千变万化的动植物。育鸽者成功地让扇尾鸽的羽毛数目加倍，将毛领鸽的颈毛变成帽状。一只鸟若拥有这些独特的特征便可以被视为一个独立的种，然而育鸽者却只需培育几代，便可创造出来。

达尔文指出，没有人真正了解遗传是如何让育种者创造出这类奇迹的，就连育种者也只知道，某些不同的特征经常会一起遗传，如蓝眼的猫一定是聋子。尽管遗传是个谜，但至少有一点非常确定：亲代通常会繁殖出像自己的子代——不过每一代又会出现一些差异性。

你若在野外看见一只扇尾鸽或毛领鸽，可能会觉得它们是不同种，但很

育鸽者利用人工选择创造出众多变种，令达尔文印象深刻。他领悟到自然也可借类似的过程创造出新的生命形态。

奇怪，它们却仍能交配，生出小鸽。其实，达尔文指出，想分辨野生动物是同种还是变种，非常困难。生物学家经常为某些橡树是否属于同种而辩论。达尔文认为造成困惑的原因，乃是变种仍具有和种相同的特征，而这是因为变种往往是新种的发轫。

新发轫的种又如何发展成完全独立的物种呢？这时达尔文搬出了马尔萨斯。就连繁殖速度缓慢如人类或秃鹫，都可以在二三十年后数目加倍，在几千年内充斥整个地球，但动植物经常大量死亡。达尔文回忆有一年非常冷，唐恩小筑附近的鸟死了将近五分之四，表面上看来宁静安详的大自然，其实经常发生看不见的大屠杀。

同种有些个体纯属侥幸，逃过劫难考验，但有些个体却因为具备某些特质，才不容易死亡。幸存者得以繁殖后代，不适者却死了。换句话说，大自然也是一位育种者，而且它远较人类育种者优秀。人类育鸽只能培育出一项特征，如尾羽；大自然却能培育出数不清的特征——不仅止于血肉之躯的特征，甚至包括本能。“它可以改变每一个内脏器官、每一种体质上的细微差异，以及整体的生命机制。”达尔文写道，“人只为自己的利益作出选择；大自然却为它守护对象的利益而作出选择。”

况且育种者的工作时间有限，大自然的时间却无限久远。“你可以说自然选择无时无刻不在全世界审视每一种差异，包括最细微的差异，”达尔文写道，“我们看不见正在进行中的这些缓慢的变化，直到光阴的洪流刻画出久远之间隔。”

变种经过自然选择作用的时间够久，便会变成独立的新种。如果一种鸟具有两个变种，经过一千代，可能就会变成两个不同的种。同种的个体不但必须彼此竞争，还得和别种的个体竞争，相似种之间的竞争尤其激烈，其中一种迟早会遭到淘汰灭绝，达尔文指出这便是所有已灭绝化石动物的解释。它们并未凭空消失，而是被别种动物淘汰了。

为帮助读者了解这个过程，达尔文在书中画了唯一的一张插图：最底下只有少数几个原始物种，像树枝一样往上长，日积月累后分岔长出新枝，许多分支既短又细——即后来灭绝的变种或新种——有些分支却一直长到最顶点。生命并不是一条巨链，达尔文说，而是一棵分枝繁茂的树。

《物种起源》是一本防卫性极强的书，因为它的作者多年来静静聆听其他科学家嘲笑演化，也想象自己遭受嘲笑。他逐一反驳所有反对论调。如果新物种真的是从旧物种逐渐变来的，为什么动物之间的差异会这么大？达尔文的答案是：两个类似种经过竞争之后，通常一方会灭绝，因此现生动物只是所有曾经存在过的物种经过分散筛拣后的结果。

为什么我们看不见这类居间型（intermediate forms）动物变成的化石？达尔文提醒读者，化石本来就只能提供生命史的片段记录。动物尸体在变成化石之前，必须先被完整地埋在沉淀物内，然后变成岩石，再逃过火山地震或侵蚀的破坏，成功的几率少之又少，所以单一物种虽然有数百万个体，留存下来而且被人发现的化石却可能只有一个。化石记录中的缺漏间断不是例外，而是正常现象。“地壳便是一座庞大的博物馆，”达尔文写道，“然而自然的收藏却经常间隔邈远。”

自然选择怎么可能创造出复杂的器官，或创造出由众多相互依存的部分组成的一整个身体？例如，自然选择如何创造一只蝙蝠或一个眼睛？我们不可能期望化石透露完整的故事，达尔文转而以活生生的动物作为模拟，证明这类转化至少是可能的。他以松鼠为例来说明蝙蝠：许多住在树上的松鼠都有四条普通的腿和一根细细的尾巴，但也有些种类具有扁平的尾巴和松弛的皮肤；更有些松鼠具有连接四肢，甚至尾巴的皮膜，可以像打开降落伞一般从树上飞下来。接着达尔文又提到飞狐猴（flying lemur，即鼯猴），那是一种会滑翔的哺乳动物，具有细长的手指和一片从颚部延伸至尾巴的皮膜。

从上述可见的由普通四脚哺乳动物循序渐进发展出类似蝙蝠的身体构造，很可能蝙蝠的祖先便经历过这一连串演化过程，而且更进一步，演化出飞行所需的肌肉。

同样的，动物不需要一下子突然在头上长出一只完整的眼睛。无脊椎动物如扁虫等，只有几根视神经，末端覆以对光敏感的色素；有些甲壳动物的眼睛无非是一片覆在一层色素上的薄膜。假以时日，这片薄膜可能与色素分离，开始粗具透镜的功能。再经过许多小小的修正，这样的眼睛就能变成精确的望远镜，跟鸟及哺乳类的眼睛一样。一点点视力也胜过完全没有视力，因此每踏出新的一步，自然选择都将予以奖赏。

达尔文提出自己发现的自然选择之后，开始探讨其他科学家的理论，列举其影响及启示。达尔文年轻的时候崇拜佩利，如今他却指出自然的设计并不需要一位设计者的直接控制；冯贝尔解说不同动物之胚胎在早期都很像，后来才愈变愈不一样，对达尔文来说，这显示动物皆具有共同的传承，发育上的差异是在它们的祖先分歧之后才出现的。

达尔文甚至也吸收了欧文的原型论。“我认为欧文的原型并非观念论，而是最精确、最能概括脊椎动物祖先的真实代表。”达尔文曾经在写给同行的信中这样表示。对欧文来说，蝙蝠翅膀与海牛鳍状肢之间的同源，昭示了上帝做工的思路；但对达尔文来说，同源则显示遗传。

达尔文谨慎地避开讨论其理论对人道的指涉。“我看见在遥远的未来，更重要的研究区域将豁然展开，心理学的基础将焕然一新，渐次地、全面地开发人类的心智力量。人类之起源及历史，将获得阐明。”

他不愿重蹈钱伯斯《遗迹》的覆辙，只想说明自己的论点，不希望感情用事。不过达尔文仍试图排解读者可能会萌生的绝望情绪，在卷末写道：“由是，吾辈所能想象最光荣的事物，即高等动物之形成，将继自然之战争、饥荒与死亡之后出现。这是个宏伟的生命观，自然运用它的数种力量，将生命注入数种或单一形态中；随地球因引力作用不断轮转，数不清最美最奇妙的形态便从如此单纯之滥觞涌现，从古至今，持续演化。”

人猿 VS 主教

那年冬天，英国大风雪不断，成千上万的人窝在炉火前阅读达尔文的书。初版的1250本当天便一抢而空，到了第二年一月又加印3000本。赫胥黎去信赞美达尔文，同时警告他准备开战。“我已将爪喙磨利，严阵以待。”他许下承诺。一般报纸只刊出短文报道该书，但被文化界用来作为19世纪各种伟大思想之论坛的评论刊物，却作了深度讨论。赫胥黎及达尔文其他的盟友对它赞誉有加，但是多家评论刊物却指责它是冒渎。《评论季刊》（*The Quarterly Review*）宣布达尔文的理论“否认创世者与创造物之间的关系”，同时“抵触上帝圆满之荣光”。

最令达尔文气愤的评论，出现在1860年4月号的《爱丁堡评论》

（*Edinburgh Review*）中。虽然作者未署名，但明眼人一看便知出自欧文笔下。那篇文章充满恨意，欧文骂达尔文的书“妄用科学”，埋怨达尔文及其信徒假装自然选择是自然界中唯一的创造法则。欧文并非反对演化，他只是不喜欢他称之为盲目的唯物论。

欧文办不到的事，达尔文却办到了。欧文一直想综合生物学的发现，却只能想出原型及持续创造这类含混不清的观念。达尔文却找到一个可以解释物种间相似处，涵括每一代生物的运作机制。

欧文写那篇文章，是想发泄他对达尔文及赫胥黎的怒火。赫胥黎一直利用公开演讲挞伐他，口气恶毒，令他震惊。赫胥黎鄙视欧文是冒牌科学家，又是贵族面前的马屁精，嘲讽欧文的持续创造论荒谬无稽。欧文恼羞成怒，有一次在公开演讲中，竟怒视赫胥黎，宣称任何人若看不出化石记录乃持续彰显出的上帝的大智大慧，肯定“有某种先天性的心智缺陷”！

两人最猛烈的论战，在《物种起源》发表前一年爆发。当时欧文企图证明人类和其他动物明显不同。19世纪50年代，生活在隐秘丛林中的红毛猩猩、黑猩猩及大猩猩相继被发现，欧文解剖并研究猿类身体及骨骸，努力想找出和人类不同的特征。倘若我们只是类人猿的变异种，那么人类的道德观念会变得怎样呢？

欧文认为人类和动物最大的不同点，是我们的智力——我们说话和分析的能力。因此他特别仔细研究类人猿的大脑，想发掘构造上的差别。1857年，他宣布找到一个关键：人脑和类人猿的大脑不同，其大脑半球体向后延伸极长，形成第三瓣，欧文将它定名为“小海马区”（hippocampus minor）。他宣称此构造独一无二，足以将人类独立归为另一个亚纲。拿人脑来和黑猩猩的脑比，就像拿黑猩猩的脑和鸭嘴兽的脑比一样，天差地远！

赫胥黎却怀疑欧文用的大脑标本保存太差，所以才被误导，显然他是根据一个基本的错误来分类的。（赫胥黎讥讽这种分类像是“建立在牛粪堆里的仿科林斯神庙柱廊”！）赫胥黎认为其实人脑和大猩猩的脑根本没有差别，就像大猩猩与狒狒的脑没有差别一样。“以人的大脚趾来作为人性尊严的依据，或暗示类人猿若有小海马区人类就完蛋的人可不是我，”赫胥黎写道，“相反的，我一直倾全力想扫除这种虚荣心态。”

欧文在气愤之余写下对达尔文《物种起源》的评论，使他与赫胥黎之间

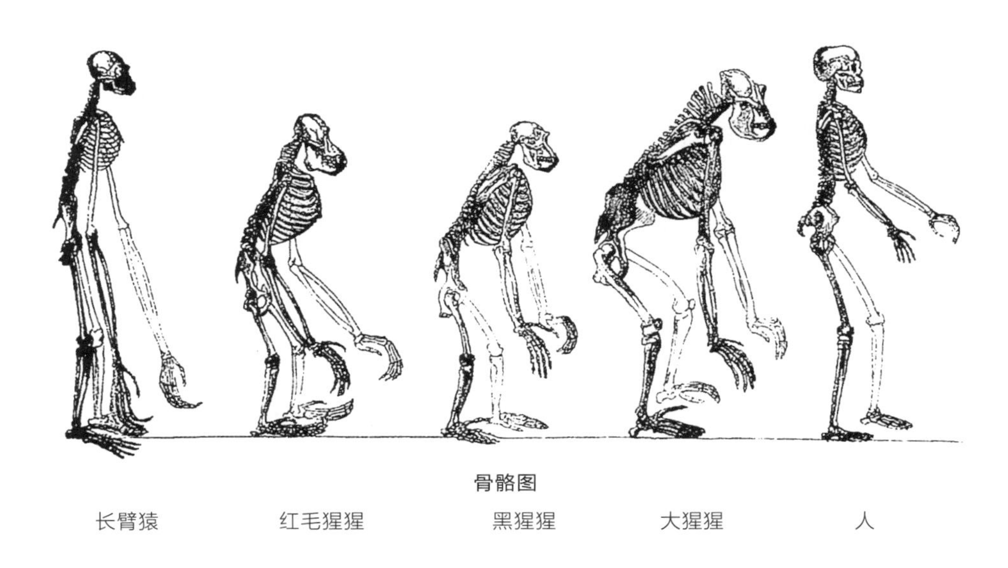

大猩猩及其他类人猿被发现之后，人类和这些灵长类间惊人的相似处相继被发现；赫胥黎将此图列在他 1863 年出版的《人类在自然界中的地位》（*Man's Place in Nature*）一书中。此图乃根据皇家外科医学院博物馆内标本，由霍金斯（Waterhouse Hawkins）先生绘制而成；图中除长臂猿外（放大两倍），大小比例皆与实物一致。

的敌对情势更形高涨，终于在几个月之后的 1860 年 6 月，一触即发。英国科学促进协会在牛津举行年度大会，与会者上万，身为协会主席的欧文在 6 月 28 日那天发表演说，再一次解说人脑和类人猿脑子之间的差别。赫胥黎早就布下埋伏，在演说结束时站起来宣布他刚接到一位苏格兰解剖学者的来信，后者表示他解剖了一具新鲜的黑猩猩脑，发现其构造和人脑出奇相似，也具备完整的小海马区。欧文在众目睽睽之下，哑口无言。赫胥黎想羞辱他，选择这个场合再狠不过。

打赢大脑一役的赫胥黎，决定隔天离开牛津，可是他撞见了《遗迹》的匿名作家钱伯斯，后者听说赫胥黎打算离开，大表惊骇，难道他不知道明天将发生什么事吗？

牛津城内谣言满天飞，说威尔伯福斯（Samuel Wilberforce）主教隔天将攻讦达尔文。多年来威尔伯福斯一直是宗教界反对演化论的喉舌；1844 年，他攻击《遗迹》，指责它为污秽的空论，现在他认为达尔文的书也一样。大会安排一位名叫德雷珀（John William Draper）的美国科学家隔日演讲，讨论达尔文主义对社会造成的影响，威尔伯福斯将利用此机会，在英国最重要的科学会议上，公开抨击达尔文。大会期间，欧文都住在威尔伯福斯家中，可想而知，一定会对主教耳提面命一番。钱伯斯力劝赫胥黎留下，在德雷珀演讲会场上为达尔文辩护。

隔天会议由欧文作开场白，上千位观众将会议厅挤得水泄不通，欧文对大家宣布："让我们认真地从事科学研究，信心十足地相信磨炼愈多，智能愈长，我们才愈有价值，也愈值得和上帝接近。"

德雷珀的演讲主题为："从达尔文先生等人视生物演化由自然作用控制之观点，看欧洲智能之发展"。整个演说内容冗长乏味、立论薄弱。当时也在观众席间的胡克，后来描述德雷珀的演讲是"虚张声势"。会议厅内的温度升高，观众开始头昏脑涨，却没有一个人离开，大家都想听主教说话。

德雷珀讲完之后，主教站起来开口了。日前他曾写了一篇评论达尔文新书的文章，基本上那天他只不过重新包装，改写成讲稿。他并不否认《圣经》应成为科学检验的对象，不过他在书评中写道："但这并不表示我们不该站在科学的立场，指出科学的错误，尤其是那些令上帝创世之荣耀减色的错误。"

达尔文便犯了这种错误。他的书纯属臆测，几乎没有提出任何证据，整个理论完全架构在所谓自然选择的这个新观念上。"然而，"威尔伯福斯写道，"有谁发现任何自然选择的例证？我们可以大胆断言：没有！"

威尔伯福斯转而支持佩利及欧文。"万物皆为至高永恒神旨之誊本——秩序完美，无所不在，因其精髓即至尊无上万物之主。"他宣称。

讲完之后，威尔伯福斯看着赫胥黎，半调侃似的问，他的人猿祖先是祖父那边，还是祖母那边的亲戚？

事后赫胥黎告诉达尔文及其他朋友，当时他立刻转头拍拍坐在旁边的朋友的膝盖说："上帝把他交到我手里了！"他站起来厉声讥刺威尔伯福斯，表示除了刚才那个关于赫胥黎祖宗家谱的问题之外，主教的一席话了无新意。"好吧，如果你问我，宁愿选择一头可怜的人猿当祖父，还是选择一位头脑聪明、位高权重，却只晓得利用聪明权势，以冷嘲热讽干扰严肃科学讨论的人，那么我一定会毫不考虑地选择那头人猿！"

听众立刻哄堂大笑，这时只见一位“白发苍苍、鹰钩鼻的老绅士”（胡克的描述）从听众席正中央颤巍巍地站了起来，气得全身发抖。原来是菲茨罗伊船长。

这些年来菲茨罗伊和达尔文的关系逐渐冷淡。船长认为达尔文记述小猎犬号航行的书妄自尊大，完全忽略了菲茨罗伊及船员的协助。虽然以前菲茨罗伊曾涉猎赖尔的古地理学，但后来又回归到《圣经》。菲茨罗伊也曾出书记载那次航行，将他和达尔文所见全归因于诺亚大洪水。达尔文不仅放弃洪水论，甚至更进一步放弃了上帝创造万物的信念，鼓吹起异端邪说，令他厌恶至极。

菲茨罗伊来牛津就暴风雨做一场演讲，凑巧听说德雷珀将发表演说。他在赫胥黎讲完之后，站起来表示达尔文发表抵触《圣经》的论调，令他万分失望，又说阅读《物种起源》令他“痛苦万分”。然后他双手紧握《圣经》，高举过头，大声疾呼，要求听众相信神，别相信人，结果遭到全场嘘声。

最后终于轮到胡克讲话。他爬上讲台攻击威尔伯福斯。事后他写信给达尔文描述自己的讲话内容。“我让大家知道：一、他绝对没有读你写的书，二、他对最基本的植物学一无所知。会议就此解散，确定了你的领袖地位。”

达尔文如果算是领袖的话，也是位缺席的领袖。年满50的他，几乎已成为一名隐士，完全避开牛津会议。在胡克与赫胥黎为他辩护的同时，他再度赴里士满村求医治疗痼疾，一待数周。他一边休养，一边充满敬畏地阅读朋友的来信，描述他们的演讲内容。“要我在那种场合反驳主教，我恐怕会一命呜呼。”他写信对胡克说。

牛津会议很快变成传奇，和所有传奇一样，真正发生的事全被粉饰遮盖消失了。参与这出戏剧的每个角色各说各话，每个人都宣称自己是赢家。威尔伯福斯确信他辩赢，赫胥黎及胡克则认为是自己给了主教致命的一击。直到现在都没有人确定在那个温暖的六月天里，到底发生了什么事，达尔文自己也搞不清楚。他只清楚一件事：20年来的躲藏终于结束了。

达尔文在有生之年便被尊为科学界的领袖之一。到了19世纪70年代，几乎所有英国科学家都已接纳演化——即使他们并不同意达尔文描述的演化扩展方式。今天达尔文的雕像矗立在伦敦自然历史博物馆内，棺木则埋在威斯敏斯特教堂内，与牛顿之墓比邻。

但是，关于《物种起源》最大的反讽是：人们一直要等到20世纪，才认清它真正的威力；到这时，古生物学者及地质学者才确定地球上生物的历史，生物学者才发现决定遗传与自然选择的构成分子，科学家才真正开始了解演化塑造地球上一切的一切——从冷冰冰的病毒到人类大脑——的强大威力。

3

回溯时间深度：发现生命史的发展历程

地质学家也有属于他们的圣地麦加，地点在深入加拿大西北地区的阿卡斯塔河（Acasta River）的其中一段。你可以花几天划独木舟溯河而上，或在耶洛奈夫（Yellowknife）搭水上飞机，往北飞越一大片半是陆地、半是水域的无人区域。冰河期的冰河将大片水域雕塑得千奇百怪，成千的湖泊水塘绵延不绝，有些串连成臃肿的河段。小飞机在水面滑行，停在河中央一座细长小岛旁，河岸上长满黑云杉、石蕊、石南及地衣。鸻的啁啾，划破寂静，蚊蚋死命往你皮肤里钻。

一片裸露的石墙坍入水中，你可以踩着乱石堆往下爬。此地的岩石全是花岗岩，深灰色，缀有细碎的长石，看起来和别处的花岗岩并无不同，唯一不同的是：这里一些岩石的历史超过了40亿年，是地球上已知最古老的岩石。形成这些岩石的矿物质从地球的婴儿期到现在，一直未曾分裂，其间大陆却不知已分分合合了多少次。

这堆石头的年代如此久远，几乎超乎我们想象。如果我们伸开双臂，以此长度作为一年，你必须找足够的人，手拉手环绕地球200次，才相当于阿卡斯塔岩石的年龄。尽管这个景象难以想象，却一定能让达尔文大为开心。

达尔文提出演化论时，并不知道有如此古老的阿卡斯塔岩石；要再等50年，能够鉴定其年代的物理学方法才会出现。达尔文一直怀疑地球年代久远，

加拿大西北地区的阿卡斯塔页岩，其历史超过40亿年，为地球上已知最古老的岩石。

才可能符合演化循序渐进、速度缓慢的理论。但是直到20世纪，古生物学家及地质学家才得以精确描绘出地球历史的这片未知区域。他们发现了一个方法，不仅能够确定新生命形态在地球上出现的顺序，还能断定其年代：从距今38.5亿年前最早的生命迹象，到6亿年前最早的动物，再到15万年前最早的人类。

余温犹存的年轻地球

所有反对达尔文的声浪——无论是来自宗教界、生物学或是地质学界——最令他耿耿于怀的话题，便是地球的年代。在这方面反对他的人并非主教、生物学家或地质学家，出人意料地，竟是一位物理学家。

达尔文发表《物种起源》时，原名汤姆森（William Thomson）的开尔文爵士（Lord Kelvin）已是世界闻名的物理学家。开尔文认为宇宙是一团能量、电流及热能。他指出电的作用像流体，就跟水一样；又解释"熵"如何主宰宇宙：除非接收到能量，否则万物都将从有秩序变成无秩序，例如一根蜡烛烧到底，释出的油烟、气体及热能，永远不可能自动结合，重新变成一根蜡烛。

开尔文的研究内容虽奥秘难懂，但他应用得当，设计出联结欧洲及北美洲的越洋电报电缆，因而致富。当他搭乘电缆船随波在大西洋上漂荡时，有时便会思索地球到底有多老。开尔文虽是虔诚教徒，却并不盲信《圣经》，认为地球只有几千年历史。他认为可以用科学方法研究地球的热度，推测出大约的时间。

矿工都知道，开矿时挖得愈深，地底的石头愈热。开尔文对此热能的解释为：地球是一些崩毁的迷你行星撞击在一起的结果，撞击产生的能量形成一大团熔岩（后来证实这项推论无误）。开尔文又认定，一旦撞击结束，地球不可能再接收新的热能，所以它会像余烬般逐渐冷却；表面当然先冷却，但内部至今余温犹存，直到遥远未来的某一天，地心才会和地表一般冷。

开尔文爵士利用地球温度计算出地球只有2000万年的历史。他并不知道自己的推算其实受到了放射性物质的影响。

开尔文和另外几位物理学家推演出精确的预测物体冷却的方程式，应用在整个地球上。他先测量岩石失温的速度，再测量最深矿井的温度，套入方程式，算出1862年时的地球，所经历过的失温时间不超过1亿年。

开尔文最早的动机，是想用

物理学凸显出地质学的粗陋。他在读完《物种起源》后，立刻得意地用自己计算出来的结果攻击达尔文。深信赖尔古地质学说的达尔文认为，自然选择有很长的时间可以从容工作，足以渐次改变生命。但根据开尔文的计算结果，这样的时间却不够长。开尔文本人并不激烈反对演化理论，他甚至相信所有的生命可能皆从细菌开始，但他相信现今世上一切生命乃上帝巧手设计的明证，于是他以自己对地球年代的预测，一刀砍倒达尔文。

赫胥黎为了替达尔文辩护，决定折中——赫胥黎极少向批评的人妥协，这是个特例。他说，生物学者必须接受地质学者及物理学者计算出来的地球年代，研究出演化如何在这段时间内发挥作用；倘若地球历史只有1亿年，那么演化的速度必须极快。华莱士则更进一步，他指出：在某些时候，演化的速度可以比现今快许多；地球随着轴心旋转摆动，可能经历了严苛的气候考验，促使演化高速进行。

达尔文却不满意这种解释，他曾在一封信里写道："汤姆森爵士所计算出的短暂的世界历史，令我极度不安。"同时间，开尔文却不断以新测量到的地球温度数据，屡次修改计算结果，将地球年代愈缩愈短。等他终于罢手时，地球只剩下2000万年的历史。达尔文除了在一旁咬紧牙关外，完全束手无策。他整天辛苦地建构演化论，"半路却杀出汤姆森爵士这个可恨又可怕的幽灵！"

藏在原子内的时钟

开尔文推算地球年龄乃根据一项基本假设（后来证明是错误）：地球本身不具热源。殊不知地球暗藏一种热能。1896年，即达尔文过世14年后，一位名叫贝克勒耳（Henri Becquerel）的法国物理学家将一小块包好的铀盐放在照相板上，经冲洗显像后，他在上面看见许多明显的光点，意识到原来铀会释放一束束的能量。7年后，居里夫妇也证实镭会持续释放热能。

贝克勒耳及居里夫妇在原子的基本结构中发现了一种能量来源。原子有三个主要部分：质子、中子及电子。携带负电的电子不断在原子周边绕行，携带正电的质子则端坐在原子核中心。每一种元素的质子数目都不同：氢有1

居里夫人和她的丈夫皮埃尔发现镭在衰变时会释放出热能，
这项发现有助于证实地球比某些人所认为的更为古老。

个质子，氦有 2 个，碳则有 6 个。另外还有一种不带电的中子，也位于原子核中。同一元素的不同原子，有时中子数会不一样，如地球上最常见的碳原子具有 6 个质子及 6 个中子（一般称为碳 12），但少数碳原子却为碳 13 或碳 14。利用这些同位素，便可断定地质时间。

原子核内的质子及中子，有点像杂货店里堆成一摞的柳橙：有些堆得很稳，有些迟早会散落。维系橙堆不倒的力量是地心引力，稳定质子及中子的却是别的力量。不稳定的同位素分裂时，会释放出一股能量，以及一个或一个以上的粒子（亦即放射，或称辐射），在这个过程中，它可能变成另一种元素。比方说，铀 238 分裂时释放出 2 个中子及 2 个质子，变成钍 234；不稳定的钍 234 再衰变成镤 234，然后再持续衰变。经过 13 个一连串的居间元素之后，铀 238 才终于变成稳定的铅 206。

虽然我们无法准确预测单一原子何时将衰变，但是众多同类原子必定会

最古老的陆栖动物化石记录——如图中的翼龙——距今 3.6 亿年；但 3.6 亿年仅占生命史的十分之一还不到。

遵循某种统计原则。原子在任何一段时间内具有一定的衰变可能性。比方说，假设一粒卵石内有 100 万个放射性同位素，而这种同位素在一年内衰变的几率为 50%。一年之后，卵石内只剩下 50 万个同位素，其中 50% 又将在第二年内衰变，剩下 25 万个。就这样，每年都有一半同位素消失，直到 20 年后，一个也不剩。物理学家称此测量单位为"半衰期"，即任何放射性元素定量的一半衰变所需的时间。例如，铀 238 的半衰期为 44.7 亿年；其他元素的半衰期有些长至数百亿年，有些则短至数分钟，甚至数秒钟。

控制原子的定律当然不是根据某种"直觉"，它们十分准确。如果不精准，计算机便无法运作，核弹也不会爆炸了。早在计算机及核弹发明之前——精确地说，早在贝克勒耳及居里夫妇开始进行研究没几年之后——物理学家已经因为发现这类定律，意识到开尔文年轻地球说的基本错误。铀及其他诸如钍及镤等放射性元素，都是埋藏在地球中的矿物，它们不断衰变，释放出热能。开尔文以为地球很年轻，因为地球自成形后并未冷却得太多。但他不知道的是，放射性可以让地球保温很久很久。

打破迷思的人是一位名叫卢瑟福（Ernest Rutherford）的物理学家。卢瑟福计算出许多放射现象的基本法则，显示这种元素间的转化作用，就像大自然的炼金术。1904 年，在加拿大蒙特利尔市麦吉尔大学任教的卢瑟福回英国公开演讲，谈论自己的新发现：

> 我走进光线阴暗的房间，立刻看见坐在听众席间的开尔文爵士，心想讲到最后一段有关地球年代的部分，我的麻烦可大了，因为我的看法与他矛盾。幸好开尔文睡着了，可是就在我讲到重要部分的时候，我看见那老家伙突然坐直，睁开一只眼睛，憎恶地瞥了我一眼！这时我灵机一动，宣称开尔文爵士是在"假设没有发现新热源的情况下"计算的地球的年代。感谢他的先见之明，我们今晚才能在这里讨论这个主题：镭。你瞧瞧！老家伙立刻对我展眉一笑。

这是卢瑟福的版本，但开尔文从未公开修正自己的推算结果。听过卢瑟福的演讲两年之后，他还写信给《泰晤士报》，坚持地底下没有足够的放射性物质让地心保温。

亚利桑那州的“大陨石坑”是5万年前由一颗陨石撞击后形成。陨石乃太阳系初期的遗物。科学家通过分析陨石，推断出地球生成年代为45.5亿年前。

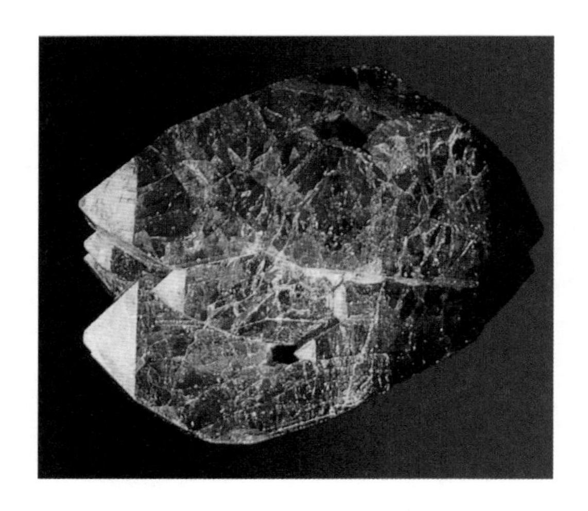

锆石能困堵铀及铅，其内所含的铀及铅因而成为极精确的地质定时器。

卢瑟福明白放射性不但可以证明地球年代久远，还能测知地球到底有多老。岩石内含的铀必将逐渐衰变成铅，因为物理学家已测出铀的精确半衰期，因此便可透过测量石头内剩余铅及铀的比例，鉴定岩石的年代。

地质学家很快便运用这个方法推算出各种岩石的年代——不是以数百万年计，而是数十亿年！后来他们更改进卢瑟福的计时法，提高其精确度。他们不再只测量整块石头中铅与铀的比例，改为测量岩石许多不同部分，然后比较铀含量本来很低及很高的部分。如果石头内的铀衰变率一致，那么取自不同部分的样品应该显示出同样的年代，结果大部分案例都如此。

地质学家还学会同时用两种不同的时钟测量年代。有些岩石除了铀 238 之外，还含有铀 235，后者衰变成另一种铅的同位素：铅 207，其半衰期也不同，只有 7.04 亿年。经过两种独立测试，地质学家通常可以进一步减低鉴定岩石年代的误差。

他们同时排除了铀或铅在岩石形成后才渗入的可能性。某类岩石在形成期间，锆原子会与氧原子结合形成一种名叫锆石（zircon）的结晶。锆石就像一个微型监狱，它里头所有的铀或铅原子都极难逸出，外界的原子也极难渗入。被关在锆石监狱内的铀慢慢变成铅，完全不受外界影响。地球物理学家即利用锆石，推断出阿卡斯塔岩石的年代为40.4亿年；他们将一束通了电流的粒子射入锆石内，震荡出小团同位素，进行测量。因为有这么多种不同的测验可以交叉比对，科学家得以将误差减低至1200万年。1200万年对我们来说虽然非常漫长，但对阿卡斯塔岩石来说，这样的误差却小于0.3%。

阿卡斯塔岩石虽是地球上已知最古老的岩石，其实却在地球诞生5亿年后才形成。因此地质学家需要来自太空的礼物，才能断定地球真正的年龄。20世纪40年代，科学家开始研究陨石内的铅同位素——大部分的陨石都是太阳系形成后留下来的太空垃圾。1953年，加州理工学院地质学家帕特森（Claire Patterson）测量了撞击出亚利桑那州直径1.2公里的“流星陨石坑”（Meteor Crater）的那枚陨石内的铅及铀，发现它几乎不含任何铀，因为大部分铀原子早已变成铅。这块陨石在太阳系的婴儿期成形，其后便一直绕着太阳转，几乎未曾经历任何变化。

陨石和地球的基本构成相同，只不过其组成元素——包括铀及铅——的比例不同。帕特森比较了地球岩石及陨石内铀及铅的含量，推断地球的年代为45.5亿年。

为什么地球成形的时间和它最古老的岩石相差了5亿年？地质学家运用断定岩石年代的方法，发现地壳不断遭到摧毁，同时被新的岩层取代。地壳由许多漂流的板块组成，岩浆从地心涌出，使板块的一边增厚，另一边下沉，埋入隔壁板块的下方。不断往地心下沉的同时，温度升高，板块慢慢熔解。这一部分所含的化石，亦随之毁灭。

大陆洲便是位于漂流板块上方、密度较低的漂浮岛屿。当某块板块沉入另一块底下时，上方的大陆洲并不会被连带吸下去，某块岩石若是运气好，正好位于大陆洲内部，便可避开地球的赤焰轮回——同时也保存住化石与其他生命历史的线索。阿卡斯塔岩石便是这样一个地质上的幸运儿。

许多时钟，一个故事

铀并不能断定所有岩石的年代，而锆石这种精巧的时钟，只可能在特定的冷却熔岩中形成。碰上沉积岩，铀—铅断定年代法便无用武之地。另一个问题是，铀必须经过几百万年的作用时间，转变出的含铅量才有办法测量得到。万一研究对象只有几万年历史——如人类史——铀就没用了。幸好，地球化学家能使用的时钟不限于铀及铅，他们可以依据研究对象类别，选择其他数十种放射性元素。比方说，若想断定人类史的年代，科学家便可利用碳的同位素之一，碳 14，因为它的半衰期仅 5700 年，非常适合断定过去 4 万年内的年代。

当不断从太空射入的带电粒子撞入大气中的氮原子内时，碳 14 便诞生了。但这种转化只是暂时的，碳 14 原子迟早将衰变回氮原子，并在此过程中释放出一些次原子粒子。只要是活着的植物，便会不断吸收空气中带有新形成之碳 14 的新鲜二氧化碳，所以植物纤维内便维持着一定程度的碳 14；吃植物的动物情况也相同。可是动植物一旦死了，就无法再吸收新的碳 14，随着这种同位素开始衰变成氮，碳 14 的储量便逐渐减少。因此，借着测量死亡动植物组织内剩下的碳 14，便可推算其年代。

古生物学者利用同位素时钟排列出生命史的精确年历。达尔文生前不但不知道地球到底有多老，甚至无从确知任何化石的年代。他与同时代的科学家顶多只能断定某一化石出自哪个地质时期。已发现到化石的最古老时期为寒武纪，至于更早期的岩层，全部被笼统称为前寒武纪。对达尔文来说，前无来者的寒武纪化石，就和开尔文的温热地球说一样令人迷惑。他在论述自然选择演化时写道:“若此理论真确，那么不容置疑，在寒武纪最底层的沉积形成之前，必定还有一段极漫长的时期，那时世界已充斥生物。但为何至今尚未发现早于寒武纪时期的富含化石之沉积？在此我无法提出令人满意的答案。目前这个问题找不到解释，足以作为反对上述观点的有力论点。”

古生物学家现在知道前寒武纪的世界的确充满生物，而且早在 38.5 亿年前便充满了生物。最古老的生命痕迹来自格陵兰西南海岸，虽然在那里找不到化石（传统定义的化石），但生物除了能够留下身体部分——如头骨、甲壳，或一片花瓣的印痕——之外，还会留下一种特别的化学证据，现在科学家已掌握了侦测它们的方法。

有机碳化合物，如木头或头发，其内所含碳 13（C-13）与碳 12（C-12）的比例，比火山里喷出来的无机碳化合物（如二氧化碳）内的比例低。科学家便借此探知岩层内的碳是否曾存在于生物体内。比方说，一片榆树上的榆叶，内含 C-13 较 C-12 低，毛虫吃了榆叶，吸收叶里的碳，纳入身体组织，所以毛虫体内 C-13 的比例也会较低；依此类推，吃毛虫的鸟亦然。鸟、毛虫和树叶迟早都会死，死后全化成土壤，最后被冲入大海，变成沉积岩。这些岩石一部分是由历经生命新陈代谢的碳所形成，内含 C-13 的比例也较低；但在地球出现生命之前形成的沉积岩，因其成分来自火山岩浆，C-13 的比例会很高。

1996 年，一群来自美国及澳大利亚的科学家远赴格陵兰西南部荒凉列岛的曲折峡湾，去调查地球上最古老的沉积岩，其中有一层被火山岩贯穿，这些科学家利用火山岩中锆石内藏的铀铅时钟，断定岩层年代距今 38.5 亿年。接着他们筛选四周的岩层，这些岩石历经烘烤、挤压，早已面目全非，但研究人员却在沉积岩内发现一种名为磷灰石（apatite）的矿物质，内含微量的碳。他们将样品带回实验室内，用离子束震碎磷灰石，再计算其内含的碳同位素，发现磷灰石内含 C-13 的比例，就和现代的生物碳一样低——这个比值只可能来自生物。

科学家无法断定在格陵兰这些岩石形成以前，生命已存在多久时间，因为早于 40 亿年前的岩石都已不存在了。但我们可以确定一点：生命必定从地狱之火中发轫。地球在形成的最初 6 亿年内不断遭到巨大的小行星及迷你行星撞击，有些体积之大，足以使海面下几尺深的水沸腾，摧毁其中一切生命。或许有些生物和现在一些细菌一样，藏在海底热泉附近，逃过一劫。后来雨水再度注满海洋，微生物又从藏身处浮现。无论生命如何开始，待它在格陵兰岩层留下痕迹时，生命已进入全盛期。那时海洋里充斥着能够利用阳光或热泉化学作用之能量制造食物、自给自足的细菌；后来它们可能又成为掠食性细菌的食物及病菌的寄主。

最古老的细菌化石年代距今 35 亿年，距离最早期留下化学痕迹的生命，又隔了 3.5 亿年。这批化石于 20 世纪 70 年代在澳大利亚西部被发现，内含精细的微生物链，看起来就如同现在的蓝绿藻（blue-green algae，又称藻青菌）。往后数十亿年，这些细菌在海岸浅水区形成大片黏浆；到了 26 亿年前，便在陆地上形成一层薄壳。

当然，生命形态不只是细菌而已。我们人类所属的“真核生物”（eukaryotes），便包括动物、植物、真菌，以及单细胞的原生动物（protozoans）。最古老的真核生物证据也非传统化石（所能找到的最古老化石距今仅12亿年），乃是含有机物质分子的分子化石（molecular fossil）。真核生物与细菌及其他生命形态的不同处，在于其细胞膜的结构，它经过一种称为固醇（sterol）的高油脂酸强化。（胆固醇便属于固醇之一，若血管内含量太高，便有危险；但你也少不了它，否则你的细胞将会分解。）20世纪90年代中期，澳大利亚国立大学的布罗克斯（Jochen Brocks）带领一群地质学家，到澳大利亚西北部一片岩层（用铀铅法已断定其年代距今27亿年），往下钻了700英尺，结果在页岩里发现了含固醇的油脂分子痕迹。由于地球上只有真核生物能够制造这种分子，布罗克斯小组因此断言：早在27亿年前，真核生物——可能是类似阿米巴原虫的简单真核生物——便已演化成形。

生命长大时

往后10亿年，真核生物和细菌一样，都维持极微小的形态。到了18亿年前，第一个多细胞化石出现了，它长两公分，呈神秘的螺旋状。至于最早

已知最古老的群居动物活在5.75亿年前，称作“埃迪卡拉动物群”。这群生物多半不会移动，有些可能是主要现生动物群的亲戚，有些则已灭绝，成为永远的谜团。

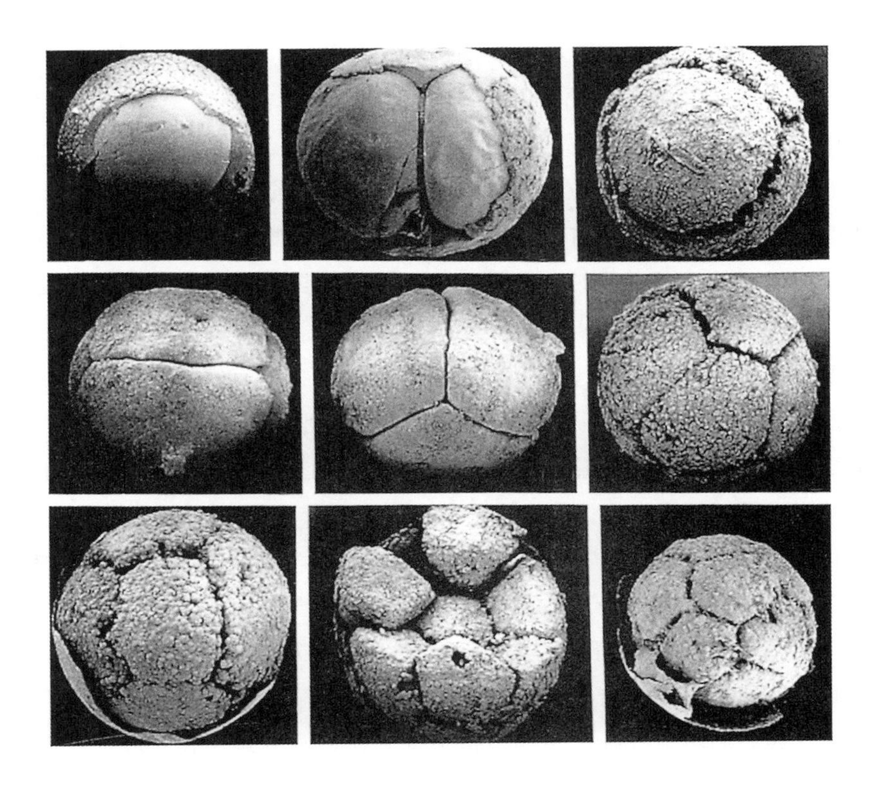

古生物学家于1998年发现距今5.7亿年的胚胎微体化石，其细胞配置与现生动物一致。

可辨识的多细胞生物，则是距今12亿年前的红藻；而人类所属的多细胞动物，要等到6.75亿年前，才开始留下化石。称它们为“动物”其实是溢美之词。它们有的呈圆盘状，上有尖端分成三叉的棱线，仿佛神秘古老帝国的钱币；有的呈叶状，带有许多条裂缝，仿佛水底的百叶窗；还有些留在古老海床上的痕迹，形状像巨大的拇指印，上面还有一道道纹路。

科学家称这些生物为“埃迪卡拉动物群”（Ediacaran fauna，以纪念这些生物的主要发现地澳大利亚埃迪卡拉山丘）。过去古生物学家曾试图将它们分类为植物、地衣，甚至演化失败的多细胞生物。今天大部分专家认为，其中至少有一些是主要现生动物群（以分类中的“门”为单位）最古老的亲戚。有些化石可能是水母的亲属；巨大拇指印可能是蚯蚓及水蛭等环节动物的亲戚；叶状物可能是现今生活在珊瑚礁上的海笔。即使如此，仍有许多埃迪卡拉动物费人猜疑，至今仍未研究出结果。

埃迪卡拉动物群的化石蕴藏了未来动物界的蛛丝马迹。科学家在有5.5亿年历史的岩层内发现钻孔的痕迹及足迹，其主人必定长有肌肉。这群构造复杂的动物不再像埃迪卡拉动物群那般静止不动，或像水母般漂浮，而是能钻能爬的。这群幽灵动物可能已演化出许多高等动物的特征，例如肌肉壁及消化道。水母等原始动物缺乏这类结构，但是像昆虫、扁虫、海星、人类等却有。两者最基本的不同点在于胚胎成形的方式。水母的身体只有两层（生物学家称之为双胚层动物［diploblast］），其他动物则有三层：外胚层分化出皮肤及神经；中胚层形成肌肉、骨骼及内脏；内胚层则形成消化道。拥有这三层结构的，即称为三胚层动物（triploblast）。在5.5亿年前钻洞及留下足迹的，可能就是三胚层动物，但古生物学家一直没有找到它们的化石。

1998年，寻找这批早期三胚层动物的古生物学家获得一项重要发现：前寒武纪胚胎。一群美国及中国研究员发掘出一批年代距今5.7亿年的微体化石，有些是单细胞的受精卵；有些已进入下一个分裂阶段，一个球内含有2个细胞；另外一些则含有4个、8个、16个细胞，诸如此类。古生物学家无从揣测这些胚胎将变成什么东西，但根据其体积及分裂模式，最可能的候选

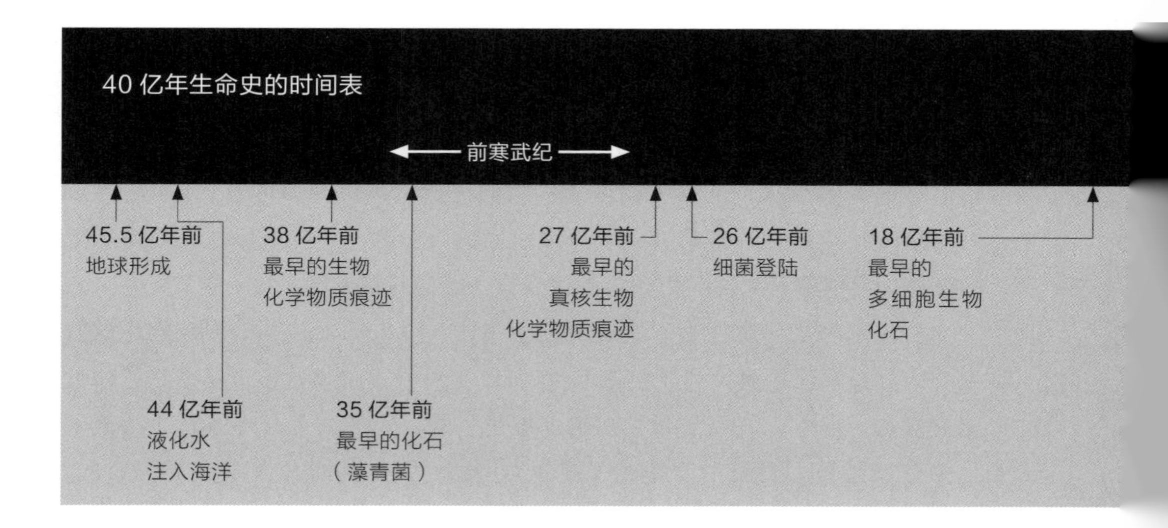

40亿年生命史的时间表。

便是三胚层动物。

到了 5.3 亿年前，即寒武纪早期，埃迪卡拉动物已逐渐式微，终告消失，同时期三胚层动物的化石记录却暴增。你可以在这个时期的化石内找到主要现生动物群最早的、轮廓清晰的亲戚。我们人类所属的脊索动物门（chordates）的代表，就是长得像八目鳗和盲鳗的化石生物——正是活生生的欧文脊椎动物原型！

别的门出场花招更多。现生软体动物在当时有一种亲戚，看来就像插满箭镞的针垫；现生腕足类的老前辈哈氏虫（Halkieria）像条穿了盔甲的蛞蝓。欧巴宾海蝎（Opabinia）头上长了五粒像蘑菇的眼睛，除了能用带爪的口鼻部翻搅海床之外，还能用口鼻部攫取猎物塞进嘴里，因此被认为是节肢动物的早期亲属。还有许多门今日默默无闻的动物，例如天鹅绒虫（velvet worm）或星虫（peanut worm），在寒武纪大爆炸时可是声势显赫，其丰富的多样性，往后再也没有重现。

达尔文其实无需为寒武纪烦恼。现代科学家可以解读同位素时钟并辨识分子化石，他们证实了达尔文的预言：寒武纪之前的数十亿年内，世界的确充满了生物。前寒武纪绝非演化的神秘序曲，它足足占据了整个生命史的

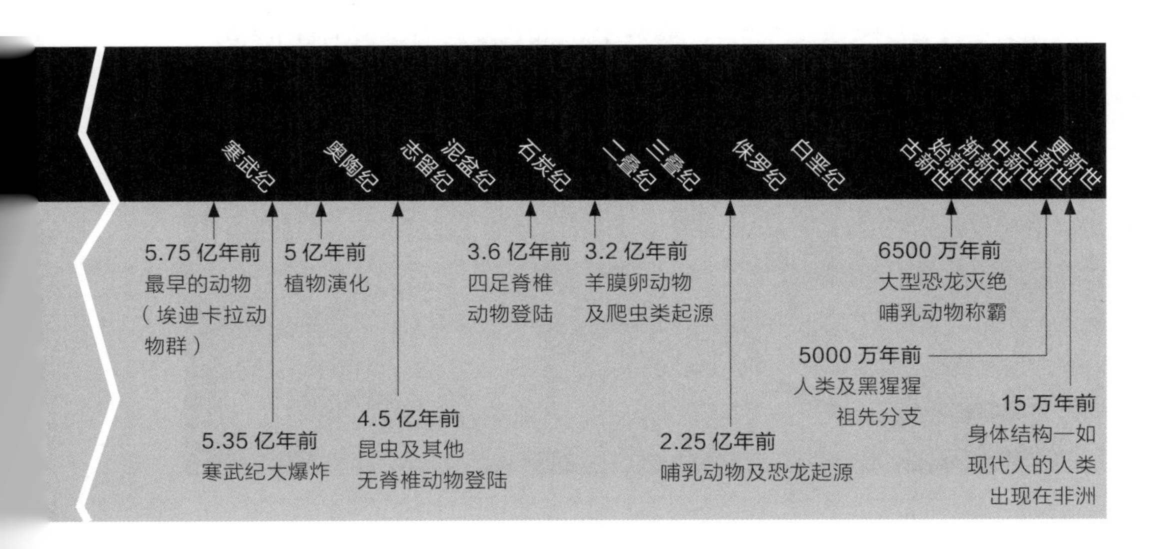

5.35 亿年前的寒武纪时期，大量新动物开始出现，多数主要现生动物群都在这个时期露脸。

85%。今天古生物学家已拥有丰富的前寒武纪化石收藏，包括细菌、原生动物、藻类、埃迪卡拉动物群、钻洞生物及动物胚胎。即使化石记录已完整许多，但就动物的演化而言，寒武纪仍是最惊人的一段时期。不论之前动物蛰伏在海洋中的时间有多久，到了5.35亿年前，其多样性剧增，仿佛大爆炸一般。科学家利用精确的铀铅鉴定年代法，断定寒武纪大爆炸仅耗时1000万年。

寒武纪大爆炸的舞台完全在水底下。水中新动物不断出现，陆地上除了一片片细菌形成的壳之外，一片荒寂。但以地质学的角度来看，多细胞生物并没有等待太久便登陆了。首先是植物。约在5亿年前，绿藻慢慢演化出防水外衣，因此能够在空气中存活的时间变得愈来愈长。第一批陆地植物可能貌似藓类和地钱，沿河岸及海岸形成低矮湿润的地毯。到了4.5亿年前，蜈蚣和其他无脊椎动物开始探索这片新的生态系，同时新种植物演化出直立的茎。到了3.6亿年前，树已长到60英尺高。海岸沼泽中偶尔可见到第一批开始在陆上行走的脊椎动物探头而出——它们就是我们的祖先！

就整个生命史来说，生命登陆仅是短暂的尾声，因为十分之九的演化都发生在水中；但从我们的观点来看，最后这几亿年的登陆期，却是最有趣的篇章。最早期的陆栖脊椎动物化石显示，这批动物在3.2亿年前分为两支。一支为两栖动物，早期发展出许多庞然巨物，今天却仅由青蛙、蝾螈及其他小东西作代表。它们多半必须保持湿润，蛋卵很软，容易干死。另一支为羊膜动物（amniote），演化出坚固防水的蛋壳。2.5亿年前出现的恐龙，便是羊膜动物之一。后来恐龙变成主宰陆地的动物，直到6500万年前，大部分的恐龙家族才灭绝（唯一幸存者为鸟类，它们其实就是长了毛又会飞的恐龙）。虽然第一批哺乳动物和第一批恐龙同时出现，前者却一直等到爬虫类对手消失后，才得以在陆地上称霸。我们所属的灵长类可能就在那时出现，不过一直要等到60万年前，第一位“智人”的化石才被埋入土中；而今天活着的每一个人，都是在15万年前才出现的同一位祖先的后代。

寥寥数页，无法描述生命史的宏伟与深度，但有一项事实昭然若揭：我们存在于这个宇宙的时间短得无法想象！我们对生命史了解得更多后，人类历史再也不能和自然史相提并论。倘若地球上自有生命以来的40亿年是一个夏日，那么过去20万年——从现代人类崛起，到语言、艺术、宗教、贸易、

植物在5亿年前首度登陆，到了3.6亿年前，第一批森林演化成形，供养从昆虫到脊椎动物等各式各样的陆栖动物。

农业、城市的兴起，以及所有以文字记载的历史——不过是日落前一闪即逝的萤火流光罢了。

达尔文终究得到了他渴望的漫长时间；然而化石记录虽能记载生命演化的模式，却并未透露它到底如何进行。这个谜，达尔文在生前也一直未能解开，因为他不懂遗传如何作用。

当地质学家及古生物学家忙着描绘生命史时，别的科学家则在20世纪解开了遗传之谜，把它和自然选择衔接上。两者之间的联系，也和生命古老的证据一样，藏在分子及原子中；而且遗传的原子并没有被埋在岩层里数十亿年，它们一直安安稳稳地藏在我们自己的细胞核内。

4

见证改变：基因、自然选择，以及演化现场

遗传之谜——两个人如何创造出一个兼具父母双方特质的小孩——在19世纪曾令许多人突发奇想。从今天的观点来看，其中最怪异的，当属所谓“泛生论”（pangenesis）：遗传藏在微粒中，发芽似的从人体每个细胞长出来，然后这些名为“微芽”（gemmules）的微粒仿佛几亿几兆只鲑鱼，游向性器官，在精子或卵中集合。当精子与卵结合后，父母双方的微芽融合在一起，由于每粒微芽皆来自不同的身体部分，结合后便同时展现父母双方的特质。

泛生论后来被证明是错误的，但提出它的科学家并未因此声名破裂，因为幸好他还提出了别的经得起时间考验的想法，被认为是历史上一位疯狂的科学家——提出泛生论的人就是达尔文。

除了地球的年代，最令达尔文束手无策的，就是遗传。到了19世纪末，《物种起源》已说服大部分科学家承认演化，但仍有许多人质疑达尔文所提出的改变机制，即自然选择。许多人转而支持拉马克老朽的观点，他们认为，或许演化真有一个注定的方向，不然呢？或许成年的个体可以在活着的时候获得新特征，然后传给子代。如果达尔文可以证明遗传不允许上述情况发生，却允许自然选择发生，便可反驳批评他的人。可惜无论是达尔文，还是当时任何一位科学家，都无从证明这一点。

达尔文去世许多年后，生物学家终于开始了解遗传作用，因而明白新拉

马克学派是错的，遗传不仅让自然选择变得可能，而且是必然的，也开始明白遗传作用如何创造新物种。这个大发现是一项众志成城的工作，参与其中的不只是遗传学家，还包括动物学家及古生物学家。到了20世纪中叶，这批人结合各领域对演化的了解，形成所谓“现代综合论”（modern synthesis），年轻一代的科学家便以现代综合论作为研究基础，开始探究分子层面的演化过程，自然选择不再是达尔文所想象的那股不可捉摸的神秘力量。今天科学家已可以在野地目击自然选择作用，以及旧有物种如何发展成新物种。他们甚至不必去观察动植物或微生物，只要观察自己的身体，甚或计算机中的人工生命，便可观看自然选择的演出。

研究遗传的修道士

倘若历史重写，科学家大有可能在达尔文在世时解开遗传之谜，因为就在他撰写《物种起源》期间，一位修道士已经在自家花园内发现了遗传作用最基本的原则。

1822年，孟德尔（Gregor Mendel）出生在摩拉维亚（现今捷克共和国东部地区）一个贫苦农家，从小就在这个只有两个房间的小屋成长，后来老师发现他聪明过人，便安排他到布尔诺城修道院当见习修士。修道院内充满了潜心祈祷，同时也献身科学的修道士，他们深入研习地质、气象及物理学。孟德尔向修士们学习最先进的植物学——借着替植物人工受精，不断改良植物品种。后来院方送孟德尔到维也纳大学进修，让他继续攻读生物学。不过打下他从事科学研究基础的，却是他在大学里学的物理及数学。维也纳的物理学者教导孟德尔如何以实验测试假说——当时做到这一步的生物学者屈指可数；数学家则教他如何利用统计去发现混乱数据中的秩序。

1853年，孟德尔返回布尔诺，年过30的他宽肩、微胖、天庭饱满，金边眼镜后的蓝色眼睛闪烁着光芒。他担任老师，教二三年级学生自然及物理。尽管他有100位学生，每周得上6天课，却仍过着科学家的生活：固定记录天气变化，阅读最新科学期刊，同时还决心展开实验计划，研究植物的遗传作用。

摩拉维亚修道士孟德尔（1822—1884）于19世纪50年代发现遗传奥秘，但是他的发现直到1900年，他死后16年，才受到注意。

在维也纳，孟德尔和他的几位同伴力图了解是什么区分出不同的物种，亲代又是如何制造出相似的子代。这类问题碰到杂交时完全浮现出来。育种者知道如何培育特殊的花果及其他植物品种，也懂得如何培育出混种，可是许多混种都不会结果实，会结果的通常下一代又会变回原始品种。倘若植物可以形成稳定的混种，便可证实物种并非永恒不变。18世纪的瑞士生物学家林奈便推断同一属的植物是共同祖先经过杂交后分支的结果。

直到19世纪末，一般科学家都认为遗传作用会混合亲代特质，传给子代。可是孟德尔却有一个革命性的想法。他认为亲代各自的特征确实会传给子代，却不会混合。为了测试这个想法，孟德尔设计出一套将植物品种杂交的实验，记录混种子代的颜色、体积及形状。他以豌豆为对象，花两年时间搜集不同品种，测试其遗传稳定性，最后挑出22种，再锁定7个特征加以追踪。他选的豌豆或圆或皱，或黄或绿；豆荚也是或黄或绿，表面或平滑或有

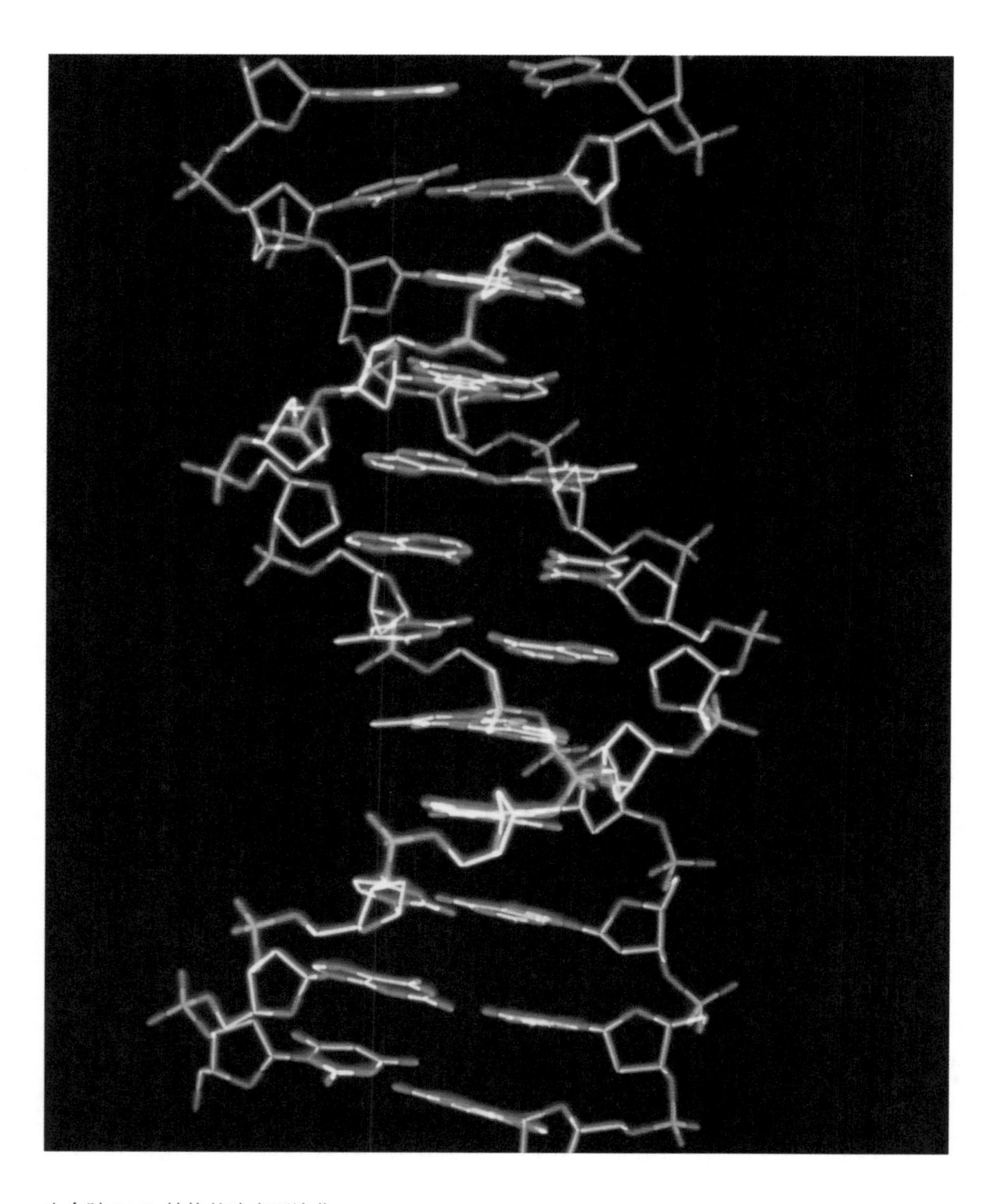

生命随 DNA 结构的改变而演化。

皱褶；植株本身或高或矮；花有些开在顶端，有些沿茎开。孟德尔决定记录每一代的特征。

孟德尔小心翼翼地亲自替植株授粉，培养出上千株圆豆与皱豆的混种后代，等待它们在修道院花园内开花。几个月之后，他剥开豆荚，看见所有混种豆都是圆的，皱皮特征完全消失了。孟德尔接着让这批混种圆豆繁殖，培养出第二代，结果有些是皱的，就和它们皱皮的祖父母一样皱。原来第一代圆豆的皱皮特征并未被摧毁，只不过隐藏起来，日后又再出现。

每棵植株结的皱皮豆数目不同，孟德尔一一计算，得出的比例为一颗皱皮豆比三颗圆豆。他继续实验不同的混种法，追踪别项特征，结果同样的模式不断浮现：一株绿色的比三株黄色的；一粒白种子比三粒灰种子；一朵白花比三朵紫花。

孟德尔知道自己解开了遗传的乱麻，找出了隐藏的规律，可是他的研究结果却遭到同时代植物学家忽略。1884 年他在修道院内去世，世人只记得他是个侍花弄草的风雅之士。其实他是遗传学的先驱，这门科学直到他死后 16 年才出现，再经过 100 年的研究，到今天我们才明白孟德尔的豌豆之谜。

豌豆和地球上所有的生物一样，它们每个细胞里都携带着一本创造其形体的分子食谱。这种携带信息的分子叫做“脱氧核糖核酸”（deoxyribonucleic acid），一般称为 DNA。它的形状像扭曲的梯子，信息便铭刻在一道道横木上，横木由一对化合物形成，称为“碱基”（base）。碱基便是撰写生命食谱的字母，只不过 DNA 没有 26 个字母，只有 4 个：腺嘌呤（adenine）、胞嘧啶（cytosine）、鸟嘌呤（guanine），及胸腺嘧啶（thymine）。

每个基因——即包含数千个碱基对的一段 DNA——都是一份食谱，用来制造一种蛋白质。细胞在制造蛋白质时，会先制造一段单股基因（称作 RNA，即核糖核酸），把它送去制造蛋白质的工厂“核糖体”（ribosome）。蛋白质和 DNA 及 RNA 一样，也是一长串分子链，但组成单位却不是碱基，而是另一群名叫氨基酸（amino acid）的化合物。细胞运用铭刻在 RNA 碱基上的信息，攫取适当的氨基酸，形成链；等一段 RNA 被“读”完之后，新的蛋白质也制造好了。新成形的蛋白质内的原子互相吸引，靠在一起，使蛋白质自动“折叠”起来。由于蛋白质结构有几千种，所以它也可以扮演几千种不同的角色，如细胞膜上的气孔、让指甲变硬，或是把氧从肺带到血液内。

细胞

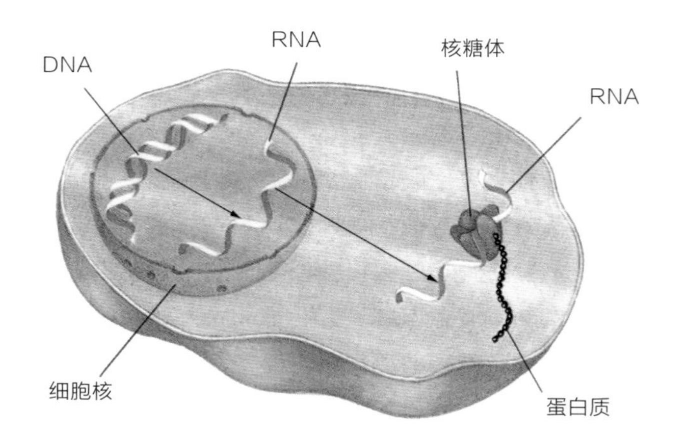

细胞分成三个步骤制造蛋白质。首先，细胞将双股DNA上的信息复制到单股的RNA上，再把RNA运送到名叫“核糖体”的蛋白质制造工厂里，进行最后一步：以RNA为模板，制造出一串氨基酸，新的蛋白质就此完成。

亲代将DNA食谱传给下一代的方式，便产生了孟德尔所发现的3:1比例。动植物体内的基因食谱都编列成册，名为染色体（chromosome）。以人类为例，我们有2.5万个基因，编成23对染色体。一对染色体携带的基因可能相同也可能不同。正常细胞一分为二时，两个新细胞各获得一套完整的基因，但在形成精子或卵子时，每个性细胞却只得到一对染色体中的一个。至于得到哪一个，纯属偶然。当精子与卵结合时，两套染色体结为新的一对，为新生命创造出遗传密码。

孟德尔的豌豆植株的颜色、纹理及其他特征，皆由豌豆内不同的基因控制。子代遗传到的每个基因都来自两个不同的版本，一种会使豆皮圆滑，一种使豆皮发皱。纯种圆豆携带两个圆滑基因；纯种皱皮豆则携带两个皱皮基因。孟德尔让它们杂交之后，产生携带一个圆滑基因及一个皱皮基因的混种，但豆皮仍是圆滑的。遗传学者至今仍然不完全了解为什么某些基因，像是使豆皮圆滑的基因，可以压倒它的另一半。

在杂交种中，皱皮基因虽然隐而不宣，却并未消失。因为杂交种的卵及花粉粒（精核）各自都只获得一种基因，其子代遗传父或母之特殊基因的几率便为50—50，结果新一代的豌豆会有1/4获得两个皱皮基因，1/4获得两个圆滑基因，1/2获得皱、圆基因各一。由于两种基因各占一半的新一代混种豆仍是圆滑的，所以它和皱皮豌豆的比例就变成3:1。

大部分的特征遗传方式其实比孟德尔记录下来的豌豆复杂得多。多数物种都携带超过两个版本的基因，而且特征很少由单一基因决定；通常任一特征都由许多不同的基因共同参与控制。像是人种不能分为“高基因”及“矮基因”来决定某些人长到180公分，某些人只长到150公分。决定一个人身高的基因有很多个，所以只改变其中一个，并不能造成太大影响。如果说DNA是一本食谱，那么人体就像欧式自助餐。做面包的时候用盐取代发粉，结果会大不相同；但一道酸辣汤里若混了胡椒粉和辣椒粉，却可能不会引起任何人注意。

重写生命的食谱

达尔文在研究鸽子及藤壶期间所目睹且无法解释的变异，便是在DNA顺序改变时发生的。细胞可以准确无误地复制DNA，但偶尔也会犯错。负责审核的蛋白质可以找出错误，加以改正，但难免有漏网之鱼。这类罕见的改变就是“突变”(mutation)，有时只是改变DNA食谱中一个字母，但有些改变却非常大。许多段DNA可以自动切离，然后移到别处重新插入，从而改变收容它的基因。有时在细胞分裂、复制DNA的过程中，可能多复制一整个甚至一整组基因。

早在20世纪20年代，科学家已意识到突变对演化的深远影响。以英国数学家弗希尔（Ronald Fisher）及美国生物学家赖特（Sewall Wright）为代表的这批科学家，统合了自然选择与遗传学，为达尔文的理论打下更稳固的基础。

DNA突变之后，细胞很可能失去作用，接着死亡，或者疯狂增殖，变成肿瘤。上述两种情况的突变，都会随着携带它的生物死亡而消失。但如果卵子或精子内的基因发生突变，它就有机会获得永生，借着代代相传，延续不绝。突变的效果是好是坏，或不好不坏，会决定往后它出现的几率。许多突变有害，经常令携带者胎死腹中，或者影响携带者的生殖能力；如果某项突变会减低繁殖成功率，它势必渐渐消失。

可是有时候突变无害，反而有好处。或许它改变了蛋白质的结构，提高了它消化食物或分解毒素的效率。如果生物因为某种突变而提高繁殖能力，变得高过未突变者，那么这种突变在该生物族群中，一定会逐渐变得更为普遍。（生物学家会以“适者”来描述这种突变者。）随着突变生物的后代繁盛，它们所携带的突变基因愈来愈普遍，最后甚至迫使原始基因灭绝。弗希尔和赖特指出，大体而言，自然选择只是不同形态基因的“风水轮流转”罢了。

弗希尔还有另一项特别重要的突破，他证实了自然选择的推进是许多小型突变的累积，而非少数几次巨大突变的结果。弗希尔用艰深的数学来解释这个论点，其实只要用一个简单的例子，便可解说清楚。以蜻蜓翅膀为例：假设某只蜻蜓的翅膀太短，它可能无法产生离地的上升力量；但是，如果翅膀太长，又会因为翅膀太重而拍不动。在太长与太短的翅膀之间，有一个最适合生存的长度。如果你将翅膀长度及适应力之间的关系绘成图表，你画出一座山，峰顶即是最佳的翅膀长度。如果你实际去测量蜻蜓的翅膀，画在图表上，这些点可能都聚集在山峰附近。

现在想象一个突变发生，改变了蜻蜓翅膀的长度，如果蜻蜓适应力因此降低，其后代必定比不过翅膀长度较佳的蜻蜓；但是，如果那个突变将蜻蜓往适应力的顶峰更推进一步，自然选择便会选择它。换句话说，自然选择的趋势是：不断把生物往适应力的山上推。

这样看来，若想迅速演化，来一次突变大跃进似乎是最佳的策略：不必跟随自然选择的蜗牛步伐，便让蜻蜓的适应力一步登峰！然而，突变就像毫无方向感的投石器，随机发射，胡乱抛掷，蜻蜓很可能瞄不准山顶，却落在远远的地方，翅膀可能因此变得太长或太短。效果小的突变就可靠多了，慢慢把蜻蜓推上山，就算适应力只增强一点点，繁衍的后代数目只增加几个，但经过十几代工夫，这样的突变却可能蔓延整个族群。

当然，这个登山的过程只是个比喻，而且还是个经过简化的比喻。演化的“地形”其实并不固定，随环境改变，如温度升降、竞争物种入侵或消失，或别的基因也同时在演化等，山峰很可能变成山谷，山谷变成山峰。演化的形貌其实更像缓缓起伏的海面。

演化也不见得永远都在制造最佳基因组合。举个例子，有时候基因可以不借自然选择力量便散布开来。遗传作用就像轮盘赌上的小球，如果你掷球的次数够多，或许落在红格及黑格里的次数各占一半；但如果你只掷几次，球可能全都落在红格里。基因也可能出现同样的情况。让两株圆豆混种的豌豆交配，新的植株有 1/4 的几率遗传到两个圆豆基因，1/4 几率遗传两个皱豆基因，1/2 的几率变成混种。但这并不能保证你一定会种出一株圆豆、一株皱豆，和两株混种豆。很可能新植株全是圆豆，甚至全是皱豆。每一株豌豆都像是在基因赌局里掷一次骰子。

在数目庞大的族群里，这种统计学上的侥幸结果不会发生，但数目小的族群却可能违反孟德尔的或然率。如果某个山顶上只住了几十只青蛙，它们彼此交配，突变基因一出现，便可能不必假借自然选择力量，仅靠演化轮盘赌局里的怪运气，即可传播开来。一旦蔓延整个族群，被取代的原始基因便永远消失了。

现代综合论

以弗希尔、赖特为代表，首先证明遗传作用为演化动力的这批科学家，并非田野生物学家，他们多是蛰居实验室的实验人员及满脑子数学公式的理论家。到了 20 世纪 30 年代，另一批研究人员开始将理论应用到真实世界里，与现生物种多样化模式及化石记录互相印证。弗希尔与赖特融合了遗传学与演化论，这群新一代的科学家则融汇了生态学、动物学及古生物学。到了 20 世纪 40 年代，非达尔文派的演化理论——如拉马克学派相信内在力量可引发转化，或巨型突变只需一代便可创造新种等说法——便全被淘汰了。

现代综合论于 1937 年跨出一大步，动力为苏联科学家杜布赞斯基（Theodosius Dobzhansky）所出版之《遗传学与物种起源》（*Genetics and the Origin of Species*）。此书出版九年前，杜氏曾到美国，进入哥伦比亚大学由摩根（Thomas Hunt Morgan）领导的实验室作研究，当时该所一批生物学家借研究黑腹果蝇而发现了突变的真相。杜氏变成那所实验室里的怪胎；对“果蝇室”其他同行来说，果蝇只存在于杂乱实验室的牛奶瓶内，但来自基辅的杜布赞斯基从小就在野外观察昆虫，青少年时期的志向，是想穷一生之力搜集到基辅地区的每一种瓢虫。“现在一看到瓢虫，还是会让我体内涌出一股爱的荷尔蒙，”多年以后杜氏这么说，“初恋就是叫人难忘。”

杜氏对瓢虫不同族群间的自然变异慧眼独具，后来他读到摩根对突变的研究，认为可能从中发掘谜底。可是瓢虫的遗传作用太复杂，因此杜氏决定转而研究摩根熟悉的黑腹果蝇。

杜氏在学校很快脱颖而出，27 岁应邀赴纽约“果蝇室”学习最新方法。他和妻子抵达哥伦比亚大学时，却发现摩根的实验室一片荒凉，爬满蟑螂。1932 年，情况好转，摩根拔营他迁，投靠了加州理工学院，杜布赞斯基跟随他，从此快乐定居于柳橙园林间。

移居加州后，杜氏终于开始解开他在青少年时期便有的疑问：是什么样的遗传作用在决定同种生物不同族群之间的差异？当时大多数生物学家认定，同种内的所有个体皆拥有相同的基因。要知道，摩根耗费了多年，才在果蝇中发现一个自然发生的突变。然而这却是关在实验室内发展出来的假设。

杜氏开始研究野生果蝇的基因，他的足迹北至加拿大，南到墨西哥，只为捕捉另一种果蝇：拟暗果蝇。今天生物学家可以排列出某个特定物种的全套基因密码，但杜布赞斯基那个时代的科技却没那么发达，他只能在显微镜底下观察染色体的差别。即使用如此粗陋的方法，他仍发现不同族群的拟暗果蝇的基因组也不同。他所研究过的每一个果蝇族群，染色体上都带有特殊记号，和别的族群不同。

几十年以后，遗传学家发明出许多方法，可以更精确地比较 DNA，结果证实杜氏在果蝇中发现到的变异其实并非特例，而是一种常态。再以人类为例，以前有很多生物学家认为不同种族拥有截然不同的基因组，有些人甚至宣称不同种族便是不同种。今日对人类遗传学的研究结果，却证实上述老旧观念是错的。斯坦福大学的遗传学者费尔德曼（Marcus Feldman）便表示：“昔日我们对种族的生物性观念，并不符合今日的遗传学研究结果。”

人类的基因组内共有 2.5 万多个基因，其中估计有 6000 个“等位基因”（allele），即同一个基因的不同形式。过去我们用来把人类区分为不同种族的标准——如皮肤颜色、头发及脸形——全都只受到几个基因的控制。绝大部分的变异基因并不受所谓种族界线的限制，任一族群内的变异，甚至比族群之间的变异更多。即使地球上的人类全被歼灭，只剩下新几内亚荒远山谷内的一个小部落，那批幸存者仍然保有整个人类高达 85% 的遗传变异性。

杜布赞斯基对于同种内基因高变异性的发现，引发一个令人深思的问题：倘若同种内无所谓固定的基因组，那么不同种的分野在哪里？杜氏看得很清楚，答案是：性！所谓同种，只不过是一群互相交配繁殖的动植物。不同种的动物鲜少交配，就算交配，生下的混种也很少养得活。生物学家老早就知道混种通常胎死腹中，就算长大了也无生育能力。杜氏以果蝇做实验，证实这种不兼容性的根源，在于不同种生物会携带相斥的特定基因。

杜氏在《遗传学与物种起源》一书中描述物种起源的真实情况。突变随时自然发生，有些突变在特定状况下有害，但大部分突变其实不会造成任何影响，这些中性的改变在不同族群内出现、延续，创造出前人无法想象的高变异性。以演化的角度来看，这些变异全是好事，因为万一环境改变，曾经是中性的突变可能变得很有用，因此受到自然选择的青睐。

变异也是形成新种的原料。如果一群果蝇不和外来果蝇交配，它们的基因特质将逐渐变得和同种其他群体不同。新的突变继续在孤立的族群内出现，再借助自然选择传遍全族，又因为孤立族群不与外来个体交配，这些突变不可能传给其他个体，于是这个孤立族群的基因愈变愈不一样，总有一天，它们发展出来的某些新基因会变得和外来同种果蝇相斥。

杜布赞斯基认为，只要这种孤立状态持续得够久，这群果蝇便可能完全失去杂交的能力，变得不能或不愿意和别的果蝇交配。就算杂交生下混种，也可能无法生育。如果这群果蝇在这个时候突破孤立状态，和别的果蝇一起生活，但是仍然只和本族交配，那么新种就诞生了。

杜氏于 1937 年出版的这本书，吸引了许多非遗传学界的生物学家。一位在新几内亚山中作研究的鸟类学家迈尔（Ernst Mayr），便深受《遗传学与物种起源》的启迪。迈尔擅长发掘新鸟种，再绘出其分布区域。这项工作很辛苦，不单单因为疟疾及猎头族的威胁，而且因为迈尔也和别的鸟类学家一样，不确定在什么样的情况下可以将一群鸟界定为新鸟种。某种天堂鸟的分类特征或许是羽毛颜色，但别的特征却可能因地区不同而变异性极高——在某座山上它的尾巴可能特别长，在另一座山上它的尾巴却可能呈方形。

生物学家通常利用“亚种”（subspecies）来厘清这种乱象；亚种指的是同

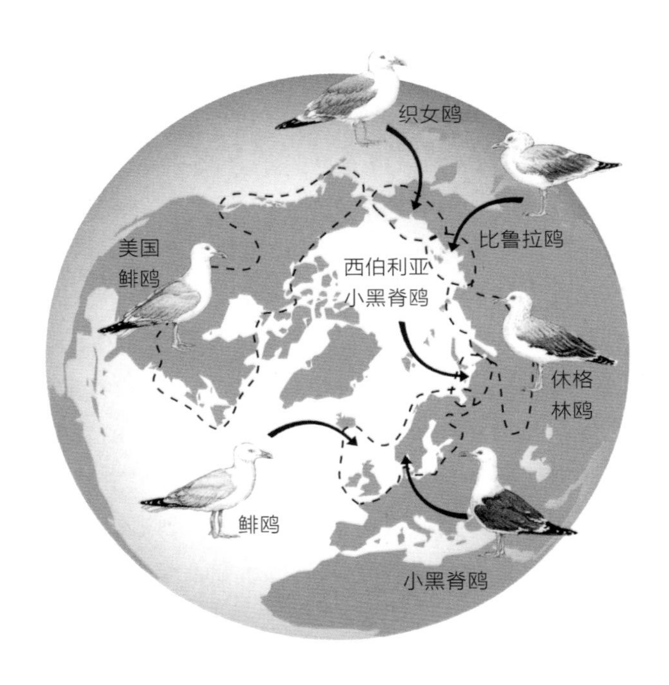

几种鸥的分布区在北极外缘形成环状。在环内毗邻的鸥虽然外观略有差别，却可互相交配，但处在环首尾衔接之两端的银鸥及小黑脊鸥，尽管住在同一处，外观却差别极大，不能杂交。环物种乃新物种演化的最佳例证之一。

种生物分布在不同地区而具有独特性的族群。可是，迈尔发现亚种绝非完美的解答，因为有时候亚种的特异性并不显著，反而像是彩虹上的色带，一种颜色渐次变化，融入另一种颜色；还有些时候，看似亚种的族群，其实却是完全独立的种。

迈尔读了《遗传学与物种起源》之后，明白了我们其实不必为分类之谜苦恼，种与亚种正是杜氏所描述演化过程的活生生的例证。同种生物分布区内的不同地方出现变异，造成不同族群之间的差别。某地区的鸟发展出长尾，另一个地区的鸟却发展出方尾，但是，由于这些鸟仍和邻居交配，所以并没有孤立成另一个种。

这种基因流动现象有一个最突出的例子，即所谓“环物种”（ring species）。举个例子，北海有一种鸟名叫银鸥（herring gull），背灰、脚粉红。

若往它的分布区西边走，你会在加拿大看见基本上和北海银鸥差不多，但颜色略有差异的银鸥。等你抵达加拿大之后，银鸥的差异已相当明显，再到西伯利亚，银鸥的上背颜色变深，脚也偏黄，而不再偏粉红色。即使差别这么大，在科学分类上它们仍然是属于同一种银鸥。你再继续往西走，经过亚洲，进入欧洲，银鸥的颜色愈变愈深，脚也愈来愈黄。黑背黄脚的银鸥持续往西分布，直到你旅行的起点：北海。这些名为"小黑脊鸥"（lesser black-backed gull）的银鸥，便和灰背粉腿的银鸥肩并肩住在一起。

因为这两群鸥外观差异极大，又不彼此交配，所以被视为两个独立的种，其实小黑脊鸥及银鸥是各占一连续环首尾的两端，而环内的每一种鸥都可以和隔壁邻居交配。环物种正是突变发生及扩散的缩影。

一群鸟若与邻居隔离，便可能演化成新种。迈尔认为最简单的隔离方法，便是地理上的隔绝。冰河穿越山谷，隔绝两岸山上的鸟群；海洋上升，将半岛变成一串列岛，隔绝每个岛上的鸟群。这类阻隔不必永远存在，只要时间够长，令隔绝的族群变得彼此基因相斥便可。待冰河融化，或海洋下降，列岛恢复成半岛，鸟群依旧不能彼此交配。从此它们共居一地，却随不同的演化命运而分道扬镳。

迈尔及杜布赞斯基等生物学家借着研究现生动物，奠定了现代综合论的基础。如果他们是对的，那么同样的过程应该延续了数十亿年，可以在化石里找到记录。但直到20世纪30年代，许多古生物学家仍然不相信他们所研究的骨头是自然选择创造出来的。他们所看见的长期演化趋势，似乎在跟随一个固定的方向。马是从和狗一般大小的动物持续演化，愈变愈大的，同时脚趾持续萎缩，终于变成蹄；象的始祖本来只有猪那么大，历经数千万年的演化，后代终于变成庞然巨物，同时象牙逐渐伸长，愈形复杂。古生物学家宣称他们找不到任何自然选择发生开放式的、不规则实验的迹象。

美国自然历史博物馆馆长奥斯本（Henry Fairfield Osborn）曾宣称，这个发展趋势证明大部分的演化并非由自然选择控制。每一种哺乳类谱系一开始便具备发展成马或象的潜能——他称之为"未来可能出现的形态"。但物种必须历经与自然环境及其他动物竞争的过程，方能实现这种潜能。"既然拉马克法则已遭否认，我们必须假设尚有第三种未知的演化因素存在。"他在1934年作出以上结论。

但奥斯本的学生古生物学家辛普森（George Gaylord Simpson）却不敢苟同这种炒拉马克冷饭的论调。辛普森对杜布赞斯基将遗传作用与自然选择相联系的能力印象更加深刻，读过《遗传学与物种起源》之后，他决定尝试以化石记录证实同样的理论。

辛普森仔细研究化石中奥斯本所谓“遵照既定方向演化”的迹象，发现物种谱系经常朝许多不同方向分支成灌木状的谱系树。以马为例，马在过去5000万年内曾经演化成许多不同体积、不同蹄结构的后代；许多分支早已灭绝，和现代马的起源完全无关。

倘若科学家在实验室里研究的自然选择，便是推动化石记录所呈现出的转化的力量，自然选择作用的速度必须够快，古生物学者才能在化石中看到这些变化。“果蝇房”的研究员已精密测量出果蝇发生突变，以及突变借自然选择力量传播的速率，辛普森接着自行发明了一套测量化石动物演化速率的方法。他审视古生物学家在上一个世纪内累积的庞大骨头收藏，分别测量其尺寸，然后绘出变化图表。辛普森发现不同谱系的演化有快有慢，甚至在同一个谱系，速度也会时快时慢。他同时发现自己测量到的最快的速率，仍比不上在实验室里记录下来的果蝇的演化速率。但辛普森并不需要仰赖某种神秘的拉马克式的过程来解开化石之谜，现代综合论即是关键。

到了20世纪40年代，提出现代综合论的学者已证明遗传学、动物学及古生物学其实都在讲述同一个故事。突变是演化的基础；再结合孟德尔遗传法则、基因流动、自然选择及地理隔绝，突变便可创造出新种及新的生命形态；经过千百万年时间，突变便创造了化石记录所呈现的转化。现代综合论的成功，使突变成为过去50年来推动演化研究的最大力量。

鸟喙与孔雀鱼

达尔文从来没想过有人能够目击自然选择的发生，他以为他所看到的家鸽的变异便是最接近实况的自然选择例证了。他认为在野外发生的演化过程太缓慢、太温和，就像我们看不见雨水的侵蚀逐渐将整座山冲走，生命短暂的人类也观察不到演化的过程。然而现代生物学家以现代综合论为基础，却能实地目击演化发生的刹那。

加州大学河滨分校的生物学家雷兹尼克（David Reznick），便在特立尼达森林内孔雀鱼（guppy）悠游的小溪及水塘边瞥见了自然选择。低海拔水域内的孔雀鱼必须面对许多掠食鱼类的攻击，但高海拔水域内的孔雀鱼却活得平安快乐，因为极少掠食鱼类能够克服乱石与瀑布而移居上游。20 世纪 80 年代末期，雷兹尼克开始以孔雀鱼为对象进行一项自然实验。

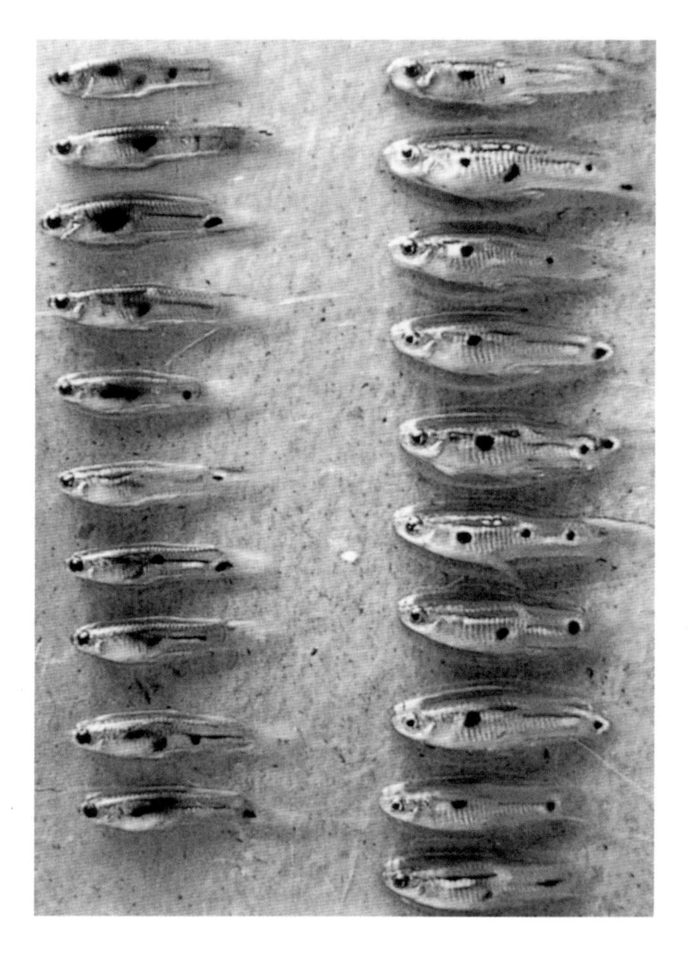

特立尼达的孔雀鱼因栖地不同，演化出不同的体积。溪流内没有掠食鱼类的个体（右列），比溪流内充斥掠食鱼类的个体（左列）体积大。

孔雀鱼跟别的动物一样，一生有个时间表——性成熟需时多久，性成熟期间成长得多快，成年期延续多久。理论生物学家预测，只要改变生命时间表的突变能提升繁殖率，动物的生命历程就会演化。雷兹尼克决定实地验证这项预测。

在掠食鱼很多的水塘里，成长得快的孔雀鱼应比成长得慢的孔雀鱼成功。因为死亡阴影随时笼罩，孔雀鱼必须尽快长大，尽快交配，尽量繁殖更多后代。当然，运用这个策略必须付出昂贵的代价：成长得快，自然寿命便得缩短；赶着生小鱼，雌鱼便不能慢慢滋养小鱼，所以小鱼死亡率必定提高。不过雷兹尼克觉得，比起早夭的威胁，冒这些险都是值得的。

为了证明这项交换是否属实，雷兹尼克营救了一些在下游饱受威胁的孔雀鱼，放生到掠食鱼较少的水塘里。经过 11 年后，这批孔雀鱼的后代，平均而言，生活步调都放慢许多。它们到达成熟期的时间比祖先拖长了 10%，成年后的体重亦重了 10%，同时一胎产的卵数少了，但每一只孵出来的小鱼都比较大。

花 11 年的时间，看孔雀鱼长大 10%，乍听之下似乎无聊得很。但 11 年对整个生物的生命史来说，比一瞬间还短。雷兹尼克所目击到的演化速度，比辛普森测量到的化石动物演化速度快上数千倍。当后者测量化石动物演化速度时，他唯一的比较对象是实验室里的果蝇。没有人能够断定果蝇的演化是否不自然。如今像雷兹尼克这样的科学家却证实了即使在野外，动物一样可以迅速改变。

有时候大自然也会进行演化实验，不用人类干预。碰到这种情况，生物学家只需在一旁观察。自从达尔文离开加拉帕戈斯群岛后，每隔几十年，便会有科学家回去研究那些令他迷惑的芬雀。1973 年，目前任职普林斯顿大学的生物学家格兰特夫妇（Peter & Rosemary Grant）便登陆群岛，研究自然选择对芬雀造成的影响。

加拉帕戈斯的气候多半很规律：每年头五个月燠热多雨，接下来是一段凉爽干燥的时期。可是 1977 年的雨季却一直没来，那是因为太平洋上每隔一段时期便会出现名为“拉尼娜现象”（La Nina）的反常气候，在加拉帕戈斯群岛造成旱灾。

格兰特夫妇驻扎的达夫尼岛（Daphne Island）干旱极严重。住在岛上的

1200 只中型地芬雀（medium ground finch，学名 Geospiza fortis）竟死了超过1000 只。不过，格兰特夫妇发现死亡几率并不偶然。中型地芬雀的主食为种子，它们用坚硬的喙将种子的外壳敲碎。体型小的芬雀只能敲碎小种子，体型大的却足以对付大种子。干旱持续数个月之后，小种子吃光了，体型小的芬雀陆续死亡，体型大的则苟延残喘，因为还可以吃体型小的所吃不动的种子（它们尤其倚赖一种壳上长刺，可保护果仁的植物“蒺藜”）。

1977 年旱灾后的幸存者在 1978 年交配，格兰特夫妇立刻看见演化在它们后代身上留下的痕迹。新一代中型地芬雀诞生后，格兰特夫妇的学生博格（Peter Boag）发现它们的喙平均比上一代大了 4%。旱灾里的适者——喙大的芬雀——将这个特征传给下一代，改变了整个族群的外形。

旱灾过后的几年，芬雀持续改变。像 1983 年，雨量特别丰沛，果实累累，喙小的芬雀成了适者。格兰特夫妇发现，到了 1985 年，雀喙的平均尺寸缩小 2.5%。芬雀变化虽快，变化的方向却似乎来回摆荡，仿佛钟摆。从 1976 到 1993 年，格兰特夫妇在达夫尼岛上追踪了 4300 只中型地芬雀，发现它们喙的尺寸基本上没有固定的趋势。倘若芬雀生来具有的喙能够帮助它们度过最具关键性的头一年，它们很可能就会留下许多后代，但有些年里大喙占优势，有些年里小喙占优势。

自然选择可能因为短期的气候波动，促使动物族群兜圈子，但若碰到别的情况，自然选择可能长时期逼使动物往特定方向演化。比方说，岛屿旱季及雨季的循环周期可能改变，在几百年内愈变愈潮湿。也有可能另一群芬雀移居某岛时，岛上已有专吃某些种子的芬雀，这么一来，演化必定青睐能帮助新来者吃别种食物的基因，以避免冒着被灭绝的危险与老居民竞争。以上两种情况，只要假以时日，便可能创造出新的芬雀种类。

种的形成

格兰特夫妇在加拉帕戈斯群岛研究了二十多年，虽然不确定有哪些长期的压力在达尔文芬雀身上起作用，却可以确定演化并没有一直在兜圈子；演化已将同一祖先变成 14 种鸟，每一种都具有特殊的适应能力。这项演化的证

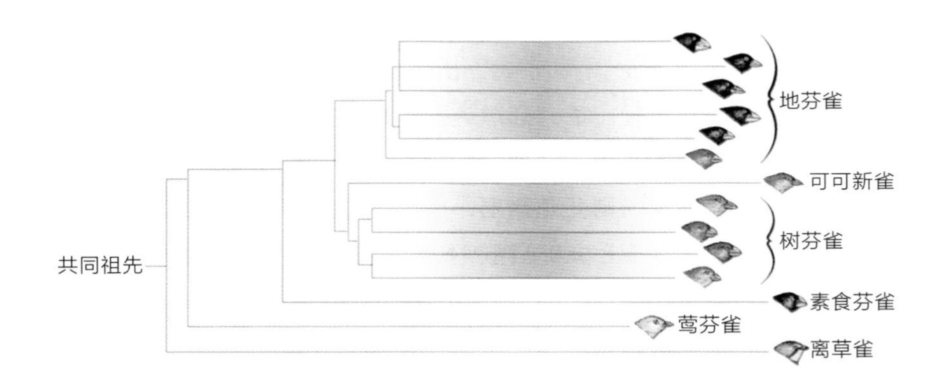

显示达尔文芬雀如何演化的演化树。最左边的树干代表其共同祖先，一度栖居南美洲，现已灭绝。往后它分支成新鸟种，如厄瓜多尔的离草雀；同时又有一群后代在几百万年前移居加拉帕戈斯群岛，分支成为许多新鸟种。科学家通过比较现生芬雀 DNA，绘出这株系谱树，树上每一根小枝的长度，即代表每一种鸟与共同祖先分家后 DNA 突变的程度。

据，铭刻在芬雀的基因里。

经历自然选择的芬雀族群一旦与其他芬雀隔离，其 DNA 将愈变愈不同。格兰特夫妇在一群德国遗传学者的协助下，开始研究 14 种达尔文芬雀之间的基因差异，同时与厄瓜多尔一种名叫离草雀（Grassquit）的鸟比较，因鸟类学家认为离草雀可能是现生达尔文芬雀在美洲大陆上血缘最近的亲戚。研究者比较基因序列，画出一株系谱树，把基因最相似的两个种的分支连在一起，交点即代表这两个种的共同祖先，然后再连到较远的亲戚的分支上，直到所有鸟种全汇集成一株树为止。

他们在 1999 年发表研究结果，显示所有芬雀的确源自同一祖先，而且 14 种芬雀与彼此间的血缘，都比和离草雀的血缘近。几百万年前，一群形似离草雀的鸟祖先来到加拉帕戈斯群岛，发展出四支芬雀谱系。第一支单独发展成莺芬雀，这种鸟利用细长的喙捕捉昆虫。第二支成为素食芬雀，用短而钝的喙吃花、花苞及水果。另外两支谱系继续演化：树芬雀适应了在树上捕捉昆虫的生活（例如，其中的啄木鸟芬雀会用凿刀形的喙衔住仙人掌刺，把躲在罅隙里的昆虫赶出来）；同时地芬雀也出现了，包括吃种子的中型地芬雀。

鸟类学家将地芬雀分成 6 个鸟种，但根据格兰特夫妇及其德国同行所绘制的系谱树，这些鸟种并未完全成形，尽管它们的基因和群岛上其他芬雀截然不同，但是想分辨这6种鸟，几乎不可能。虽然这6种芬雀外形和行为各自不同，却仍能互相交配，成功生下混种后代。换句话说，它们代表6种正在成形中的物种。

加拉帕戈斯芬雀分支的速度虽快，但是世界上最惊人的"物种形成"大爆炸却发生在东非的维多利亚湖（Lake Victoria）及北美五大湖区（Great Lakes）各湖内。维多利亚湖景色迷人，面积2.7万平方英里，湖床平坦，好似一张台球桌。这个湖是慈鲷（cichlid）的家。慈鲷鱼体型小，颜色鲜丽，仅在维多利亚湖内便有500种，而且没有别的栖地。每一种慈鲷都有与众不同的特征：有些用牙齿刮石头上的藻类；有些捣碎甲壳类；有些啄食别种慈鲷的眼珠；有些种类的雄性在求偶时会建造水底砂堡，请雌性来检阅；有些把仔鱼含在嘴里。

1995年，一群地质学家来到维多利亚湖，希望追溯湖内泥沙过去几万年的历史。注入该湖的几条河流各自携带花粉及尘土，年复一年，埋在湖底。地质学家计划往湖底钻，抽出记录数万年来河流流动历史的淤泥样本，重述周遭林地与草原在那段时期内的演变故事。结果他们只钻了9公尺左右，湖的痕迹便消失了；换句话说，湖底沉积只有1.45万年历史。

钻探结果显示，在1.45万年前，维多利亚湖的最深层处覆盖着一大片草。可能在冰河期的时候，凉爽干燥的气候令所有供应湖水的河流干涸，大片湖水随之蒸发。就这样，过去几百万年来，冰河期来来去去，维多利亚湖干了又满，满了又干。最后一次冰河融化后，维多利亚湖便在几个世纪之内扩张成目前的大小。

鱼不可能住在干湖里。维多利亚湖内慈鲷鱼的祖先必定藏身附近溪流，待湖水再现时，跟着溜进湖里。今日所有栖息在维多利亚湖内的慈鲷全是近亲，和其他河流及湖泊内的慈鲷血缘却很远。这批慈鲷拥有类似的基因，就像兄弟姐妹一样。它们的基因显示，当最近一次湖水再现时，一种在口内孵卵的慈鲷谱系移居湖内，然后在人类建造文明的同时，分支成500个种。若以演化的角度来看维多利亚湖，不啻目睹了一次生物大爆炸。

这次演化的"大繁荣"，似乎是天时地利"物"和的结果。慈鲷极适合迅速特化（specialization），首先，它们在嘴的后方还另有一副上下颚，可以用来弄碎食物，前面的那副上下颚因此得以自由演化成不同的抓取工具；而且它们牙齿的演化弹性也出奇大，分别变成桩钉、长钉、平匙等形状。结果是：演化将慈鲷的身体塑造得千奇百怪，令人眼花缭乱。

另一个造成慈鲷演化大爆炸的原因，可能是它们精彩的性生活。雄慈鲷为了吸引雌性，费尽心思，或跳特别复杂的求偶舞，或用砂石建造各式闺房。雌性赏心悦目之后，便会排卵，让雄性受精。雌鱼择偶由基因决定，有些雌

东非大湖区的慈鲷鱼种类繁多，令其他生物瞠乎其后。仅在维多利亚湖内，在不到1.4万年的时间里，它们就由共同祖先演化出了五百多个不同的种。

鱼可能喜欢某种特别的红色调，有些偏好闺房墙垣特别陡直，或某种特别的求偶舞步。这类偏好可能在雌鱼群中蔓延开来，让它们对其他雄鱼不再感兴趣。假以时日，这种特殊喜好便会将一群鱼与其他鱼隔绝开来，把它们变成一个新种。

慈鲷鱼在1.4万年前进入维多利亚湖内，等于从祖先在河流内的演化牢笼中释放出来。河流是骤变之地，常受突来的水灾、旱灾及河道改变影响。在这种情况下，太适合在河流某个特定部分生存的鱼将无法占优势，因为演化偏向于能够适应各种突发状况的鱼。移居维多利亚湖后，环境稳定许多，慈鲷可以开始适应特殊栖地，如卵石浅滩或有沙床的深水域。它们可以迅速演化出特殊的生活方式，不必因改变而受到惩罚。

生物学家现在正在研究慈鲷的基因差异，希望借此揭开维多利亚湖内不同鱼种形成的谜底，可惜他们的时间有限。在20世纪50及60年代，有人将一种新的鱼引进维多利亚湖：尼罗鲈（Nile perch）。这种鱼来自东非另一个湖内，可以长到两公尺，慈鲷便是其食物之一。引进尼罗鲈的原因是替维多利亚湖周围的居民开发新的食物来源。尼罗鲈果然迅速繁衍，渔夫们渔获量暴增10倍，但慈鲷却成了牺牲品。

同时，由于农业及伐木业大兴，造成土壤大量流失，表土冲入维多利亚湖内，原本清澈的湖水变浊。对配偶外貌特别挑剔的慈鲷，再也看不清楚对方的特征，便开始和近亲种交配。迫使这些鱼多样化繁殖的区隔，正在瓦解中。

在充满淤沙的浑浊湖水与尼罗鲈的夹攻之下，维多利亚湖内的慈鲷鱼种，仅在过去30年内便消失了一半。正当人类开始熟悉这个物种的爆炸现象之时，很可能也正在将它终结。

利用自然选择抵抗感冒

自然选择这个观念在20世纪变得威力十足。1900年时，尚有许多科学家怀疑自然选择是否重要，或真有其事；到了2000年，我们已经可以目击自然选择重塑生命及创造新物种。自然选择观念在本世纪的复兴，甚至引导

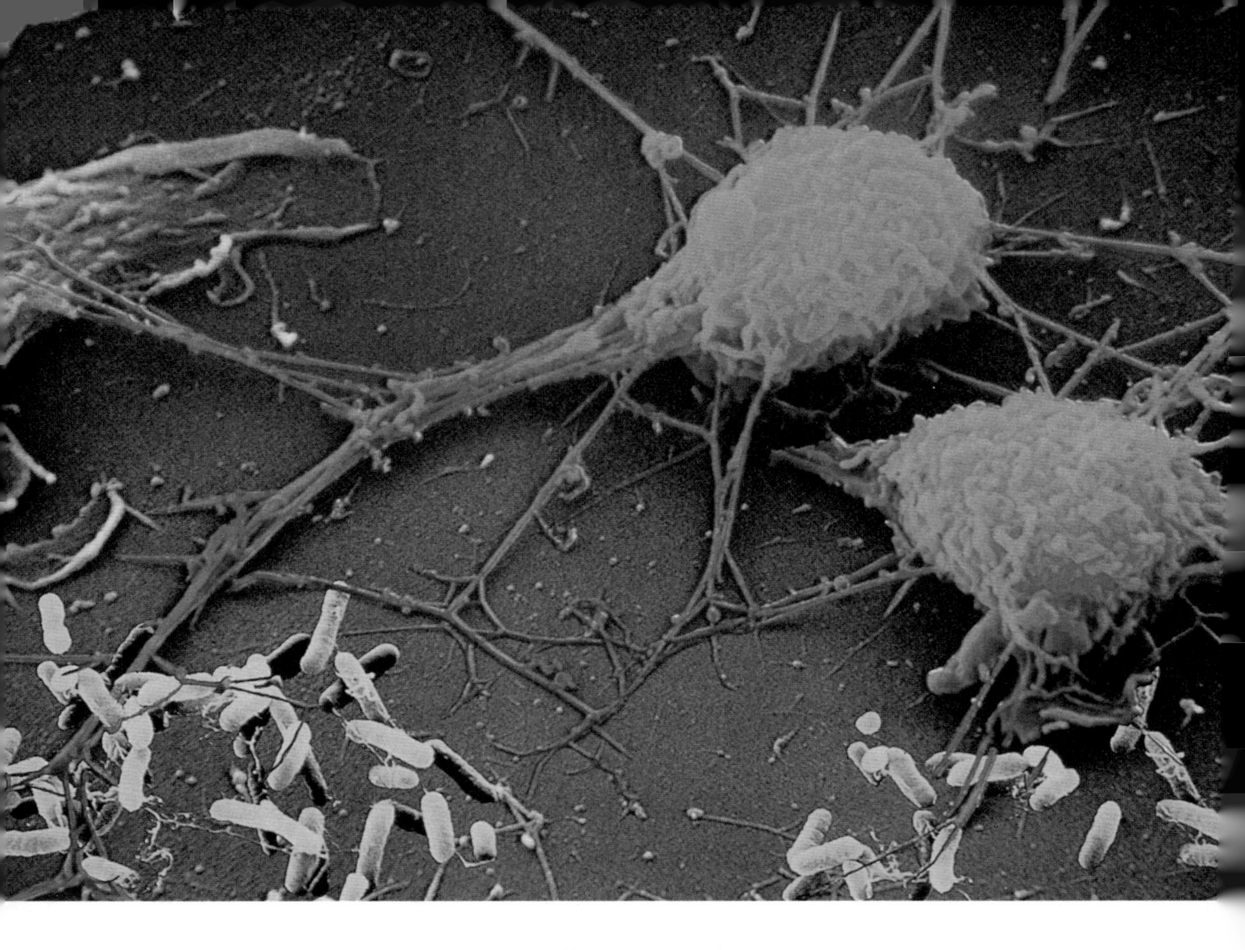

白血球利用自然选择的力量，摧毁入侵病原体（如图中的细菌）。

科学家在始料未及处发现自然选择的作用。任何研究范畴，只要符合达尔文的三项基本条件——复制、变异，及竞争后的奖赏——便能展露自然选择的力量。

以人体为例，我们的身体也以某种形式的自然选择来抵抗疾病——也就是我们的免疫系统。当病毒或其他寄生虫入侵时，免疫系统企图发动攻击，但它首先必须能够识别敌手，才能驱逐入侵者，否则攻击对象将不分敌友，甚至包括人体本身。于是，免疫系统利用演化的力量来调控攻击行动。

当外来物质进入人体时，会遭遇一组名叫“B 细胞”的免疫细胞。B 细胞具有受体（receptor），可以伏击外来物质（称为抗原［antigen］），例如细菌产生的毒素，或病毒蛋白质外鞘的片段等。当 B 细胞伏击抗原时，会有信号传入其内部，命令它复制出千万个新的细胞。

新的细胞开始释放抗体（antibody）；抗体和首先伏击抗原的那种受体一样，但它可以自由流动。抗体在全身游走，一碰到抗原便紧咬不放。抗体用一端抓住一个抗原，再用另一端消灭它，或中和毒素，或在细菌细胞壁上钻孔，或传呼免疫系统的杀手细胞，让后者来吞噬寄生物。

寄生生物从病毒、霉菌到钩虫，产生的抗原以亿万计，B 细胞却都能制造出完全相符的抗体。因为这种精确度，免疫系统才能辨识及摧毁入侵者，却避开自体细胞，不会误杀。B 细胞可能遭遇的抗原如此之多，我们的 DNA 不可能携带建造每一种抗体的指令；抗原有亿万种，人的基因却只有三万多个。我们的免疫系统必须运用更有效率的方式来制造抗体——演化！

B 细胞的演化从它在骨髓中成形时便已开始。当 B 细胞开始分裂时，建造其抗原受体的基因便开始迅速突变，不规律地形成亿万种不同形状的受体，踏出演化过程的第一步：产生变异。

新生的 B 细胞悄悄从骨髓移往抗原来往最频繁的淋巴结，大部分的 B 细胞无法锁定任何抗原，但偶尔某个 B 细胞的受体凑巧对了，可以抓住一个抗原，两方的形状不必完全相符，只要 B 细胞能抓住任何东西，便会受到刺激，开始疯狂复制。B 细胞中彩时，你可以感觉得到，因为随着它数目激增，淋巴结会变得肿大。

有些成功的 B 细胞复制出的后代会立刻释放出抗体，其结构与抓住抗原的受体相同。还有一些却继续分裂，并不制造抗体。这类 B 细胞开始复制，其突变率比人体正常细胞快上百万倍。突变只会改变它们用来建造抗原受体及抗体的基因。为求生存，这些超速突变的 B 细胞必须抓住抗原，否则就会死亡。经过一连串的突变及竞争，演化所制造出来的 B 细胞锁定抗原的动作愈变愈精准，适应力不够强的细胞抓不住抗原，即遭淘汰死亡。不出几天，这个演化过程便能将 B 细胞伏击抗原的能力提升 10 到 50 倍。

如果佩利知道抗体这种专门抵抗特殊疾病的东西，一定会说抗体是造物者的杰作，因为它的设计如此精良，与抗原的“搭配”如此适切，绝对不可能自动形成。然而每次我们生病，都证明佩利又错了。

计算机内的演化

自然选择的威力不仅展现在人体内，也展现在计算机内。一般所知的生命只有一种语言，即DNA和RNA的碱基。但有些科学家却宣称他们已在计算机中创造出不需生化反应的人工生命，而且它们和以DNA碱基为基础的生命一样，也会演化。批评者或许会质疑这些人工生命究竟是不是“活生生”的生命，但它们的确证实了无秩序状态可以通过突变与自然选择变得复杂化，甚至展示了自然选择创造新科技的方式。

现今最复杂的人工生命，居住在加州理工学院的计算机里。以阿达米（Christoph Adami）及奥弗里亚（Charles Ofria）为首的一群科学家，创造了一个“野生庇护区”，将它命名为“阿维达”（Avida，A代表“人工”[artificial]，vida一字为西班牙语的“生命”）。每个住在阿维达内的生命都是由一个程序构成，程序内容则为一连串指令。这些生命活着的时候，其程序内会有一个“指令指针”逐行移动，逐一执行它所读到的每一个指令，一直读到程序结束，再自动返回起点，重新来过。

数字化生命的程序可自行复制，再创造出自给自足的生命体，就这样不断繁殖，直到占据阿维达所有的计算机空间为止。阿达米允许这些数字化生命在复制时突变，促使它们演化。偶尔，某个数字化生命程序中某一行指令会自动转换成另一个指令；有时生命体在自我复制时，可能不小心读错指令，也可能随便多插进或删除一个指令。通常突变都对生物有害；同样的，对存在于阿维达内的程序来说，大部分改变只是有害的病毒，会使数字化生命繁殖速度变慢或死亡。但有的时候，突变却可以让它们的复制加快。

阿达米利用阿维达设计出各项模仿生命演化的实验。在一项早期实验中，阿达米创造了一个能够复制，同时携带好几个无用（却也无害）指令的数字化生命。这个始祖制造出数百万个后代，又分支成许多突变的族群。经过几千代后，某些族群变得“人多势众”。成功的数字化生命都有一个共同点：程序简短。每一种成功的突变都将程序浓缩成最简单，但仍能复制的形态——只剩下约11个步骤。

在这个实验中，演化驱使数字化生命的基因组愈变愈简单，因为它们所生存的环境非常简单。但在最近的实验中，阿达米把阿维达变得近似真实世界，并要求他的数字化生命吃东西。阿维达里的食物即数字：一连串永无止境的1和0，数字化生命可以消化它们，变成新形态。如同细菌可以吃糖，再把糖转化成它们赖以生存的蛋白质；携带适当指令的数字化生命可以读取阿达米提供的数字，再把数字转化成各种形态。

在自然界中，演化会选择可以将食物转变成蛋白质并协助它们繁殖得更成功的生物。阿达米也在阿维达内创造了一个类似的奖励系统，他设计出许多任务，让数字化生命去执行，如读取数字，然后把数字反过来，例如把10101变成01010。如果数字化生命演化出这种能力，他便奖励它，加快它程序的速度。程序速度加快之后，复制速度也快了。而且执行较复杂任务的奖励，又比执行较简易任务的奖励大。结果这个奖励系统彻底改变了阿维达内生命演化的方向，不再变得像最原始的、类似病毒的生物，而是演变成复杂的数据处理机。

基本上阿维达是在演化新软件，但和人写出来的程序完全不同。阿维达的奇异结构引起微软公司的注意，出资赞助阿达米做的某些研究。微软意识到DNA其实就像一个超级计算机程序，可以让数兆个人体细胞跑个70年都不死机。不知为什么，演化所创造出来的信息处理，就是比人类所创造的强。微软希望未来能让软件自行演化，不必再仰赖人来写软件。今天在阿维达中演化的简单程序和计算机计账程序（spreadsheet）比起来，仿佛细菌之于蓝鲸。然而演化既然创造出了蓝鲸，那么，像阿维达这样的人造世界终有一天会演化出计账程序，也是可以想象的。而我们面对的挑战，应是在人造世界中造出正确的演化山峰和山谷，让计账程序设计变成适应力的峰顶。

阿维达属于所谓“演化计算”（evolutionary computing）的新兴科学区域。这个行业中的专家发现，自然选择不仅可以塑造软件，也能塑造硬件。你可以给计算机出个题目，叫它针对某种装置，想出上千种不同的设计，然后进行模拟测试，把运作最佳的留下来，随意作些小改变，再创造出新一代的设计。计算机只需要这么一点点人类指引，便能演化出一些了不起的新发明。

举个例子：1995年，工程师科扎（John Koza）运用演化计算，设计出一组滤音器，可将超过某频率的声音滤掉。科扎选择以每秒2000转为上限，结果他的计算机在经过10代之后，制造出一组电路，可以压低频率超过500转的声音，但只能完全消除频率超过10000转的声音。经过49代之后，计算机大幅改进，将上限成功降至2000转。自然选择创造出一套由感应器及电容器形成的七阶式设计；而AT&T电话公司的坎贝尔（George Campbell）在1917

年也曾经发明出同一套设计。计算机在没有科扎指示的情况下，竟然侵犯了一项专利。

从那个时候开始，科扎与其他人相继演化出温度计，同时适用高音及低音的扩音器，控制机器人的电路，和其他数十种装置，其中许多都复现了伟大发明家的发明物。他们预言，演化计算很快就能创造出可以自己申请专利的设计了。

尽管目前这类演化仍局限在计算机内，而且必须仰赖人类程序设计师及工程师才能生存。但在未来几十年内，很可能机器人就可以开始独立演化，自我转化，变出人类无法想象的新形态。马萨诸塞州布兰迪斯大学（Brandeis University）的两位工程师利普森（Hod Lipson）及波拉克（Jordan Pollack）便仿佛预告未来似的，在2000年8月宣布，他们所设计的一部计算机已经成功地运用演化，设计出一个会走路的机器人。

利普森与波拉克的计算机总共演化出200种机器人设计，每种都从零开始。两位工程师运用一套模拟程序，根据机器人在地板上移动的速度，替它们打分数，然后用高适应力的设计淘汰低适应力的设计，再让所有经过筛选后的机器人全部突变一次。经过几百代之后，计算机再用模制塑料建造出最成功的几个机器人。它们移动起来有的像尺蠖，有的像螃蟹，有的像别的动物，可是看起来却都不像真正的动物（至少不像人所制造出来的、模仿真实动物的机器动物）。

人工演化的诞生，是达尔文绝对无法想象的一大胜利。40亿年前，一种全新的物质形态在地球上出现：它可以储存信息，自我复制，而且随着储存的信息逐渐改变，仍能继续生存下去。我们人类便是由那种会突变的物质组成的；如今我们已可以将这个律法应用于新的形态，应用于硅及塑料，应用于二进制的能量流之中。

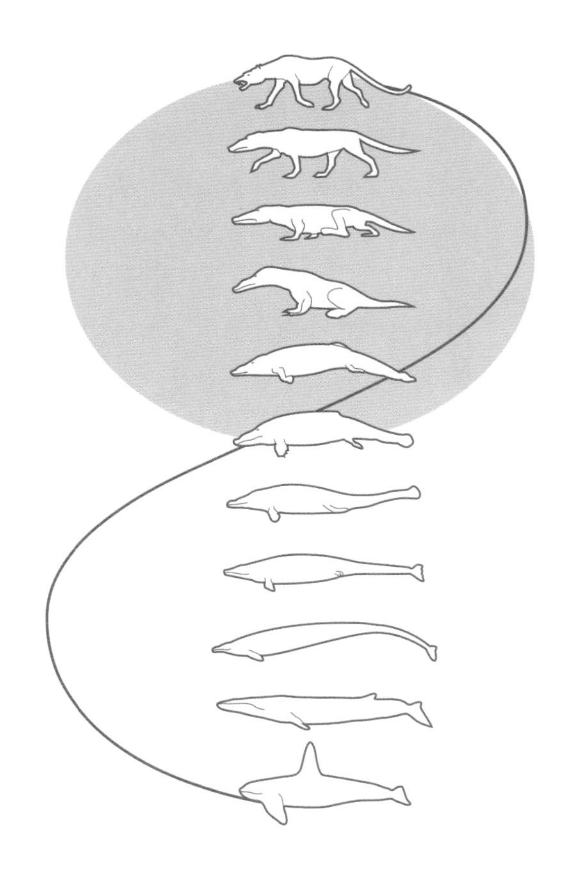

第 二 部 分

创造与毁灭

Creation and Destruction

5

生命树溯源：从生命之黎明到微生物时代

自然选择并非特立尼达的孔雀鱼或加拉帕戈斯群岛的芬雀的专利，地球上一切物种皆受其影响，而且自然选择从生命初始便开始运作。科学家已经追溯到至少 38.5 亿年前的生命史，化石记录显示，在其后悠久的岁月中，新生命形态如真核生物、动植物、鱼类、爬虫类及哺乳类等，一一出现。历经数不清的世代之后，演化将这些最早期的生物转变成新形态，继往开来，变化万千。

达尔文从来不想追究这类巨大转化是如何发生的，在他那个时代发生的自然选择，已经够令他困惑了。这完全是因为他不懂遗传作用。但今天我们已掌握足够的证据，如基因序列、化石及古代地球化学作用的痕迹等，让科学家开始替生命演化译码。结果在译码的过程中，演化生物学家把现代综合论更推前了一步，并且发现演化的统驭方法奇特非凡，远远超出前人的想象。

生命树

生命史并非是一条直线式地发展。如达尔文所说，它的成长像一棵树，新物种如枝丫般不断从旧物种中分支出来。大部分的分支后来都灭绝了，像

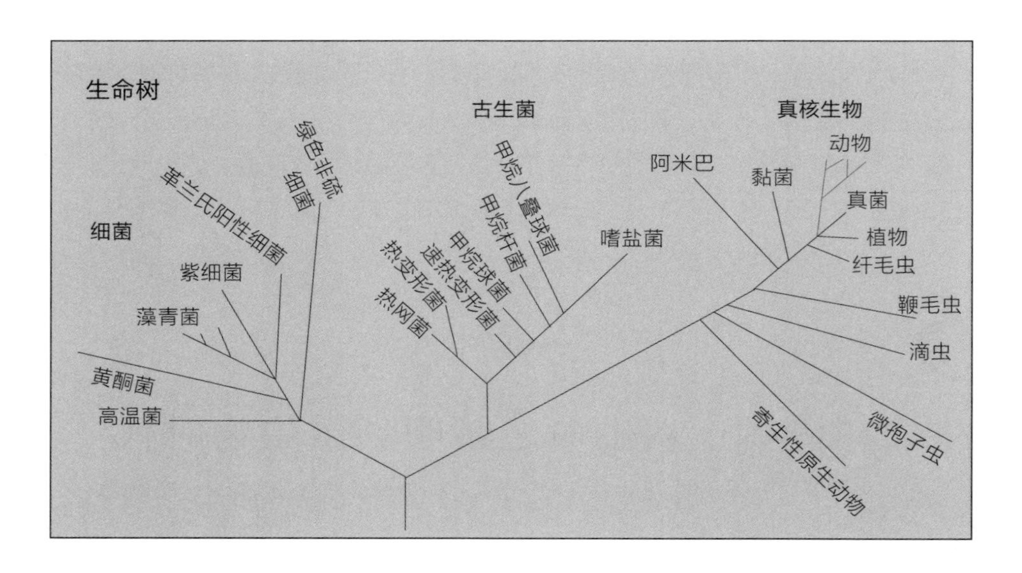

这棵演化树涵括地球上所有现生物种，由共同祖先（树基）分出三大支：细菌、古生菌、及真核生物（人类便属于这一支）。分支长度代表每个谱系之DNA与共同祖先分歧的程度。这棵树显示微生物占了生命遗传多样性的大半，而整个动物界只不过是树梢上的几根小细枝而已。

树枝遭到剪除；但是，在灭绝之前，它们已经作出贡献：它们创造了后起的生命，形成现今地球上的生命形态。

过去的数十年里，科学家不断重画生命树。刚开始，他们只能借观察身体结构（如头盖骨的接缝或子宫的形状）来比较不同物种，可是当他们想退一步来宏观生命之全景时，这个方法却不管用。你可以比较榆树和枫树或松树的叶子，但人类却没有叶子可供比较。幸好榆树和人类皆以DNA为构成基础。科学家在过去25年来，采集从青蛙到酵母菌到藻青菌等千百个物种的基因，加以排序，绘出最新的生命树。

这棵树并不是一幅肖像，而是科学假设，针对所有科学家研究过的基因序列，以及基因形态如何突变，做出最浅显的诠释。随着新物种的发现和新基因序列的确定，这棵树上的一些枝丫可能必须重新排列。但即使信息日新月异，这棵树的基本结构却始终未变，显示出这个诠释基本上是正确的。

这棵树长得很怪异。19世纪末，演化生物学家把生命树画得像棵巨大的橡树，有一根主干，然后才有分枝。最简单的生物如细菌等，从树基附近冒出来，人类则高踞树冠，代表演化的巅峰。如今科学家却不再视演化为不断上升的单一主轴，而是一丛散乱的灌木。

这棵树分为三大支，属于我们这一支的真核生物还包括植物、真菌、动物及单细胞的原生动物，如住在森林土壤及海洋中的阿米巴原虫，及引起如疟疾、痢疾和贾第虫病等的寄生生物。所有真核生物都有能清楚识别的细胞。大部分 DNA 都包在细胞核内，细胞内的许多其他区隔则分别建造新蛋白质及产生能量。

以前生物学家以为所有非真核生物的物种，都可归类成另一大类，即“原核生物”（prokaryotes），毕竟它们看起来都很像。比方说，这些生物的 DNA 并非缠卷在细胞核内，而是松散地漂浮在细胞膜内。然而基因却证明这个说法错了。细菌事实上自成一支，而生命树上的第三支和我们的关系比细菌离我们更近。这批生物在 20 世纪 70 年代首度由伊利诺伊州立大学的生物学家乌斯（Carl Woese）发现，虽然它们长得像细菌，但细胞机制却迥然不同。乌斯将之定名为“古生菌”（archaea），表示它们是生命树上最早出现的一支。

生命树的另一大惊奇之处是，我们这些多细胞真核生物在演化故事里，原来只是个小角色。人类和榆树之间几乎没有差别，但细菌、古生菌及单细胞真核生物的多样性却令人瞠目结舌。微生物学家不断发现新种、新科，甚至新的微生物界，它们安住在最深的地壳内、滚烫的温泉里，以及人类强酸性的温热消化道中。绝大部分的生物多样性，更别说绝对物理量（生物群的总重量）了，全都属于微生物。

生命树的基部代表地球上所有现生生物的共同祖先。所有现生物种都有一些共通之处，比方说，它们全都把遗传信息记载在 DNA 中，并由 RNA 将这些信息转变成蛋白质。这些共同属性最简单的解释，便是所有现生物种都源自同一个祖先。这个共同祖先的构造显然已颇精密，因此在它之前必然还有一长串祖先，所以生命树下方一定还有众多我们看不见的分支，可惜它们都已经灭绝了。在这些已灭绝的祖先底层，便藏着生命的起源。

追寻生命起源

即使目前的生命树并未直溯生命初始，但它仍能帮助科学家重组生物转化的最大一步：从无生命变成有生命。辅以地质记录，生命树可以提供线索，同时也设下了限制：任何关于生命如何开始的解释，都必须和留下来的证据相符。

要想确定生命最早的演化史，科学家仍有漫漫长路要走，但他们可以用研究生物后来的转型同样的方法来研究它。我们将在第六章看到，新的动物并非以演化大跃进的方式出现，而是逐步改变身体结构，最后变成现今的动物形态。科学家已经找到充分证据，证明生命也可以经由一连串步骤，演化成以 DNA 为基础的微生物。

生命创始的第一步是搜集原料。许多原料可能来自太空：天文学家已在陨石、彗星及星际微尘中找到不少生命的基本原料，这些物质掉落在正值婴儿期的地球上，散播细胞的主要构成要素，如构成 DNA 主干的磷酸盐和携带信息的碱基，以及制造蛋白质的氨基酸等。

这些要素互起反应，可能形成许多类似生命的形态。当分子挤成一堆，彼此不断碰撞时，最易激发化学反应。早期的地球上，生物性物质的先驱可能全集中在雨滴或海浪掀起的水雾中。有些科学家怀疑生命的发源地是中洋脊（mid-ocean ridge），即炽热岩浆从地幔（地壳与地心之间的部分）内冒出来的地方。他们指出，最靠近生命树基的分支为细菌及古生菌，它们都住在如滚水或强酸等极端环境中，因此它们很可能是地球最早的生态系之孑遗。

科学家怀疑生物分子的先驱可能是自行组织起来，形成了独立的化学反应循环，一群分子借抓取周遭其他分子进行复制。早期的地球上可能有许多化学循环各自在进行，如果完成循环所需的必要条件相同，便必须互相竞争，效率高的循环将淘汰效率低的。换言之，化学演化先进行，然后才是生物演化。

这些分子最后终于产生出 DNA、RNA 及蛋白质。到底三者中哪一个先出现，过去几十年来，科学家众说纷纭。DNA 可以携带建造身体的信息，代代相传，但若没有 RNA 或蛋白质的协助，便毫无作用。例如，DNA 无法像酶那样，执行连接或切开分子的任务。蛋白质的缺点则正好相反，它可以维

彗星可能将许多生命构成要素播种在地球上。

持细胞生命，却很难把信息传给下一代。只有 RNA 兼具两种能力，能携带遗传密码，也能执行生化任务。RNA 因具备双重能力，遂成为第一个生命分子的头号候选者。

科学家在 20 世纪 60 年代首度揭露了 RNA 在细胞中的地位，当时很少人认为它会是生命最原始的原料，因为它负责把基因内的信息传送到细胞制造蛋白质的工厂里，仿佛只是个身份卑微的信差。可是到了 1982 年，当时在科罗拉多大学任职的切赫（Thomas Cech）却发现 RNA 其实是一种混种分子。它一方面可以携带信息密码，一方面也具备酶的功能，能够改变别的分子。比方说，酶的任务之一，是在 DNA 把信息复制进 RNA 后，删掉无用的序列。切赫发现有些 RNA 甚至可以不靠酶的协助，而是往内卷，开始编辑自

美国黄石公园的热泉内栖息着地球上最原始的微生物。研究人员推测，40亿年前，生命可能发轫于接近沸点的滚水中。

己的密码。

到了 80 年代末期，科学家意识到由于 RNA 具有双重特性，因而可以在实验室内进行演化。最成功的研究小组之一，是加州拉荷亚镇斯克里普斯研究所（Scripps Research Institute）的乔伊斯（Gerald Joyce）所领导的团队。乔伊斯先从切赫的原始 RNA 分子开始，加以复制，形成 10 兆种结构略为不同的变异体，再把 DNA 倒进装有这些变异体的试管内，看看后者能否被切掉一小段。切赫的 RNA 只会切分 RNA，不会切分 DNA，所以不出所料，没有一个 RNA 变异体能做好这份工作。结果每 100 万个里面只有一个能够抓住 DNA 进行切分，但效率奇差，得花一个钟头才能完工。

乔伊斯把这批笨拙的 RNA 分子留下来，再把每个都复制 100 万份。新一代同样充斥突变，有些切分 DNA 的速度已经比上一代快了。乔伊斯继续保留这批略为优秀的 RNA 分子，加以复制。等他做到第 27 代的时候（这个过程需要两年时间），经过演化的 RNA 只需 5 分钟便可切分 DNA，一如它们切分 RNA 的天生能力。

乔伊斯及同僚此时已研究出让 RNA 迅速演化的方法，产生 27 代的 RNA 不再需时两年，只要三小时。生物学家发现只要有适合的环境，演化可以让 RNA 学会做它在自然情况下从来不会做的事。经过演化的 RNA 不仅能切分 DNA，还能切分别的分子；它可以连接到原子或整个细胞上；也能把两个分子连在一起，创造出一个新分子。若经过足够的演化，它甚至可以结合氨基酸——这正是制造蛋白质的关键步骤。它也可以把一个碱基加到自己的磷酸盐骨干上；换言之，即使细胞内没有 DNA 或蛋白质，RNA 也可以演化出执行大部分工作的能力。

RNA 的演化能力如此惊人，生物科技公司现在正企图将它转化成抗凝血剂等药物。乔伊斯等人的研究结果显示，RNA 可以在早期的地球上同时扮演 DNA 及蛋白质的角色。许多生物学家现在便把生命发轫期称为“RNA 的世界”。

RNA 演化之后，接下来出现的可能是蛋白质。RNA 世界发展到某个阶段，新形态的 RNA 可能演化出连接氨基酸的能力，有了蛋白质，RNA 复制的速度可能比孤军奋斗时更快。稍后，单股的 RNA 便可能建造出双螺旋股的好伙伴：DNA。后者不像前者这么容易突变，因此较利于储存遗传信息。一旦 DNA 及蛋白质出现，便可分摊许多 RNA 的工作。今天 RNA 仍具关键性，但昔日的威风只留下几许痕迹，自行编辑的能力便是其中之一。

这时，我们熟悉的生命正式开始，然而对 RNA 而言，生命却从此改观，因为 RNA 的世界已走到尽头。

生命的红树林

大部分共同发展出现代综合论的科学家不是动物学家，便是植物学家，对动植物了解很深。通常动植物传递基因的方式，是通过交配产生混合亲代 DNA 的子代，再随着一代代突变的兴起及散布，展开演化。然而在漫长的生命史中，动植物其实是新来者。从过去到现在，演化主要是属于微生物的故事。而在基因复制上，细菌及其他单细胞生物所遵守的律法和我们不同。随着演化生物学家不断发现微生物的差异性，生命树上的某些部分也必须重画。

细菌及其他微生物可以像人体细胞那样自行分裂，一分为二，各带一套 DNA。如果细菌在复制其中一个基因时出了差错，便会产生一个突变的后代，那个突变体的每个后代也都会接收它突变的部分。只是，微生物在诞生后，仍能获得新的基因。

许多种细菌拥有与染色体分开的环状 DNA，它们也能携带基因。细菌可将这些称作“质体”（plasmid）的环状物传给另一个同种或不同种的细菌。病毒也可以当细菌的信差，带走寄主的 DNA，然后注入另一个细菌体内。有时候细菌染色体上的某些基因甚至可能自行切离，钻入另一个微生物体内。细菌死亡时，DNA 自爆裂的细胞壁内涌出，有时会被别的细菌捡起来，纳入自己的基因组内。

早在 20 世纪 50 年代，微生物学家便观察到细菌会互相交换基因，但他们不知道这类交换对生命史的影响是什么。或许微生物交换基因的频率很小，因此这类互换并未留下任何痕迹。直到 90 年代末期，科学家才有机会发现真相，他们开始为微生物完整的基因组定序，结果令人咋舌：许多细菌有颇大一部分基因原本竟属于远亲物种。例如过去一亿年来，大肠杆菌曾 230 次从其他微生物身上捡来新的 DNA。

就连生命树最底层的分支，也可见这类基因移转的证据。有一种住在海床渗油处附近的古生菌，它具备一切古生菌的典型特质，尤其是用来建造细胞壁的分子以及复制基因信息，再把它们转变成蛋白质的方式。但它用来消化石油的酶却只能在细菌体内找到，而非别的古生菌。我们的基因传承也不纯：负责处理讯息（如复制 DNA）的基因和古生菌的基因是近亲；但许多负责做家事的，即制造蛋白质、提供细胞食物及清除废物的基因，却跟细菌比较像。这类外来基因的存在，使得早期生命的演化更形复杂，也更有趣。

第一位辨识出生命树三大支的微生物学家乌斯，根据这些研究结果，针对地球生物的共同祖先提出一个全新的观点：当生命刚从 RNA 世界转变成 DNA 世界时，生命自我复制的方式还十分草率，既没有负责仔细校对的酶，也缺乏其他能够确保细胞忠实复制 DNA 的机制；安全设备阙如，突变猖獗。唯一能够保存数代而不被突变摧毁的蛋白质，构造都极简单；任何需要许多

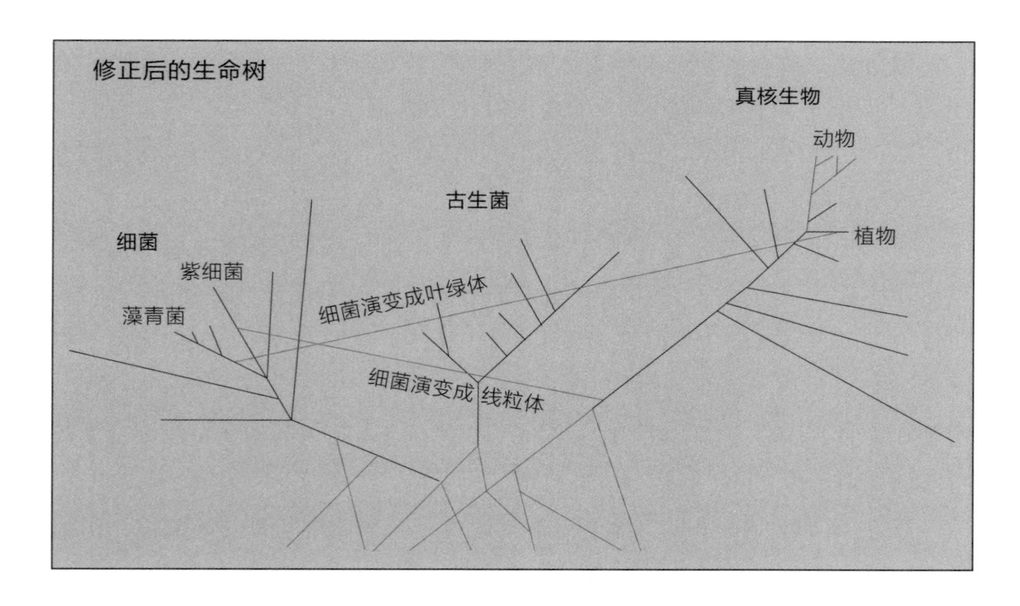

新的证据显示生命树可能比原来的版本更复杂。如图所示，早期生命可能并非以独立物种的形态存在，而是能够不分对象地彼此随便交换基因。生命可能并非起源于单一的共同祖先，而是浩繁而混杂的大群原始生物（树底交叉线）。经过数十亿年之后，三大支（细菌、古生菌及真核生物）已分开来，但远亲偶尔仍会连在一起，如细菌被别种生物吞噬的时候。上方两条长线显示出这类融合最重要的两个代表，即细菌演变成线粒体及叶绿体。

细菌可以形成巨大的毯状结构，名为“叠层”（stroma-tolite）。今天这类结构已较为罕见，但它们却主宰了所有的沿岸水域约30亿年之久。

遗传指令的复杂蛋白质，皆岌岌可危。

在如此脆弱的复制系统下，原始基因很容易从某个微生物转移到另一个微生物体内，而非代代相传。因为早期的微生物构造非常简单，流浪的基因很容易便可安家落户，协助新主人做家事，如分解食物、清除废物等。同时寄生性的基因也可能入侵微生物，利用别的基因协助它自我复制，其分身再逃出去，继续感染其他微生物。

乌斯认为早期地球无所谓谱系，生命尚未独立分支，因此生命树的树基并非某单一物种。我们的共同祖先其实是所有活在早期地球上的微生物，它们就像一片流动的基因母体（matrix），覆盖整个地球。

但流浪的基因终于发现寻找新家愈来愈困难。新的复杂基因系统开始演化成形，工作效率胜过以前的乌合之众。就像流浪的农场帮工，既能采果子、捆秣草，也能铲堆肥，他来到一个农场，发现那里的工人已学会用计算机操纵机器设备，而他已经无法适应了。新的基因系统愈来愈专门化，能够精确复制DNA，于是基因得以代代相传，形成清晰的谱系，三大主支于是从早期混浊的演化池中浮现：真核生物、古生菌、细菌。不过虽然它们各自独立，每一支的内在基因却都龙蛇混杂，提醒我们别忘了关系杂乱的过去。

如果乌斯的说法正确，生命树必须再度重画，不再像一丛灌木，而更像一座红树林，基部的树根缠结，显示早期基因的混杂状态。然后三根主支逐渐浮现，但中间却仍有许多小枝多次相互交缠。

加速演化

生命从最早期基因数屈指可数的简单生物，演化成如藻青菌等基因数超过 3000 个的成熟微生物，可能并不需要多久时间。科学家对这个过程至今所知有限，但各项证据却暗示早期的演化速度惊人。比方说，来自澳大利亚的化石显示早在 35 亿年前，便有类似藻青菌的微生物存在。来自格陵兰的分子化石则显示往前推 3.5 亿年，即距今 38.5 亿年前，地球上便有某种生命迹象存在。科学家并不能确定曾在格陵兰留下痕迹的是什么样的生物，但它已经改变了整个地球海洋及大气的化学性质。也许那是一种类似藻青菌的微生物，也可能只是以 RNA 为基础的生物，或介于两者之间。

现在我们拿已知的生命史和地球史作个比较：地球于 45.5 亿年前诞生，一开始的数亿年，巨大撞击不时熔化整个地球，在这段狂暴时期中出现的生命必将彻底毁灭；等到地球形成目前的体积，海洋也出现了，但每隔几百万年便有重达数百万吨的陨石从天而降。当这类撞击发生时，即使地球上有生命幸存，也只可能是躲藏在隐秘的庇护所内，如海底火山洞，否则就全部灭绝。最后一次大撞击风暴约发生在 39 亿年前，再隔 5000 万年，生命已站稳脚跟，再过 3.5 亿年，复杂的微生物便出现了。

这般复杂的基因系统，怎么可能演化如此迅速？共同发展出现代综合论演化论的生物学家，主要都在研究细微的基因变化（如某基因上 A 与 G 的位置对调）对演化大趋势所造成的累积影响，其实演化还有另一项重要的因素，即整个基因意外的复制。

基因复制发生的几率和单一碱基突变差不多，新基因版本一旦出现，也可能遭遇几种不同的命运，如果它能制造出更多的原始基因所生产的蛋白质，便可提升这个生物的适应力。例如，该蛋白质若是处理食物的要素之一，那么多制造一些蛋白质便能提高生物进食的效率。因此自然选择必将保留复制基因，一如其原始版本。可是有时新复制出来的基因却是多余的，在这种情况下，新版本基因所发生的突变并不会对携带它的生物造成任何影响，因为原始基因仍继续坚守岗位。多半时候突变只是让复制出来的基因毫无用处，我们的DNA便充斥这类名为“假基因”(pseudogene)的基因鬼魂。但也有些时候，突变可以转化复制的基因，让它开始制造新的蛋白质，执行新的工作。

细菌、古生菌及真核生物的基因组全都包含数以百计的复制基因，可以组成自己的基因家族，就像物种可以分门别类一般。不论是生物或基因的分类，都反映出共同的传承。基因家族是基因经过许多回合复制的结果，可上溯到生命最早期。换句话说，早期地球上的基因不仅突变，它还会繁殖。

融合演化

生命树分成三大支后，演化仍能将相隔遥远的树枝融合在一起。为此我们应心怀感激，因为我们便是这类融合下的产物；别的融合则产生了植物与藻类。倘若生命未经这类合并，地球上便不会有足够的氧气供我们呼吸，即使早期地球上有少许氧气，我们也根本没有能力去呼吸。

我们进行呼吸作用时，需依赖细胞内的一小点形状像香肠的线粒体(mitochondria)。几乎所有真核生物都含有线粒体，靠着它们利用氧气及其他化学物质，制造细胞所需的燃料。19世纪时，线粒体首度被发现，许多科学家便觉得它们很像细菌，甚至有些人宣称它们就是细菌，照他们的看法，呼吸氧气的微生物不知怎地入侵到人体的每个细胞中，以提供燃料来交换庇护所。

科学家早就知道有些细菌可以寄住在动植物体内，却不会造成任何疾病，有时甚至因此彼此受惠，这称为“共生”(symbiosis)。例如，有些细菌住在母牛体内，可以消化寄主吃进肚里的硬草，然后牛再消化掉一部分的细菌。即使如此，细菌住在我们体内，跟住在我们细胞之内，仍是两码事，所以许多科学家仍抱持怀疑态度。

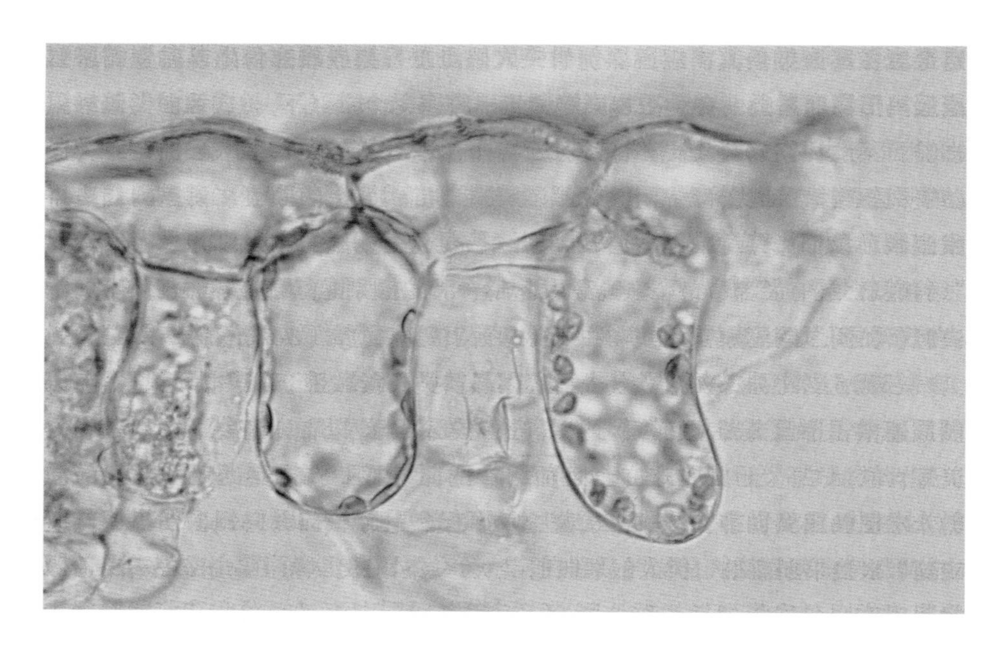

植物通过叶绿体的结构转换阳光及二氧化碳；叶绿体的祖先是善于摄取光的细菌。

同时科学家却持续在细胞内发现更多类似细菌的东西。比方说，植物的细胞内携带了另一套可进行光合作用的小点点，称作“叶绿体”（chloroplast）。它们捕捉阳光，用光的能量，结合水及二氧化碳，转变成有机物。叶绿体和线粒体一样，像极了细菌，有些科学家因此深信叶绿体和线粒体一样，也是一种共生的细菌，而且它是住在海洋及淡水中、善于运用光的微生物——藻青菌——的后代。

直到20世纪60年代初期，共生理论犹如一束微弱的火焰，在科学界忽明忽灭。大多数科学家此时正埋首于研究细胞核内的DNA如何储存遗传信息，因此宣称人体细胞由不止一种有机体共同构成的共生理论便显得十分荒诞不经。可是就在60年代，科学家却发现线粒体及叶绿体拥有自己的基因，它们会利用自己的基因制造自己的蛋白质，当它们自行复制时，也会多复制一套DNA——完全跟细菌一样！

然而60年代的科学家仍然缺乏工具，无法确定线粒体及叶绿体携带的具体是何种DNA。有些怀疑论者认为这两者的基因本来可能存在于细胞核内，后来演化将它们移往外层。到了70年代中期，分别由乌斯以及加拿大新斯科舍省达尔豪西大学的杜利特尔（W. Ford Doolittle）领导的两组微生物学家团队，同时证实上述假设是错误的。这批科学家研究了某些藻类叶绿体内的基因，发现它和该种藻类细胞核内的基因天差地别；叶绿体内的DNA，竟然跟藻青菌的DNA一样！

线粒体基因的故事更精彩。70年代末期，杜利特尔的小组证实它们也属于一种细菌的基因，接下来几年，其他科学家继续追查它们到底是哪一种细菌。1998年，瑞典乌普萨拉大学的安德森（Siv Andersson）和她的一群同僚，发现目前已知和线粒体血缘最近的亲戚，竟是能引起斑疹伤寒的邪恶细菌——普氏立克次体（Rickettsia prowazekii）。

普氏立克次体的携带者为虱子，通常都寄住在老鼠身上，但这种寄生生物也可以人类为寄主。人类居住环境若拥挤肮脏，成为虱及鼠的温床，如贫民窟或军营等，流行性斑疹伤寒便可能暴发。一旦细菌通过虱咬进入人体内，便会一直钻入寄主细胞内，以细胞为食，开始自行复制。接着人便会高烧不退，疼痛难熬，有时甚至丧命。

斑疹伤寒威力十足，甚至足以改写历史。当年拿破仑为了击败俄国，召集士兵逾50万。1812年，法军向东横越波兰，俄军一路撤退，绝不正面交战。拿破仑抵达立陶宛后，一弹未发便拿下首都维尔纽斯。可是当法军进驻该城时，已有6万人死于斑疹伤寒。

俄军继续撤退，所到之处一片焦土。缺粮的法军日益疲弱，斑疹伤寒淫威更盛。拿破仑把苟延残喘的士兵留在临时搭建的医院里，继续推进。等他终于抵达莫斯科时，早已人去城空，而且三分之二的建筑都已被俄国人烧掉了。拿破仑知道他必须在冬天来临前离开俄国，否则将全军覆没。法军沿入侵俄国的路径撤退，只靠马肉和融化的雪水维生。在他们先前东进时所搭建的医院里，走廊上堆满了死尸；除了将病患丢下，军队别无他法，很快病患也死光了。西经波兰及普鲁士时，大军溃散成小股士兵，各自挣扎回国。这群人变成“人虱”，每经过一个村庄便引发新的瘟疫。“无论我们走到哪里，”一位法国士兵写道，“居民都心怀恐惧，拒绝收留士兵。”到最后返家的士兵只剩下3万人，等于每20个人中便有19人惨死异乡。拿破仑遭受普氏立克次体的打击之后一蹶不振，他的帝国也跟着迅速瓦解。

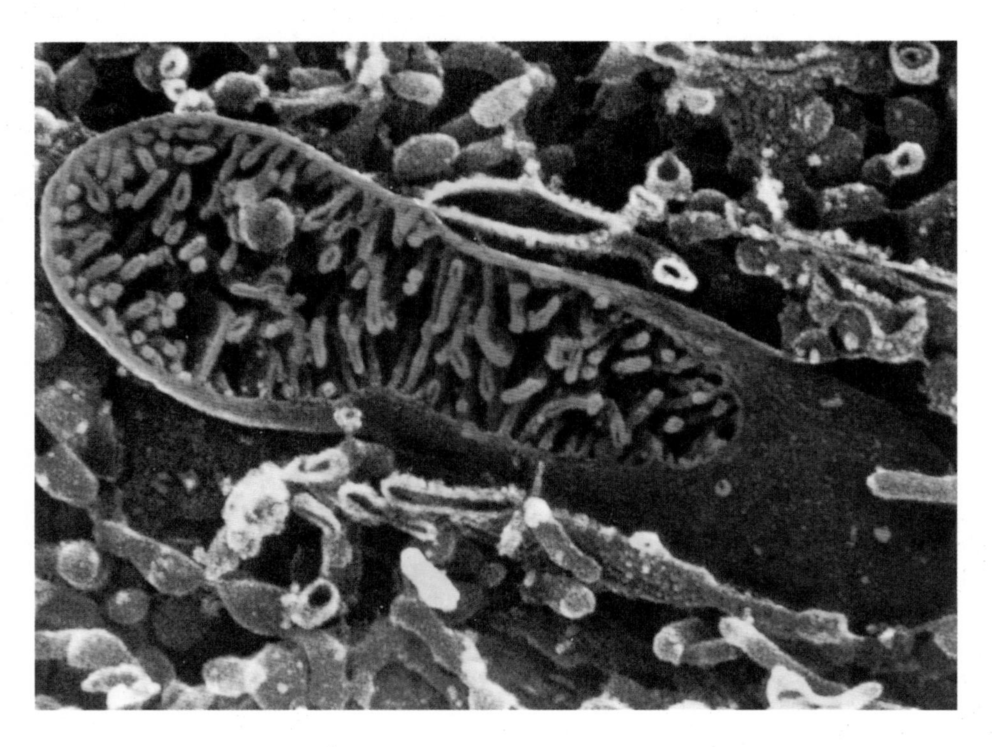

线粒体（图中红色部分）利用氧气制造真核生物细胞所需之燃料。它们的 DNA 显示其祖先原是呼吸氧气的独立细菌。

现在我们才知道，原来拿破仑的士兵身体细胞内，全带有杀死他们的细菌之近亲。

在遥远过去的某个时刻，一种现今已灭绝的呼吸氧气的细菌，同时产生了普氏立克次体及线粒体这两支微生物的祖先。两个谱系原本皆是独立生存的微生物，靠摄取周遭的养分维生。后来二者开始寄生在其他生物体内，普氏立克次体演化成残酷的寄生细菌，钻入寄主体内肆虐；另一支侵入人类祖先体内的细菌却和寄主发展出较好的关系。洛克菲勒大学的穆勒（Miklos Müller）认为，线粒体的始祖可能总是待在早期真核生物的近旁，以后者的排泄物为食；无法利用氧气进行新陈代谢的真核生物，也逐渐变得依赖呼吸氧气的线粒体始祖所排出的废物。最后两个物种结合在一起，开始在同一个细胞内进行彼此间的交易。

水底植物进行光合作用，释放出氧气泡。拜与其共生的细菌之赐，植物才能提供我们呼吸所需的氧气。

经由融合而演化并不属于现代综合论的一部分。这种物种改变的方式，并非逐渐累积 DNA 的突变，而是将两个物种融为一体，突然之间创造出一套新的基因组。共生演化虽看似怪异，但它仍遵循达尔文的基本法则，细菌在新寄主体内安家落户后，自然选择仍持续塑造其基因。线粒体的 DNA 也可能突变，如果突变影响了它为细胞产生能量的工作，便可能遭自然选择淘汰。反之，若突变能提高线粒体的工作效率，加强生物的适应力，自然选择便会散播这个基因。此时线粒体已失去许多其祖先住在外面世界时所赖以存活的基因，因为一旦线粒体可以仰赖寄主替它们扛下某些工作，那么那些基因就成了不必要的负担，演化最后会将所有多余的基因全部剔除。

在生命史的头30亿年里，微生物是地球上唯一的居民。这段漫长的时光并非演化倦怠期——这是以人类为中心的错误观点。以生化的角度来看，微生物时代其实变化万千：基因的全球性流动，不断创造出将能量转化成生命的新方法。惟有微生物经历过完整的演化过程之后，我们的多细胞祖先，即第一批动物，才可能出现。

6
意外的工具箱：动物演化的机遇及限制

我们和十亿年前类似阿米巴原虫的祖先之间，存在许多差异，其中有一点最为显著：我们有身体。构成我们的细胞不止一个，而是几兆个。这么庞大的细胞集合体，可不是一大袋完全相同的细胞，而是由几十种不同型的细胞，组织成数百个身体部分，从脾脏、眼睫毛、骨骼到脑。最奇妙的是，每个身体都只从一个最原始的细胞（即受精卵）开始，繁殖成胚胎，同时基因开始制造蛋白质，再由蛋白质控制胚胎的发育。有些蛋白质会激活或关闭别的基因；有些会离开制造它的细胞，向外扩散，对附近的细胞发出信号，令后者改变身份，或从胚胎的这一头爬到另一头，找个新家落脚。有些疯狂分裂，有些则自行了断。待这场舞蹈结束，我们的身体便成形了。

地球上还有数百万种不同的身体：长触手的枪乌贼、长刚毛的豪猪、没有嘴巴的绦虫……全都令人惊异，欲了解每一种的起源皆是极大的挑战。所有动物皆源自同一个单细胞的祖先，但科学家至今仍在研究为什么动物会发展出这么多不同的身体。这个问题的答案既藏在动物体内及体外，也藏在它们的遗传史和所栖息的生态环境中。

科学家才刚开始揭露基因建造动物的方式，但这些研究结果已极富革命性。大部分的动物，包括人类，都使用一套标准的基因工具箱来建造身体的。其中有些工具可以制订动物身体的对称及协调性——前后、左右、头尾等；

另外还包含一套控制所有器官（如眼或肢足等）发育的基因。每个物种的这套工具箱都出奇一致，控制老鼠眼睛发育的基因，若移植到苍蝇体内，照样可以制造出苍蝇眼来。

根据化石记录，这套工具箱必定是在寒武纪物种大爆炸前的几百万年内逐渐演化成形的。动物因它而具备超强的适应力，能演化出各种新形态。只需改动几个小地方——譬如改变基因活动的时机，或改变它激活的部位——便可制造出截然不同的新身体构造。但从另一个角度来看，动物虽然千变万化，却全都遵循某些固定的法则，因此你看不见六只眼睛的鱼或七条腿的马。这套工具组似乎同时封闭了某些演化的路径。

动物栖息的环境也在控制动物的多样化。任何新的动物都必须在生态系里找到一个可以生存的地方，否则必将消失。任何新动物的命运都不可预测，经常全凭运气。以陆栖脊椎动物为例，它们都具备四肢和指头（即使蛇的祖先也一样），但这并不表示是因为这种设计最适合在陆地上行走，所以才会演化成这样。其实鱼类在几百万年前尚未离开海洋的时候，已经演化出脚和脚趾，只不过这个设计凑巧方便脊椎动物在干燥陆地上行动而已。动物所经历的一切伟大转化，都内含同一个教训：演化只能利用生命史早已创造出来的成品，东修西补一番。

演化的怪物

生物学家为了研究动物的演化，制造出许多怪物：他们让苍蝇的头长出脚来，身体覆满眼睛，又让老鼠多长几根脚趾，或让青蛙在腹部长出一根脊髓。制造这些怪物不需动手术，只需改变某一个基因，关闭它或改变它制造蛋白质的时间或地点。生物学家发现，这些基因控制了动物身体的发育。

制造怪物的尝试可追溯到100多年前。19世纪90年代，有一位名叫贝特森（William Bateson）的英国生物学家，他将所有科学界已知的遗传变异编成目录。他对身体部位生错地方的动物特别感兴趣，譬如从眼窝里冒出一根触角的龙虾、该长脚却生出一对翅膀的蛾、该长触角却生出一对脚的叶蜂等。这些怪物里还包括人类。在罕见的情况下，有些人会在颈部多长几根小

通常果蝇都具备一对翅膀和一对称为“平衡棒”的棒状结构，帮助它们在飞行中保持平衡（左图）。可是控制它发育的数个基因中若有一个发生突变，便会把平衡棒变成另一对翅膀（右上）。若另一个基因发生突变，会使得苍蝇在头上长出腿来（右下）。

肋骨，或多长一对乳头。

很奇妙的是，这类突变竟然能够在错误的位置上制造出完整的身体部位。贝特森称这种制造罕见变异的过程为同源转化（homeosis）。第一个关于同源转化如何作用的线索，由美国哥伦比亚大学的布里奇斯（Calvin Bridges）提出，他追踪一个特殊的突变案例，发现有些果蝇多长了一对翅膀，然后这批复翼蝇又将突变基因传给了它们的后代，从此以后，遗传学家便让这支蝇族一直传承下去。

但生物学家直到20世纪80年代，才终于成功地分离出导致产生布里奇

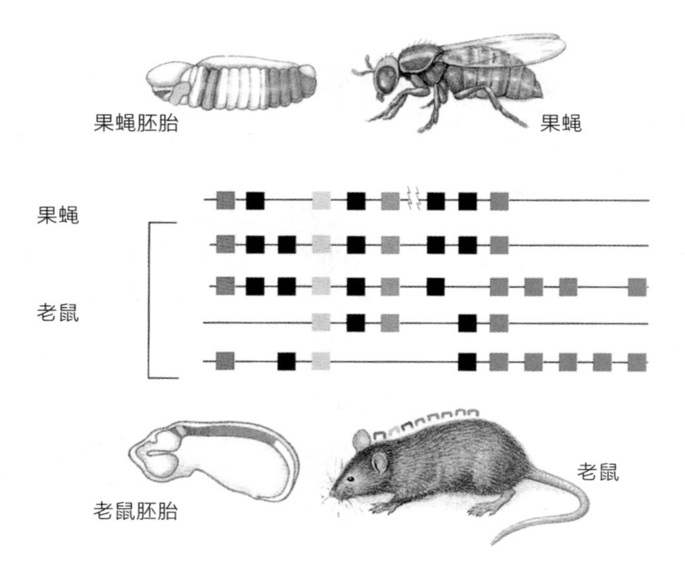

霍克斯基因能决定许多动物从头到尾的身体构造。上图以一串串颜色方块代表霍克斯基因，胚胎中受其控制的部分也标上同样的颜色。昆虫与其他无脊椎动物只有一组霍克斯基因，脊椎动物却有四组，但后者的霍克斯基因组和昆虫的对等基因组却几乎一模一样。

斯突变种的基因，发现它原来只是整个相关基因家族中的一个，现在这个家族被定名为“霍克斯基因群”（Hox genes）。生物学家发现，若更改其他的霍克斯基因，同样可以制造出恐怖苍蝇：从头里长出腿，或从该长腿的地方长出触角等等。

生物学家借着研究这些突变怪物，了解霍克斯基因群正常时如何发挥作用。这批基因在果蝇发育初期，胚胎形状还像一个小足球时，便已具活性。之后胚胎开始区分出一个个体节（Segment），尽管这些体节看起来都一样，却已各自注定将变成果蝇的某个身体部分。霍克斯基因群便负责对每个体节中的细胞发出指令，指示它们变成腹部、腿、翅膀或触角的某一部分。

霍克斯基因群就像电源总开关，负责控制别的基因。一个霍克斯基因便可触发许多别的基因连锁反应，合力形成身体某部分。倘若某个霍克斯基因发生突变，不再能正确地控制其他基因，所导致的错误可能是某个体节发育成另一个身体部分，这便是布里奇斯复翼蝇的秘密。

霍克斯基因群出奇得精致。生物学家设法让果蝇幼虫体内的霍克斯基因发光，显示出哪些细胞含有已激活的霍克斯基因。他们将会发光的特殊蛋白质注入幼虫体内，与霍克斯基因制造的蛋白质结合，让每个发光的霍克斯基因标示出它所在的体节。有些霍克斯基因在靠近果蝇头部的体节内活动，有些则在尾端附近。妙的是，霍克斯基因群本身亦反映出从头到尾的顺序：它们在染色体上排列的顺序，就是它们在果蝇幼虫内发挥作用的顺序——头基因在前，尾基因在后。

20 世纪 80 年代生物学家首度发现果蝇体内的霍克斯基因时，对于基因如何控制胚胎的发育几乎一无所知。能够研究一种物种的发育过程，令他们雀跃万分。但他们认为制造果蝇的基因应该专属于昆虫及其他节肢动物，因为其他动物没有像节肢动物那样分节的外骨骼，所以生物学家认为，要制造这么不一样的身体，基因一定也很不一样。

然而生物学家接着陆续在别的动物体内也发现了霍克斯基因，欢喜变成了震惊——原来青蛙、老鼠、人、天鹅绒虫、藤壶、海星，无论什么动物，每一种都有霍克斯基因，而且某些部分几乎完全一样。甚至基因在染色体上的排列也和在果蝇体内从头到尾的顺序相同!

生物学家发现所有动物体内的霍克斯基因都和昆虫体内的功能相同，即从头到尾沿着主轴分为不同区段。它们如此相似，科学家甚至可以用老鼠体内的某个霍克斯基因，取代果蝇体内相对应的缺陷基因，而果蝇照样可以长出正常的身体部位。老鼠与果蝇虽然在 6 亿年前便分家了，基因的威力却仍然不分对象。

总开关基因

20 世纪 80 及 90 年代，科学家继续在动物幼体内发现其他总开关基因（master control genes），每个都和霍克斯一样威力强大。霍克斯负责从头到尾的顺序，别的基因有些制订出身体的左右，有些负责上下。果蝇三维空间的腿，也是由总开关基因造出来的。总开关基因同时还协助建造器官。例如，若没有“帕克斯 6 号”（Pax-6）基因，果蝇便没有眼睛；少了“锡人基因”

（tinman gene），果蝇便没有心脏。

这些总开关基因也和霍克斯基因一样，存在于人体DNA内，而且任务通常也和在果蝇体内一样。譬如从老鼠身上取出的帕克斯6号，同样可以让果蝇多长出一对眼睛。生物学家持续探索其他动物的基因，发现无论对象是柱头虫、海胆、枪乌贼或蜘蛛，全都具备同样的总开关基因。总开关基因可以用同样的指令，建造出极不同的身体部位：蟹腿为中空圆筒状，肌肉藏在里面；人腿中央有一根骨头，肌肉则包在外面；然而许多建造螃蟹和人类肢足的基因却一模一样。眼睛的情况亦然，虽然人眼为透明胶质所构成的单一球体，并具有一个可伸缩的瞳孔，而蝇眼却由数百个复眼共同形成单一影像。人的心脏具有一组心室，将血液推进肺部，再流遍全身；苍蝇的心脏则是一个管状的双向泵。即使如此，协助建造这些器官的总开关基因却完全一样。

这些共通的基因工具如此精密，绝不可能由各个谱系分别演化出来，必定是在这些动物的共同祖先体内演化完成的。待不同的动物谱系由共同祖先分支后，总开关基因才开始负责控制不同形态的身体部位。尽管动物形体五花八门，它们的工具箱在过去几亿年来却几乎纹丝不动，所以从老鼠身上取下来的总开关基因，也能制造出果蝇的眼睛。

引发寒武纪大爆炸的基因

生物学家发现这个基因工具箱之后，才领悟到5.35亿年前引发寒武纪物种大爆炸的原因。第一批出现在化石记录里的动物包括水母、海绵等原始动物——全是双胚层动物。生物学家也试图在这类动物体内找出总开关基因，却大为失望。双胚层动物体内的这类基因屈指可数，而且功能也不像三胚层动物那般严谨而有组织。

其实，只要看看水母简单的身体构造，这一点便不足为奇。水母的身体没有可分左右两侧的主轴，却呈对称的辐射状，像个钟或球；它的嘴同时也是肛门；神经系统为分散式网状，而非自柱状中心向外分支。和龙虾或剑鱼比起来，水母的构造简单多了。

原始双胚层动物独立分支之后，基因工具箱才在其他动物的共同祖先体内出现。新形态的动物因为它，才可能拥有较复杂的身体构造：它可以在发育中的胚胎体内设立一片协调网络，将身体区分出更多部位、更多感觉器官、更多消化食物或制造荷尔蒙的细胞，以及更多利于在海洋中移动的肌肉。

到底那个共同祖先的身体是什么样子，很难确定。但古生物学家若发掘出一种出现在寒武纪大爆炸之前、身体像虫、体长一英寸的生物化石，也不会感到惊讶。它有嘴、一副消化道和肛门，有肌肉和心脏，有环绕脊髓的神经系统及感光器官；它的身体还具备某种延伸构造——就算没有成形的腿或触角，嘴巴附近也可能长了附属器官，帮助它摄食。它很可能就是在埃迪卡拉动物群中留下神秘痕迹的那种生物。

古生物学家现在相信，唯有当基因工具箱演化完成之后，寒武纪大爆炸才可能发生，因为到那时数十种新的动物身体设计方案才可能浮现。在这个过程当中，演化并非无中生有地发展出全新的建造身体的基因网络，只不过是运用最原始的基因工具箱，修修补补，造出不同形态的腿、眼、心脏及其他身体部位而已。虽然动物形貌千变万化，但建造身体的基本程序却一成不变。

这种变通性最戏剧化的例子之一，是神经系统的起源。所有脊椎动物都有一根神经索，沿背侧分布，心脏及消化道则位于前方（即腹侧）。昆虫及其他节肢动物却正好相反：神经系统在腹侧，心脏及消化道却在背侧。为了这两种颠倒的身体设计，居维叶和圣伊莱尔两人在19世纪30年代曾展开激烈辩论。居维叶认为脊椎类和节肢类的构造天差地别，在分类上必定完全不同。圣伊莱尔却宣称，若将节肢类的身体构造大幅转化，就会变成脊椎类的身体构造。结果证明圣伊莱尔是对的，但真相却超出他的想象——脊椎类与节肢类的神经系统的确天差地别，但控制两者发育的基因却一模一样。

当脊椎动物胚胎开始成形时，背侧及腹侧的细胞都具备变成神经元的潜能。但我们并没有生出顺沿腹部的脊髓，那是因为脊椎动物胚胎的腹部细胞会释放出一种名叫Bmp-4的蛋白质，抑制细胞变成神经元。Bmp-4逐渐从胚胎的腹部扩散至背部，沿途抑制神经元之形成。

倘若Bmp-4一直扩散到另一侧，脊椎动物胚胎便不可能形成任何神经元。然而随着胚胎的发育，其背部细胞会释放出一种可以阻挡Bmp-4的索素蛋白质（chordin），保护胚胎背部不受Bmp-4影响，让细胞转变成神经元，最后发展出顺沿背侧的脊髓。

现在再来看看果蝇发育的过程。当果蝇胚胎刚开始成形时，背侧及腹侧都可以长出神经来，可是果蝇胚胎不像脊椎动物是由腹部释出 Bmp-4，而是在背部制造一种名为 Dpp 的抑制神经蛋白质。Dpp 向果蝇的腹部扩散，遭另一种名叫 Sog 的蛋白质阻挡。果蝇的腹部不受 Dpp 影响，便形成神经索。

昆虫及脊椎动物体内的这两套基因，不但执行相似的任务，就连进行的顺序也几乎一致。抑制神经的基因 Dpp 及 Bmp-4 遥相呼应，其敌手——Sog 与索素蛋白——亦然。它们是如此类似，如果你从果蝇体内取出一个 Sog 基因，移植到青蛙胚胎内，这只青蛙便会在腹部长出另一根脊髓来。同样的基因在昆虫及青蛙体内，也会造出同样的结构，只不过上下颠倒了。

如此类似的基因，又负责如此类似的工作，必定有一个共同祖先。加州大学伯克利分校的格哈特（John Gerhart）对这种转化提出他的看法：第一批拥有基因工具箱的动物，在身体各侧长出好几根小神经索，而非只有一根。这批始祖动物具有一种基因，即索素蛋白和 Sog 的前身，它们会促进神经元在胚胎各个将形成神经索的地方发育。然后这个共同祖先在寒武纪大爆炸期间分支成许多谱系，在节肢动物这一支里，所有神经索全都沿腹部合并成一根；脊椎动物的脊髓却全部移向背部。建造神经索的原始基因并没有消失，只不过它们活动的地方变了。假以时日，它们便发展出令圣伊莱尔印象深刻的颠倒结构。

基因复制与脊椎动物的崛起

寒武纪物种大爆炸期间，脊椎动物的新发展，还不只一根横贯背部的脊髓而已。靠着拨弄那个基因工具箱，它们还演化出眼睛、复杂的脑及骨骼。脊椎动物因此变成游泳健将及高明的猎人，从此成为主宰海洋与陆地的掠食者。

已知最古老的脊椎动物化石，是在中国发现的一种类似八目鳗（lamprey）的生物，其年代可溯至 5.3 亿年前寒武纪大爆炸中期。生物学家为了解这第一批脊椎动物是如何从其共同祖先分支出来的，便开始研究和我们血缘最近的无脊椎动物，即文昌鱼。这位表亲貌不惊人，看起来倒有点像从

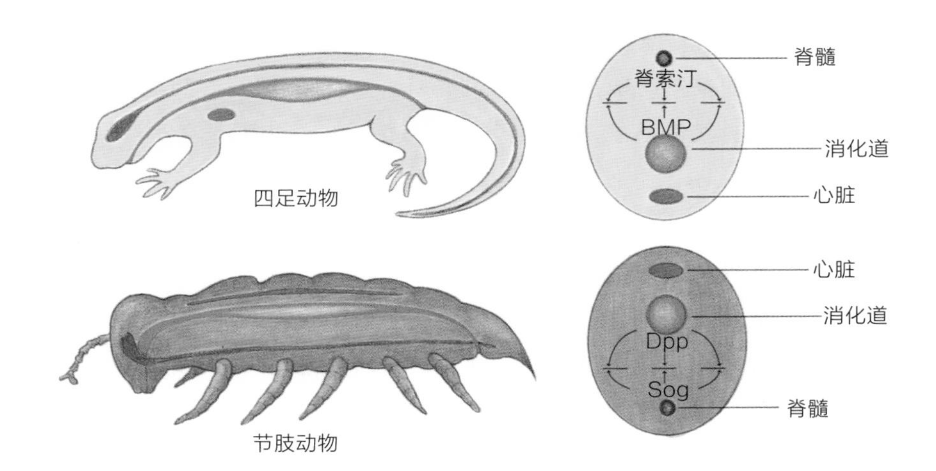

所有脊椎动物（左上）的脊髓都在背侧，心脏及消化系统则在腹侧。昆虫及其无脊椎动物亲戚（左下）的配置则相反。但控制这两者发育的机制却相同，如右图横截面所示，阻挡神经发育的蛋白质（在脊椎动物体内为 Bmp，在昆虫体内为 Dpp）会在胚胎体内扩散，直到它受另一种蛋白质（索素蛋白或 Sog）抑制，脊髓才得以发育。

罐头里拔出来的一条无头沙丁鱼。文昌鱼初生时为细小幼虫，在海岸浅水域内漂浮，吞咽漂过它身边的细碎食物。等长到半英寸大小时，成年文昌鱼便钻入沙中，只露出头部，继续过滤海水摄食。

虽然文昌鱼貌不惊人，却拥有几项脊椎动物的关键特征：它的身体前方有裂缝，相当于鱼类的鳃；它有一条顺沿背部的神经索，由一根名叫“脊索”（notochord）的细长柱支撑。脊椎动物也有脊索，但只存在于胚胎期间。稍后脊索会退化，脊柱却愈长愈大。

换句话说，脊椎动物身体设计的某些重点，已经在文昌鱼及脊椎动物的共同祖先体内演化成形了。然而文昌鱼仍缺少许多脊椎动物独具的构造。比方说，它没有眼睛，它的神经索前端只是个小小的凸起，而非一眼看上去可以称之为脑的一大团神经元。

不过我们仍能在文昌鱼身上看见脑与眼的前身。文昌鱼可借一个布满感光细胞的凹陷结构察觉光线，这些细胞彼此连成一片，一如脊椎动物的视网膜，并且连接到神经索前方，就像我们的眼睛和大脑联结。文昌鱼神经索前端的小凸起虽只含有几百个神经元（人脑有 1000 亿个），但它也分成几个部分，就像是脊椎动物脑部分区的简化版本。

不仅文昌鱼的神经索和脊椎动物的脑很像，就连制造它们的基因也很像。形成脊椎动物脑部及脊髓的霍克斯基因及其他总开关基因，也以几乎一模一样的从头到尾的顺序，在文昌鱼胚胎体内执行同样的任务；而且促使文昌鱼眼点细胞发育的基因，也和制造脊椎动物眼睛的基因一样。所以我们可以很有把握地说，文昌鱼与脊椎动物的共同祖先拥有共同的、可以制造相同的基本脑部组织的基因。

待脊椎动物与文昌鱼的祖先分家之后，我们的祖先经历了非比寻常的演化之旅。文昌鱼只有 13 个霍克斯基因，脊椎动物却有 4 组这样的基因，每一组都依照从头到尾的顺序排列。最早的那一组霍克斯基因必定发生了突变，使它们展开复制；演化出 4 组之后，新的基因各自面对不同的命运：有些继续执行原始霍克斯基因的任务，其余副本却演化出新功能，开始以别的方式协助脊椎动物胚胎发育。

拜基因复制爆炸之赐，我们的祖先才能演化出更复杂的身体设计。脊椎动物开始长出鼻、眼、骨骼及强壮的吞咽肌肉。霍克斯基因在脊椎动物演化初期被借去协助制造鳍。鳍能帮助脊椎动物比它们状似文昌鱼的祖先更有效率地游泳及移动身躯。

早期脊椎动物不必再被动地从海水中过滤食物，现在它们可以开始狩猎了。能够捕捉较大的动物后，它们才能逐渐变大。感谢基因革命，早期脊椎动物后来分支成鲨、森蚺（anacondas）、人类及鲸。若没有那些寒武纪的新基因，人类可能还像文昌鱼那样，顶着没有脑的小头，在海潮中随波摆荡呢！

点燃寒武纪的引信

基因工具箱的演化是寒武纪大爆炸的关键要素，但大爆炸并没有立刻发生。最早拥有基因工具箱的动物可能已经活了几千万年，第一笔关于发生在 5.35 亿年前的寒武纪爆炸记录才出现。如果动物早就具备演化的潜能，却没有立刻起飞，必定是受到某项因素的遏止。

这批早期动物的工具箱，就像引信在等火柴。在寒武纪之前，海洋并不是一个很适合动物演化的地方：所有在寒武纪大爆炸期间出现的大型活跃动物，都需要大量能量；而要产生能量，必须吸收氧气。然而，前寒武纪时在海床上形成的岩层的化学分析却显示，当时可供呼吸的氧气并不多。能进行光合作用的藻类及细菌虽释放出大量氧气，但渗到水底的却很少。活在水面、呼吸氧气的食腐细菌吞食掉了进行光合作用生物的尸体，使海洋其他部分几乎呈无氧状态。

到了7亿年前，氧气含量开始升高，最后提升到现今密度的一半左右。科学家认为氧气增加与当时超级大陆洲的分裂有关；随着超级大陆洲解体，可能有更多的碳被带往新形成的海盆内，同时将更多的游离氧留在了大气层内，部分多出来的氧便开始在海中累积。

海洋的氧含量升高后，整个地球似乎经历了一段狂暴时期。根据哈佛地质学者霍夫曼（Paul Hoffman）所说，当时冰河期席卷地球，冰河下达赤道。直到火山释放出足够的二氧化碳，提高大气温度之后，冰河才开始融化。在全球冰河期间，躲在庇护所中的生物各自孤立，演化可能因此加快脚步，创造出具备新适应力的新物种。由于动物早已具备复杂的基因网络，才能面对演化压力，展开寒武纪大爆炸，演变出各种新形态。

触发寒武纪大爆炸的可能是基因及物理条件，但决定它发展到什么程度的，却是生态系统。出现于寒武纪早期的新型动物之一，是地球史上头一批学会吃藻类的生物。这些无脊椎动物利用羽状附肢攫取食物，变得极度成功。（时至今日，数目庞大的丰年虫、水虱及其他食藻动物仍持续昌荣。）一旦食藻动物开始繁茂，便引出游泳速度极快的大型掠食者，后者又可能成为更大型掠食者的食物。海洋的食物网便这样迅速地交织纠葛。

吃草及狩猎所造成的新压力，可能更进一步引发物种的多样化，影响范围不仅是动物界，也包括藻类。早期化石记录中最普遍的一群藻类为疑源类（acritarchs）。寒武纪之前，这种藻类既小又没什么特征，可是在寒武纪大爆炸期间，它却突然演化出刺及其他装饰物，而且体积也变大许多。这些都可能是为了对付食藻动物而演化出来的防御武器，令敌人难以下咽。食藻动物则演化出对付这些防御武器和防御掠食者的武器，诸如刺、壳与甲胄。掠食者接着必须研究出新的攻击方法，演化出爪、利齿、钻孔器，以及更敏锐的感官。寒武纪大爆炸于是演变成一场自己给自己添加燃料，愈烧愈旺的大火。

狂欢结束

然而那场大火只烧了几百万年就熄灭了。在寒武纪大爆炸之后，古生物学家只发现了一个新的门，即“苔藓虫门”（bryozoans）：一种在海床上形成毯状的群体性动物。这并不表示动物从此没有改变过。第一批脊椎动物全都是像文昌鱼的生物，而此时已演化出令人眼花缭乱的多样性，从白鹭鸶到树袋鼠，从锤头鲨到吸血蝙蝠及海蛇，不一而足。但这些动物却都有两个眼睛、一个藏在颅骨内的脑和分布在骨骼周围的肌肉。演化或许极富创造力，但它的范围却并非无边无际。事实上，演化处处遭掣肘，并且危机四伏。

生物如果突然经历急速的演化转型，新物种就必须找寻其生态龛位（ecological niche，生物在其生态环境中所占的位置）。非洲维多利亚湖的慈鲷鱼各自演化，有些去刮石头上的藻类，有些吃昆虫，有些吃湖里其他食物。第一批刮藻的慈鲷可能技术很差，但因为没有竞争敌手，技术差也无妨。随着这批慈鲷演化，又替更多种慈鲷创造了新的生态龛位：一口即可吞噬它们的掠食者、耙鳞者或偷蛋者。生命本身便能制造新生态龛位，但这种创造力终有尽时，物种迟早必须开始为有限的生态龛位竞争，有赢家，也会有输家。住在马拉维湖、坦噶尼喀湖等年代较古老的湖里的慈鲷，多了几百万年演化时间，但它们所创造出来的生态龛位，却并不比更年轻的维多利亚湖多。

或许寒武纪大爆炸便是因为其生态系统已客满而结束的，就像上述的例子一样，但规模更庞大。在寒武纪大爆炸期间，地球上首度出现掘穴和吃藻类的动物，以及身手矫捷的大型掠食者。很可能这些动物已占据了所有可能存在的生态龛位，而且演化出超强适应力，因此不允许新来者现身。新型动物在没有机会尝试新设计的情况下，不可能站稳脚跟。

有时候物种演化爆炸也可能戛然而止，因为所创造出来的复杂基因会自我阻断发展途径。早期动物的构造都极简单，只有几种不同型的细胞，控制发育及组合的基因也很少。到了寒武纪大爆炸末期，其子孙已演化出许多不同型的细胞，建造身体的基因网络的互动也变得很复杂。很多时候建造某个部位的基因，会被借去建造好几个不同的部位。比方说，霍克斯基因群不仅负责建造脊椎动物的脑及脊椎，同时还负责造鳍及脚。当一个基因必须兼顾多项不同的工作时，就很难再改变，因为即使某个突变可以改进它负责制造的某个部位，却可能彻底破坏别的部位。演化在寒武纪初期及末期的操作方式，好比重新装潢一栋平房与一栋摩天大楼，差异极大。

因为演化只能修补，所以不可能产生最佳设计。尽管它创造出许多令工程师也赞不绝口的结构，但很多时候却只能勉强凑合。比方说，我们的眼睛虽然是了不起的录像摄影机，但在某些方面却有根本上的瑕疵。

当光线进入脊椎动物的眼睛时，它会穿透胶状物，照在视网膜上的光感受器（photoreceptors）上。但视网膜内的神经元其实朝向后方，仿佛在凝视我们自己的脑子似的，光线因此必须绕过好几层神经元和一片毛细管网，最后才抵达能够感光的神经末梢。

光线照在视网膜朝向后方的光感受器上后，光感受器又必须将信号穿

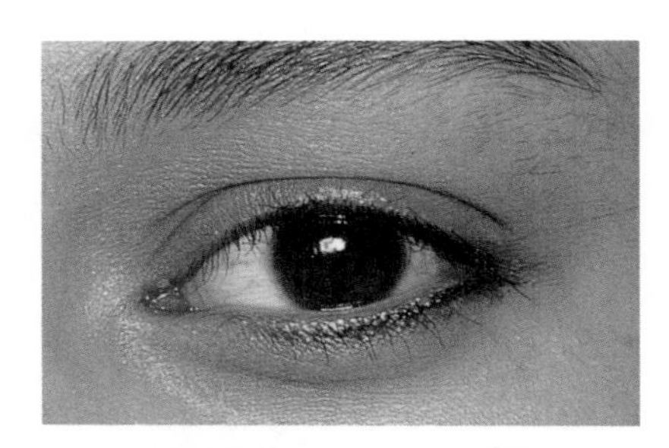

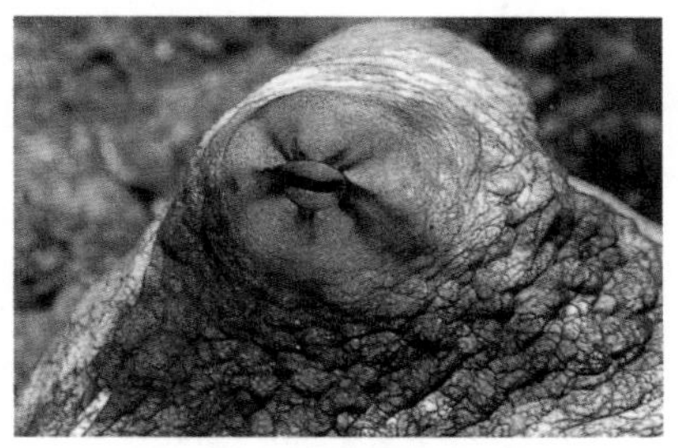

人眼、章鱼眼、青蛙眼、昆虫眼及甲壳类的眼睛差异极大，然而建造它们的基因却相同。这个建造眼睛的基因网络可能发源于6亿年前，一直保存到现在。

过视网膜的许多层结构，才能传回眼睛前方。传送期间，神经元会处理信号，把影像调清晰。视网膜神经元的最上层与位于视网膜顶端的视神经联结，视神经为了从眼睛到达脑后方，又必须穿越重重神经元与毛细管。

这样的构造，被美国演化生物学家威廉姆斯（George Williams）毫不客气地批评为“愚蠢的设计”。重重的神经元与毛细管就像一层面具，破坏了最后照在光感受器上的光线品质。为了弥补缺失，我们的眼睛只好不断细微移动，所看见的影像周遭的阴影才会不断移动，然后我们的脑来组合这些劣质画面，删掉阴影，再创造出一个清晰的影像。

视网膜神经元附着在视网膜上方的视神经上，这又造成另一项缺陷，因为视神经会把照进来的光线遮掉一部分，在每只眼睛里都形成一个盲点。幸好脑可以组合两只眼睛的影像，互相抵消盲点，创造一个完整的画面，盲点才不至于引起太大的问题。

眼睛还有一个很笨拙的设计，即视网膜固定的方式。由于光感受器具有纤细的毛状神经末梢，不可能牢牢黏附，而是松松地连在一层形成眼睛衬里的细胞（称作“视网膜色素上皮”）上。色素上皮是眼睛不可少的构造，不但负责吸收多余的光子，阻止它们反弹回光感受器上而模糊掉接收到的影像，同时还含有血管，可供给视网膜所需养分。当视网膜淘汰老旧光感受器时，也通过它排出废物。然而色素上皮与视网膜之间的联结异常脆弱，眼睛因此无法承受太大的虐待，只要朝脑袋上重击一下，便有可能使视网膜脱离，在眼睛内随处漂浮。

若不生成这个形状，眼睛照样可以运作得很完美。试比较脊椎动物和枪乌贼的眼睛：枪乌贼的视力极佳，可以在几乎完全黑暗的地方追踪猎物。它们的眼睛也和脊椎动物眼睛一样，呈球状，且具有晶状体，可是当光线射进枪乌贼眼睛的内壁时，光线不必费力穿透纠葛且往后长的重重神经元，立刻就照在枪乌贼数目繁多的感光视神经末梢上；然后视神经末梢再把信号直接传送到枪乌贼的脑部，不必再走回头路，穿越层层横亘其间的神经元。

为了解脊椎动物眼睛的缺点（及优点），演化生物学家追溯至其起源。关于脊椎动物眼睛早期演化的最佳线索，还是来自现代动物中和脊椎动物血缘最近的文昌鱼。文昌鱼的神经索其实是一根管子，其内壁上的神经元具有称作“纤毛”的毛状突起，纤毛末端朝向管子中空处。管子最前方有一部分的

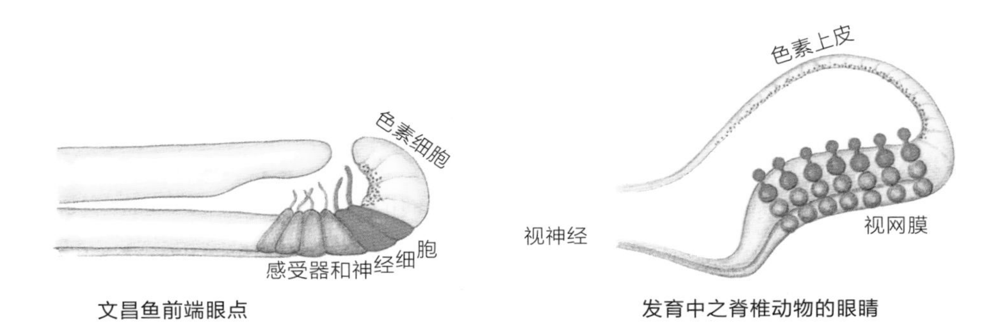

文昌鱼前端剖面图（左），与正在发育中之脊椎动物胚胎的眼睛剖面图（右）非常相似。文昌鱼利用对光敏感的神经元（图中标上红蓝两色者）感光，和脊椎动物眼睛内形成视网膜的神经元，排列方式完全一样，而且建造它们的基因也几乎完全相同。这个同源现象显示脊椎动物的眼睛乃演化自类似文昌鱼眼点的构造。

神经元便形成对光敏感的眼点。这些感光器也和文昌鱼其他的神经元一样，朝内生长，这意味着它们只能感应从文昌鱼透明身体另一侧照进来、射进那根中空管子的光线。神经管就在这群感光的神经元前方终止。管子前端内壁的细胞含有黑色素，科学家怀疑它们具备遮蔽的功能，可遮住前方射来的光线。就是因为光线不能从各方照射到文昌鱼的眼点，文昌鱼便可以利用这点在水中确定方向。

加拿大萨斯喀彻温大学（University of Saskatchewan）的生物学家拉卡利（Thurston Lacalli）发现，文昌鱼的眼点及脊椎动物胚胎的眼睛有惊人的相似。脊椎动物的脑刚形成时为中空管状，类似文昌鱼，神经细胞皆朝内长。眼睛就在这根管子最前端发育，管子外壁向外突出形成两只角，每只角的末端再形成杯状。视网膜神经元便分布在杯子内缘，且神经末梢仍朝内长；色素则分布在杯子的外缘。

若剖开此眼杯，观察细胞排列方式，你会发现其排列和文昌鱼的眼点一模一样：视网膜神经元和文昌鱼的感光神经元一样，朝内（即神经管中央）生长，视杆和视锥这两种感光细胞则是文昌鱼纤毛高度演化后的版本。脊椎动物的神经管持续变化形状，最后会朝向眼壁，而且脊椎动物胚胎的视网膜神经元仍位于色素细胞及视神经之间，就和在文昌鱼头内排列的方式一样。

当脊椎动物胚胎才刚成形时，和文昌鱼间的关系最明显。胚胎发育愈到后期，愈难看出相似处，因为眼杯壁会愈变愈薄，到最后内缘及外缘的细胞紧贴在一起，视网膜与色素上皮之间脆弱而奇特的连结，亦在这个过程之中形成。

脊椎动物胚胎的眼睛与文昌鱼眼点之间的相似处，为人类眼睛的形成提供了许多线索。类似文昌鱼的脊椎动物祖先，其眼点演化成一对杯状感光器，从神经管伸展出来，这种形状所捕捉到的光线比扁平的眼点多，随后其曲度逐渐增加，变成球状眼睛，可以在视网膜上形成影像。不过，因为脊椎动物的眼睛脱离不了文昌鱼的基础设计，所以视网膜神经元仍然背朝着射进来的光线。

脊椎动物祖先眼点的构造，令日后眼睛的形态在演变时大受限制。演化只能根据类似文昌鱼的构造及其发育原则尽量发挥。为了把一个眼点变成一只真正的眼睛，我们只好忍受盲点、分离式的视网膜，以及劣质的光线。然而，比起完全无法形成任何视像的状态，这些不可避免的缺点都不算什么了。

一旦脊椎动物的眼睛演化出具有晶状体、胶状物质及朝向后方的视网膜后，许多谱系便配合自己的环境，演化出新版本。比方说，有三种不同谱系的鱼各自演化出复眼，也就是说它们的眼睛有两套晶状体，而非一套。当它们浮出水面时，一对眼睛往上看，另一对眼睛却往水下看；朝上的眼睛形状适合在穿过空气的光中对焦，另一对则专门为处理水中的光而设计。同时，好几种陆栖脊椎动物，尤其是鸟类及人类等灵长类，更演化出能力惊人的视力，在范围极小、称为视网膜“中央凹”（fovea）的区域内，发展出一片密度极高的光感受器；而通常会阻挡射入光线的神经元，则被推挤到周边。可惜即使拥有这么多的新发明，朝向后方的视网膜依然故我。5.3亿年来的演化限制，使得我们的子孙永远不可能拥有枪乌贼般的视力。

鱼的指头和陆地生活

当轮盘赌上的小球停下来时，它的命运并非毫无规则可循：它不可能跳出轮盘或粘在天花板上，也不可能停在两个数字中间；地心引力、投掷力量，以及轮盘间格的不稳定，会合力将小球推到某一个数字上。小球的命运虽不可测，却仍受许多限制。

演化的情况也一样。演化囿于某些限制，但这并不表示它会以稳定、可以预测的方式转化及发展。演化的内在力量，即建造生物时基因的互动关系，遭遇到诸如气候、地理及生态等外在力量时，就像两个往前推移的锋面（weather fronts）相遇时会形成龙卷风及飓风。科学家在企图重新架构演化的转化是如何发生时，必须特别谨慎，才不至于犯下简化事实的错误。

若把5.3亿年前，脊椎动物在寒武纪大爆炸期间的出现，当作演化史上一个重要里程碑的话，那么下一个里程碑就是3.6亿年前，即脊椎动物登上陆地之时。其间1.8亿年里，脊椎动物演变成各式各样的鱼类，包括如今的八目鳗、鲨、鲟和肺鱼的祖先，以及如无颌骨、披甲胄的盔甲鱼亚纲（galeaspids）及盾皮鱼纲（placoderms）等早已灭绝的物种。但是，在这么长的一段时间内，却没有任何一种有脊骨的动物在干燥陆地上行走。直到3.6亿年前，脊椎动物才终于离开海洋。所有的陆栖脊椎动物（四足动物）便是从这一群老祖宗演化而来，包括骆驼、鬣蜥、大嘴鸟，以及我们人类。

对此转型，早期的描述充满英雄式的颂赞口气，仿佛那是促成人类崛起命中注定的一步。据说，先驱物种以海洋中蠕动的鱼类形态登上陆地，本来用鳍挣扎前进，后来演化出肺及腿，因而征服陆地，昂然挺立。耶鲁大学古生物学者勒尔（Richard Lull）在1916年写道："脱离处处受限的海洋，进入毫无限制的空气，乃进步之要素。"

其实，四足动物的起源根本不是这么一回事，就连古生物学家也要等到20世纪80年代才开始真正了解这一点。之前，有关早期四足动物形态的证据极罕见，研究人员只知道鱼类中血缘关系和四足动物最近的，是一种名叫"肉鳍鱼类"（lobefins）的古老谱系。现代的肉鳍鱼类包括栖息在巴西、非洲及澳大利亚的肺鱼。若池塘里的水干了，或水里的含氧量降得太低，这批淡水鱼类可以呼吸空气。另一种肉鳍鱼类是"腔棘鱼"（coelacanth），它们身体笨重，嘴很宽，住在南非与印度尼西亚海岸几百英尺深的海里。

肉鳍鱼类的骨骼与四足动物有某些特别相似的地方，比方说，前者肌肉结实的鳍，其骨骼排列基本上和手脚相似，都是由一根骨头与身体连接，再接上一对长形骨，最后再连接一组较小的骨头。虽然现存肉鳍鱼类只剩下肺鱼及腔棘鱼，但在3.7亿年前，它们却是种类最繁多的一种鱼类。古生物学家发现有些已灭绝的肉鳍鱼类，甚至比现生肉鳍鱼类更像四足动物。

至于最古老的四足动物，古生物学家本来只知道一种，即活在3.6亿年前的“鱼石螈”（ichthyostega）。这种身长三英尺、有四只脚的动物，于20世纪20年代在格陵兰山区被发现，显然是四足动物，却有副扁平的颅骨，看起来不太像后来的四足动物，反而像肉鳍鱼类。

古生物学家认为这是鱼石螈长期努力适应陆地后的产物。美国古生物学家罗默（Alfred Romer）对这种四足动物起源的描述最为完整：鱼石螈的肉鳍鱼类祖先本来住在淡水河流及池塘内，后来气候发生变化，带来季节性的干旱，让它们的家每年都会干涸。能够挣扎爬到附近池塘的鱼方能幸存，困守的鱼则难逃一死。行动力愈强的肉鳍鱼类，生存的几率愈高。一段时间后，它们的鳍演化成脚，最后这群鱼类变得在陆地上行动自如，开始捕捉在陆地上爬行的昆虫及无脊椎动物，终于完全放弃水中生活。

罗默的理论听起来很富逻辑——直到科学家又在格陵兰发现第二种古老的四足动物！1984年，剑桥大学古生物学家克拉克（Jennifer Clack）在阅读70年代一批剑桥地质学家的考察札记时，注意到他们发现了一批类似鱼石螈的化石，而且就存放在克拉克眼前。1987年，她亲赴发现地点，又找到一副这种活在3.6亿年前的四足动物的完整骨骼，并将之定名为棘螈（acanthostega）。

棘螈符合所有四足动物的特征，比如有腿及脚趾，然而它却只可能活在水中。首先，克拉克及同僚发现它的脖子里有支持鳃的骨头；其次，它的腿、肩膀及髋骨都太细弱，不可能在陆地上支撑它的体重。

棘螈完全不符合罗默的理论，古生物学家开始发现他的有些推论其实是错的。其实棘螈及其他早期四足动物的栖地并不常闹旱灾，它们住在青葱的海岸湿地里，因为当时沿海岸及河边开始生长大树，这种栖地才首度在地球上出现。驱使鱼类演化出四足动物身体的，并非干旱！

克拉克及另一派古生物学家现在主张，鱼类演化出腿及脚趾的目的，并非是在陆地上行走，而是在水底活动。建造鳍的总开关基因只需做几项小小的改变，便能重新将骨头排列成脚趾，让这批类似四足动物的鱼能够运用它们的鳍在芦苇丛生的沼泽内爬行，穿梭在倒下的树干与其他残骸碎片之间。

鱼石螈为活在3.6亿年前、最古老的具有腿及脚趾的脊椎动物之一。尽管它有腿和脚趾，却几乎一直生活在水中。

它们可以紧抓岩石，静止不动，伏击路过的猎物。我们或许觉得这样的移动方式有点怪异，但有些现存鱼类仍然以类似的方式行动；躄鱼（frogfish）的鳍上就长有像手指的突出物，让它们可以在珊瑚礁上慢慢行走。

无论演化出脚及脚趾的原始目的为何，反正不是为了和现在一样在陆地上行走。到了2000年，古生物学家已发现十多种不同的早期四足动物，每一种似乎都是水生动物。（克拉克及同僚重新审视鱼石螈后，推断它可能可以像海狮那样，在陆地上拖着身体移动。）费城自然科学学院的戴史勒（Ted Daeschler）甚至发现了一支独立演化出类似手指骨头的肉鳍鱼类谱系，却跟我们的祖先毫无关系。看来在距今3.7亿到3.6亿年之间，会行走的肉鳍鱼类在水底经历了一次演化大爆炸——好比长了脚的慈鲷鱼一般。日后某一支四足动物登陆了，它们的脚才开始发挥新作用。

演化经常借用原本为某项功能而生的东西，去执行完全不同的功能（这个过程称为“预适应”[preadaptation]或“延伸适应”[exaptation]）。和演化的其他现象一样，第一个注意到这种趋势的人是达尔文。“论及似乎为某特殊目的应运而生的（身体）部位，我们不可认定它一成不变地、一开始便是为了这个单一目的而产生。”他在1862年写道，“一般趋势似乎显示，原本为某单一目的而存在的部位，经缓慢变化及适应，可发挥数种迥然不同的功用。”

快转回到过去：鲸的起源

演化不断地稳定进步，这种观念很符合维多利亚时代的历史观。由于科学及工业的巨大发展，到了19世纪末，欧洲人的生活比19世纪初改善许多，而且仍在持续变好。历史本身似乎就在反映这种稳定的进步。

可是维多利亚时代的生物学家心里明白，进步若是必然趋势，很多动物显然对它视而不见。以藤壶为例，它们是自由游动的软体动物的后代，却放弃独立生活，选择怠惰地依附在树桩或船体上。若说演化是稳定的长征，那么它随时可能开始倒退。但这些生物学家并没有放弃进步的观念，只是把它变成一条双向道：不进则退，进步的相反方向便是退化。英国生物学家兰克斯特（Ray Lankester）便忧心人们若不小心谨慎，人类社会亦将出现退化现象。他写道：“或许我们全都在逐渐陷入一种‘会思考的藤壶’的状态之中。”

其实演化即改变，如此而已，既非稳定的进步，也不可能走回头路。四足动物在3.6亿年前勇敢地爬出水面，但它们的后代又返回水中超过数十次。潜入水中时，它们并没有退化成文昌鱼，更不用说肉鳍鱼类；相反，它们变成全新的动物，例如鲸。

自从林奈在1735年编成第一部生物分类学之后，鲸便一直令科学家困扰。“在大大混乱的表象之中，可见到最伟大的秩序。”林奈在分类时这么写道。然而在他企图替鲸归类时，却似乎让人更糊涂了。鲸到底是鱼，还是哺乳动物？“尽管它生活习惯像鱼，但仍须将之归类为哺乳动物。”他指出，鲸和哺乳动物一样，心脏具备心室及心耳；它们是温血动物，有肺，还母乳喂养——这些都和陆栖哺乳类相同。它们甚至还有会眨的眼皮！

林奈的分类法让一般大众难以接受。1806年，博物学者比格兰（John

Bigland）提出抗议：“一般人视鲸为鱼，而非兽，此说（分类法）永远不可能改变既定想法。”《白鲸》（*Moby Dick*）这本小说的主角以实玛利便声称：“我相信老观念，鲸鱼就是鱼嘛！就算圣约拿也一定会支持我的说法。”他可谓是19世纪大众的代言人。（在《圣经·旧约》的记载中，约拿［Jonah］曾被鲸吞入肚中。）

达尔文却洞若观火。林奈将鲸归类为哺乳类，并非毫无意义的文字游戏。林奈在鲸类（包括鼠海豚及海豚）身上发现到的相似处，正是鲸为陆栖哺乳类之后代的标记。演化创造出这么一个必定会令奥维德（古罗马大诗人，《变形记》为其杰作）爱不释手的变形物：把它们的脚变不见了，再在它们的尾巴上加上水平分叉，把它们的鼻子安在头上，并让它们生得如此硕大——最重的鲸甚至可以抵过2000个人加起来的重量。演化塑造出一种像鱼的哺乳类，但它毕竟没有摆脱世系传承的痕迹。

演化如何完成这一切？达尔文无法解释。他举不出一个介于鲸与陆栖哺乳类之间活生生的例子。但他并不介意自己无法解释，因为他可以想象出例子来。他指出熊有时候会张大嘴在水中不停游数个小时以捕捉昆虫。他在《物种起源》中写道：“即使像这么极端的例子，倘若昆虫的供应不绝，当地又没有适应力更强的竞争对手，我认为自然选择可以轻易地将熊这种动物的构造及习惯，变得愈来愈像水生动物，而且嘴巴愈变愈大，最后形成如鲸一般的大怪兽。”可惜这个观点说服力不够。一家报纸批评道：“达尔文先生在最新发表的科学著作中提出许多无稽的‘理论’，像一头熊只要游泳一段时间，便会变成一条鲸鱼等等。”再版时，达尔文便把这个例子给删除了。

古生物学家在接下来的120年内，持续发现了许多鲸化石，但即使是最古老、可追溯至4000万年前的标本，其基本构造仍然类似现代的鲸：背骨很长，前肢的形状似鳍，没有后腿。但它们的牙就不同了。现代的鲸有的没有牙齿，有的只有几根简单的椿钉状牙齿。但是最古老的鲸的牙齿却和陆栖哺乳类一样，有尖点和隆起处。它们看起来跟一种名叫中爪兽（mesonychids）的已灭绝哺乳动物的牙尤其相像。中爪兽是一种有蹄哺乳类——换句话说，是牛及马的亲戚——却为了适应肉食生活，演化出强而有力的牙齿和颈部，摄食方法可能为食腐或狩猎。

终于，在1979年，密歇根大学的古生物学家金格里奇（Philip

美国古生物学家金格里奇（左）不仅在巴基斯坦，也在埃及发现了有腿的远古鲸类。图中所示即在埃及发现的鲸骨。

Gingerich）首度发现了一只生活在陆地上的鲸。

当时金格里奇率队赴巴基斯坦搜寻5000万年前的哺乳类化石。今日的巴基斯坦位居亚洲内陆，然而在那批化石哺乳动物还活着的年代，巴基斯坦不过是一串岛屿及海岸线，那时的印度还是一个巨大的岛屿，缓缓朝北漂向亚洲南缘。金格里奇的队员找到许多哺乳动物的残骸碎片，大部分都可以立刻辨识出来，但有几块却难以定案。其中有一块特别令人迷惑，它是5000万年前一副颅骨的后段，大小和草原狼（coyote）的头差不多，头顶有一条突出的棱线，活像莫霍克族印第安人的发型，肌肉可依附其上，增强这种哺乳类动物咬合的力量。金格里奇观察这个颅骨的下方，看到了一对葡萄状的耳骨，各自由一根 S 形的骨头固定在颅骨上。

对一位像金格里奇这样的古生物学者来说，看见这对耳骨不啻一大震惊，因为只有鲸类才有这样的耳骨构造，其他脊椎动物都没有。金格里奇将他的发现命名为“巴基鲸”（Pakicetus），并在接下来的几年内，陆续找到它的牙齿及颌骨片段。所有构造都介乎中爪兽与后期鲸之间，证实了巴基鲸的生存年代的确为 5000 万年前，是已知最古老的鲸。然而保存巴基鲸化石的岩层却显示，这种貌似草原狼的动物生在陆上，也死在陆上，其栖地为低矮灌木丛及深度仅有数英寸的浅溪——巴基鲸是一种陆栖鲸！

15 年之后，即 1994 年，曾经是金格里奇学生的特维森（Hans Thewissen）又发现了另一只原始鲸。特维森找到的不只是片断，而是完整的一副骨骸。这只 4500 万年前的鲸有奇大无比的脚，形状仿佛可以穿上小丑鞋；颅骨厚重，状似鳄鱼头。他将它命名为“陆行鲸”（Ambulocetus）。到了 20 世纪末期，特维森、金格里奇及其他古生物学家，已在巴基斯坦、印度、埃及和美国等地另外又发现好几种长脚的鲸类。曾经一度被认为是不可能的事，现在已司空见惯了。

古生物学家为了解这些早期鲸类如何演化适应鱼一般的生活，将鲸类化石与现代鲸类以及中爪兽化石进行了比较，画出了一棵演化树，说明了目前一般所知的鲸演化史。其实达尔文不应该以熊为例，他应该想到母牛和河马。有蹄哺乳类是现生动物中和鲸血缘最近的亲戚之一；至于血缘最近、但已灭绝的动物，则是中爪兽。后者的形态千变万化，小的宛如松鼠，大的则包括目前已知的有史以来最大的肉食性哺乳动物：长 12 英尺、名为安氏中兽（Andrewsarchus）的恐怖巨兽。第一批鲸夹杂在这群动物之间，想必并不惹眼。

活在 5000 万年前的“巴基鲸”，绝非第一条鲸。中爪兽及鲸源自同一个祖先，这位共同祖先存活的年代必定早于最古老的鲸及中爪兽。最古老的鲸存活年代距今约 5000 万年，但有些中爪兽的化石年代距今却有 6400 万年。因此，鲸与中爪兽分支的时间必定早于 6400 万年前，也就是比巴基鲸存活年代还早个 1400 万年。

早期鲸类仍有与肩及臀相连的腿，后者紧紧与脊椎相连；它们的耳朵仍

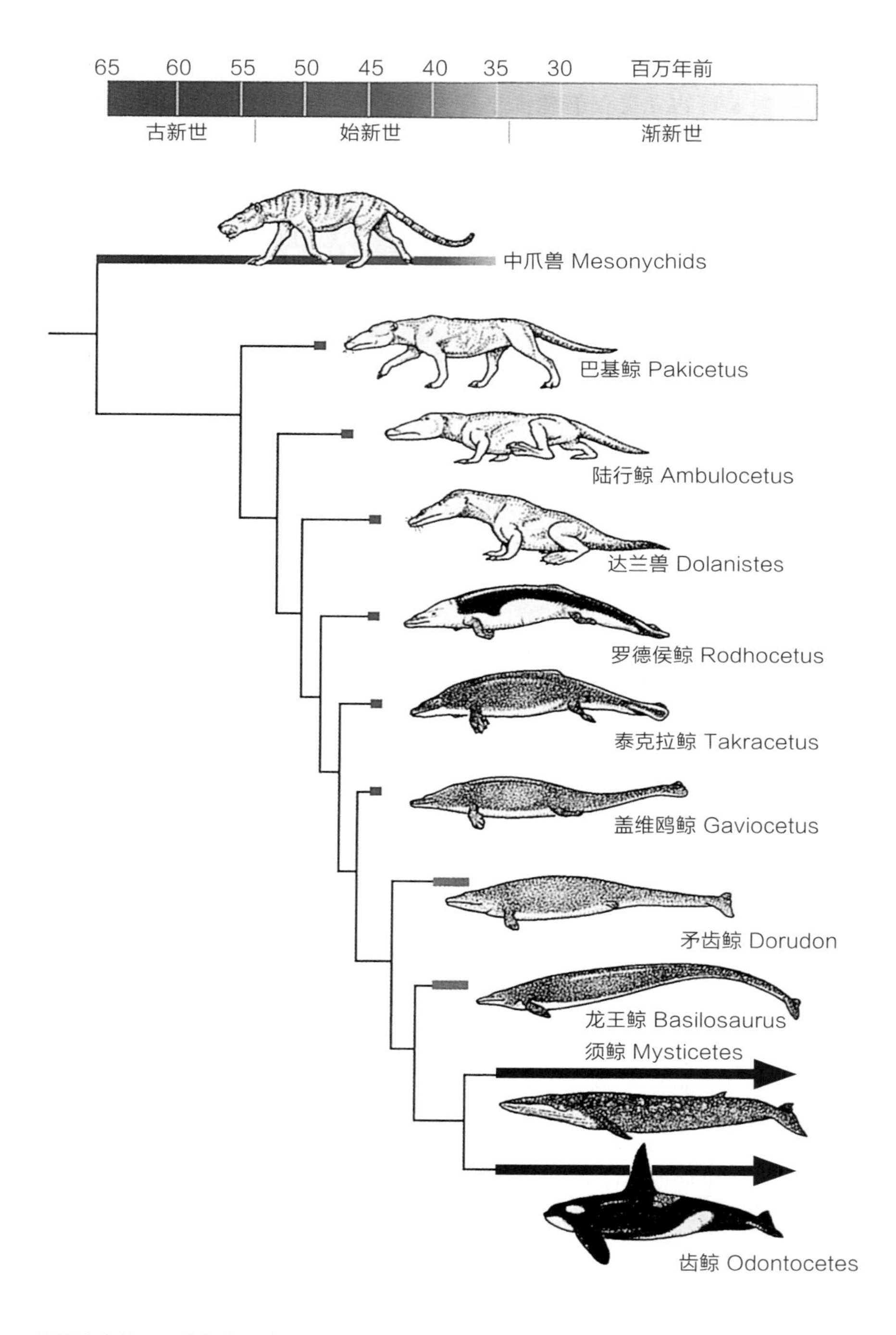

鲸的演化树显示貌似草原狼的哺乳类逐渐适应海洋生活的过程。

然类似陆栖哺乳动物的耳朵，可以听见空气中的声音；它们牙齿的一般轮廓，仍然类似中爪兽的牙齿，但是已经开始改变了。纽约州立大学石溪分校古生物学家奥利里（Maureen O'Leary）在仔细观察早期鲸类的牙齿后，发现沿它们下臼齿的外缘有长长的槽痕，这是用上牙去磨擦臼齿的结果。这显示这些鲸只是垂直地去咬东西，而非左右咀嚼。化石证据显示，也有这类槽痕的后期鲸类主要是以鱼类为食。奥利里根据这点指出，巴基鲸及其同时代的鲸类，已经开始捕食鱼类及其他水生动物。早期的鲸虽然不具有现代鲸的身体，却可以游泳——即使只是用狗爬式！

但在巴基鲸出现后不久，演化便开始改变鲸类的身体构造，创造出更适合游泳的动物。特维森的陆行鲸腿短、口鼻部长、脚大、尾巴强而有力。这种身体构造很适合水獭般的游泳方式——用后腿往后蹬，尾巴再上下摆动，增加推动力。然而陆行鲸也和水獭一样，臀部仍以关节与脊椎相连，表示它仍能在陆上行走。或许它拖着身体上岸去晒太阳、睡觉、交配及生子。

在陆地与海洋之间的边界区域中，多种陆行鲸陆续崛起。有些适应了在浅水中涉行，有些会潜水。这些谱系绝大多数都已灭绝，我们可能永远无法知道它们灭绝的原因。但其中有一支谱系的鲸却适应了更深入海洋的生活，形成如罗德侯鲸（Rodhocetus）那样的鲸类。罗德侯鲸也是金格里奇在巴基斯坦发现的一种鲸，腿很短，臀部几乎不和脊椎相连。在水中，它可以同时上下摆动尾巴及身躯，游泳的方式就和现代鲸一样。现代鲸的游泳技术因为水平分叉的尾鳍（flukes，由相连的细胞组织构成）而大大提升，但是这类组织极少形成化石，所以没有人知道罗德侯鲸是否已演化出水平分叉的尾鳍。

到了4000万年前，鲸的演化已创造出完全活在海洋中的鲸类：龙王鲸（Basilosaurus）身长50英尺，身体细长如蛇，口鼻部也长，前肢早已变成强壮的鳍肢。它的栖地距离海岸遥远，一旦登上干燥陆地，对它无疑如判死刑。古生物学家在检验龙王鲸化石的胃部时，有时候会发现一堆鲨鱼骨。这种动物的模样比较像我们心目中的鲸，但还有一部分仍然保有陆栖生活历史的半水生及海狮般的鲸类，龙王鲸和它们共同生存了数千万年。

龙王鲸也保留了几项过去的遗迹，例如，它的鼻孔在头顶上只往后移了一半距离，尚未到达现代的鲸喷气孔的位置。1989年，金格里奇在埃及发现一具化石，更证实了龙王鲸与过去之间的联结。他在化石巨大的、蛇般的身

陆行鲸为活在 4500 万年前的鲸，仍保有祖先的腿。它可能可以像鳄鱼一样在陆地上晒太阳，却在水中伏击猎物。

体上发现了臀部，与臀部相连的则是后腿；这两条后腿虽然只有几英寸长，却仍保有五根细致的脚趾！

和所有的演化树一样，鲸的演化树只是个假设；和所有的假设一样，当更多的证据浮现之后，它便必须重新修正。比方说，龙王鲸可能并不是血缘和现代鲸最近的亲戚——这项荣誉可能必须颁给一种名为矛齿鲸（Dorudon）的鲸类。同时，有些科学家在鲸的基因内也发掘出令人惊异的信息。鲸的 DNA 显示它们其实是有蹄哺乳类，这和多年以前古生物学家所归纳出来的结论相同。但基因研究明确指出，鲸的血缘和某一种有蹄哺乳动物特别亲近，即河马。古生物学家一向认为中爪兽和河马是远亲。要想解开这个谜，最简单的办法便是研究中爪兽的 DNA，可惜中爪兽早在 3600 万年前便已经灭绝，所以这项实验不值得任何人屏息等待。另外，奥利里目前正在设法结合鲸骨与鲸基因所显示的证据，企图找出最能解释各项证据的一种假说。

尽管这些尚未被解答的问题很重要，但它们并不能改变鲸演化树最基本的一课：鲸并不是鱼，就像蝙蝠并不是鸟。早期的鲸循序渐进，经过许多个步骤，慢慢演化出类似鱼的形体，但在每一条鲸的鳍肢内，仍然藏着有五根指头和手腕的一只手。金枪鱼游泳的时候，会左右摆动尾巴；鲸游泳时却上下摆动尾巴。这是因为鲸起源于在陆地上奔跑的哺乳动物。早期的鲸将奔跑的姿势发展成如水獭般游泳的方式，拱起背，再用后脚往后蹬。最后新的鲸类出现了，演化已将这种拱背式的动作，变成上下摆动尾巴。

虽然鲸类历经非比寻常的、爆发式的演化，但它们的历史却为它们的未来设下重重限制，而且那还不是鲸类演化的唯一束缚。一直等到当时的优势脊椎动物——恐龙——和巨大的海洋两栖类消失之后，鲸及其他哺乳动物才开始戏剧化地“辐射演化”（radiative evolution，同种生物分散至各地，彼此隔绝而各自演化成为不同的物种）。

头一批哺乳动物至少在 2.25 亿年前便演化成形，但接下来的 1.5 亿年，它们却一直停留在体积如松鼠、形态大同小异的状态。直到 6500 万年前，白垩纪结束，大部分现代哺乳类才开始在化石记录中出现。直到那个时候，第一批灵长类才开始在树间跳跃；直到那个时候，鲸类才与其他有蹄哺乳类分支，开始返回海洋的旅程。在接下来的数百万年内，哺乳类变成飞翔的蝙蝠，变成犀牛和象的巨大亲戚，以及和狮子一般大小、孔武有力的掠食者。

哺乳类历经属于它们自己的演化大爆炸，精彩程度介于寒武纪大爆炸与维多利亚湖慈鲷鱼种爆炸之间。从此，哺乳类主宰陆地，又在海洋中昌荣。然而哺乳类之所以能够经历这场爆炸，只是因为其他数百万种物种，包括海洋爬虫类及恐龙，突然消失了。哺乳类的崛起并非拜赐于循序渐进的稳定进步，却得归功于一颗来自太空的陨石，它将旧的一扫而尽，为新的开疆辟土。

7

灭绝：生命的终结与再生

达尔文并不重视灭绝说。他当然清楚居维叶等博物学者认为，大灾难不时打断生命史，除旧布新，让一批新的生物进驻世界的主张。但彻底信服赖尔（Lyell）渐次改变说的达尔文，却认为前者的观念早已过时。他在《物种起源》中宣称："地球上所有生物逐次因为大灾难被彻底扫除，这种老旧观念现在已遭到一般人摒弃。"

对达尔文来说，"灭绝"只不过是失败者退出演化的竞技场罢了。它们并非集体大溃败，而是个别物种逐渐遭到淘汰，慢慢消失。即使有些化石记录似乎显示出许多物种曾经一起灭绝，但未出土的化石多不胜数，化石记录也可能造成误导。达尔文相信，随着将来古生物学家挖掘出更多化石，这些大灾难的假象必将消失，而呈现出持续、平稳且温和的灭绝现象。

达尔文去世之后，古生物学界的确如他所愿，发现了更多的化石，甚至能够精确地断定其年代。然而所有的新信息却都显示出达尔文对灭绝的看法是错误的，一波波灾难式的大灭绝是一项事实，殃及生命的整个结构，地质学上的一瞬间，足以摧毁地球上 90% 的物种。造成大灭绝的嫌疑犯很多，包括火山、小行星，以及海洋和大气层的突然变化。这些罪魁祸首对全球的生物造成压力，一旦压力超过临界值，整个生态系统便如纸牌搭的房子般崩溃瓦解。而且每次大灭绝发生后，必须再经过千万年，生命才能恢复其多样性。

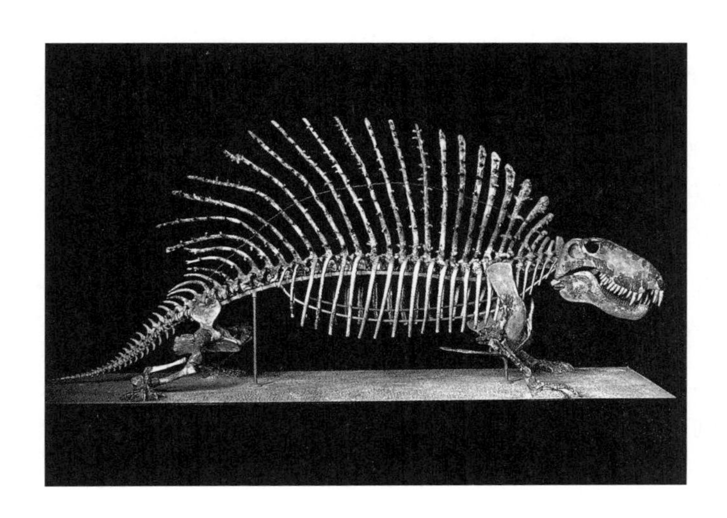

2.5 亿年前，身躯笨重的爬行动物“单弓类”在陆地上称霸，其中包括现今哺乳动物的祖先。

大劫之后，生命可能彻底改观。旧的优势形态被扫除，新形态取而代之。人类的崛起，其实也应归功于这种命运的转折。

而且，目前看来我们正在进入另一阶段的大灭绝，不过这次造成破坏的原动力却是一种生物，即人类自己，创下地球史的先例。这次灭绝从几千年前人类首次登陆澳大利亚及其他大陆洲，并将大型原生动物赶尽杀绝时，便展开了序曲。而最近几个世纪，随着人类掌控整个地球，摧毁热带雨林，引进外来入侵者，击败本土生物，灭绝的脚步已愈来愈快。下个世纪，人类甚至可能造成地球温度升高，对濒危物种构成更大压力。一些人预测，地球上超过半数物种将在未来 100 年内消失。

大灭绝一直是演化最大的谜；从北意大利山丘到南非沙漠，古生物学家努力想了解大灭绝在生命史上扮演的角色。他们的研究不止涉及学术，也可能显示出，人类将把演化带往何方；他们所累积的知识使得这一阶段的大灭绝在另一方面与过去的几次大不相同——这一次灭绝不仅由单一物种造成，而且这个物种还能了解与控制自己的命运。

大曲线

灭绝史的大致轮廓在19世纪40年代开始成形。当时的地质学家在探勘岩层时，经常会发现某特定化石物种全部局限在特定的岩层之内。然后在数百英里之外，同样的化石又在另一段相同的岩层内出现。于是地质学家开始联结全世界的岩层，组成统一的地层学；它同时也是一部统一的生命史。英国博物学者菲利普斯（John Phillips），在20世纪40年代领悟到化石记录其实可以分成三大时期：古生代（Paleozoic）、中生代（Mesozoic）及新生代（Cenozoic）。根据菲利普斯的说法，这三个时期皆由大灭绝分隔。他将自己的理论画在一张纸上：古生代初期，生命多样性从零开始往上攀升，接着升降数次，然后在该时期末期陡降。随着中生代开始，曲线再度陡升，然后在该时期与新生代交界处陡降。每个时期的优势物种都在灭绝期间骤减，新的动物大观园则在劫后接踵而起。

菲利普斯所画的曲线虽正确，却有点粗糙，就像雾中的远山，轮廓不清。到了今天，时隔150年之后，大部分的雾已经散了。地质学家已将全球的暴露岩层归纳成一部统一的记录，他们找出三大时期交接处的断崖及露头（outcrop），并根据在这些暴露岩层内滴答计时的原子时钟，精确断定各岩层之年代。如今计算机内的化石数据累聚无数，令人惊异的是，菲利普斯所画的曲线仍然相当完整地留着。

后页图为最新版本的曲线图，这是许多古生物学家共同智能的结晶，其中最重要的代表人物为芝加哥大学已故的塞普科斯基（John Sepkoski）。他穷数十年光阴，记录海洋物种的持续期，因为它们的化石记录最为完整。曲线从6亿年前，即寒武纪的发轫开始（那时首度有足够的化石，让科学家能够一窥灭绝现象），一直延续至今。垂直坐标代表当时存在的海洋动物物种总数。

过去6亿年的大部分时间，生物都在经历稳定、低阶的灭绝；这类“背景灭绝”（background extinction，意指物种在演化过程中的自然灭绝）符合达尔文所谓物种渐次消失的说法。大部分物种的生存期介于100万年至1000万年间，新物种出现的速率则和旧物种消失的速率大致相同。正常时期的生命多样性仿佛一片布满萤火虫的田野，每一次闪光即代表一个物种。在任何

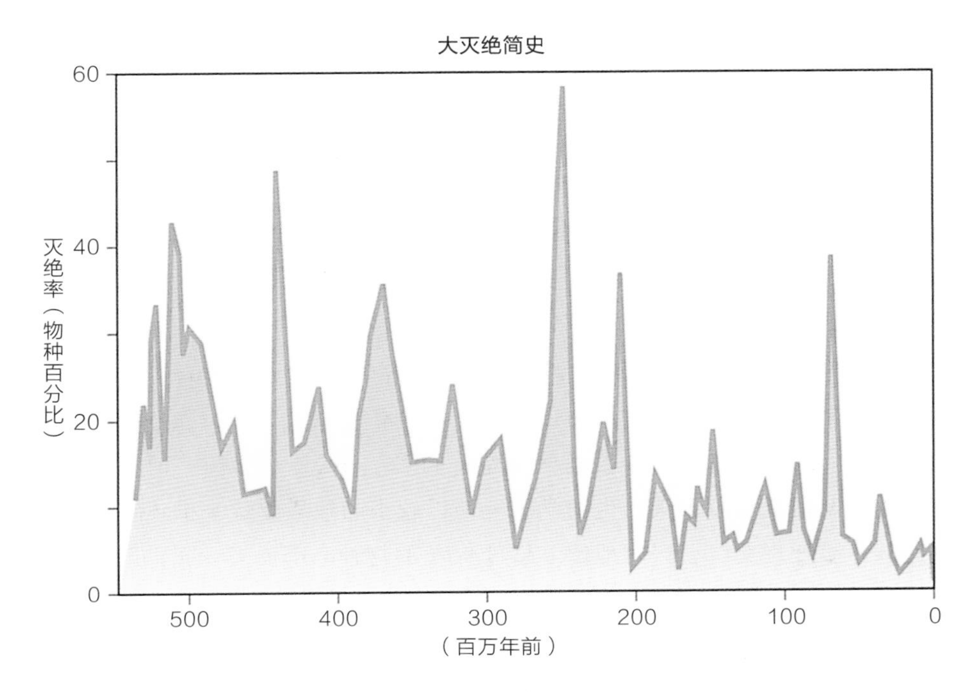

本图记录了过去6亿年来海洋无脊椎动物的灭绝率，显示总共有五次大灭绝。

一个瞬间，都有某些萤火虫在发出萤光，某些则熄灭萤光，然而闪光总数却一直维持稳定。现在想象田野里半数的萤光突然一起熄灭了，黑暗笼罩，过了一小时后，消失的萤火虫才再度开始发亮。自寒武纪以来，类似情况便发生过几次，背景灭绝突然演变成大灭绝，每隔数千万年便横扫海洋及陆地。其中又以五次大灾难特别突出，在这五次大灭绝里，全球超过半数的物种全部消失了。这类灭绝的惨烈程度，超过达尔文的想象。不但生命消失的方式出乎他的意料，而且他也绝不可能想象新生命形态出现的方式。黑暗的灭绝与演化的创造力，其实是一体的两面。地球环境骤变的程度很可能大到就连自然选择也无法协助某物种适应及生存，集体灭绝甚至可能彻底切换生命史的轨道，开始全新的路线。

二叠纪至三叠纪之灭绝：差一点全军覆没

死亡时常令人费解，不论是个人还是整个物种的死亡。在南非卡鲁（Karroo）沙漠的一个荒废农场里，有一座坟场。当地人只知道19世纪初农场里住着姓富歇（Fouche）的一家人，包括父母亲及两个儿子。到了19世纪90年代，这个家族的人全都死了，没有人知道他们是怎么死的。时隔不过一个世纪，富歇这家人的命运便已湮没了。

自1991年以来，华盛顿大学的古生物学者沃德（Peter Ward）经常去富歇农场附近的山脉作研究，因为山中的岩石内藏有关于史上最大一次集体灭绝的线索。菲利普斯曾记录过这次灭绝，它发生在2.5亿年前，即古生代末与中生代初的交会（今天古生物学家习惯以较小的地质年代来描述它，即二叠纪与三叠纪之交。）。当时地球上超过90%的物种全部消失，死亡原因毫无线索可寻，远比富歇家的悲剧更令人难解。沃德每年都回卡鲁沙漠去搜寻线索。他解释说："我们需要了解真相，它很重要，因为那次灭绝背后的演化法则，很可能适用于目前的情况。今天我们正在经历另一次大灭绝，了解过去，可以帮助我们预测地球的未来。"

今日的卡鲁沙漠是个光秃秃的山区，可是在2.5亿年前大灭绝发生之前，那儿的景观却截然不同。"这里是一片广袤的河谷，"沃德说，"流经它的几条河都是大河，可以媲美密西西比河。河两岸的森林植物种类与现代完全不同，没有花，空中也没有鸟在飞。看起来和我们现在所知道的地球完全不同，是个完全陌生、奇异的世界。"

远古卡鲁区的优势动物是一种名为"单弓类"（Synapsida，此类动物只有一个颞骨开孔，位于头骨较低位置）的爬虫类，它是以后所有哺乳类的祖先。到了2.5亿年前，有些单弓类已演化成类似河马的草食类及长相怪异的肉食类，有些身体像蜥蜴，头却像剑齿龟。这批单弓类在2.5亿年前已演化出几项哺乳类的关键性特征：它们拥有可以咀嚼食物而非只是撕裂及囫囵吞咽猎物的颚及牙齿，消化系统变得更有效率，活力也因此提升；它们的腿不再从身侧匍匐向外展开，而是长在身体下方，可以跑得更快更稳；它们的新陈代谢方式变得较像温血动物，而非冷血动物。

远古的卡鲁并非只有单弓类，还有两栖类、龟类、鳄鱼，甚至恐龙的前身，但称霸的却是单弓类。卡鲁的化石显示当时的针叶树林及蕨类草原上充斥单弓类，数目不逊于今日在东非漫游的牛羚及羚羊。单弓类似乎前途无量，然而这一切都在地质学上的一瞬间就改变了！

“卡鲁是个神奇的地方，”沃德说，“对古生物学者来说，它实在是一个圣地。地球上没有其他任何一个地方拥有如此丰富的类似哺乳动物的爬虫类化石，不仅容易发掘，而且到目前为止，已经过最彻底的研究。它绝对是地球上研究二叠纪到三叠纪之间大灭绝的中心。”

在路兹伯格山口（Lootsberg Pass）一个小浸蚀谷内，沃德与同僚可以观察二叠纪的尾声：绿色与橄榄绿的岩层逐渐变红变紫，意味着卡鲁的气候在变干变热。较老岩层内多不胜数的四足动物化石也跟着愈变愈少，最后只剩下三种不同的单弓类化石。一种是过去的孑遗，另外两种则是新面孔：一种名为“麝足兽”（Moschorinus）的掠食动物，及另一种长得像河马、名为“水龙兽”（Lystrosaurus）的丑陋草食动物。至于二叠纪最后一层绿色岩层，则完全不含任何生命迹象。

“大灭绝就在这几层内发生，”沃德说，“我们完全找不到化石。所有之前在这里看到的二叠纪生物全部消失了。我们知道极少数的生物劫后余生，因为有一两种物种在较高的岩层内还可以发现。可是在这几层岩石里，却什么都没有。不仅没有化石，也没有任何掘穴或钻孔的生命活动迹象，唯一可见的，是几层在完全缺乏生命的状况下所形成的岩层。那次大灭绝是如此惨烈，就连小型生物也死光了。无论大小，统统遭殃。此地变成了死域。”

这些岩层在诉说纯然的荒芜。沃德及同僚根据岩石中的刻痕，可以想象当时因为树木的消失，卡鲁的河流开始从狭窄的河道中扩散开来，像许多根辫子般布满盆地，全因土壤流失而淤塞。只有在小浸蚀谷最高的岩层中，才能再一次见到水龙兽的化石。其他生命力特别坚韧的幸存者，还包括血缘与哺乳类最近的单弓类，以及恐龙的前身。经过数千万年之后，树木才重新在这片地区中出现。

不仅卡鲁的陆栖生物遭劫，全球皆然。地球上的树木种类几乎全数灭绝，而且许多小型植物也跟着消失。就连昆虫这种自5亿年前出现以来从未经历过大灭绝的动物，也大量消失了。海洋中的破坏更惨不忍睹：整片珊瑚礁死亡；三叶虫这种有棱纹的节肢动物，3亿年来一向是最常见的海洋动物，也成

南非卡鲁沙漠的岩层，含有历史上最大一次集体灭绝的化石记录——距今2.5亿年前，地球上90%的物种消失。

了二叠纪到三叠纪之间大灭绝的牺牲者。名为“板足鲎”（eurypterid）的巨大海蝎——有些可以长到10英尺长——在5亿年前出现，昌荣了2.5亿年，到了二叠纪末也灭绝了。当尘埃落定时，地球上约有90%的物种，一起消失。

生物消失得很快，至少在海洋里是如此。中国南方梅山村落附近有一座废弃的石灰岩采石场，那里的岩壁便记录了二叠纪末海洋生物灭绝的历史。形成石灰岩的碳原子也在述说一次全球性的大灾难。石灰岩的成分其实是微生物的骨骼，这些微生物在海水中结合钙与二氧化碳，形成碳酸钙，构成骨架。它们所用的碳，可能来自生物，如一片腐叶或一个死掉的细菌；也可能是来自火山的无机碳。由于光合作用会滤出大量碳13，有机碳与无机碳的比率因此不同。借着测量石灰岩中碳同位素的比率，科学家便可知道那些制造骨骼的微生物存活时有机碳的产量。

梅山石灰岩内的同位素，在二叠纪到三叠纪之间的大灭绝期间曾经历一次大变动，暗示当时海洋生态系统彻底崩溃，死亡的有机物泛溢四海。地质学家在尼泊尔、亚美尼亚、澳大利亚及格陵兰，也发现同样的同位素变化，但梅山的采石场却与众不同，因为那里的石灰岩夹在两层火山灰之间，而火山爆发正好发生在那次大灭绝之前及之后。火山灰岩层内含有可断定年代的锆石，因此梅山可以告诉我们，那次大崩溃到底延续了多久。

1998年，麻省理工学院的鲍林（Samuel Bowring）及同僚测量了大灭绝岩层上下锆石内的铀及铅，以及碳同位素的变化，归纳出那段期间只延续了16.5万年左右，或许还更短。研究采自中国其他地方的火山灰，结果亦相同。二叠纪到三叠纪之间的大灭绝以地质学的观点来看，发生时间仅如一眨眼。

任何关于二叠纪到三叠纪之间大灭绝的解释，都必须符合这个时间框架。有一项广被接受的理论认为，那是因为二叠纪末期，海平面缓慢但大幅地降低。之前，大约40%的大陆洲及其周边大陆架都沉在水底，可是到了2.8亿年前，这个数字却降到10%。

然而，如果大灭绝的原因果真是海水撤退，应费时数百万年，而不是鲍林等人所测得的短暂瞬间。当时地球各生态系统的崩溃如纸牌塔，而非缓慢冲蚀的山坡。科学家于是开始寻找别的“嫌疑犯”。

能在这么短时间内造成重大破坏的原因或许是火山爆发。就在大灭绝发生的几十万年前，熔岩从现在的西伯利亚几处大火山口内涌出。接下来约

100万年内，这些火山口大爆发了11次，总共喷出300万立方千米熔岩，足以覆盖整个地球表面，深及20公尺。西伯利亚的火山很可能彻底破坏适合生物生长的气候及化学环境，造成大灭绝。火山除了喷出熔岩，还可能释放出巨量的硫酸盐（SO_4）烟尘。这些分子在大气中可能凝聚成微粒形成霾雾，将阳光反射回去，使地球冷却。当微粒以硫酸雨的形式自天而降时，又会毒化土地。

这两种情况都会杀死地球上大部分的树木。依赖树木为生的昆虫可能随着许多脊椎动物一起灭绝。酸雨与冷雾可能持续多年，待它们烟消云散后，火山又可能以另一种方式肆虐。西伯利亚的火山群可能释放出几兆吨的二氧化碳，后者逐渐吸热，造成全球温室效应。地球气候迅速变热，或许只花了几十年工夫。温度的升高对早已千疮百孔的生物圈造成了更大的压力。哈佛大学的诺尔（Andrew Knoll）及其同僚认为，火山爆发可能破坏海洋脆弱的化学平衡，因而大量摧毁海洋生物。证据显示，在2.5亿年前，深海中囤积了足以引起中毒的高含量二氧化碳。沉入海床的有机碳会制造二氧化碳气体，由于海水循环迟缓，气体便一直困在深海中。火山爆发改变气候，使海水翻腾，释放出了二氧化碳。一旦二氧化碳上升到浅水处，会让那儿的动物血液中毒，使大部分物种灭绝。

科学家在寻找元凶时，箭头并非只指向一个嫌疑犯，造成这场大灭绝的原因，很可能不止一个。“当我们观察二叠纪与三叠纪交界的岩层记录，会发现有太多线索都在暗示当时坏事接二连三发生，倒霉透顶，”沃德表示，“先是大干旱，接着温度升高。河流、海底沉积物、海平面，全都改变了，整个地球在很多方面都经历着急遽的变化。这次大灭绝，很可能便是祸不单行、诸事皆迅速恶化的共同结果。”

重生

人类很难想象大灭绝后的世界景象，因为我们从来没有类似的经验。不过，人类史上所记载的几次火山爆发事件，或许可以让我们一瞥2.5亿年前生物集体死亡后的生命景观。 在爪哇和苏门答腊之间的巽他海峡（Sunda

1883 年喀拉喀托火山爆发，几乎摧毁岛上所有的动植物。小岛生态系统在接下来数十年内逐渐复原，物种随之重返岛上。

Strait）中，本来有一座名叫喀拉喀托（Krakatau）的岛屿。公元1883年之前，航经该岛的人可以望见宁静的火山与围绕山边的森林。荷兰人17世纪初在喀拉喀托设立海军站，在岛上采硫矿及伐木；印度尼西亚人分住在岛上几座村庄内，种植稻米及胡椒，一直到19世纪。但就在1883年那一年，喀拉喀托突然变成了荒岛。

那年5月，火山开始隆隆作响。一群荷兰火山观察家航至该岛，爬到其中一个直径长980公尺的火山口边缘上；他们看见蒸汽、火山灰和大如棒球的轻石碎片射向天空。接下来三个月，喀拉喀托岛恢复宁静，为高潮蓄势待发。8月26日那天，火山爆发了！爆炸声传到数百英里之外。一擎烟柱蹿升达20英里高；阴暗的天空降下泥雨；岩石汽化后形成的云层以每小时300英里的速度飘过海峡，着陆后便往山上冲，将几千人化为灰烬。海啸从喀拉喀托岛向外卷，冲走几十座村庄，再波及全球，甚至英吉利海峡也为之一震。往后数月，火山灰一直飘浮在空中，令天空一片血红。1883年11月，纽约及康涅狄格州的消防车全部出动了，因为西方火红的天空看起来仿佛许多城市在同时燃烧。

火山爆发结束后翌日，一艘名叫"卢登总督号"（Gouverneur-Général Loudon）的蒸汽动力船航经喀拉喀托岛，报告该岛有三分之二都不见了。本来火山所在之处只见一个深洞，深入水底数百英尺，周围环绕一串脆弱的、由焦土形成的群岛。喀拉喀托岛上的生物无一幸存，就连苍蝇也逃不掉。九个月之后，一位博物学者登岛后写道："尽管我在岛上努力搜寻，却找不到一丝动植物的迹象，只看见一只非常小的蜘蛛，这只奇怪的开路先锋当时正在织网。"

几年之内，群岛上开始覆盖薄薄一层生命：藻青菌先在火山灰上形成一片胶状薄膜，接着蕨类、苔以及几种会开花的海滩植物开始发芽。到了19世纪90年代，杂生无花果树与椰子树的草原，开始在群岛上成形。除了蜘蛛之外，还可见到甲虫、蝴蝶，甚至还有一只巨蜥。

动植物要跨越大陆与群岛间的27英里距离，必须渡海或飞行。一些植物的种子可以随着海流漂过巽他海峡。那只巨蜥可以游泳，其他的动物可以搭乘浮木或漂流的植物。蜘蛛靠着编织蛛丝气球，跨海登上喀拉喀托岛，鸟与蝙蝠（包括翼幅长达5英尺的马来狐蝠）可以飞到岛上，胃中携带着它们在大陆上吃下的水果种子。

然而喀拉喀托的生命重返并不随意。首批登陆的物种是极能适应灾难的先锋——杂草类植物。之后，其他物种陆续抵达，形成一连串不同的生态系统，继往开来。首先成形的是草原生态系统，任何登陆群岛的动物，其生存条件便是能靠草原提供的食物为生；翠翼鸠与草原夜鹰成功落脚，蟒蛇、壁虎与一英寸长的蜈蚣也适应良好。但也有许多物种不能生存，还有些物种必须等到草原逐渐发展成森林，才轮得到它们。

对某些树来说，时机至为重要。像岛上最成功的无花果树，必须仰赖某一种特别的黄蜂授粉，一粒无花果抵达喀拉喀托后，欲在岛上殖民，唯一的希望便是能替它授粉的黄蜂也随后赶到。如此不可能的事显然的确发生了，因为无花果树开始散布。动物大啖无花果，令森林内的多样性蓬勃展开。兰花等喜爱遮荫的物种现在也已站稳脚跟。日后森林将持续成熟，竹林接着生根茁壮，让青竹丝等蛇类及其他适应竹林生活的动物也能在岛上安顿。

随着森林取代草原，许多早期抵达喀拉喀托的先锋物种都消失了。斑马鸠在 20 世纪 50 年代时已经绝迹，另外好几种动物靠着占据森林中因大树倾倒而打开一小片树冠天幕的地方苟延残喘。到现在，时隔 120 年，移居潮已缓和不少，喀拉喀托似乎在迈向平衡。

岛屿生物多样性具有一定平衡点的理论，是由两位生态学家在 20 世纪 60 年代提出的。麦克阿瑟（Robert MacArthur）与威尔逊（E. O. Wilson）认为可以根据岛屿的面积，预测岛上的物种数量。第一批登上岛屿的物种拥有许多发展的空间，但随着愈来愈多的物种抵达，它们必须为食物及阳光竞争，因此数目一定会下降。愈来愈多的掠食者抵达之后，也迫使猎物的数目下降。倘若岛上某个物种的数目降得太低，只要一次暴风雨或传染病，便能彻底消灭仅存的少数个体。换句话说，每当有一个新物种出现，都将提高其他物种的灭绝几率。

因此，每个岛屿上都有两股力量在使岛上物种总数呈拉锯状态：新物种（外来的和在岛上形成的）的加入，以及新物种的竞争压力所造成的灭绝。终有一天，岛上生物多样性将升高到某一点，从此两股力量彼此抵消。

这个平衡点由岛屿的面积决定。小岛上栖地少，空间小，意味着竞争剧烈，灭绝经常发生，因此物种数目就少；大一点的岛屿则可容纳较多物种。

因此，照理说，喀拉喀托岛在火山爆发前所拥有的物种数目，应比爆发后所形成的任何一个面积较小岛屿上的物种数目都多。

在喀拉喀托火山爆发前，几乎没人记录过岛上的野生生物。但现存有限的资料却显示当时的生态和现在完全不同。一位早期探险家曾记录在海滩上发现过5种陆栖淡菜；现在却有19种，而且没有一种和以前的一样。新群岛上的森林也变了，占大宗的树木都和过去不同。

当生态系统重建时，可能真的会遵循麦克阿瑟与威尔逊所主张的多样性法则，但它却不会重复过去。不同的物种竞相占据空出来的生态龛位；喀拉喀托的命运主要取决于哪一种动植物先登陆，以及它们在面对竞争之前需要多久时间才能站稳脚跟。

三叠纪开始的时候，整个世界就像许多个喀拉喀托岛凑在一起。能在恶劣环境中生存的物种，仿佛野草滋生，蔓延数千英里。大片大片的细菌，覆盖海岸浅水区，不受食草动物的侵扰。几种强悍的动植物随之兴旺，有一种名叫克氏蛤（Claraia）的双壳类，遍布现今的美国西部浅海，今天你可以在由其化石铺成的地面上步行数英里。陆地上的青翠丛林被大片水韭和几种杂草取代，就和爱荷华州连绵不绝的玉米田一样单调乏味。水韭属于植物演化上极原始的一支，在2.5亿年前几乎被裸子植物（其中包括针叶树）淘汰，可是水韭可以在能杀死大部分裸子植物的恶劣环境中生存，因此其他植物的灭绝，反倒让它起死回生。

接下来的700万年，地球上野草蔓生。研究人员不确知这种荒凉景象延续如此之久的原因，或许气候与海洋的化学环境都太险恶，除了喜爱灾难的物种之外，不允许任何生物生存。即使等到物理条件改善后，地球生态系统仍需一段很长的复原期，例如，森林必须等待前几批植物造出土壤之后，才可能形成。

地球生态系慢慢恢复元气，却今非昔比。海洋内一度由藻类及海绵组成的礁石，此时主要成员则变成了被称作“石珊瑚”（scleractinians）的群体动物；现今地球上绝大部分的海礁仍是由这种生物构成。大灭绝发生之前，典型海礁上的优势居民是动作迟缓或附着在礁石上的动物，如海百合、苔藓虫，及腕足类。今天，上述每一种动物都只剩下一小撮孑遗幸存。自从二叠纪到三叠纪之间大灭绝以来，鱼类、甲壳动物及海胆，便成了海礁上的优势物种。

在陆地上，水韭及其他草类重造土壤，球果植物及其他植物亦从藏身避难处出现。后者仅在50万年内便击败水韭，再度形成森林及灌木林。不过自大灭绝后恢复了元气的陆栖生物界，也彻底改头换面了。在大灭绝之前，优势昆虫为蜻蜓与其他不能折叠翅膀的物种；自大灭绝后至今，最普遍的昆虫却都是可以折叠翅膀的。

大灭绝之前种类繁多的优势脊椎动物单弓类，这时几乎全部消失，即使在恢复元气后，也一直未能夺回优势。爬虫类变得较普遍，演化出许多新形态，如鳄鱼及乌龟等。到了2.3亿年前左右，一种苗条的两足爬虫类衍生出恐龙。恐龙很快成为陆上的优势脊椎类，而且称霸了1.5亿年之久。

二叠纪到三叠纪的大灭绝证明，居维叶革命性的理论还是颇有道理的。数以百万计的物种可以在地质学上的一瞬间全部覆灭，而且经常被极其不同的物种所取代。

正常的演化法则一旦面临大灭绝便行不通。二叠纪末期，地球环境突然变得几乎不适合任何物种生存。随着众多物种消失，靠它们支撑的生态网随之崩溃，于是其他物种也跟着灭绝。幸存者或许天生拥有某种特质，才能活下去；或许它们的分布区扩及整个大陆洲或海洋，生存几率得以提高，因为少数个体可以躲藏在孤立的避难所内，逃过一劫；又或许它们可以忍受海洋内的低含氧量或陆地上的温度突然升高。不过这类特殊适应力，只在地球突然变成地狱的短暂时期内才有用。

一旦大灭绝结束，演化又恢复正常运作。个体之间与物种之间的竞争再度展开，自然选择开始创造新形态的特征。但万一某个谱系在灾难来临时灭绝，即便在正常游戏规则下它本可获胜，也没有用。

劫后同时会带来爆发式的改变。大灭绝可以扫除多种优势生物，它们在正常情况下，本来可能排挤掉所有具竞争潜力的新兴物种。少了这种压倒性的优势，幸存者便可自由尝试新形态。恐龙之所以能崛起，可能完全是因为之前的优势物种单弓类遭到推翻。

然而大灭绝后的解放并非毫无限制。即便在二叠纪到三叠纪大灭绝发生之后，物种竞争几乎降到零时，演化也并没有再创造出新的门（phylum），也没有哪种脊椎类谱系从此演化出九条腿。经过寒武纪大爆炸，动物的构造可能已变得太复杂，不再能借演化进行激进的改造。大灭绝后的演化只不过是在基本蓝图上，做些小变化而已。

哺乳动物卑微的出身

二叠纪到三叠纪之间的大灭绝，杀伤力若是再强一点，哺乳类很可能就不会出现了。单弓类中只剩下几支谱系挣扎地活到三叠纪，而且因为恐龙持续壮大，大部分幸存的单弓类数目愈变愈少。但其中有一支谱系持续演化，发展出哺乳类所需要的生存装备。

这种单弓类长得像狗，名为“犬齿龙类”（cynodonts）。它们演化出一副新的骨骼，有了胸廓保护横膈膜，可以呼吸得更深，增加体力。它们也可能在这个时候演化出毛发，同时开始哺育幼兽——可能是从皮下腺体分泌液体，让幼兽吞食。最早期的乳液可能只是液态的抗生素，帮助幼兽抵抗传染病。慢慢地，演化在乳汁里又添加了蛋白质、脂肪及其他养分，让它们成长得更快。这些新发展合力帮助哺乳类的祖先保持快速的新陈代谢及维持体温。它们因此才能占据冷血动物所不能占据的新的生态龛位，例如，它们可以在夜间狩猎。快速的新陈代谢也让某些谱系演化出了较小的体型（小型动物不易维持体温，因为体温流失的速度取决于皮肤面积与身体质量的比率）。

这一批小型的原始哺乳类的感官比祖先敏锐许多，为了处理新的感觉流量，它们在脑的周围演化出一层新的皮质，称作“新皮层”（neocortex），专门负责将涌入的声音、视像及气味分类，转换成复杂的记忆，以认识周遭的环境。温血哺乳类很需要新皮层，因为它们新陈代谢快，必须随时补充燃料。蛇在吞下一只老鼠之后，可以休息好几个星期，可是哺乳类不能饿太久。靠着容积大的脑，再加上新皮层，哺乳类可以记得所有找得到食物的地方，在脑里画成地图。

我们人类向来为自己的脑子而十分自豪，仿佛这项成就是个里程碑，立即便改变了演化的方向。可是对伟大的单弓类王朝来说，脑却无关紧要。历经二叠纪到三叠纪之间大灭绝的单弓类，才刚刚稍事喘息，结果在三叠纪末期又往灭绝的深渊滑落。

沃德说：“我们总觉得哺乳动物是最优秀的物种，其实不然。恐龙在一对

恐龙称霸地球 1. 5 亿年之久。图中的雷龙（Apatosaurus）可以重达 30 吨，但和恐龙并存的哺乳类却从不超过 5 磅重。等到恐龙灭绝后，哺乳类才开始爆炸或演化。

一的竞争中更胜一筹，因此它们接管了世界。我们常提到恐龙的时代——其实那是它们从哺乳类手中夺走的。”往后 1.5 亿年，恐龙成为陆地上种类最繁多的脊椎动物，有些恐龙演化成了有史以来最大的陆栖动物。1999 年，研究人员在美国俄克拉何马州找到一只长颈恐龙背骨的片段，将它命名为“波塞冬龙”（Sauroposeidon; 波塞冬是希腊神话中的海神，也掌管地震）。古生物学家根据那根脊骨的大小，估计波塞冬龙站起来有 6 层楼高，可以像踩碎一粒松果似的，把中生代最大的哺乳动物踩扁。早期哺乳类体重全部不超过 5 磅，搜寻它们化石的古生物学家，可能得筛检一吨重的岩石，才找得到一粒针头般大小的牙齿。

美国自然历史博物馆的古生物学者诺瓦切克（Michael Novacek）指出：“哺乳类的历史悠久，就和恐龙一样古老，可是在刚开始的 1.5 亿年内，它们微不足道，可以说是活在恐龙的阴影里，而且多半是小型动物，可能还是夜行动物，看起来没啥希望的样子。”

即使看起来没啥希望，活在恐龙天下里的哺乳类仍持续演化，分支出许多不同谱系，有些至今存在，有些已灭绝。鸭嘴兽便属于现存最古老的哺乳类谱系，称为“单孔目动物”（monotreme，这类动物的粪尿及卵都由同一个排泄孔排出）。单孔类仍保有我们老祖宗在 1.6 亿前的几项特征：它们控制体温的能力远逊于较晚演化出来的哺乳动物；母的单孔目动物不生幼兽，而是产下豌豆般大小的软壳蛋，揣在腹部一条裂口里。等蛋孵化之后，母兽以腺体分泌乳液，让幼兽吸吮（单孔类独立分支时，乳头尚未演化出来）。

到了 1.4 亿年前左右，哺乳类演化出了日后大为成功的两支谱系。一支为“有袋类”（marsupials），包括现代的袋鼠、负鼠及树袋熊。雄性有袋类的阴茎分叉，可以让雌性的双子宫受精。有袋类的受精卵不会发展出蛋壳，胚胎在发育数周、长到一粒米大小时，便钻出子宫，慢慢爬进母亲腹部的一个袋子里，用两颚紧紧咬住乳头。

另外一支谱系则演化出像我们这样的哺乳类，称作“胎盘类”（placentals）。它们和有袋类不同，会把幼兽留在子宫里很长一段时间，等幼

哺乳类各主要分支演化出迥然不同的繁殖方式。鸭嘴兽属于地球上现存最古老的哺乳类谱系，称为“单孔类”。它们仍产卵，就和所有哺乳类的共同祖先爬虫类一样。袋鼠则属于“有袋类”，产下幼兽后用腹袋携带。

兽长大。之所以能够这么做，是因为胚胎周围环绕着胎盘，可以通过这种特殊组织，自母体吸收养分，因此胎盘哺乳类的幼兽出生时比有袋类幼兽成熟许多。有些动物，如兔子，刚出生时眼睛是看不见东西的，必须躲藏一阵子；但有些动物，如海豚或马，几乎一出生便可以自由移动。

年代早于6500万年前、属于现存目（living orders）的胎盘哺乳类动物化石极罕见，但找到的少量化石却足以显示出它们约在1亿年前便开始分支成现存目。第一支独立谱系日后演化出食蚁兽、树懒及犰狳。这些动物缺少多项其他胎盘哺乳类的特征，例如它们没有子宫颈，而且新陈代谢虽比鸭嘴兽快，却仍比其他胎盘哺乳类慢。虽然它们最早分支独立，却不代表它们是我们演化的“遗失环节”（就像猴子并非人类演化过程中的遗失环节）。这也不代表我们全是犰狳、树懒或食蚁兽的后代，或我们的祖先像犰狳身披甲胄，像树懒生有利爪可以在树上倒挂金钩，或舌头跟食蚁兽一样长。这些哺乳类的谱系都是在分支独立之后，才开始演化出特殊的适应力。

古生物学家认为，其他类型的现代哺乳类可能在8000万年前出现。“食虫目”（Insectivora）动物后来演化出鼹鼠、鼩鼱及刺猬；“食肉目”（Carnivora）演化出狗、猫、熊及海狮；“啮类”（Glires）演化出兔子及啮齿动物；“有蹄类”（Ungulata）演化出马、骆驼、鲸、犀及象；“统兽总目”（Archonta）则演化出蝙蝠、树鼩及我们所属的灵长类。不过这些分支都要再等个几千万年才会出现。现代胎盘哺乳类的祖先当时其实大同小异，要等到另一次大灭绝发生后，哺乳类的远景才开始浮现。

祸从天降

意大利北部有一种名叫亚平宁页岩（Scaglia rossa）的美丽粉红色石灰岩，意大利建筑商很喜欢用它盖别墅。古比奥（Gubbio）城北方深达1200英尺的波塔契欧尼（Bottaccione）峡谷，便由这种岩石组成。地质学家已断定峡谷底部的岩层是在1亿年前形成，那时胎盘哺乳类刚开始分支成现代的类型。峡谷岩壁在接下来的5000万年内，持续堆积，历经了6500万年前白垩纪末期恐龙及其他70%的地球生物一起突然消失的年代。之后的1500万年，峡谷岩层继续堆积，哺乳类便在这期间演化成为陆地上的优势脊椎类。在白垩纪与古新世的岩层之间，夹着薄薄半英寸的一层黏土，就像三明治中间的果酱。黏土下的岩层包含了浮游生物的碳化钙骨骼。但在那层黏土里，却找不到任何浮游生物；黏土上，石灰岩再度开始形成，却少了许多旧有的浮游生物种类。那薄薄一层黏土可能就决定了我们的命运：它代表一次全球性的大灾难，我们的祖先劫后余生，恐龙则一去不返。

20世纪70年代中期，美国地质学家阿尔瓦雷斯（Walter Alvarez）从这层黏土上凿下几大块，带回美国。他希望在亚平宁页岩中找到白垩纪与第三纪之间的精确分界线，并断定其年代。如果一切顺利，他还希望能在世界其他地方的岩层内，找到同样的分界线。每隔几百万年，地球的磁场就会颠倒一次，本来指北的罗盘针会往南指。岩层内的磁晶体（magnetic crystal）会依磁场排列，地质学家因此在几百万年后仍可以测量出磁场方向。阿尔瓦雷斯想找出在地球磁场颠倒前后形成的岩层。若能又一次在别的岩层内也找到同样的翻转序列，或许就能用它来界定分界线。

阿尔瓦雷斯回家后，把他的岩石样本拿给父亲路易斯（Luis Alvarez）看。路易斯虽然不是地质学家，却也是个好奇的科学家。他曾在1968年获得诺贝尔物理奖，并协助发明了后来促成次原子粒子发现的“气泡室”，还替金字塔照过X光，以寻找密藏的墓穴。儿子带回来的岩石令他入迷——在白垩纪末期，海洋内到底发生了什么事，促使石灰岩的制造停止，然后再开始？

阿尔瓦雷斯想利用古代磁场划定白垩纪与第三纪分界的计划，并没有成功，因为在白垩纪末期南极与北极交换的速度太慢，无法用来断定年代。但路易斯却想到另一个主意——他们可以利用稳定降下的星际尘埃作为时钟！陨石与其他在太空中漂游的物质，其化学结构与地球上的岩石截然不同（在45亿年前协助地球从熔化状态中成形的铱，大部分都随其他金属沉入了地心）。每年落入地球大气层中的微尘数以吨计，均匀撒在陆上及海底。阿尔瓦雷斯父子决定借着测量铱在古比奥岩层中的含量，来测定铱落在地球上的速率。

别的科学家也曾试过同样的方法，都不成功，幸好艾氏父子并不知道这点。他们测量了白垩纪末期岩层内的铱，发现含量超高，是那层黏土上下石灰岩层内的30倍，稳定下降的星尘雨不可能留下这么多的铱。然而他们的发现并非偶发的事例，丹麦科学家也曾在哥本哈根附近勘察白垩纪末期的岩层，

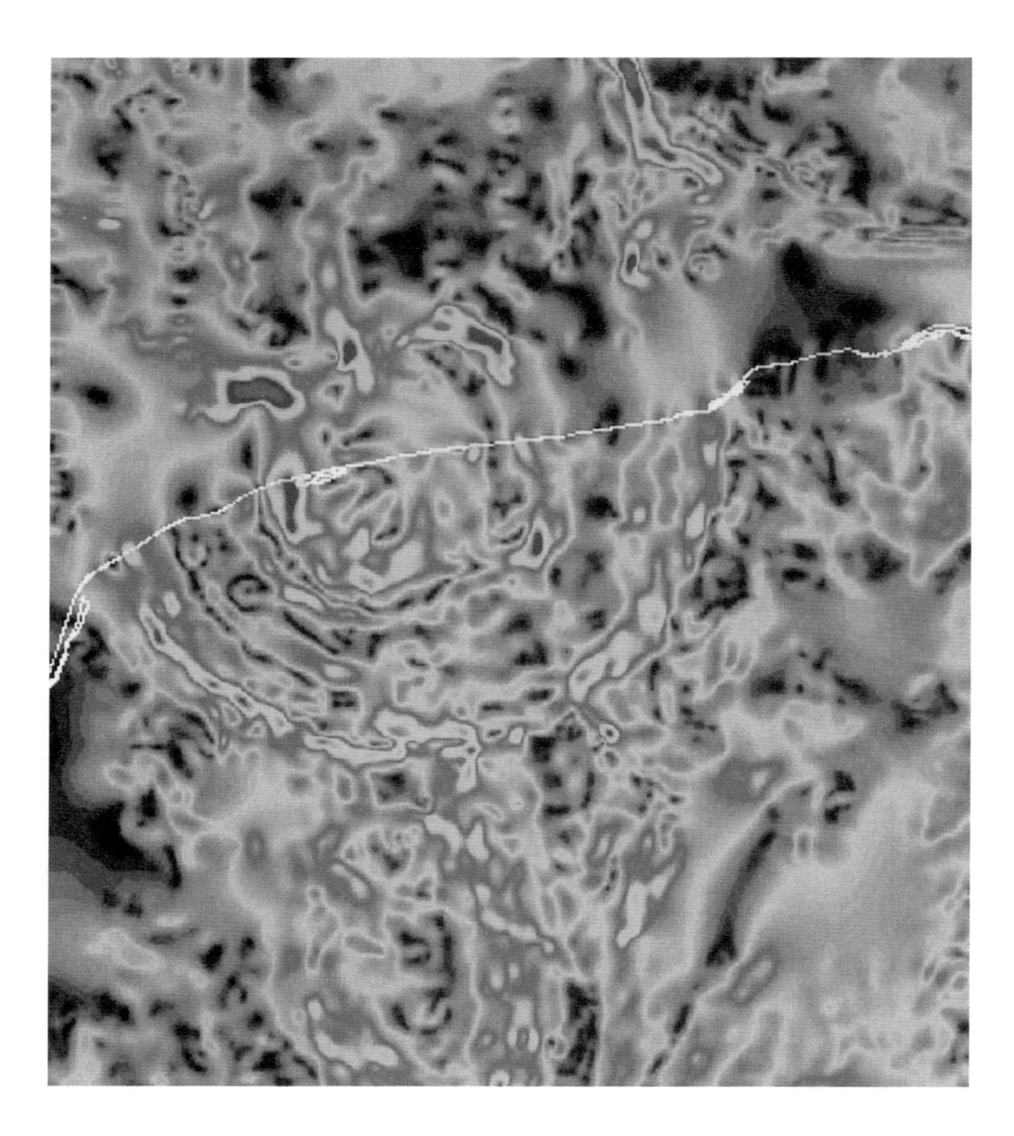

地质学家根据墨西哥东岸（白线即海岸线）重力场的细微变化，绘出这张图。重力场的细微变化显示有一个被埋没的圆形构造，标示出6500万年前陨石撞击地球后留下的一个陨石坑。那次撞击引发了有史以来最严重的大灭绝之一。

发现过更高的铱含量。

阿尔瓦雷斯父子开始怀疑地球是不是在白垩纪末期从太空一次接收到了巨量的铱，这个想法很可能印证一位名叫罗素（Dale Russell）的古生物学者的大胆设想。白垩纪末期，恐龙（或至少所有的大型恐龙）在一次歼灭地球上70%物种——包括巨型的海洋爬虫类及充斥空中的翼龙——的大灭绝中消失了，罗素认为祸首可能是当时太阳附近一颗恒星发生爆炸。超新星（supernova）可以释放巨量的带电粒子，飞越太空，落入地球的大气层，导致突变与死亡。

阿尔瓦雷斯父子知道铱是超新星制造出来的元素之一。或许那颗超新星不但发射出致命的带电粒子，还送了一大批铱到地球上。可是当他们仔细研究过罗素的主张后，却发现超新星不可能是罪魁祸首，因为恒星在爆炸时，除了铱之外，还会制造钸244，后者也应该留在古比奥岩层内，但阿氏父子却没有发现任何钸。

于是他们将目标转向袭击地球的巨大彗星或小行星。路易斯还记得有关喀拉喀托火山的文献：那次爆发将18立方千米的尘土射入大气层，其中有4立方千米远及平流层顶部。疾风带着它们环绕地球长达两年时间，遮翳阳光，形成燃烧般的夕照。路易斯认为一颗巨型陨石击中地球的效果，就好像放大数倍的喀拉喀托火山爆发。当陨石着陆时，它的碎片，再加上从陨石坑里炸出来的岩石，全会弹回空中，形成厚厚一层翳障，环绕地球。没有了阳光，植物枯萎，海中进行光合作用的浮游生物死亡。食草动物会饿死，食肉动物不久也将消失。

阿氏父子估计那颗陨石的直径应达10公里左右，就像把珠穆朗玛峰当作一颗子弹射到地球上一样。这类巨大撞击在地球发轫期非常普遍，但在39亿年前便逐渐减少。以后巨大陨石撞击地球的事件，可能每隔1亿年才发生一次。白垩纪末期发生这样的事很不寻常，却并非不可能。

1980年，阿尔瓦雷斯父子发表了他们的撞击理论，接下来十年，别的地质学家继续寻找着白垩纪末期（又名“K-T交界”）的线索，陆续发现愈来愈多的证据，显示曾有巨物在6500万年前撞上地球。地质学家在全球发现100多处白垩纪末期形成的黏土层，每一处都含有铱。研究人员同时在黏土层内发现许多震荡过的石英碎片——只有在大撞击的强大压力之下才可能有的产物。

然而，十多年来，阿氏父子苦于找不到那次撞击留下的陨石坑。那次撞击很可能发生在海中，如今已遭海床沉积物覆盖；或是被地球板块构造运动吸入岩层内；或是被某个火山覆盖住。即使如此，阿氏父子仍继续寻找可能的迹象。他们之所以如此锲而不舍，是因为批评他们的人发展出了别的解释理论。有些研究人员认为造成二叠纪到三叠纪之间大灭绝嫌疑最大的火山群，也可能是造成“K-T 交界”的元凶。在二叠纪末期席卷西伯利亚的火山活动，在白垩纪末期再度倾倒出大量熔岩，覆盖了整个南亚次大陆。火山爆发可能喷出地球深处的铱，也可能造成形成震荡石英所需的强大压力。

地质学家不断搜寻陨石坑，终于在 1985 年发现第一批线索。他们在得克萨斯州发现了一些年代属于 K-T 交界、含有粗砂及石砾的奇怪沉积，只可能由源自发现地点南方的巨大海啸带来。研究人员推断，大海啸可能是由陨石撞击形成的。同时另一批地质学家在海地发现了含有玻璃球状体（globules of glass）的 K-T 交界岩层；他们推测是在撞击发生时，熔岩被弹入空中又迅速冷却而形成的。这些玻璃球状体不像因撞击而四逸的尘土及烟气，因为太重了，所以弹不远。研究人员因此意识到，陨石坑一定就在距离海地几百英里的地区之内。大海啸及玻璃球状体这两个线索，一起将撞击地点指向墨西哥湾附近。

20 世纪 50 年代，墨西哥地质学家曾在尤卡坦（Yucatán）半岛海岸外发现一个被埋没的巨大圆形结构的残迹，年代属于白垩纪末期。后来它就被遗忘了，可是在海地与得克萨斯州的发现公布之后，这个残迹立刻具有了新的重要意义。地质学家重新勘探该址（它因附近一个城镇而被命名为希克苏鲁伯［Chicxulub］），这次携带了借重力场微小变化便可探测到被掩埋岩层结构的仪器。结果他们测绘出两个同心圆，就像老天用圆规画出来的似的。所有迹象皆显示沉积底下埋了一个直径 100 英里的陨石坑。另一批研究人员在圆周内钻洞，取出岩石测定，证明其年代为 6500 万年前，与阿氏父子的含铱岩层及在海地发现的玻璃球状体年代一致。

1998 年，加州大学洛杉矶分校的地质学家凯特（Frank Kyte）发现了一小片很可能是撞击尤卡坦的东西的碎片。当时他在研究一块从太平洋底挖掘出来的圆柱形岩石。那块深棕色的黏土内充斥铱及震荡的石英，标示了 K-T 交界。凯特将黏土依交界线切开，发现一粒直径两毫米的长形石头。它的化

6500万年前，一颗陨石撞上地球，震波形成这块石英里面的纹路。

学成分完全不像地球上的石头，却和许多陨石一模一样。凯特认为它正是那颗巨大陨石的一粒碎片，当陨石撞上希克苏鲁伯时，它被震开了，飞越尤卡坦，呈弧线划过平流层，最后落入太平洋内。

在地质学家逐渐认清6500万年前撞上地球的陨石的同时，别的研究人员开始探寻它对生命造成的影响。他们发现，在白垩纪末期尤卡坦是一大片浅海，深度不及100米，底部岩层硫及碳含量很高。在陨石撞上地球之前，巨大的海蜥蜴也许就在它的阴影下游泳。陨石进入大气层的速度，约在每秒20到70公里之间，所造成的巨大震波，沿途引发一股火焰，方圆几千公里的树木，全被这条火尾巴夷平！

计算机模型显示当陨石撞入水面时，可能引发一次高达300米的大海啸，波及各大洋。大浪卷上陆地，洪涛将整座森林卷回海内，沉入500米深的水底。陨石入水后，瞬间便坠落海底，将100立方千米的海底岩石汽化。冲击力把岩石及陨石碎片喷射到100公里外、平流层以上的空中。一次比有史以来最强烈地震更强过1000倍的地震，摇撼整个地球。就连在大西洋内钻探的地质学家也发现证据，显示那次地震引发了北美东岸的海底山崩，从墨西哥一直向加拿大的新斯科舍，远至海岸外1200公里。同时，一个大火球从陨石坑内冒出来，一路燃烧到数百公里以外。黑色的天空可能充斥成千上万的流星及融化巨岩，飞落到地球各处，着陆时又引发更多大火。

整个世界都在燃烧，烟雾遮盖阳光。植物与浮游植物在无尽的黑暗中死亡，仰赖它们的生态系统跟着瓦解。几个月后，烟消云散，但世界可能仍旧黑暗冰冷。那次撞击可能汽化了尤卡坦岩层内的硫酸盐沉积，硫与空气中的氧结合成二氧化硫雨滴，所形成的云雾会将阳光反射回太空，而且久久不散，可能历时十年。当云雾退去，那次撞击又以另一种方式开始肆虐地球——增温。石灰岩内的碳被弹入空中后，变成会导致温室效应的二氧化碳气体，而且陨石在空气中撒满水蒸气，形成威力更大的温室效应气体。

热、冷、火，以及撞击所造成的其他灾难，可能摧毁了地球上超过三分之二的物种。阿尔瓦雷斯父子揪出的K-T交界元凶只有一个，但就和二叠纪到三叠纪大灭绝的情况一样，这个凶手所使用的武器很多。

哺乳动物接管天下

当那次撞击尘埃落定后，白垩纪也结束了。巨兽已逝，可以吃掉整座森林来转化成自身肌肉与骨骼的长颈蜥脚类（sauropods），还有霸王龙（Tyrannosaurus rex）及别的大型肉食恐龙，也都灭绝了。巨大的海洋爬行动物及具有螺旋状外壳的菊石（ammonites）从海中消失。经过几千年后，海洋内的浮游生物复活，陆生植物亦然。可是，第三纪早期的生态系统却明显地头轻脚重。

再一次，大灭绝为新的演化爆炸开疆辟土，其结果是：恐龙时代被哺乳动物时代取代。沃德指出："恐龙之死，让哺乳类能够演化，适应许多以前不对它们开放的生态龛位，因为大灭绝铲除了恐龙，哺乳类才可能利用演化过程发展出这么多的谱系。从这个角度来看，它其实是件好事。如果没有那次大灭绝，今天人类不会在这里。"

K-T 大灭绝期间，哺乳类也和其他生物一样受苦，所有哺乳类物种估计消失了三分之二。可是幸存者却继承了地球。在 K-T 大灭绝之后的 1500 万年内，它们便演化出所有现存的 20 个胎盘哺乳动物的目，及许许多多现已灭绝的目。刚开始，这批新哺乳类体型仍然很小：浣熊般大的有蹄哺乳动物，吃着低矮处的嫩叶，遭大小似鼬鼠般的掠食者追捕。可是在接下来几百万年内，它们便迈出旧日的生态龛位，适应了昔日被恐龙占据的新区位。现代犀牛与大象的巨大亲戚，开始吃灌木与大树的叶子；现代猫狗的祖先，悄悄追捕食草动物；有些哺乳类变成食腐动物，撕裂尸体并咬碎骨头；灵长类在树林间疾行，利用能分辨色彩的视力选取最成熟的果子；蝙蝠从鼩鼱似的树栖动物演化成几百种不同的形态，有些寻找果实，有些运用回声定位捕捉昆虫及青蛙；鲸及现代儒艮和海牛的祖先则遍布各大海洋。

过去 6500 万年以来，哺乳类虽然一直是陆地上的优势脊椎动物，却也必须适应好几次的演化震荡。今天的气候和第三纪开始时几乎完全不同：在 6500 万到 5500 万年之间，火山将大量二氧化碳喷入大气层，逐渐提高了地球的温度，直到棕榈树也可以在北极圈以北生长，加拿大看起来就像今天的哥斯达黎加。怀俄明州则是长得像狐猴般、在森林中奔驰跳跃的灵长类的家。

地球一直没那么温暖过。过去 5000 万年来，世界平均温度持续下降，偶尔回升一点。也许我们可以把部分责任推给喜马拉雅山。当南亚次大陆撞上亚洲时，冲击力推挤出了那座嵯峨的山脉；含有二氧化碳的雨，落在新形成的山坡上；二氧化碳与岩石发生化学作用，形成的化合物被溪流带走，沉入海里。喜马拉雅山脉可能从大气层中抽取了大量的二氧化碳，使气候逐渐冷却。撞击力同时将喜马拉雅山北部的西藏高原推高，这个巨大的圆顶结构开始改变南亚的气候模式。行经高原的空气变暖后升高，为了填补空隙，必须将海洋上的潮湿空气吸过来，于是造成印度与孟加拉国的季风，同时将更多雨量带到喜马拉雅山，带走更多的二氧化碳，令地球的温室效应愈趋微弱。

同时海洋内也在发生变化。白垩纪期间，南极洲的位置比现今靠北许多，而且气候温暖，海岸上充斥恐龙与树木。后来南极洲终于慢慢脱离澳大利亚，往南移，变得愈来愈孤立，直到它漂到南极为止。终年不化的冰层开始形成，将阳光反射回太空，使大气层冷却。

随着冬天愈变愈冷，北美的热带森林开始崩解。倚赖它们为生的哺乳动

许多新大陆的大型哺乳类在冰河期末期突然灭绝，巨大的地懒便是其中之一，可能是遭到人类的滥杀。

物，如灵长类，也跟着消失。丛林被类似今日的阔叶林取代，中间夹杂灌木林。随着二氧化碳量持续降低，植物开始演化出能够更有效吸收二氧化碳的新形态，其中包括禾草类；约在 800 万年前，禾草形成了有史以来第一片主要的草原。

禾草的成分主要是坚韧的纤维素，杂以玻璃般的硅石，比起气候较温暖时丰盛的柔软果实及叶片，禾草难以下咽许多。有些哺乳类，像是马，因为牙齿厚长，可以碾磨植物，能够靠食草存活。牛与骆驼的祖先对韧草也有一套，因为它们早已修正了自己的消化系统，让细菌来协助它们分解坚韧的植物。可是有很多谱系并不能适应冷却的气候和改变后的植被，因此便灭绝了。

地懒。

地理变化也迫使某些哺乳类消失。早于 700 万年前，北美洲及南美洲本来由海洋隔开，后来大陆漂移逐渐将它们拉近。刚开始，先有岛屿在其间形成，到了 300 万年前，巴拿马地峡浮出海面，联结起两块大陆洲。两块大陆上的哺乳类从此可以移往新的区域，与从未遭遇过的物种竞争。

南美洲之前孤立了 6000 万年，远离其他大陆洲，发展出独树一帜的生态系统，最高位的掠食者为大小如草原狼的负鼠，及不会飞却跑得很快的巨型鸟类。待陆块相连之后，南美洲的几种哺乳类，如负鼠、树懒、猴类及犰狳的确北移了，但从北往南移的哺乳动物却更成功。南美洲草原狼似的负鼠和其他所有的有袋类肉食动物，都被淘汰绝种了，被猫及狗取代；有蹄类哺乳动物则被马及鹿取代。

诺瓦切克说："K-T 大灭绝发生后长达 6500 万年的哺乳类历史，最大的特色便是'入侵'。许多哺乳类迁移至别的大陆洲，简直像一批批军队般横越大洲。有些哺乳类入侵新大陆洲后，很快便成为优势动物。不过为什么入侵的结果会这样，其实很难了解。我们并不知道真正的原因。或许恰好入侵的动物行动力比较强，或许它们比较能够适应环境的变化，因此在竞争时就占了先天的优势。"

就在南北美洲"大交流"的同时，全球气候开始转向新的模式。南北极

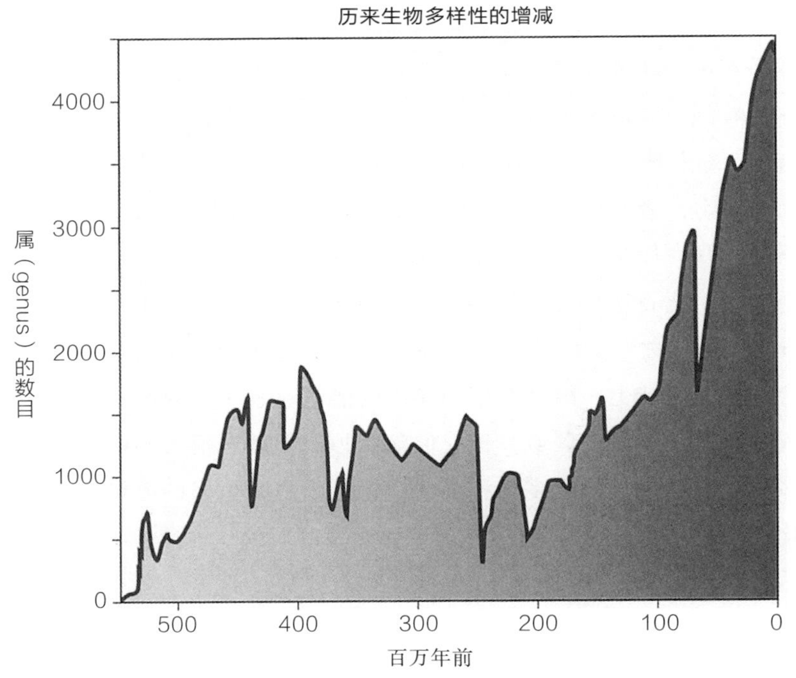

已知化石记录显示，生物多样性在过去 2.5 亿年来持续升高。目前地球上的生物种类不逊于过去任何一个时代，可是这些生物却正面临另一次大灭绝的威胁。

的冰河开始向赤道延伸，再回缩，形成冰河期循环。控制循环的，可能是地球环绕太阳的轨道变化。每隔 10 万年，地球与太阳之间的距离就会变得较近或较远。同时地球倾斜的主轴像个旋转的陀螺，每隔 2.6 亿年便会画个圈圈，而且每隔 4.1 亿年，倾斜的角度也会改变，从 21 度到 25 度不等（目前为 23 度）。这几个循环因素加在一起，便会改变地球每年所接受到的阳光量。

剑桥大学的古海洋学家沙克尔顿（Nicholas Shackleton）研究了这些摆动对古南极洲冰层及海底泥层所造成的影响，发现当摆动带来较少阳光时，大气层中的二氧化碳指数便会下降。研究人员并不确知为什么会发生这样的因果关系，可能是因为阳光一少，就会改变植物及浮游生物的生长情况。无论如何，当大气层内二氧化碳含量降低时，地球便会冷却。每年夏天两极冰块融化得越少，冰河就变得越大，最后直下数千英里，向热带逼近，直到某个触因发生，引起冰河撤退——或许是大气层内的二氧化碳含量又升高了。冰河撤退后，森林才能再度扩展。目前我们就活在两个冰河期之间的升平时代里，这一次的间冰期（interglacial）已延续了 1.1 万年，可能还会再持续个几千年。

如果在上一次冰河期末尾、人类抵达北美洲前夕，替这个大陆洲拍张快照，你会看到一幅巨型哺乳动物挤满大地的景象。有剑齿的猫科动物、美洲虎、猎豹、短脸熊、惧狼（dire wolf）和别的食肉动物，忙着猎捕吃草和吃树叶的哺乳动物，诸如在草原上吃草的长毛象、在森林及沼泽区游荡的乳齿象，以及骆驼、马、犀牛、地懒。北美洲众多的哺乳类，是全球生物多样性爆炸的一个例子。化石记录告诉我们，物种数目在过去 1 亿年来不断攀升，研究人员推测，原因之一是泛大陆（pangaea）不断分裂成愈来愈小的碎块。在一个统合的超级大陆上，限制动植物移动的藩篱比较少，因此变通力强的物种可以入侵较特殊物种的区域，把它们淘汰掉。但随着泛大陆的分裂，形成愈来愈多孤立的栖地，让更多物种茁壮，也形成愈来愈多的海岸线，供海洋生物演化。等到现代人类在 10 万年前演化出来的时候，地球上的生物多样性可能已达到有史以来的最高点。能够继承如此丰富的遗产，是很大的福气；但是，如果我们把它败光了，就会造成很大的恶果。

人类造成灭绝：第一波

最近一次大灭绝的警钟，从大约5万年前开始响起。之前，澳大利亚是一大群巨兽的家，包括1吨重的袋熊、10英尺高的袋鼠、30英尺长的蜥蜴，以及“有袋狮”。澳大利亚的化石很稀罕，所以很难确定大部分物种消失的确切时间。可是有一种重200磅、不会飞的“牛顿巨鸟”（Genyornis newtoni）留下了成千上万的碎蛋壳。这些碎蛋壳在5万年前突然消失；就在那个时候，有一种新的动物登上了澳大利亚海岸——人类！

同样的事件——人类抵达与大型动物灭绝——后来又在世界各地重复上演许多次。新大陆最古老的人类遗址，发现地点在智利的“绿山”（Monte Verde），年代断定为1.47万年前。考古学家现在仍在其他地点挖掘，有的年代可能更早个几千年。这批早期移民可能驾船自北美及南美洲南下，因为在1.2万年前左右，根本不可能从阿拉斯加步行南移，那时的陆地还覆盖在冰河底下。待冰河撤退之后，北美洲出现一种新文化，带来了可以杀死乳齿象的长矛。到了1.1万年前左右，新大陆的乳齿象、巨型地懒，和几乎所有体重超过100磅的哺乳动物，都已被赶尽杀绝。

大约在2000年前，来自东南亚的旅人登上马达加斯加海岸。他们看见了体重超过1000磅、不会飞的“象鸟”（elephant bird），以及巨大如大猩猩的巨型狐猴；但这两种动物和人类并存的时间都没有超过几个世纪。直到14世纪初，新西兰一直是11种恐鸟（moa）的家。恐鸟是另一种不会飞的巨鸟，体重虽不及象鸟，身高却达12英尺，站在象鸟群中必如鹤立鸡群。结果恐鸟也和象鸟一样，在人类抵达后几百年内就消失了。

北美洲突发性的灭绝是最早被发现的案例，许多古生物学家起初认为其肇因为冰河期的结束。他们认为随着气候改变，北美洲树及草的分布区迁移，赖其为生的哺乳类应付不了这种突然的改变。但进一步的研究却显示，气候变化与灭绝的关联，似乎只是个巧合。倘若上一次冰河期结束真的对北美洲造成了大灾难，那么早先几次的冰河期结束应该也会造成相同影响。然而在最近这100万年内，北美洲的哺乳类灭种的其实很少。尽管厚达一英里的冰河每隔10万年左右便会前进又后退一次，但哺乳类似乎能够追随植物改变分布范围，逐水草而居地存活下来。从气候来看，北美洲上一次冰河期与前几次的冰河期并无不同。除此之外，北美洲哺乳类的突然消失发生在1.2万年前，同样的剧烈气候变化也在欧洲、非洲及亚洲发生，却未造成显著的灭绝现象。北美洲上一次冰河期唯一的特殊之处，便是人类的抵达。随着科学家继续发掘澳大利亚、马达加斯加及新西兰等地的历史，各项证据皆显示巨型哺乳类及鸟类都在人类抵达后不久突然灭绝——有些个案远早于冰河期结束，有些则在冰河期结束后许久才发生。人类可能只用简单的长矛与弓箭，便造成了许多物种的灭绝。人类的祖先最先在非洲变成猎人，后来逐渐扩及欧洲和亚洲。被捕猎的动物在过去几十万年来，有足够的时间适应这项新的威胁。但现代人在5万年前开始迅速迁移至人迹未至的大陆及岛屿，当经验老到的猎人抵达澳大利亚及北美洲等地区时，他们的攻击形式令新遭遇到的动物措手不及，最脆弱的动物便是动作缓慢、繁殖速度又慢的大型动物。

大型食草动物的灭绝很可能改变整个大陆洲的景貌。根据在哈佛大学执教的澳大利亚籍动物学家弗兰内利（Tim Flannery）的研究，澳大利亚在吃草的袋熊及袋鼠消失之后，森林底部的植物开始积累，一旦被闪电击中，好比点燃干柴，造成前所未见的大火。在人类抵达之前的澳大利亚优势植物，如南方松（southern pine）及树蕨等，抵抗不了大火，便节节败退给桉树等耐火的树种，现在只能在内地寥寥可数的几小块地方看见它们。

古澳大利亚的雨林本来像海绵一般吸足了水汽，那时澳大利亚的气候比今天湿润许多，河流蜿蜒，湖水充沛，足以供养鹈鹕、鸬鹚及其他鸟类。取代丛林的桉树却储存不了多少水分，湖泊与河流因此干涸了，吃树叶的哺乳类即使没有在第一波狩猎行动中被歼灭，也得面对剧烈改变的栖地，除了养分低的桉树和灌木，别无他物可吃。唯一能够生存下来的有袋类，若非像红袋鼠那般行动矫捷，或像树袋熊那样住在桉树上，就得像袋熊那样躲在洞穴里。根据弗兰内利的理论，任何天生不能适应与人类共存的物种，都将注定灭亡。

洞中窥史

研究发生在几百万年前的灭绝现象的古生物学家，若能证明某次灭种只用了不到几千年的时间，便会感到十分满足。可是对于研究近代大灭绝的科学家来说，有时候可以将时间锁定在几十年，甚至几年之内，唯一的条件，便是找到适合的挖掘地点。

夏威夷便有一个这样的地方。纽约福特汉姆大学的伯尼（David Burney）在那里挖了一个洞，从 1997 年一直挖到现在。之前伯尼和一群科学家在考爱岛（Kauai，夏威夷群岛最西边的小岛之一）寻找古生物化石及其他遗迹时，无意间撞见一个当地人称之为“马哈乌雷普”（Mahaulepu）的石灰岩洞的狭窄洞口。他们钻进去，进入一条布满钟乳石及流岩的走廊。走了 50 英尺之后，他们走进一片满是阳光与树木的圆形空地。那片空地原本是洞中高处的走廊，后来在几千年前坍塌了。风吹落种子，掉入 50 英尺深的坑里，生根发芽，形成一座地底花园。伯尼停下脚步，将他随身携带的一根长金属管安装好，钻入淤泥中。等他把管子抽上来后，他在里面找到一块化石：一只夏威夷原生蹼鸡的脆弱颅骨。伯尼决定，在那里挖一个很深的洞。

他基本用手挖，因为怕用铲子会把脆弱的化石敲碎。在表面几英尺淤泥

美国古生物学家伯尼在一处充满淤泥的山洞内记录到夏威夷过去 1 万年来的灭绝历史。

底下，他挖到黑色的泥煤；再往下掘几英尺便碰到地下水，必须靠污水泵将洞里的水抽干。每天收工时，一关掉泵，几分钟之内洞里的水又满了。伯尼把土放在桶里，带出洞外。志愿者用滤网在小孩用的塑料游泳池内筛洗水桶，再由一组专家将筛出来的化石分类封套，送往各博物馆及实验室进行研究。伯尼同时也对泥土采样，留待日后寻找孢子及花粉，以确定当时山洞附近生长的是什么植物。那个洞现在深 20 英尺，宽 40 英尺。测定最深处植物碎片中的碳同位素后，显示洞穴约有 1 万年历史。3000 年来，一条地下河不断在洞底留下淤泥。7000 年前，海平面高涨，海水侵入洞内，将洞顶冲垮；一个浅浅的淡水池塘在渗透地面、浓度较高的咸水层上形成。跌到洞里的动植物掉进池塘，沉入水底淤泥。山洞最适合保存骨头，湖泊则可保存植物的花粉，像马哈乌雷普这样的洞中湖最完美不过。伯尼的洞提供给了他夏威夷过去 1 万年来完整的、前所未见的历史。他称它是“我的简易时光隧道”。它同时也赤裸裸地展现出人类如何引发了一波波的灭绝。

伯尼在洞里发现的许多动植物都是夏威夷独一无二的生物。生物要迁往夏威夷并不容易，因为它距离最近的大陆洲也有 2300 英里。硬壳种子可以乘着海浪漂抵夏威夷海岸；被吹离飞行路线的鸟类与蝙蝠有时会在群岛上落户；候鸟则以此作为向北或向南的中途站，有时蜗牛蛋或蕨类孢子会粘在沾满泥的鸟爪上，跟着在岛上落户。

伯尼在洞最深处所找到的花粉及种子，来自茂盛的海岸棕榈林，类似含羞草的灌木丛，以及蕨类。当动物初抵森林时，那里没有哺乳类掠食动物，食物量充沛，竞争者又少。于是如同加拉帕戈斯群岛的芬雀及维多利亚湖的慈鲷，夏威夷的生物开始多样化。一或两种果蝇于 3000 万年前抵达，到现在估计已演化出 1000 多个特有种；20 多种陆栖蜗牛来到夏威夷之后，爆炸成 700 多种。这些蜗牛可能又供养了大量陆蟹，在森林里到处爬行，因为伯尼发现山洞里埋了许多陆蟹。

动物——尤其是鸟类——各自演化，占据岛上各个生态龛位。世界上大部分的猫头鹰都以陆地上的啮齿动物及其他小动物为猎物，伯尼却发现一些演化得更像鹰类的猫头鹰骨骸，它们可以在飞行中捕捉别的鸟类。300 万年前，一种芬雀从北美洲飞来，结果分支成 100 种旋蜜雀（honeycreeper）。伯尼找到一些旋蜜雀颅骨，具备核桃钳般的巨大鸟喙，可以敲碎夏威夷别的鸟都吃不了的坚硬种子。另一种鸟“夷夷威”(iiwi)则用它灵巧如眼药水滴管的弯曲鸟喙吸花蜜吃。

由火山造成的考爱岛只有500万年历史，在这500万年中，许多岛上的鸟演化成鸟类中的猪和羊。“夏威夷群岛上的鸭类及雁类，有机会变成完全陆栖型的动物，”伯尼解释道，“而且体积变得比正常大许多；也不必再飞了——因为不需要；它们开始专门吃草和树叶。群岛上许多现已灭绝的鸭类及雁类，其实相当于新发明的羊或猪。”鸭类失去翅膀，长得跟火鸡一样大，利用类似龟喙的嘴去刮草；雁类也失去翅膀，体积为现今加拿大雁的两倍。有些水禽甚至演化出齿状的喙缘，能将蕨叶刮得一干二净。

伯尼在洞底发现45种鸟类及14种陆栖蜗牛，还有蝙蝠及蟹类等许多物种。当他往洞的上方移动，也就是让时光倒流，偶尔会发现一些自然干扰的迹象，像是海洋入侵，留下鲻鱼(mullet)的骨骸。此外，鸟类、蜗牛、陆蟹、棕榈树、含羞草及其他夏威夷特有物种仍持续留下化石，其中以蜗牛数量最丰富，每1升的泥巴内几乎都含有1000多颗蜗牛壳。持续几万年的化石记录，基本上没有什么变化。

然后在大约900年前，洞里出现了一种全新的化石：一只老鼠！

老鼠在大约1000年前，随着第一批波利尼西亚移民来到群岛。接下来几世纪的历史在伯尼的洞里一片模糊，因为一次海啸曾在公元1500年左右灌入山洞，将几英尺深的淤泥冲走。虽然海啸夺走一部分历史，却带来人造的对象作为补偿。伯尼找到骨制鱼钩，以及夏威夷人用来磨利鱼钩的海胆刺。他还找到一片玻璃般平滑的玄武石(浸湿后可以当做镜子)、刺青用的针、独木舟的断桨和画了图案的葫芦。这时的泥层内还首度出现新的植物种类，如苦薯蓣及椰子，此外，还有鸡、狗及猪的骨头，这些全是夏威夷先民带来的。

伯尼洞里的原生物种化石便从此刻开始消失。一度多不胜数的原生陆栖蜗牛开始变少；棕榈及其他森林树木的花粉不见了；陆蟹数量骤减；吃草及树叶的大型鸟类彻底消失；长腿的猫头鹰也不见了，取而代之的是短耳枭，靠捕食新来到的老鼠而数目大增。

1778年，库克船长成为拜访夏威夷群岛的第一位欧洲人，他就在距离马哈乌雷普几英里外的地方登陆。他献给该岛国王一对山羊作为礼物，伯尼可以在他的洞里找到那对山羊的后代，以及其他欧洲“移民”的遗骸，如马及绵羊等动物、爪哇李及牧豆树等植物。19 世纪初期在山洞附近放养的牛群，也在洞里留下骨头；20 世纪初为了控制害虫而被引进夏威夷的巨大蔗蟾及“玫瑰狼蜗”（rosy wolf snails），亦留下巨量的化石。

伯尼在库克抵达后形成的泥层内只找到几种原生物种。在那层泥底下，他找到 14 种原生陆栖蜗牛化石，数以千计；但洞最上方几英尺泥层内却一种都找不到。至于鸟类，今天活在山洞附近的，只剩下岸栖候鸟及海鸟。曾在洞底留下化石的鸟类，至今仍存活的只剩下几种，但都躲藏在荒远的山林深处。同样的，曾形成森林的植物若非已灭绝，便只藏身于隐蔽处。类似含羞草的灌木，数千年来曾是洞中主要植物之一，今天仅见于卡霍奥拉韦岛一处大石上，而且只有两丛还活着！

伯尼的洞展现了一幅清晰而扎眼的图画：人类抵达，原生野生生物便得消失！

灭绝加速

造成马哈乌雷普灭绝现象的原因似乎只有一个，即人类。和过去的大灭绝一样，单一的因素可以造成许多不同的破坏效果；伯尼在他的洞中便可看见各种破坏的全貌。人类迫使马哈乌雷普附近物种灭绝最重要的两个方法，一是捕猎，二是摧毁栖地。

各种不同的破坏一波波地浮现。考爱岛上最先灭种的动物，是那些最容易被捕猎的动物。“它们的动作都很慢，可能特别适合当做食物—— 一只巨大的、不会飞的鸭子，想必很适合烤来吃！”伯尼说，“尤其是那些整天都在地上活动的种类更脆弱。它们在地上生蛋，以前又从来没见过像老鼠这种以地面为基地的掠食者，所以它们的蛋就被老鼠或猪之类的动物吃光了。”

考爱岛上不会飞的鸭子，最后的命运可能跟马达加斯加的象鸟及北美洲的长毛象一样：被人类迅速消灭。人类将考爱岛上最容易消灭的猎物杀光之后，目标接着转向陆蟹等较小的猎物。伯尼可以在他的洞中目睹这场悲剧一幕幕展开：人类抵达后，陆蟹的化石变得愈来愈少，也愈来愈小，可能因为猎人不得不宰杀更幼小的蟹。没有足够的幼蟹繁殖后代，蟹的族群便瓦解了。

马哈乌雷普的灭绝所历经的阶段和全球性的灭绝相符。今天世界的野生生物面临的最大威胁，仍是滥捕。在中非洲雨林深处，猎人宰杀黑猩猩及其他灵长类，卖给砍伐当地森林的工人吃。就连缅甸最遥远的角落，猎人也用大自然无法补续的速度，宰杀最近几年才被发现的珍稀鹿种——不是为了吃它们的肉，而是跟中国商人交换盐巴。

马哈乌雷普第二阶段的灭绝，肇端为栖地的丧失，其过程便缓慢许多。考爱岛上人口增加后，人们为了喂饱自己，辟地种植作物及饲养牲畜。当时的拓荒者没有金属的斧头，不可能快速砍伐树木，可能只好借勒绑树干或对树根下毒来杀死树木，然后在森林中择地种植芋头及番薯。等到欧洲人抵达考爱岛后，破坏速度遽增。到了19世纪40年代，大型农庄的主人开始大规模砍伐园内树木，檀香树可做香，其他树木砍光后可以放养牛群或种植菠萝及甘蔗。

同时全球栖地破坏也在加速。大约从1万年前开始，墨西哥、中国、非洲与近东的古文明开始驯化动植物。农业可以稳定提供大量食物，农民与牧者的人口密度因此可以比狩猎/采集人口高出许多。为了喂饱更多人，必须开垦更多土地。牛群与羊群会将草原啃秃；种植玉米稻麦，亦须开辟森林和草原。达尔文生长的英国农庄以前并不是那个样子。过去几个世纪以来，曾经覆盖其上的森林逐渐遭到砍伐，慢慢缩小成一个个岛屿般的碎块，只能存活在这些孤岛中的动物因此成了困兽。血缘与牛最近的野生“原牛”（auroch）便在波兰的小块森林内苟延残喘，免遭捕猎；但是到了17世纪初，原牛还是永远消失了。

人口爆炸，加上最近几个世纪发明愈来愈优良的犁与锯，令野地以马尔萨斯的等比级数消失。更多人口带来更多农园与城市，同时需要更多柴火，后者当然得牺牲森林来提供。科技进步之后，开路深入森林与木材运输的速度更快，后果便是全世界半数的热带雨林（据估计，全球三分之二的物种皆存活于此）到了公元2000年时，都已遭砍伐或焚毁。

人类接掌野地，动植物随之灭绝。有时灭绝现象非常明显——例如建造水坝使得某种鱼类唯一生存的一条河流栖地枯竭。但有时物种不见得非等到栖地完全消失后才会灭种，分割栖地便足以造成灭绝。被分割的碎块就像岛屿，用来预估喀拉喀托等岛屿可容纳多少物种的原则也可以用在这里。每一小块森林只能供养与其面积成正比的物种数量，它被分割时，若容纳了超过

有四种美国东部的鸣鸟在栖地遭到破坏之后灭绝，象牙嘴啄木鸟即其中之一。

它能承受的物种数量，那么多出来的那些生物必得消失。万一某种生物特别倒霉，在每一小块森林里都灭绝了，那就一去不回了。

活动范围小的物种面临栖地分割时，最易灭绝。如果伐木业者将一座山区内大部分森林伐除，有一种蝾螈只住在山的某一边，它可能只剩下三小块森林可住；另一种蝾螈分布整座山区，它可能还有 100 块林地可住。后者至少能在其中几处活下去，生存几率自然比分布范围有限的前者高出许多。分布广的蝾螈若还能够游走在碎块之间，或许有望重新定居于某些旧有栖地；可是只住在山一边的蝾螈，就注定要绝种了。

美国东部大部分鸣鸟便受惠于分布范围广大，才能在森林分割后劫后余生。欧洲移民到达该地前，住在森林里的 200 种鸣鸟，分布范围大都已扩散到美国东部以外地区。到了 20 世纪，东部 95% 的森林都已遭到砍伐，但幸好不是在短时间内一起被砍光。这种破坏从东北部开始向西波及，等到俄亥俄州的森林全部消失时，新英格兰已开始复原，所以在任何一个时段内，鸟类都有地方可躲，继续生存下去。美国东部在20世纪中已逐渐放弃农耕，森林复原之后，外移的鸣鸟又可以回家了。

然而只住在美国东部的28种鸟却没有这么幸运。因为分布范围比别的鸟小许多，它们的生存几率很低。随着栖地被分割成森林岛屿，它们能住的小块栖地愈来愈少，灭绝几率因此提高。其中4种鸟现已灭绝，包括旅人鸽、巴克曼莺、象牙嘴啄木鸟，及卡罗来纳大尾鹦鹉。

今天世界上许多动植物都像卡罗来纳大尾鹦鹉一样，正在走上灭绝之路。农业与伐木业破坏或分割了它们狭小的分布区，许多物种即使尚未灭绝，也几乎注定将消失。哥伦比亚大学生物学者皮姆（Stuart Pimm）及同僚，替此消亡现象制作了一个时间表。皮姆调查了肯尼亚西部一个以森林鸟类多样化著称的地区，由于深度的农耕及伐木，该区森林在过去一个世纪以来被砍成许多小块。皮姆的研究小组先观察了50年前在空中拍摄到的照片，确定森林分割开始的时间，然后检视博物馆的收藏，计算出原有的鸟类数量（鸟类与昆虫不同，容易发现；我们可能只知道昆虫种类总数中的一小部分，但鸟类学家却已辨识出全球估计约1万种鸟类中的绝大多数）。

皮姆接着实地走访那些小块森林，核对每小块栖地内的鸟种。他发现被孤立愈久的森林碎块，其物种多样性愈接近估计值。较新的碎块仍容纳了许多的多余物种，因为灭绝现象尚未使物种数量达到平衡点。皮姆的小组在比较了新旧碎块之后，归纳出灭绝的过程类似放射元素的衰变：灭绝也有半衰期，每期消失物种为总数的50%；剩下来的物种中的一半将在下一个半衰期内消失，依此类推。皮姆在肯尼亚研究的鸟类，其半衰期大约为50年，这个结果与皮姆的同事布鲁克斯（Thomas Brooks）研究东南亚鸟类所得到的结果相同。换句话说，我们对全球森林所做的破坏，还要再等几十年才能看到真正的后果。

外来入侵者

除了摧毁森林及捕猎动物之外，人类还以第三种方式造成马哈乌雷普地区生物的灭绝：引入新物种，如老鼠、鸡、狗及山羊等。新物种的侵入被称为“生物入侵”（biological invasion），这些新来者，即“生物入侵者”，其实是造成今天全球性灭绝威力最强大的主因之一。不像捕猎或伐林，生物入侵一旦发生，便不可挽回。倘若人类停止伐林，假以时日，树还可以长回来。可是生物入侵者一旦在新家站稳脚跟，通常就不可能铲除。

生物入侵在生命史上一点都不新鲜。300 万年前从北美洲长征到南美洲的哺乳动物，便是生物入侵者，它们突然面对一群孤立的“原住民”动物，导致后者灭种。达尔文曾经证实，当卵与种子粘在鸟爪上，旅行到数千英里外时，生物入侵便发生了。可是在人类出现以前，生物入侵极少发生。大陆洲要撞在一起，耗时数百万年；横越大洋或搭乘鸟爪便车也都不容易。古生物学家估计，在人类抵达以前，平均每隔 3.5 万年，才有一种新生物登陆夏威夷，而且那些移民全是鸟类、蝙蝠等小型无脊椎动物。狗是不可能搭鸟爪便车空降夏威夷的。

波利尼西亚人抵达考爱岛后，带来一大群新物种。老鼠在岛上落户，大啖鸟蛋及陆栖蜗牛；波利尼西亚移民饲养的鸡与猪则吞食种子，并将小树连根刨起，对原生森林造成的破坏可能更甚于人类移民。只能生存在森林的鸟类与蜗牛只好撤退到远离人类部落的地方。

欧洲人引进新物种的速度更快。欧洲人是第一批真正的世界贸易商，可以用船将物种引进世界上每一个角落。有时候是刻意的——像是库克船长当礼品送的那对山羊；但很多时候却都是无意的。1826 年，捕鲸船带来一种蚊子，结果传染了一种杀死许多夏威夷鸟类的疟疾。变野了的猪到处掘坑，积存死水，便利蚊子繁殖，蚊子开始咬原生鸟类。那次疟疾可能杀害了大量的鸟类，如今许多种鸟只存活在高纬度地区，因为蚊子在低温里活不下去。

过去 200 年来，生物入侵不仅在考爱岛上，也在全球加速发生。过去的帆船由货柜船及飞机取代，大量动植物及微生物跨洲交流更容易了。科学家曾调查过驶入美国东岸切萨皮克湾（Chesapeake Bay）的船只，结果在每艘船的压舱水里都找到螃蟹、鲻鱼及上百种别的动物——平均每立方米含有 2000 只动物！而每年驶进美国的压舱水超过 1 亿吨。同时，昆虫与种子还可借进口农作物及木材进入新的国家。光是进入美国的外来物种便高达 5 万种，而且新来者还源源不绝。旧金山湾在 1850 到 1960 年间，每年便纳入一种新的入侵者；自1960年以来，每三个月便有一种新物种落户生根。至于夏威夷，每年估计有一打的外来昆虫及其他无脊椎动物落户生根。

外来物种中，只有少数会成为成功的入侵者。快速蔓延的动植物在以人类为主的栖地内如鱼得水，因为它们可以忍受不稳定的生态系统，同时迅速扩散。有些外来掠食者之所以成功，是因为善于捕食各种不同的猎物。举例来说，二次世界大战以前，关岛本来没有蛇，后来美军开始输入军事装备，同时也带来躲在机舱内的棕树蛇。树蛇抵达关岛后，便开始不拘对象地吞食任何小动物，结果关岛原生的13种鸟类现在只剩下3种；12种原生蜥蜴，现在也只剩下3种。

入侵者成功的另一种方式，是挣脱了原生环境对它们的钳制力量。1935年，为了要消灭吃甘蔗的甲虫，澳大利亚引进体型巨大的“蔗蟾”（cane toad，学名为Bufo marinus），结果巨蟾迅速蔓延整个澳大利亚北部，分布范围平均每年扩大30公里。它们覆盖乡间，密度比原产地高出10倍。澳大利亚的蔗蟾比在老家拉丁美洲成功，似乎是因为它们挣脱了原本可以控制它们的天然力量。在澳大利亚，尝试吃蔗蟾的掠食者，全被它们背部腺体所制造的毒液杀死了；而美洲的掠食者却已演化出解毒剂，且拉丁美洲还有一些可以抑制蔗蟾数量的病毒及病原，但在澳大利亚却找不到。如果蔗蟾消灭了甲虫，它们的数量爆炸或许还可以令人忍受，问题是它们对甲虫毫无兴趣，对别的动物倒是来者不拒，包括稀有的有袋动物及蜥蜴。

外来者还可以借着改变新家生态系统的规则获得成功。比方说，夏威夷有一点很特殊，即那里极少发生火灾。发生火灾，需有闪电；闪电以前，需有暴风雨。而暴风雨只会在大陆块温度升高、上层大气被搅动后才会发生。对大部分大陆洲来说，火灾是家常便饭，动植物早已演化出自我防卫的方法。可是夏威夷是个群岛，四周都是大洋，极少有闪电，因此那里的动植物对火都很陌生。

20世纪60年代期间，有两种适应火的植物抵达夏威夷：中美洲的灌木芒草（Schizachyrium condensatum），以及非洲的糖蜜草（Melinis minutiflora）。它们干燥的茎叶就像一层等待火星的火绒。人类应邀带来香烟及营火，火便开始燎原，摧毁了原生植物后，这两种外来植物顺势占领焦土。随着外来者的蔓延，火灾更为严重。如今在夏威夷某些地区，每年大火烧焦的土地面积都比入侵发生以前高出1000倍。在这样的炼狱里，原生草类根本不可能收复失土。

有些生态系统，一旦突然面对大量外来者一起涌入，原本健康的抵抗力便会瓦解。北美五大湖区便是一个典型的例子。在1900年以前，驶入五大湖的船只都用石头或泥沙压舱，所以只能携带少量动物及种子。20世纪初，船只改用水来压舱；1959年，圣劳伦斯航道终于对吃水深的船只开放，国外船只开始稳定地将外来物种引进五大湖区。

虽然驶入五大湖的船只来自世界各地，但成功的外来物种都来自同样的地区：黑海及里海。黑海及里海的水面在过去几千年来升降的幅度超过600英尺，水质则在盐水及淡水之间摆荡，因此活在那两个水域中的动物适应力都极强。它们在巨幅变化的环境中演化，现在可以应付各种不同的生存条件。它们可以泡在压舱水里忍受从欧洲到北美洲的长途旅程，到了五大湖区的淡水内又可以迅速繁殖。

20世纪80年代中期，一种名叫斑马贻贝（zebra mussel）的甲壳类，从俄罗斯南部来到五大湖区的圣克莱湖。斑马贻贝会制造一种黏丝，让它可以附着在任何坚硬表面上，摄食方法则是抽水到身体内，筛滤浮游生物来吃。它们可以不断繁殖，直到覆满整个水坝、进水管及河床，直到它们坚硬的壳布满整个湖底，割伤泳者的脚为止。斑马贻贝很快在五大湖及附近流域蔓延，所到之处，原生生态系统立刻人仰马翻。它们覆在濒危的原生贻贝类上，封住后者的壳，把它们弄死。湖或河里的原生贻贝类，通常都在斑马贻贝抵达后四到八年内消失。而且它们过滤水的效率奇佳，将小型甲壳动物赖以为生的浮游生物吸食殆尽，湖里的小型甲壳动物饿死了，仰赖甲壳动物的鱼类跟着遭殃。

斑马贻贝在前开山辟路，其他来自里海与黑海的入侵者顺理成章也跟着入驻北美洲。1990年，欧洲捕食斑马贻贝的主要掠食者“新虾虎鱼”（round goby）在五大湖内被发现。1995年，一种以斑马贻贝排泄物为主食的甲壳动物棘皮钩虾（Echinogammarus）在五大湖内安顿下来，至今数量已增加20倍，取代了另一种原生甲壳动物。棘皮钩虾同时也是新虾虎鱼幼鱼的美馔，因此等于帮助了这种外来鱼增加数量。还有另一种移民——小型群体动物水螅（hydroid），它们早在斑马贻贝抵达前便已移居五大湖数十载，但数量在新家一直很稀少。欧洲的水螅以斑马贻贝幼体为食，后者在五大湖变大之后，引发水螅数量激增，如今它们覆满了贻贝床。同时由于斑马贻贝滤掉许多湖中的淤泥，更多阳光可穿透湖水，刺激了水中植物的生长。更多的植物可以提供斑马贻贝更大的附着面积。换句话说，斑马贻贝帮助植物生长，也等于在增加自己的数量。入侵五大湖的不再只是几个外来的物种，而是整个外来的生态系统。

以今天的生物入侵速度来看，科学家怀疑这已成为全球生物多样性最严重的威胁之一，可与栖地破坏并驾齐驱。有些岛屿正面临失去大部分原生物种的可能，如毛里求斯岛上的原生物种已从765种下降至685种，同时却有730种外来物种以该岛为家。美国境内半数的濒危物种之所以濒危，也得归罪于生物入侵者。

翻开生命史，这般排山倒海似的生物入侵乃前所未有的现象。在人类演化之前，大灾难曾突然毁灭整座热带森林或珊瑚礁，可是却从来没有这么多物种如此迅速地周游世界。生物入侵不仅可能协助造成大灭绝，还可能彻底改变自然界——即使在我们消失很久很久以后。

灭绝的前景

通过捕猎、栖地破坏，以及生物入侵，人类已迫使许多物种灭绝，令更多物种濒危。但今日的灭绝危机到底有多严重呢？情势还会再恶化吗？这个问题极难回答。马哈乌雷普的人类破坏记录是个例外，要测量过去5万年来全球性灭绝到底有多严重实非易事，尤其是科学家甚至不知道现存物种到底有多少。然而所有可靠的预估都很悲观，我们似乎正处在一个比起过去6亿年来任何一次大灭绝都毫不逊色的灭绝时期。

每年由一小群动物及植物学家所申报的新物种约计1万种。目前科学家已辨识了约150万种生物，至于还有多少尚未被发现，他们只能根据新物种被发现的速度，估计总数约为700万种，不过也有些人认为可能高达1400万种。这意味着地球上每5种生物中，至少有4种尚未被发现；而依照目前的发现速度，必须等到500年后才能将所有物种辨识完毕。但许多物种可能等不了这么久。如果连某种生物的存在都尚未被发现，你怎么可能知道该物种最后一个个体何时消失呢?

皮姆避开对物种总数无知的困境，研究出一个测量目前灭绝危机的方法：他预估灭绝的速率，而非灭绝的数量。他先将不同类动物经过仔细研究的灭绝记录编纂成册，发现所有大类——包括鸟类、贻贝类、蝴蝶及哺乳动物——的灭绝速率都一样：约为每年每100万种中灭绝100种。皮姆认为既然这么多不同类的动物灭绝速率都一样，这就应该是所有动植物灭绝的平均值。

这个速率高于化石记录中“背景灭绝”的正常速率。除非碰上大灭绝，否则“背景灭绝”率约为每年每100万种中灭绝0.1到1种。换言之，今天物种消失的速度，比人类出现以前快了100到1000倍。

根据皮姆的计算，未来这个速率还会更快。地球上三分之二的物种都住在热带雨林里，如今全世界二分之一的热带雨林已经消失，而且每10年又将有100万平方公里遭到摧毁。若不采取激进的保育措施，热带雨林将持续消失，直到只剩下保护区为止——仅占原来面积的5%——而且只需要50年时间。皮姆应用半衰期公式，计算出灭绝速率将加快10倍，估计在不到一个世纪的时间内，世界上一半的物种都将消失。

皮姆的预估看起来虽令人心寒，其实却可能是仍然低估了，因为他只考虑到伐木一个因素。其他因素，像是愈来愈多的飞机及货柜船穿梭于各大洲之间，势将使得生物入侵加速，造成更多物种灭绝。我们改变了大气层之后，也将迫使更多物种灭绝。

过去两个世纪以来，人类不断将二氧化碳及其他会造成温室效应的气体排入大气层。这些气体阻挡热气逸出地球，导致温度升高。今天的地球温度比1860年平均高出0.5摄氏度。增温的部分原因是太阳位置的改变，以及海洋与大气层的循环自然产生的变动，但现今大部分气候学家都同意，主因仍是人类排放出去的温室效应气体。

现在科学家正试图评估未来几十年的气候变化，其中一项考量为人类将继续燃烧多少燃料。中国在经济起飞后仍将继续烧煤吗?电动车会不会普遍化?另外一项变因是地球对增温的反应：海洋循环可能骤变，释放出隐藏的热能；北方森林可能吸收多余的二氧化碳，将温室效应气体以木材形式储存；

亚马孙可能会变成草原；融化中的北极永冻层可能释放出冰冻的甲烷。如果把所有可能发生的事列表，可以写成一本书。然而根据研究人员的评估，到了 2100 年，地球温度将提高 1.4 到 5.8 摄氏度，气温变化最巨之处，则为北极及南极地区。

现在全球暖化已开始显露出造成生命改变的迹象。北半球的生长季比起 1981 年提前了一周。因为空气中二氧化碳量提高，树长得更快，北美与欧洲的森林往山上延伸。1999 年对北美及欧洲 35 种不迁移的蝴蝶所作的研究，发现其中 63% 的蝴蝶种类在 20 世纪内分布范围都往北移了。就连蜱这种寄生虫也受到温暖冬天的召唤，开始北进。

若回顾北美洲冰河期的历史，就会发现这类迁移不足为奇：冰河撤退与前进也曾引发整个生态系统北移或南迁。若温度持续升高，整片森林都会移动。美国农业部曾利用计算机模型，预测美国动植物在气候不断变暖的情况下的变化：新英格兰州的针叶及阔叶树将北移至加拿大，中西部的橡树及山核桃树林则被南部来的松林取代；树形仙人掌（saguaro）将搬离西南部沙漠，一路北移到华盛顿州。

全球暖化的效应不只是重新安排大自然的家具而已。寒带的动植物——不论是住在极地或高山上——无处可去。向来对海洋增温至为敏感的珊瑚礁，也不可能拔脚迁往较冷水域。因此全球暖化很可能在未来 20 年内，推波助澜，摧毁世界上大部分的珊瑚礁。

有些物种即使在地图上看起来有很多地方可去，但真正南移或北移时却可能遭遇生存危机。很多物种可能会企图迁往目前已分割成农场、郊区住宅及城市的地区。现在想拨出土地作为濒危动植物的保护区都很困难，未来要让出更多空间给它们可能更不容易。但如果我们不这么做，它们很可能马上就会遭遇演化危机。

人类留下痕迹

如果这类预估属实，我们将在接下来几个世纪内看见另一次大灭绝，全球过半的物种都将消失。别忘了我们所继承的地球，正值生物多样性的高峰，因此单就数量而论，这次灭绝可能是最严重的一次。

从几个重要层面来看，这次灭绝和过去几次都不同。陨石不能改变坠落轨道，人类却能。这次灭绝到底会变得多严重，端视人类在未来几百年的作为。今天栖地消失与分割如此快速，保育生物学家集中目标，想在耗费最少力量的情况下，尽量拯救生物多样性。多样性在地球上，甚至在热带地区内的分布并不均匀，有几个地方，例如马达加斯加、菲律宾及巴西的大西洋沿岸森林，是所谓的“生物多样性热点”。高居前 25 名的热点包含了全球 44% 的植物种类及 35% 的脊椎类，其总面积却仅占全球陆地的 1.4%。若不加以保护，它们很快就会消失。平均来说，目前 88% 的热点原有总面积已遭破坏，而且这些地区的人口都在激增之中。这些多样化的摇篮诚需我们立刻投注关心及加以保护。

倘若灭绝速度持续加快，不需几个世纪，世界便会变成一个均质化的地方：大部分分布范围有限的物种将灭绝，少数几种强悍物种则更加繁盛。如今世界上 90% 的农业仅以 20 种植物及 6 种动物为基础，随着人口增加，这些物种亦将持续兴旺。入侵者将继续蔓延，例如斑马贻贝，估计将在未来几年沿着各个水道分布于美国大部分地区。森林及其他栖地的破坏将危及大部分的原生物种，但少数物种却能得利：南美森林里的雨蛙（hylid frog）可以在壶穴（pothole）及暂时形成的池塘里产卵，狼蛛可以在野草上织网；一度为热带雨林的地区如今长满水韭及其他的石松类，就和 2.5 亿年前的情形一模一样。

沃德指出：“只要人类不灭绝，只要人类还存在，每次在大灭绝之后激活的、创造新物种的那个演化水龙头就永远不可能打开。看来人类的未来还相当久远，我可以预见世界上的生物多样性会停留在低点。对我来说，这是一个悲剧。”

但是，很可能我们也逃不过大灭绝。人类仰赖湿地过滤水源，蜜蜂替农作物授粉，植物固定土壤，而这些动植物必须仰赖健康的生态系统。生物学家曾做过实验，改变小块草原等简单生态系统的生物多样性，发现物种数目少，生态系统便容易发生干旱或其他灾害。一旦我们的生态系统劣质化，人类很可能也无法生存。当然，人类是地球上最有办法的物种，也许即使面对这样的灾难，我们还是能设法活下去。

地球上大多数的陆栖生物多样性都集中在仅占全球陆地总面积 1.4% 的地区内，这些多样性热点同时也是人口激增的地区。

历经过去几次大灭绝，生命都能复原，甚至复兴。但经过目前这一次灭绝，生命未来的复原情况，很大一部分取决于人类的命运。人为的全球暖化最后可能成为造成灭绝最重要的原因之一，尽管它不可能永远持续下去，剩下的油源与煤矿到底有限——大约 11 兆吨。根据宾夕法尼亚州立大学气候学家卡斯廷（James Kasting）的估算，燃烧掉这些矿物燃料，大气层中的二氧化碳指数将提高到今天的 3 倍，温度则升高 3 到 10 摄氏度。我们可以在几个世纪内耗尽这批能源，地球上的二氧化碳指数却需要几十万年的时间，才可能回复到和工业革命前一样的水平。即使等到大气层复原之后，甚至“智人”消失很久很久以后，我们引入世界各角落的生物入侵者仍将持续再生，持续控制它们周遭的生态系统，继续压抑其他动植物的演化。

伯尼总结道：“演化现在已进入全新的模式，这是个全新的局面，而且是人类造成的。这件事其实很恐怖，因为我们带领演化进入未知的世界，面对一个自然从未应付过的状况：生物可以跳上一架飞机，在世界另一端登陆；物种以前所未见的方式组合在一起。这是一场全新的游戏，我们却不知道它将如何收场。”

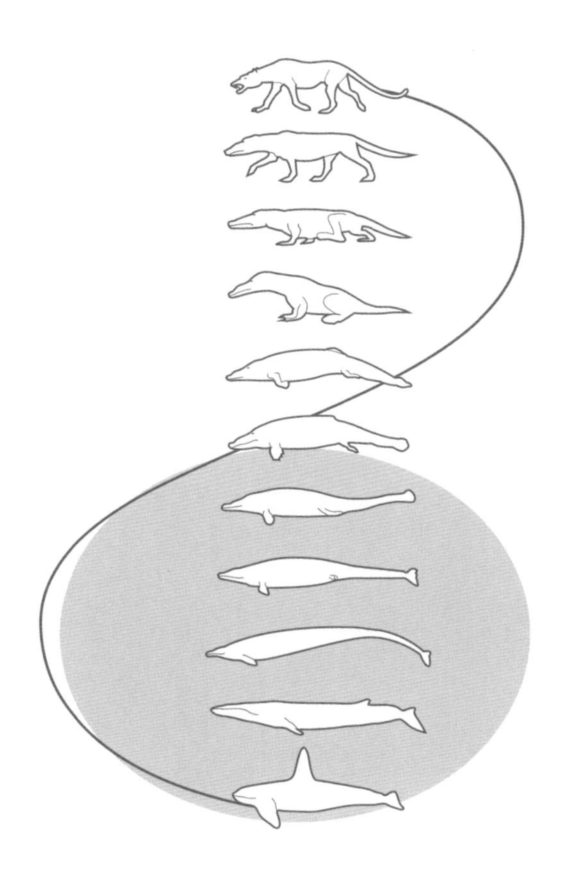

第 三 部 分

演化之舞

Evolution's Dance

8

共同演化：编织生命网

为了许多理由，我们必须拯救濒危的物种，其中之一是我们可以在它们身上学习演化的过程。在正迅速消失的马达加斯加森林中，有一个濒危物种仍坚韧地活着：一种俗称“圣诞之星”（Angraecum sesquipedale）的奇特兰花。在它苍白的花朵上，有一片花瓣形成深达16英寸（40.64公分）的长管，管子的最深处藏着几滴甜甜的花蜜。

藏得这么深的花蜜是为谁准备的？创造它的又是什么样的演化力量？耐心等候，答案将翩然来到。一只蛾前来探视兰花，它放慢飞行速度，在兰花前的空中停住；本来卷曲如手表弹簧的舌头开始充血，血压迫使舌头伸直，展开16英寸，远比蛾的身体还长；蛾将舌头伸入兰花的长管，直到碰到花蜜为止。吸吮花蜜时，蛾把脸深埋在花中，前额因此沾了不少花粉。当蛾吸饱花蜜后，它卷起舌头，头上带着花粉飞走了，再去找另一朵兰花采蜜，把前额的花粉擦落在另一朵花上，替那朵花的卵子受精。

一对物种，关系竟如此紧密，或许令人难以相信，然而自然界却充斥这般亲密的伙伴关系。有些是好朋友，如花朵及授粉者；有些是敌人，如掠食者与猎物。生命的绝大部分，是一张由互动的物种织成的网，彼此搭配得天衣无缝，好比锁和钥匙。

兰花与蛾这样的伙伴关系，并不是它们一开始出现就存在的，而是逐渐

花仰赖蜜蜂等昆虫传播花粉，并提供花蜜、油、树脂甚至花粉本身，作为报酬。

演化，变得愈来愈亲密，而且现在仍在持续演化中。举例而言，每一代植物都会针对昆虫调整自己的防御武器，而昆虫同时也在演化出新方法，克服植物的防御。

这便是“共同演化”（coevolution）：一个物种的演化促使另一物种也演化。科学家发现，共同演化正是塑造生命最强大的力量之一。共同演化可以创造出怪异的身体结构，例如长16英寸的蛾舌头，同时也是创造生命多样性的主力，因为生物伙伴不断共同演化，衍生出千百万新的物种。我们若忽视共同演化这项事实，等于自寻死路，因为我们所吃的农作物，装订这本书所用的纸，以至于我们赖以为生的每一种植物，都有其牢不可分的共同演化伙伴。水可载舟，亦可覆舟，倘若我们改变它们共同演化的舞蹈，就可能不得不付出昂贵的代价。

生物界的“媒婆”

达尔文在19世纪30年代思索植物如何交配的谜题时，突然领悟到共同演化这个观念。一朵花通常同时具有雄性及雌性生殖器，雄蕊上的花粉必须进入雌蕊，让种子受精。植物想交配时，并不能自己连根拔起去寻找配偶，所以花粉得想法子接近另一株植物的卵子，而且还不能乱找对象，必须找到同种植物的另一植株。

对某些植物而言，让花粉随风飘送就够了。可是达尔文发现有些植物却利用昆虫替它们传送花粉。他观察蜜蜂如何在猩红四季豆植株上吸吮花蜜：蜜蜂在爬到花瓣上的时候，背部总会无意地摩擦到雄蕊，沾上许多花粉。等蜜蜂落在别的植株上，便会把花粉洒在后者的雌蕊上。达尔文意识到花儿利用蜜蜂来性交，并以花蜜作为报酬。

换做别的科学家，有了这样的重大发现，可能就心满意足了。可是达尔文向来不以了解自然界的现状为满足，总想发掘自然历史的线索。以花朵及为其授粉的昆虫来说，达尔文明白其演化过程必定极其复杂；他所面对的，不再是一个物种适应如地心引力或水的黏力等物理环境，而是两个物种的彼此适应。地心引力持恒不变，物种却可能每一代都在变。

达尔文在《物种起源》中举出一个共同演化可能塑造出两个物种的例子：普通的红花苜蓿通常由熊蜂（bumble bee，俗称大黄蜂）授粉，倘若有一天熊蜂突然灭种，红花苜蓿若不赶快找个新的授粉伙伴，便无法繁殖，也将跟着消失。

蜜蜂可以取而代之。通常蜜蜂只替另外一种名叫“人形苜蓿”（incarnate clover）的苜蓿授粉，但有些蜜蜂可能会开始吸取没人采的红花苜蓿的花蜜。刚开始，这批蜜蜂一定很辛苦，因为它们的舌头不像熊蜂那么长，所以可能吸不到太多蜜。但天生舌头特别长的蜜蜂就会满载而归，吸到很多红花苜蓿的花蜜，于是自然选择便会逐渐地将蜜蜂的舌头变长。

同时红花苜蓿也可能开始适应新的授粉者——蜜蜂。形状更适合蜜蜂采蜜的红花苜蓿花朵，花粉传播的几率高。渐渐地，红花苜蓿的花朵与蜜蜂便共同演化，彼此配合。

达尔文写道：“因此我可以了解，花和蜜蜂，或许是两者同时演变，或者

有些授粉的昆虫具有特别长的舌头，用来吸取藏在特别长的花管里的花蜜。舌头与花管的形状是共同演化出来的。

一个追随另一个，具有能彼此互惠的改良构造的个体一代代保存下来，它们慢慢地逐渐修改自己，直到彼此圆满配合为止。”

达尔文在写完《物种起源》后不久，便发现花朵与昆虫互相影响的力量非常大。他开始研究兰花，蹲在唐恩小筑附近的田野里观察原生种类，或待在暖房里研究他从热带运来的异国种类。在那个时代，大部分的人都认为兰花的构造纯为赏花人而设计，达尔文却意识到兰花的形状并非只为美而存在，而是专为吸引昆虫参与其性生活而精心设计的。

达尔文就像拆解汽车的技工，研究出兰花每一个构造的目的。他对南美的囊状飘唇兰（Catasetum saccatum）特别感兴趣；这种兰花将花粉藏在一片圆碟上，圆碟又附在一道可以弯曲的滑槽上，这道槽往后弯，将圆碟藏在花朵中，就像一把蓄势待发的弩。昆虫来采兰花花蜜时，必须停在向外水平伸

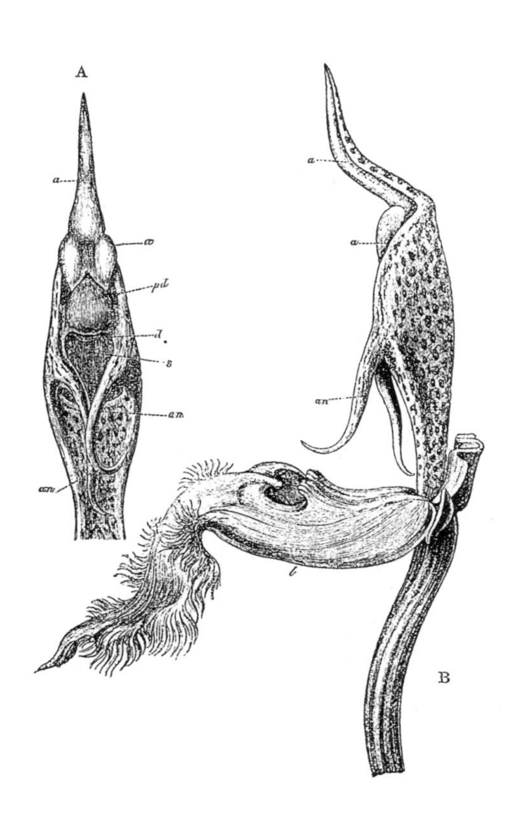

达尔文于1862年出书专门讨论奇特的兰花，上图为原书插图中的囊状飘唇兰。达尔文发现当负责授粉的昆虫沿着花瓣走向花蜜时，会触动兰花上两根形状类似触角的突出物。这对触角就像扳机，会释放出一包花粉，弹在昆虫背上。

展的杯状花瓣上，它若想吸到隐藏的花蜜，必须沿着花瓣朝花心走，这时它的背部会摩擦到倒挂在头顶上方的一对触角。触角与滑槽相连，作用就像扳机，将滑槽弹开，把花粉碟弹到蜜蜂背上。

达尔文意识到释放花粉唯一的办法，就是触动触角。他所研究的飘唇兰样种是用火车运来的，然而车行震荡并未弹出花粉。他试着用一根鹅毛戳兰花的各个部位，结果都没反应。“经过对三种不同兰花的15棵植株做过试验之后，”他写道，“我发现除非碰到触角，否则再用力碰触兰花任何部分，也不能引起任何反应。”达尔文因此体认到，这种兰花是和它的昆虫伙伴共同演化出来的。

达尔文在其书名冗长的《英国与异国兰花借昆虫受精的各种妙方，以及异种交配之优良结果》（*The Various Contrivances by Which British and Foreign Orchids are Fertilized by Insects, and on the Good Effects of Intercrossing*）中，详细描述了这些兰花。这本书和《物种起源》一样，也旨在说明演化的观念，却比后者有技巧许多。达尔文引导读者逐一认识每一种兰花，说明每一种花的构造都代表一种复杂的性交方式。之前他显示了藤壶是一种高度演化的甲壳类动物，现在他再度证明兰花也是一种高度演化的花。演化拉长、扭曲了普通花朵的各个部位，让它们变得奇形怪状，创造出兰花用来传播花粉的弓弩和各种工具。达尔文深信共同演化创造了兰花的形状，便在书中作了一项大胆的预测。当时探险家已在马达加斯加发现了篇首提到的“圣诞之星”，这种大彗星兰属（亦称风兰属）的兰花，蜜管长达 16 英寸。尽管听起来匪夷所思，达尔文却预测马达加斯加一定存在着一种与之匹配的长舌昆虫。他预言：“直到一种巨大的、嘴奇长无比的巨蛾企图吸干它最后一滴花蜜之前，这种兰花绝对不会释放出花粉。”

虽然几十年过去，一直没有人发现这种蛾，但达尔文从未放弃希望。直到 1903 年，昆虫学家报告的确有这样的蛾存在，并将之命名为 Xanthopan morgani praedicta——以意指“预言”的拉丁文“praedicta”来纪念达尔文的先见之明。现在生物学家还知道很多种长舌的蛾及蝇，专门吸取有长蜜管花朵的花蜜，不仅在马达加斯加，巴西及南非都可以找到它们。勇于作出“异想天开”的预测的科学家，只要有一项预测获得证实，就已经是幸运儿了。达尔文可说是幸运儿中的幸运儿！

共同演化的矩阵

共同演化的力量及影响范围其实远超过达尔文的想象，就连启发他灵感的植物的共同演化，也非他始料所及。科学家现在知道绝大多数的开花植物皆仰赖动物授粉（开花植物共计 29 万种，只有 2 万种能够借风力或水力传播花粉）。有些植物不用花蜜，却提供树脂或油，让昆虫建筑巢壁，诱使后者替它们授粉。西红柿及某些植物甚至贡献出部分花粉；通常这些植物都将花粉藏在状似盐瓶的容器内，昆虫停在花上，以可以震动出花粉的特定频率震动翅膀，一边大啖花粉的同时，身上也沾满了花粉。

虽然大部分替花授粉的动物是昆虫，却有1200种脊椎动物——大多为鸟类及蝙蝠——也在做同样的工作。就和授粉的昆虫一样，它们也塑造了植物伙伴的演化方式。用鸟授粉的花朵都用鲜红花瓣吸引鸟儿（因为昆虫是色盲）。和芳香的兰花不同，靠鸟授粉的花朵不具香味，因为鸟的嗅觉很差。这些花把花蜜藏在长而宽的管子里，配合鸟又长又硬的喙。倚赖蝙蝠授粉的花则在夜间开放，配合蝙蝠离巢觅食的时间。为了方便被发现，有些花演化成杯状，可以反射及集中蝙蝠赖以作回声定位的音波。它们就像声反射镜，吸引蝙蝠的注意力，引导它们来用餐。驯化的植物也和它们野生的亲戚一样，必须仰赖授粉者。没有后者，苹果园长不出苹果，玉米田结不出玉米。无论是驯化或野生的植物，都得仰赖别的共同演化伙伴，才不至于饿死。植物可以利用光合作用将二氧化碳和水变成有机碳，却很难从土壤里吸收氮或磷等养分。幸好许多种植物的根部都覆盖密密一层真菌网，可以提供它们所需要的养料。

真菌会制造可以分解土壤的酶，吸收磷及其他化学物质。真菌将这些养分注入植物，并吸出一部分植物通过光合作用制造出来的有机碳，作为交换。真菌的服务费用非常高昂，几乎是植物每年制造出的有机碳的15%。但付这个费用很值得：若少了真菌，许多植物都长不大或很干瘪。有些种类的真菌还会杀死土壤中的线虫及植物的其他敌人，甚至可能协助植物抵抗旱灾及其他灾害。它们会储存从植物中吸出来的碳，利用自身的网络，运输到别处。若网络连接到一株缺碳的病株，便将碳灌入后者根部。森林、草原及大豆田并非只是由一群群孤立的个体所组成——在人眼可见、暴露于地面的植物之下，其实隐藏了一片共同演化的巨大矩阵。

生化战

共同演化可以培养互惠的友谊，也很容易让物种变成互相较劲的敌人。

布罗迪二世与三世父子（上图）寻找具致命毒性的粗皮蝾螈（下图），研究共同演化的压力如何使它变成可怕的杀手。

对猎物构成永久性威胁的掠食者，可以迫使被猎者演化出跑得更快的腿、更硬的壳，或更炫目的保护色。但它们的掠食者同时也可以演化出跑得更快的腿、更有力的颚骨，或更锐利的眼力。掠食者与猎物仿佛永远都在从事生物性的军备竞赛，敌对双方不断推出新发明，却也不断被敌方的演化击败。

这种军备竞赛可以制造出蛮力或速度，也可导致精密的化学战。观察这种化学战的最佳战场之一是美国太平洋沿岸西北地区的湿地及森林，你可以在那里找到一种粗皮蝾螈（rough-skinned newt），这种两栖动物身长 8 英寸，腹部为鲜橘色。当它遭到袭击时，便会露出腹部，向掠食者发出警告。如果后者吃了它，肯定难逃一死，因为这种蝾螈所制造的神经毒，足以杀死 17 个成人，或 2.5 万只老鼠！

既然一只蝾螈所制造的毒素，只要极少量便能杀死大部分的掠食者，这种杀伤力岂不有点过度？但就连最毒的蝾螈，也怕一种掠食者。美国犹他大学的布罗迪二世与印第安纳大学生物学家布罗迪三世父子（Edmund Brodie Jr.& Ⅲ），发现红胁束带蛇（red-sided garter snake）因为具有某种遗传抗性，吃了粗皮蝾螈也不会死。

换做别的掠食者（包括别种束带蛇），它们的神经细胞表面某些通道会因毒素而受阻，导致通讯不良，造成致命的瘫痪。可是红胁束带蛇却演化出不会完全被毒素阻塞的神经通道。吃下一只蝾螈后，它可能几小时不能动弹，但稍后仍能复原。束带蛇逼迫毒蝾螈演化出更强的毒性，后者接着又迫使束带蛇演化出更强的抗性。

蛇与蝾螈之间的这种军备竞赛，并非以一个物种对一个物种作战的单纯形式演出——这不是演化工作的方式——而是同一地区的数百个族群，分头投入掠食者与猎物的斗争。比如旧金山湾区及俄勒冈北部海岸区等地，共同演化的速度超快，创造出毒性超强的蝾螈与抗性超强的蛇。但同一物种的分布范围内有共同演化的热点，也有共同演化的冷点。例如，更往北的奥林匹克半岛上的某些蝾螈就几乎不具任何毒性，而吃它们的蛇也几乎不具任何抗性。布罗迪父子推测，每个地点的特殊条件会决定共同演化的方向。要演化出对粗皮蝾螈的抗毒性，是要付出代价的：蛇的抗性愈高，爬行的速度就愈慢。布罗迪父子至今不确知抗毒性与速度之间的交换关系，只知道因为爬得慢，具抗毒性的蛇遭鸟及其他掠食者攻击的几率较高。另一方面，如果某地的束带蛇经常遭到掠食者攻击，该区可能就是它与蝾螈共同演化的冷点（因为蛇无法承受演化出抗毒性的代价）；如果某地的束带蛇以蝾螈为主食，因为别的猎物很少，该区可能就是演化的热点。无论形成热点及冷点的原因为何，蝾螈与蛇所演化出来的基因都将遍布这两者整个的分布范围。有时冷点可能会终止军备竞赛，但有时共同演化热点却会迫使整个物种走向致命的极端。

甲虫对植物：一场长达 3 亿年的战争

敌对双方的共同演化，有时不只创造出剧毒及复杂的解毒剂而已，还可能成为推动生物多样化的主要力量。

共同演化可能造成如此深远的影响力，首先于 1964 年由生态学家埃利希（Paul Ehrlich）与雷文（Peter Raven）提出。他们指出，虽然需要传播花粉的植物与昆虫关系友好，但许多植物却和昆虫是死敌。昆虫以嚼叶子、钻树干、吃果实，或其他破坏植物的方式为生。叶子被虫吃了，就不能行光合作用；根被咬烂了，水和养分便无法输送。如果被虫吃得太厉害，植物很可能就此死掉。即使虫只吃种子，也等于剥夺了植物的基因遗产。

植物于是演化出构造性及化学性的防御来抵抗这些饥饿的昆虫。冬青植物演化出有锯齿边缘的树叶（若把锯齿叶缘剪平，虫子很快就能蚕食叶片）；有些植物在组织内制造毒素；有些在叶子和茎里形成管状网络，管子里充满黏稠的树脂或乳液（latex），当昆虫开始咬植物，咬破其中一根管子，大量的树脂或乳液立刻涌出，将昆虫淹没，把虫子埋在一堆树脂里，或把它困在一团乳液中；也有些植物的防御法是向外求救，若被毛虫咬了，便释放出化学物质，吸引寄生性的黄蜂前来，在毛虫体内产下幼虫，然后活生生把毛虫的内脏吃空。

埃氏与雷文认为，任何一个植物谱系，只要演化出躲避害虫的方法，便可积极展开扩张。它的灭绝率会降低，分支出新种的几率则会提高。假以时日，后代的多样性便会高于那些尚不能逃避害虫的植物谱系。

对昆虫而言，这些新植物仿佛刚从海中升起的大陆，等着它们去探索，但它们必须先演化出克服植物新防御的方法。最先找到方法的昆虫谱系，可以开始在植物上殖民，因为缺乏同类竞争者，必将迅速繁衍，开始多样化。这种涉及一系列躲避、捕捉及再躲避的共同演化，很可能就是造成植物界与昆虫界中不同程度之多样性的原因。

埃利希和雷文的理论相当诱人，却很难测试。科学家不可能重演过去3亿年的历史，观察植物与其昆虫对手的共同演化过程。可是20世纪90年代初期，哈佛大学昆虫学家法雷尔（Brian Farrell）却想出个方法，利用现生植物及昆虫的多样性来验证埃利希和雷文的理论。

他做的第一个实验，是试图证实每次植物演化出一种新的防御法，是否真能激活多样性的爆炸。他选择以乳液或树脂管道的演化为实验对象，结果他发现，有16个谱系的植物独立演化出这种可以淹死入侵昆虫的防御法。然后他再计算每一支谱系衍生出的种类数目，拿来和血缘相近却没有演化出管道的谱系种类数作比较。结果在16个案例中，有13个具有管道的谱系，其多样性远比不具管道的近亲高。比方说，银杏与针叶树拥有同一个祖先，可是不具管道的银杏只有一种，而具管道的针叶树却分支出559种，从松树到红豆杉，琳琅满目。雏菊与蒲公英都属于“菊目”这种具管道的植物，该目共包含2.2万个不同的种，但它不具管道的近亲“角萼花目”却只有60个不同的种，鲜为人知。上述植物因为演化出防御性管道，证实了埃利希和雷文的预测：驱逐敌人，便能繁衍昌盛。

法雷尔接着试图证明埃利希和雷文推论的第二个部分：当昆虫企图在这些新谱系植物身上殖民时，它们自身也经历了多样性爆炸。他选择研究多样性特别高的一群昆虫：甲虫。生物学家霍尔丹（J. S. B. Haldane）常说研究生物学教他认识了上帝的本性，那便是上帝“特别钟爱甲虫”！昆虫可能是动物界里多样性最高的一群动物，而已知的甲虫种类有33万之多，更是昆虫纲中多样性最高的成员。法雷尔决定研究出它们为什么会变得如此多样的原因。

他先画出一株甲虫的演化树，发现甲虫起初并不吃植物。最早的甲虫以真菌及小型昆虫为食，如今还有几种甲虫如象甲（weevils）等，仍保有这种原始的生活形态。大约在2.3亿年前，新的一支甲虫转而以植物为主食。许多我们现在熟悉的植物在当时还不存在，例如那时没有开花植物。最早的这一批吃植物的甲虫，专门吃当时已存在的裸子植物（这类植物包括针叶树、银杏及西谷椰子），结果这支新甲虫开始多样化，种类繁多，远超过它们吃真

甲虫（图中为化石）是所有昆虫中最具多样性的一种昆虫，目前已辨认出的甲虫就有33万种。甲虫这项成就显然得归功于它们在1亿多年前便开始在开花植物上殖民。

菌及昆虫的表亲。

到了1.2亿年前，开花植物开始出现，而且多样化程度远超过裸子植物。随着它们的演化，5支独立的甲虫谱系成功地从裸子植物移民到这批新植物上。法雷尔发现这5支转向开花植物的甲虫谱系，后来多样化程度全比留在后面靠吃裸子植物为生的表亲高，有些个案演化出超一千倍的新种类。诚如埃利希与雷文所预测，"新新甲虫"发现了新的靠植物为生的方法。吃裸子植物的甲虫专吃松果或类似的储藏种子，但转向开花植物的甲虫所吃的食物却有更多选择，如树皮、树叶及树根等。

虽然没有人针对别的昆虫作过同样详尽的研究，但它们可能都遵循相同的模式，它们成功的秘诀便是与开花植物共同演化。法雷尔的实验也和所有卓越的研究工作一样，发掘出另一个待解的谜：为什么世界上有这么多开花植物？同样的，至少一部分答案应与共同演化有关。昆虫不断发明吞噬开花植物的新方法，后者承受极大压力，必须找到抵抗前者的方法。同时有些昆虫，例如蜜蜂，却演化成好搭档，协助开花植物传播花粉，这可能帮助它们排除了灭绝的威胁，并分支出更多新种。科学家发现，多样化的结果，就是制造更多的多样化！

人虫大战

甲虫与其他昆虫和它们所吃的植物共同演化长达数亿年。但过去几千年以来，人类不断驯化植物以及试图阻止昆虫吃植物，却突然改变了它们共同演化的方式。绝大多数的时候，我们忽略了共同演化的事实，反而造成反效果。昆虫对杀虫剂迅速发展出抗性，便是共同演化赤裸裸的见证。

人类约从1万年前开始驯化农作物。第一批农夫在田里种植小扁豆（lentil）和小麦等作物，昆虫对它们和它们野生的祖先一视同仁，开心大啖。刚开始人类除了向上帝求救之外，束手无策；有人甚至按铃申诉，想和昆虫打官司。1478年，甲虫肆虐瑞士伯尔尼附近的农作物，市长决定指派一名律师，状告到教会法庭，要求惩处。人民申诉说："它们十恶不赦，对永生的上帝不敬。"一名律师受命代表甲虫，被告与原告在法庭上展开辩论。主教聆听双方辩词后，判决农民胜诉，宣布甲虫为魔鬼的化身。他宣判："我们诅咒它们，命令它们服从，并以圣父、圣子与圣灵之名，开除其教籍。从此它们将远离所有农田、庭园、围场、种子、水果及作物。去吧！"

甲虫并没有离开。它们仍继续大啖农作物，一如往常。于是大家便断定甲虫并非魔鬼的化身，而是上帝派来惩罚农民的罪恶的。农民将微薄收成的十分之一缴交给教会后，甲虫便立刻消失了。原因可能是甲虫食物来源罄尽，群数自然崩溃。

打官司和向上苍求救都无效时，农夫们决定使用毒药。西亚的苏美尔人从4500年前开始在农作物里洒硫磺；古罗马人则爱用沥青和油脂。古代农民发现有些植物里的物质可以帮助他们的作物驱虫：希腊人先将种子浸泡在小黄瓜萃取物内，然后再播种；欧洲人从17世纪开始从烟草等植物中榨取化学物质，因为它们比以前的毒药威力更强；1807年，有人从一种亚美尼亚雏菊中栽培出"除虫菊"（pyrethrum），至今仍被农民使用。

欧洲人发现更好的杀虫剂的同时，也在故土及新殖民地建造了大型农场。这对昆虫来说，仿佛有人为它们大张筵席，虫害于是蔓延全国。农民开始采用更厉害的杀虫剂，如氰化物、砷、锑与锌；他们混合铜与石灰，制成名为"巴黎绿"（paris green）的混剂。飞机与喷洒管发明之后，整片农场都可覆满杀虫剂。到了1934年时，美国农民已每年使用3000万磅的硫磺、700万磅以氰化物为主要成分的杀虫剂，及400万磅的巴黎绿。

1870年左右，一种吃水果的昆虫，随着来自中国的船只运来的一些植物育苗，来到加州圣何塞地区。这种被命名为“梨圆蚧”（San Jose scale）的害虫很快蔓延整个美国及加拿大，到处害死果树。农民发现控制这种介壳虫最有效的方法，是在果园内喷洒一种硫磺与石灰的混剂。喷洒数周之后，这种虫便会完全消失。

可是到了19世纪末20世纪初时，农民发现硫磺与石灰混剂的效果变差了，总有少数介壳虫活下来，而且迟早繁殖回原来的数量。华盛顿州克拉克斯顿河谷（Clarkston Valley）的果农认为是制造商在杀虫剂内掺假，便自己成立工厂，制造品质保证的纯正杀虫剂，但喷洒后介壳虫仍然如野火般蔓延。一位名叫梅兰德（A. L. Melander）的昆虫学家检视了果树，发现介壳虫虽裹着厚厚一层干掉的杀虫剂，却仍然活得很开心。

梅兰德开始怀疑并无制造商掺假一事。1912年，他比较了杀虫剂在华盛顿州各地的效果，发现在雅基马及森尼赛德两地，硫磺与石灰混剂可以歼灭树上所有的介壳虫，但在克拉克斯顿，害虫存活率却高达4%至13%。可是若使用一种不同的、由燃料油制成的杀虫剂，便可将克拉克斯顿的害虫赶尽杀绝，一如华盛顿州其他地区同类的下场。换句话说，克拉克斯顿的介壳虫对硫磺与石灰混剂已具有独特的抗性。

梅兰德感到很好奇。他知道某些昆虫个体若吃下少量如砷这类毒药，可以慢慢培养出免疫力。但梨圆蚧繁殖极快，没有任何一只个体会在一生中被硫磺与石灰混剂喷洒一次以上，因此根本没有机会培养免疫力。

梅兰德想到一个激进的理论：或许某些介壳虫产生突变，对硫磺与石灰有了抗性，果农喷洒果树之后，幸存的除了具有抗性的介壳虫之外，还有不具抗性但未遭受致命剂量的介壳虫。存活的介壳虫继续繁殖，到了下一代抗性基因就变得更普遍，果树上可能布满具抗性或不具抗性的介壳虫，视存活者的比例而定。在所有西北地区内，克拉克斯顿河谷的果农最早开始使用硫磺石灰混剂，而且使用量极大，等于逼迫介壳虫演化出更高的抗性。

梅兰德于1914年发表了他的理论，却遭到漠视，因为大家都在忙着发明威力更强大的杀虫剂。1939年，瑞士化学家穆勒（Paul Muller）发明了一种氯烃化合物，杀虫效果前无来者。这种万能药人称DDT，制造容易，成本低廉，可杀死多种昆虫，又可储存多年而不变质；同时它的使用剂量可以很小，对人类似乎也没有任何副作用。1941 到 1976 年间，DDT 产量高达 450 万吨——等于当时活着的每一个男人、女人及小孩都可以分到一磅以上。因为 DDT 价廉物美，农民放弃了所有控制虫害的老方法，诸如排干死水或培养具抗性的作物种类等。

DDT 与类似的杀虫剂让人们产生了一种幻觉，认为虫害不仅可以控制，甚至可以根除。农民开始视喷洒杀虫剂为例行公事，不再只为了控制突发状况。同时，公共卫生单位指望用 DDT 控制散播疟疾等传染病的蚊子。洛克菲勒大学的罗素（Paul Russell）在他 1955 年出版的《人类征服疟疾》（*Man's Mastery of Malaria*）一书中，满怀信心地保证："有史以来头一遭，无论再落后的国家，无论其气候如何，在经济上都有能力杜绝其境内的疟疾。"

DDT 的确拯救了许多人与农作物，然而即使在它出现的早期，有些科学家便已看见不祥的预兆。1946 年，瑞典科学家发现了 DDT 杀不死的家蝇。过了几年，其他国家境内的家蝇也开始具有抗性，而且很快地，别的物种也跟进了。梅兰德的警告终于成为事实！ 1992 年，对 DDT 具有抗性的物种已超过 500 种，而且数目仍在攀升中。DDT 开始失效时，农民起先只是增加药量；等到增加药量也没用时，他们便转向新的杀虫剂，如"马拉硫磷"（malathion）；等这些也失效了，他们再去找更新的农药。

想用 DDT 及类似毒药根除虫害的企图，后来证明为一大失败。光是美国每年便消耗超过 200 万吨的杀虫剂，比起 1945 年，用量增加 20 倍。而且最新的杀虫剂毒性强了 100 倍，然而被虫吃掉的农作物比例却从 7% 增加到 13%——这大半要归因于昆虫演化出来的抗性。

DDT 的失败就像一场未经计划的演化实验，结果和达尔文的芬雀或特立尼达的孔雀鱼一样惊人。诚如埃利希与雷文早在 1964 年所指出的，亿万年来植物一直在制造自然的杀虫剂，而昆虫则和它们共同演化，产生抗性。但在过去几千年内，昆虫在所吃的植物上遭遇到人造的新毒药，它们一如往常，设法演化出对抗的方法，共同演化于是进入人类时代。

首次在农田里喷洒农药时，可以杀死大部分昆虫。少数存活下来，有些是因为没接受到致命剂量，有些则是因为它们拥有稀罕的突变基因，凑巧可以抵抗农药。这些突变基因可能不时会在整个物种的生命史中冒出来，但通

亿万年来昆虫与植物共同演化，发展出可以抵抗植物化学防御机制的抗性。在过去一个世纪内，昆虫则迅速演化出对农民所使用之农药的抗性。

常只会给携带者坏处。突变者竞争失败，突变基因随之消失，基因池内新突变的出现与消失常维持在平衡状态，令整个族群在任何时段内都只保有少量突变基因。但在农药出现后，突变基因却突然变得比正常基因更具适应性而大占优势。突变昆虫抵抗农药的方式有很多。或许它们生来身上的角质层特别厚，化学物质渗透不进去;或许它们可以制造某种突变的蛋白质，将农药的分子切碎;也可能它们对农药特别敏感，一接触便飞开，因此不会接受致命的剂量。

喷洒农药后，幸存的昆虫少了竞争对象；若农药将其寄生虫与掠食者也一网打尽，它们更是彻底解放了。没有竞争者来瓜分食物，又没有敌人制衡，它们的群数将暴增。当它们交配时，即使是与不具抗性的个体交配，突变基因都将迅速蔓延。倘若农民洒农药够狠，不具抗性的基因形态甚至可能完全消失。

和共同演化比起来，农药是相当拙劣的代替品。植物与昆虫每一代都能演化出攻击对方的新方法，化学家却需要花很多年才能发明出新的杀虫剂，在他们作研究的过程中，我们却必须为昆虫所演化出来的抗性付出惨痛代价。具抗性的昆虫迫使农民花更多钱买新农药，而且农药不像植物自然形成的防御系统，可能还会把蚯蚓和其他将有机物变成新土壤所不可或缺的地下生物，也一起杀死。有些农药还能杀死蜜蜂和别的授粉者，又可滞留在环境中数年之久，或散播到千里之外。农药也可能杀害人类，直接毒害农民。一些令人不安的——虽然争议性也极高——证据显示，多种癌症都与接触杀虫剂有关。

农产企业最近推出了经过基因改造的农作物，期望能解决农药危机。目前已有 800 万公顷农田栽种带有细菌基因因而可以自行制造杀虫剂的农作物。这批基因取自一种住在土壤里、攻击蝴蝶与蛾的细菌——苏力菌（Bacillus thuringiensis）。它吞食寄主的方式，便是用这批基因制造一种可以摧毁昆虫肠道细胞的蛋白质。农产企业早从 20 世纪 60 年代便开始培养这种细菌（简称 Bt），到处喷洒它所制造的蛋白质，从有机农场到森林，无远弗届。它对哺乳动物无害，而且在太阳下很快就会分解。目前生化学家已经可以将 Bt 注射到如棉花、玉米及马铃薯等植物内，后者现在自行在其组织内制造 Bt，昆虫若攻击这种转基因作物（transgenic plants），吃下 Bt 就会死亡。

美国环保局（EPA）希望 Bt 作物别再成为共同演化的牺牲品。倘若一位棉农在整片农田里都种满 Bt 作物，活在那里的昆虫将遭遇大片制造同种毒素的植物，势必产生抗性。环保局因此规定农民必须在田里种植面积超过 20% 的普通作物，这些区域将成为不具抗性之昆虫的庇护所，让它们能够存活。专家的推论是：如此一来，它们可以跟具抗性的昆虫交配，使得抗 Bt 的基因不至于变得太普遍。

此措施的成功倚赖农民的合作，他们必须牺牲部分作物，作为昆虫的庇护所。不过使用农药的惨痛记忆犹新，因此许多农民很可能会愿意配合，避免完全栽种 Bt 作物。Bt 作物如果最终能获得成功，完全是正确了解共同演化的功劳；但是，如果昆虫又开始产生抗性，农民只得购买会制造新毒素的新型改造作物。换句话说，他们只不过是跳离了农药的恶性循环，又跳进转基因作物的恶性循环而已。

共同演化暗示我们要以别的方式对抗害虫。农民若能停止大规模栽培单一作物，虫害就会减低。混合耕种各种不同作物，可以压抑专一化的害虫，让它们无法快速繁殖，酿成虫灾。消费者也可以尽一己之力。每次去买水果，你可能都不挑选有瑕疵的；果农心知肚明，所以想尽办法，把完好无缺的产品交给超市，这意味着必须喷洒大量农药杀虫。其实稍有瑕疵的水果一样安全可食，如果消费者愿意购买不完美的水果，果农就可以大量减少用药量，这等于减轻演化逼迫昆虫产生抗药性的压力。

蚂蚁：农业先驱

我们人类自诩发明了农业，其实前辈大有人在。有一群蚂蚁早在5000万年前便成为种“蘑菇”的农夫，直到今天，仍因农业大有斩获，并且聪明地避免了人类因虫害所吃的苦头。它们写下了共同演化最精彩的篇章之一，若能向它们学习，我们一定受益匪浅。

种植真菌的蚂蚁居住在世界各地的热带森林中。许多种蚂蚁每天都会派出一批大蚂蚁，离开窝巢，去找树木和灌木丛。它们爬到植物上，将叶片咬下，迤逦逦逦，像绿色的迷你游行大队般，运回家里。然后大蚂蚁把叶片交给体型较小的蚂蚁，后者把叶片咬碎成小片，再把它们交给更小的蚂蚁，继续咬成更小片；依此类推，直到叶片被咀嚼成糊状为止。然后蚂蚁将叶糊铺在窝中一大片真菌上，当做肥料。真菌可以分解、消化叶子坚韧的组织，借此茁长，蚂蚁则收成真菌上营养成分特别高的部分（并非所有种植真菌的蚂蚁都用叶片作肥料，很多种蚂蚁会在森林地面上搜寻落花或种子等有机物）。

生长在这些“切叶蚁”（leaf-cutter ants）花园内的真菌，已变得完全倚赖它们的农夫。独立的真菌会长出充满孢子的蘑菇，靠着风传播孢子来繁殖，但栽植的真菌却丧失了长蘑菇的能力。它们被困在蚂蚁窝内，只有当年轻的蚁后衔着一点真菌，离家去建立新殖民区时，才可能离开。

切叶蚁照料真菌，大有好处。蚂蚁不能消化植物组织，所以大多数种类的蚂蚁都不能直接利用周遭的大量食物。切叶蚁让花园里的真菌替它们做苦工，分解叶片。拜这个合伙关系之赐，蚂蚁才成为热带森林内势力最大的群体之一，在某些热带森林内，每年有五分之一的叶片是蚂蚁吃掉的！

科学家为了解这种了不起的伙伴关系，开始研究蚂蚁与真菌之间的演化关系。由于目前已知200种栽种真菌的蚂蚁全是近亲（这类蚂蚁中没有一个不是农夫），生物学家早就认定它们的传奇故事一定是从单一原始谱系发明农业开始的。它们的秘密借着每一只新蚁后的嘴巴，传给后代。随着新种蚂蚁出现，它们所种的真菌必定也会演化出新种。如果这个假设属实，那么真菌的演化树必将分毫不差地反映出蚂蚁的演化树。

但事实并非如此。得克萨斯州大学的米勒（Ulrich Müller）与史密森学会的舒尔茨（Ted Schultz），从20世纪90年代初期便开始在全世界各地的丛林内搜集切叶蚁及其真菌，回到实验室后，再与同僚排列蚂蚁与真菌的基因，分析两者的演化关系。原来蚂蚁最早驯化的真菌不止一种。米勒与舒尔茨发现它们至少在不同的六个时期内，驯化了不同的真菌。这六种驯化的真菌谱系，后来随着它们的蚂蚁农夫同步演化出新种。不过，各蚂蚁族群也时常会

美国生物学家米勒与舒尔茨在巴西搜寻新的切叶蚁种类。他们发现了蚂蚁驯化不同品种真菌，以及向别种蚂蚁借真菌的方式。

切叶蚁扛着一片树叶碎片回窝。蚂蚁族群利用叶片作为种植真菌的肥料，再以真菌为食。蚂蚁与真菌的这种关系从 5000 万年前演化至今。

交换真菌种类。

米勒目前正在研究这些变动发生的原因。他指出："一个可能性是，病原体摧毁了整座菜园。蚂蚁被迫跑到邻居蚂蚁窝去偷一个代替品，或是暂时加入它们，变成一个快乐的大公社。但我们偶尔也会看见蚂蚁进攻邻居的家，歼灭整个社群，然后侵占对方的菜园。"

米勒的研究结果证实蚂蚁其实跟人类的农夫像极了。我们在中国、非洲、墨西哥及中东的祖先，从地球上几百万种野生生物中挑选出屈指可数的几种动植物，加以驯化，就像蚂蚁从几十万种真菌内挑选出几种，加以驯化一般；不同的人类文化互相接触后，彼此交换作物，就像蚁群交换真菌孢子一般。我们和蚂蚁最大的不同点，是它们无意中发明农业的时间，比我们早了 5000 万年！

切叶蚁和农民一样，也必须和害虫搏斗。就蚂蚁的例子来说，有好几种真菌会寄生在它们栽培的真菌上。一旦有一个寄生真菌的孢子混进菜园，很可能就会在几天之内摧毁一切。

可是米勒在得克萨斯州大学的合作伙伴柯里（Cameron Currie）却发现，

蚂蚁会使用一种杀菌剂来遏止寄生真菌繁殖。原来蚂蚁的身上覆盖着薄薄一层粉末状的细菌：链霉菌（Streptomyces）。这种细菌会制造一种化合物，不仅能够杀死寄生真菌，还能刺激菜园内的真菌生长。柯里研究过22种切叶蚁，每一种都携带独特的链霉菌菌株。

由于柯里研究的每一种种植真菌的蚂蚁都携带链霉菌，所以很可能第一批蚂蚁农夫早在5000万年前就开始使用它了。这么长久的时间，寄生真菌居然从未演化出抗性，怎么可能人类却在短短几十年内就无意间培养出了具抗性的害虫呢？柯里与其同僚才刚开始尝试分析这个问题，不过他们有一项假设：人类使用杀虫剂时，总是将单一的分子分离出来，然后用在昆虫身上；链霉菌却是一个完整的、活生生的有机体，可以根据寄生真菌发展出来的抗性，随时演化出新的杀菌剂。换句话说，蚂蚁因运用共同演化法则得当而获利，人类却适得其反，自己害自己。

演化的寡妇

共同演化可以将不同物种结合在一起，灭绝却可以把它们变成寡妇。某个物种若灭绝了，它的伙伴必须独自挣扎活下去。有时挣扎得太辛苦，迟早也将灭绝。

宾夕法尼亚大学生态学家詹曾（Daniel Janzen）长期在哥斯达黎加森林内作研究，根据他的研究，好几种新大陆的树从冰河期末期便成了演化的寡妇。造成这种状况的，有自然的因素，也有人为的因素。

许多种植物靠结果实来散播种子。果实肉甜味美，吸引动物，种子则演化出坚韧的外壳，可以安然通过动物的消化道，再随动物粪便排出，远离母株。远离母株的种子，存活率会高很多。直接掉落地上的种子，容易被树下的甲虫吃掉；就算抽芽了，也得在母株的阴影下辛苦奋斗。散播种子亦是预防灭绝的最佳保险：倘若一场飓风将一群树摧毁了，它们远在数英里外的后代却可能逃过一劫。

就像兰花会适应特定的授粉者，许多植物则配合特定的动物结果实。有些水果外皮色彩鲜艳，可以吸引鸟类；仰赖蝙蝠及其他视力差的夜行性动物的果实，则会散发浓郁的香味。但詹曾也指出，有些果实却让任何现生动物都难以下咽，遑论传播种子。在詹曾作研究的哥斯达黎加境内，传播种子的动物包括蝙蝠、松鼠、鸟及貘，它们全吃不了大肉桂（Cassia grandis）的果子。大肉桂的果实长一英尺半，种子大如樱桃，埋在多纤维的果肉中，外面还包了一层木质壳。因为哥斯达黎加境内没有一种现生动物吃得动它，于是它兀自挂在树上，一直等到甲虫凿穿木壳，摧毁大部分的种子为止。

大肉桂以及许多别的美洲新大陆植物的果实不是太大、太硬，就是纤维太多，让现代的动物难以下咽，可是对1.2万年前灭绝的巨型地懒、骆驼、马，以及其他大型哺乳动物而言，却是完美的餐点。这些动物的嘴巴够大，可以一口咬住果子；牙齿的力量够大，可以咬开它们。詹曾认为过去数百万年以来，巨大的果实一直与巨大的哺乳动物共同演化。其他植物配合鸟类或蝙蝠结果实，这些植物却仰赖巨型动物。

欧亚非等旧大陆的大型哺乳动物至今仍与一些植物保持这种关系。比方说，苏门答腊犀牛爱吃芒果，将其巨大的种子随粪便排出。在现代的哥斯达黎加，许多果实坚硬的外壳与多纤维的果肉，对鸟类等小型动物构成极大的障碍，不过，若换做从前的巨型地懒，那就轻松了。地懒在树下觅食，嗅闻到落地的成熟果实，便将整个果实囫囵吞进嘴里，再用巨大的臼齿碾碎果壳。它可以慵懒地咀嚼果肉，让通常覆盖一层油脂的种子滑进它巨大的肠道内。等地懒慢慢逛到几英里外的地方，再将种子随一团粪便排出来，让种子就地发芽长成树苗。

像哥斯达黎加那样的森林，在更新世并不特别；事实上，整个美洲的果实可能都是和巨型哺乳动物共同演化的。巨型哺乳动物消失后，这些植物受创极大。詹曾认为还有许多植物，如酪梨及木瓜等，也成了演化的寡妇。有些植物的种子仍能借较小型的孑遗动物传播，像是貘或会储存种子的啮齿动物，但种子的散播却变得极不可靠，因为更多的种子会被老鼠或昆虫吃掉。个体植株死去后，后继阙如，许多植物种类因此变得很稀少。

西班牙人抵达美洲后，带来马匹和牛群，对于恢复此地更新世之生态略尽绵薄之力，因为这些大型哺乳动物都爱吃寡妇果实。有一种名叫“吉卡鲁”（jicaro）的哥斯达黎加果实，它的壳非常坚硬，人们用它来做汤瓢，詹曾发现，现在哥斯达黎加境内只有马能咬碎它。马很乐意这么做，它们把里面的果肉吃掉，种子则经过它们的胃肠道，在马粪里发芽。在西班牙人把马带来哥斯达黎加以前，吉卡鲁被困在自己的硬壳牢狱中。马匹与牛群虽然以别的方式蹂躏新大陆的荒野——践踏脆弱的土壤，把草原上的草吃光吃秃——却在吉卡鲁这类植物的背后小推一把，帮助重振了它们在冰河时代的威风。

美洲巨型哺乳动物灭绝后，留下许多长久以来仰赖它们散播种子的树木。詹曾认为这些寡妇植物除了从引进的牲畜身上获得小小助力之外，过去1.2万年来分布范围一直在不断地缩小。加上现在灭绝率加速升高，我们可能正在制造新一代的演化寡妇。

这些寡妇可能还包括我们的农作物。授粉的昆虫是农业不可或缺的要素，然而授粉者在过去几个世纪以来，却因人类出现而四面楚歌。北美洲在欧洲人抵达以前，本来拥有数千种授粉物种，包括蜂、黄蜂及蝇。殖民者从欧洲带来蜜蜂，养在人工管理的蜂巢内。蜜蜂与原生蜂竞争分量有限的花蜜，因为人工蜂巢蜂蜜供应量稳定，所以外来蜜蜂较占上风。佛蒙特大学的海因里希（Bernd Heinrich）曾经计算过，仅一个蜜蜂族群便可消灭掉100个原生的熊蜂族群。就这样，原生授粉者的灭绝不知其数，许多幸存者亦告濒危。

现在连蜜蜂的数量也在减少。杀虫剂一向对它们威胁极大，最近又有自外国入侵美国的寄生螨，可以歼灭整个蜜蜂族群。1947年，人工饲养的蜜蜂数高达5900万只，到了1995年，这个数目已降低一半以上，才2600万只。而野生蜜蜂早已几乎全部消失。倘若蜜蜂灭绝了，农民必须回过头去仰赖原生蜂类替作物授粉，但那个时候原生物种可能早就不存在了。我们经常自欺，视人类为演化竞争中的胜利者，因为天生优越而囊获整个地球。然而不论人类拥有多大的成就，仍须仰赖我们与动植物、真菌、单细胞生物与细菌之间维持平衡的共同演化关系。其实人类正是古往今来所有生物之中，共同演化最极致的物种，我们倚赖这个生命网的程度，远超过任何其他的物种。

9

达尔文医生：演化医药时代的疾病

比韦利奇（Alexander Bivelich）1993年首度被关入俄罗斯中部汤姆斯克监狱（Tomsk Prison）；他因盗窃入狱，被判三年徒刑。服刑两年之后，他开始咳痰，经常发烧。狱医发现他的左肺有一小块感染，诊断他患了由结核分枝杆菌（Mycobacterium tuberculosis）所引起的肺结核。比韦利奇可能是吸入了患有此病的牢友咳痰中的微粒，细菌入驻他肺里，因此染病。“我从来没想到自己会被传染，”比韦利奇说，“刚开始我根本不相信医生的话。”但随着疾病侵身，他终于相信了。

肺结核应该很容易治疗。早在1944年，新泽西州罗格斯大学的瓦克斯曼（Selman Waksmann）便发现细菌可以制造杀死分枝杆菌的蛋白质。当时医药界发明了许多能杀死细菌的抗生素，瓦克斯曼发现的链霉素只是其中之一。这些抗生素威力强大，医药研究者因此相信他们可以在几十年内彻底铲除诸如肺结核等传染疾病。

可是分枝杆菌并没有轻易放过比韦利奇。在他剩下最后几个月的服刑期间，狱医一直用抗生素治疗他；他于1996年出狱，1998年再度因盗窃罪返回汤姆斯克监狱，出狱期间从未接受治疗。狱医再次为他的肺部照X光，发现他的感染扩大，如今不但左肺伤痕累累，右肺也受损。于是他们又给他吃抗生素，但很快地检验结果便显示药物无法遏止细菌的扩散。一度公认为万

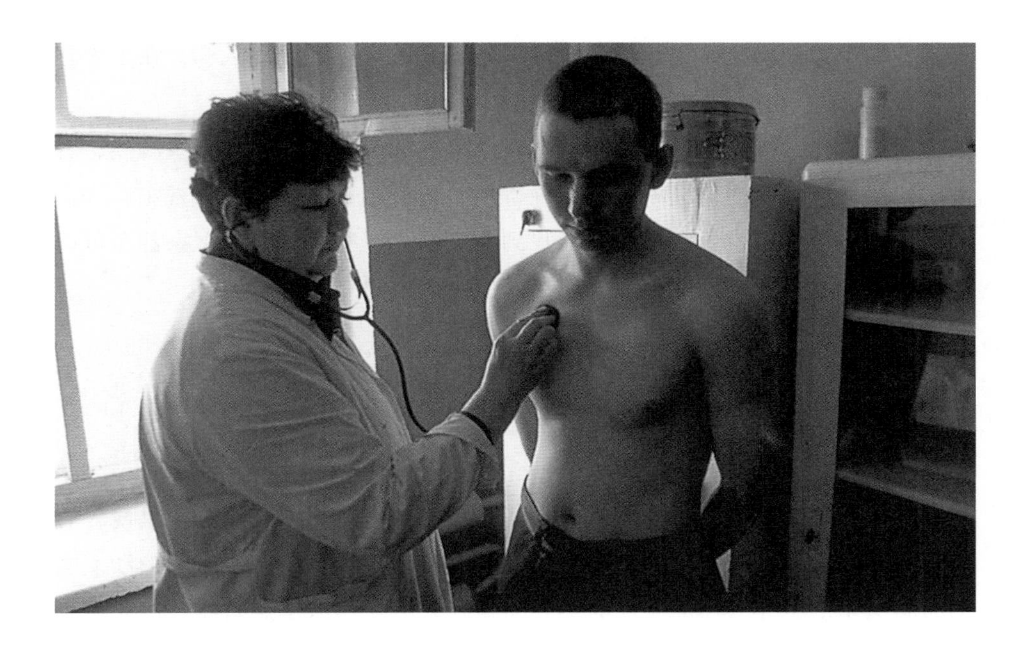

具抗性的肺结核病在俄罗斯监狱内演化，并对全世界造成威胁。

灵丹的药，对比韦利奇竟毫无作用！

狱医决定让比韦利奇尝试最新的一批抗生素，它们威力强大，价格昂贵，很难在俄罗斯境内买到。接下来几个月，他的状况总算稳定下来，可是过了一阵子，这些药也没有用了。到了 2000 年 7 月，比韦利奇的大夫考虑切除他肺部感染的部分，倘若手术及药物都无法及时阻止肺结核恶化，他很可能就会因此丧命。

比韦利奇的命运在俄罗斯并非特例。对药物具抗性的肺结核菌株，从俄罗斯拥挤肮脏的监狱里暴发，至今已有 10 万名囚犯携带了至少对一种抗生素具抗性的结核菌株。其中很多囚犯都和比韦利奇一样，犯的罪不严重，刑期很短，然而因为肺结核病，这些短期徒刑却可能演变成死刑！

比韦利奇是共同演化黑暗面的牺牲者，因为寄生生物适应寄主的速度也可以快得惊人。如同兰花适应蜂，或果树适应替它们散播种子的动物，病原也永远都在演化出新形态及克服寄主防御的新方法。就像许多杀虫剂已失去杀死昆虫的威力，药物面对不断突变的寄生物，也变得疲软无力。具抗性的肺结核病及其他疾病，如今正在世界各地演化，夺走上万条人命；在未来它们更有夺走千万条人命的潜能。

了解演化，医药研究人员才可能发现抵抗疾病的新方法。有些时候，若能发掘某种疾病的演化史——如某种寄生生物何时开始以人类为寄主，人类又以何种演化方式应付——便可能找到疗方。还有些时候，科学家甚至可以借用共同演化的力量，驯服病因。

寄生生物高唱凯歌

无论在什么地方，只要有生命，便有寄生生物。每 1 升的海水里便含有 100 亿个病毒。有一种寄生性扁虫，活在每年埋在地下长达 11 个月的沙漠蟾蜍的胆囊里；还有一种寄生性的甲壳动物，只活在泅泳于黑暗冰寒的北冰洋的格陵兰鲨眼睛里。

虽然我们很想不去理会寄生生物，但它们却代表着演化最成功的故事之一。它们很可能以各种不同的形态，存在了数十亿年。生物学家甚至怀疑某些以 RNA 构成的病毒，是比以 DNA 为基础之生命世界更早的 RNA 世界的幸存者。从寄生生物今日浩繁的数量来看，它们在地球上也曾统领天下，风光一时。除了病毒之外，许多细菌、单细胞的原生动物、真菌、藻类及动植物谱系，也都选择了当寄生生物的道路。一些人估计，现今每 5 种物种中，便有 4 种是寄生生物。寄主与寄生生物，基本上就像一棵树和想吃光树叶的甲虫。寄生生物必须把寄主吃光耗尽，才能生存，而寄主必须自我防卫。这种互相冲突的利害关系，引发了最激烈的共同演化斗争。寄主若能演化出疾病不侵的适应法，必将受到自然选择眷顾。例如：卷叶毛虫用“肛门炮”将粪便发射出去，避免累积一堆味道四溢的粪，引来寄生黄蜂；黑猩猩若感染蛔虫，会去找可以杀死寄生物的恶臭植物来吃。有时寄主若遭遇打不败的寄生生物，甚至会狗急跳墙：亚利桑那州索诺拉沙漠（Sonora Desert）里的雄果蝇若遭吸血螨攻击，便开始疯狂交配，希望能在死前尽量把自己的基因传下去。

相对的，寄生生物亦演化出对付寄主防卫的方法。一旦寄生生物进入寄主体内，首先它必须躲过免疫细胞的攻击。后者会以毒素炮轰它；切断它细胞膜的通道，令它窒息；甚至把它整个吞噬掉。入侵的寄生物则利用伪装及瞒骗逃生，它们可能携带抄袭人体所制造之蛋白质的表面蛋白质（surface protein）从而鱼目混珠。有些寄生物利用拟态混入防守严密的细胞通道；有些寄生物可以阻塞免疫系统用来通报感染消息的联络系统；有些甚至可自行发出讯号，迫使免疫细胞自杀。然而，随着寄生物演化出这些逃避免疫系统的方法，寄主也不断演化出杀死寄生物的新方法，两者的斗争就这样不断推陈出新，继续下去。

万灵丹不灵了

寄生生物与寄主之间的共同演化并未淡出历史，直到如今，每一天它都还在上演，而我们人类便是寄主—寄生生物共同演化最新实验中的主角。我们企图以人造的抗生素提高我们对细菌的防御能力，然而事态愈来愈明显，在这场军备竞赛中，我们似乎就要吃败仗了！

瓦克斯曼与其他科学家发明抗生素之初，许多人以为对抗传染病胜利在望。然而有些研究者从一开始便警告大众，演化随时可能让奇迹破灭。1928年发明青霉素的英国微生物学家弗莱明（Alexander Fleming）便是其中之一。他做过一项实验，将细菌暴露在低剂量的青霉素中，然后逐渐增加暴露程度。结果细菌每繁殖出新一代，能抵抗药性的细菌数量便愈多。没多久，他的培养皿内便挤满正常剂量的青霉素也伤害不了的细菌。

第二次世界大战期间，美国军方严密看守青霉素存货，只有碰到危急情况，才发给非军方医生极少的剂量。可是战后制药公司开始销售这种药，甚至发明药丸，代替注射。弗莱明忧心医生将滥开药方，更糟的是，病人可以自己买药吃药，他写道：

自行服药最大的弊端，乃服药剂量太低，结果非但不能根除感染，反而教育了微生物抵抗青霉素。一群抗青霉素的微生物因此被培养出来，传染给其他人，直到侵入某人体内，引发青霉素也无法治疗的败血症或肺炎。

在此情况下，自行随便服用青霉素者，必须对最后因感染对青霉素具抗

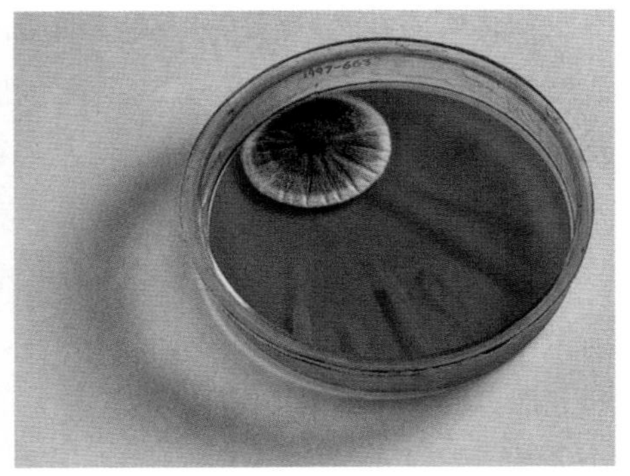

弗莱明（1881—1955）于1928年发现有一种霉菌可以制造一种名为青霉素的化合物，足以杀死培养皿中的细菌（右图）。但具先见之明的弗莱明警告人们，若用药不当，细菌可能演化出抗性。

性之微生物而致死的人，负道义上的责任。我盼望这项罪恶可以避免。

微生物学家后来发现，细菌共同演化的能力比昆虫更强，能够以惊人速度改变自身的基因结构。它们可以在一小时内分裂数次，所以突变得也快，在许多次突变中，便可能正巧碰上可以抵抗抗生素的新方法。突变可能创造出可以摧毁药物的蛋白质；有些具抗性的细菌，细胞壁备有泵，可以将流进来的抗生素立刻排出去。通常这些突变体并不受自然选择的青睐，但一碰上抗生素，它们的后代就无往不利了。

细菌不像昆虫，它不仅从亲代，还能从周遭的细菌中获得抗性基因。独立的环状DNA可以从一个微生物体内传到另一个体内；细菌还可以捡拾死亡细菌的基因，与自己的DNA整合。因此对抗生素具抗性的细菌不但可以把抗性基因传给后代，还可以传给完全不同种的细菌。

21世纪的俄罗斯监狱，不啻微生物演化的最佳实验室。苏联解体后，犯罪率激增，俄罗斯法庭把愈来愈多的人送进监牢里，目前囚犯高达100万人，可是监狱却消受不了。囚犯每天的伙食成本才几分钱，人人营养不良，成为传染病温床。而且每间狭小的牢房都必须塞几十名囚犯，肺结核病患者很容易借咳嗽把病传染给牢友，病菌在寄主之间迅速传播，同时快速繁殖与突变。

分枝杆菌这种病菌尤其难缠，通常需要连续接受抗生素治疗数月才能铲除。倘若病人不把药吃完，杆菌活得够久，具抗性的菌株就可能大量繁殖。俄罗斯监狱极少开完整的剂量给囚犯，或确保开出去的药的确被吃完了，具抗性的细菌因此很容易就在饥饿又缺乏药物治疗的囚犯群中蔓延开来。

一旦有人因抗性肺结核病倒，医生必须使用价格更贵甚至高达数千美元的药。俄罗斯监狱经费拮据，只好坐视新型肺结核恶化。狱医明知多数病患在出狱时仍具传染性，却并不指望治愈病患。于是这些囚犯带着抗性肺结核返回家乡，把病传染给更多人。因为俄罗斯政府释放染病的囚犯返回社会，1990 至 1996 年间，俄罗斯境内的肺结核染病率提高了五倍，这也成为俄罗斯年轻男性死亡率增加的主因。

纽约市公共健康研究所传染病学家克赖斯沃斯（Barry Kreisworth）指出:“目前存在于俄国监狱内的各种病株，迟早都会来到我们自家门前。”事实上，克赖斯沃斯发现一些在汤姆斯克监狱内演化出来的病株，已经随着俄罗斯移民移到了纽约市。

公共健康研究所及其他有关单位现在为了遏止抗性肺结核在俄罗斯及其他地区蔓延，提供了威力最强的抗生素，进行最具侵略性的治疗，期望在抗性菌株有机会演化出新形态之前，摧毁它们。这场赌局的赌注极高：万一细菌继续演化，迟早肺结核将演化成对任何已知抗生素都具抗性的无敌疾病。

抗生素危机一发不可收拾，不只俄罗斯，全世界皆然。大肠杆菌（E. coli）、链球菌（Streptococcus）等细菌都已演化出几乎可以抵抗所有抗生素的新菌株。曾经只是惹人嫌却无大害的淋病，现在却演变成致命的疾病：目前在东南亚，98% 的淋病都对青霉素具有抗性。在伦敦，医生分离出一种奇特的肠球菌（Enterococcus）菌株，它竟然已演化到必须仰赖抗生素“万古霉素”（vancomycin）才能生存的地步。

过去 20 年来，制药界一直安于现状，现在才开始研究发展新的抗生素。下一代药问世，可能还得再等几年；就算新药上市，也没有人知道它们对细菌的药效能维持多久。同时，我们可能得面对医药史骇人的大逆转：因为有感染无敌超级病菌之虞，外科手术可能变得和在美国南北战争期间一样危险。

研究抗生素的专家呼吁全球联合采取行动。减低抗性细菌威胁的方法之一，是停止鼓励它们演化。20 世纪 40 年代，抗生素以万灵丹的姿态问世，

肺结核系由“结核分枝杆菌”造成，患者的肺部会因此结疤。

现在我们仍然以为它们可以治百病（例如很多人以为抗生素可以杀病毒，其实它们只能攻击细菌），结果滥用抗生素的情况屡见不鲜。光是美国，每年开出的抗生素药方便高达 2500 万磅（1100 多万公斤），其中不当或不必要的处方占了三分之一至二分之一。

医生开药方时须谨慎，病人更有责任把应服的抗生素服完，不给感染到的病毒任何培养抗性的机会。消费者必须抵抗含抗生素的肥皂与喷剂的诱惑，因为它们都会鼓励抗性病毒演化。同时，发展中国家必须制止药店随意出售廉价制造的抗生素。

美国农民每年喂给牲畜高达 2000 万磅抗生素，也让专家忧心忡忡。农民给牛、鸡及其他动物吃抗生素，不是为了防堵传染病，而是预防家畜生病；

而且农民发现抗生素可以让动物长得更快（原因不明）。农民填鸭般喂抗生素给动物吃，结果培养出像沙门氏菌（Salmonella）这类会转而攻击人类的抗性细菌菌株。1994年，美国食品药品管理局（FDA）核准可以给鸡吃喹诺酮类抗生素（quinolones），以预防它们受到肠胃性细菌“空肠弯曲杆菌”（Campylobacter jejuni）的感染。从那时开始到现在，寄生在人体内对喹诺酮类抗生素具抗性的弯曲杆菌，已从1%升高至17%。

细菌正在享受一个诡异的新时代。在它们漫长的历史中，从未遭受到组合如此复杂、数量又如此惊人的分子大军攻击。曾经是负担的抗生素抗性基因，如今成了它们成功的秘诀。为了人类的生存，我们必须尽快结束这个怪异的时代。

艾滋病：一天天地演化

细菌并非唯一演化成全球性威胁的寄生生物。造成获得性免疫缺损综合征（acquired immunodeficiency syndrome，简称AIDS［艾滋病］）的人类免疫缺乏病毒（HIV），在过去几十年内便从名不见经传的病毒，演化成全球性的流行传染病。

就寄生生物来说，像HIV这样的病毒很奇怪。它们没有细菌或人类那样的生命力，不具备自食物中吸收能量然后排出废料的新陈代谢作用，纯粹只是一团包在蛋白质外壳内的少量DNA或RNA而已。入侵细胞后，它们的基因物质会霸占寄主制造蛋白质的工厂，令寄主的细胞开始复制病毒，复制出的病毒会穿裂细胞，再去寻找新家。

病毒运作方式独特，却跟与寄主共同演化的细菌一样残忍。虽然病毒不具备细菌交换基因的细胞机制，却可借超速演化的方式，大大弥补这项缺陷。HIV的基因组只有9000对碱基对，人类DNA却有30亿对。但只要有一个病毒感染一位新的人类寄主，入侵他的一个白血球，便能展开疯狂复制，在24小时之内，病毒的数目竟能变成数十亿！

一旦病毒开始复制，我们的免疫系统立刻开始辨识受感染的白血球，加以摧毁，同时也歼灭病毒。可是免疫系统虽有能力每天杀死几十亿个HIV病毒，HIV却能承受这样的攻击，经年累月也不会灭亡，其长命的秘诀即演化。HIV用来复制自身基因的酶很不精确，平均每次复制都会犯一两个错误而造成突变。在众多突变中，总有几种病株会令免疫系统变得难以辨识。由于HIV复制速度奇快，这些具抗性的病毒很快成为人体内的优势病株。免疫系统需要相当时间才能确认新的攻击目标，可是等到发现新株时，病毒又已演化出更新的形态，再次躲掉攻击。

这种平衡状态在病毒与寄主之间维持多年，在病毒群数爆炸与蓄势待发间摆荡，若不接受HIV检测，患者根本不知道共同演化的斗争正在自己皮肤下激烈上演。惟有当HIV摧毁了免疫系统，让别的寄生生物侵入，艾滋病正式发作，病毒才现身出来。

目前已有药物可以干扰HIV用来自我复制的酶，因此可以减缓艾滋发病的过程。无奈抗HIV的药问世不过几年时间，已经大受病毒超速突变的威胁，快要失效了。病毒可以演化，以闪躲免疫系统最新一波的攻势，还可以突变出药物伤害不了的形态。只要有一两个突变体具抗性，便足以克服药物，不用几周，病患体内的HIV数量便又可以恢复到接受治疗前的水平。

换药或许可以杀死大部分抗性病毒，但幸存的病毒中却可能杂有新突变体，对新药具抗性，医生们因此倾向于使用“鸡尾酒疗法”，即同时开给病患好几种不同的药。病毒虽可能针对某一种药物演化出一两种抗性突变体，却不太可能同时躲开另外几种药。然而在混合药剂的攻击之下，对多种药具抗性的HIV已经开始出现了！

追溯艾滋源头

没有人能够确定鸡尾酒混合药剂是否真能根治艾滋病，最好的情况也似乎只是牵制病毒，而每年的医疗费用却高达数万美金，对大多数艾滋病患来说遥不可及。研究人员为了发现新疗法，正在研究这种病毒的历史，希望能在病毒的过往中发掘疗法。

艾滋病首度被发现时，似乎是凭空而起，没人知道它是怎么冒出来的。20世纪80年代初期，美国男性同性恋开始患上一些正常免疫系统本来可以

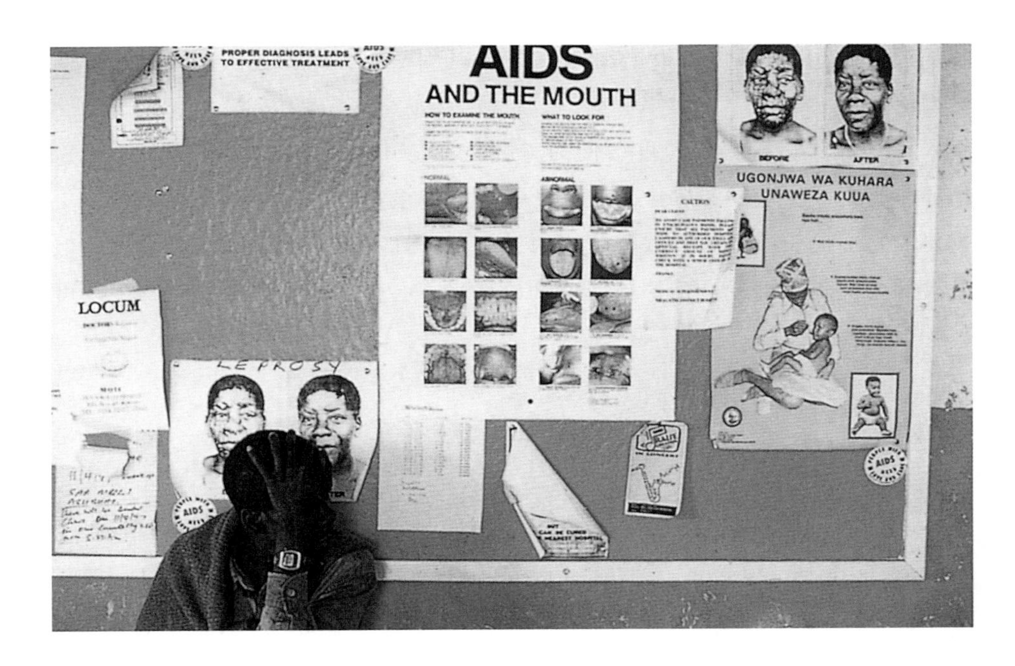

艾滋病在20世纪80年代以前还无人知晓，到2000年感染人数却已超过3600万。非洲撒哈拉沙漠以南地区感染特别严重，患者多达2530万人。

轻易克服的怪病。他们的免疫系统瓦解了。法国与美国的研究人员很快发现，罪魁祸首原来是HIV。他们发现这种病毒虽然危险，却很脆弱。引起感冒的病毒可以借空气传播，或附在手指或嘴唇上；HIV却得借助血液传染，经由性行为、共享皮下注射针筒或输血，才能从原寄主传播到新寄主身上。

到了20世纪80年代末期，研究人员已意识到这是一种全球性的瘟疫。然而艾滋病与其他流行传染病不同。比方说，14世纪黑死病流行期间，感染鼠疫的欧洲人通常会在几天之内死亡；但HIV的破坏性，却得等待10到15年后才会显露。由于HIV进行的过程缓慢又隐秘，因此在20世纪80年代悄悄蔓延，被感染的受害者浑然不觉。到了2000年，因艾滋病而死的人已高达2180万人，患者则超过3600万人。受害最严重的地区是非洲撒哈拉沙漠以南地区，艾滋病患人数已超过2530万。

HIV到底来自何处？在20世纪80年代艾滋病变成流行病之前，几乎找不到有关该病毒的线索（已知最早的HIV血液采样于1959年取自一名扎伊尔病患）。但科学家可以根据现今 HIV 的基因密码，回溯过去，画出这种病毒的演化树。

HIV 属于一种繁殖速度缓慢的“慢病毒”（lentiviruses）。猫——不论家猫还是野猫——会感染猫类免疫缺乏病毒，牛会感染牛类免疫缺乏病毒，更重要的是，灵长类会感染猴类免疫缺乏病毒（SIV）。SIV 和 HIV 极类似，但是大部分灵长类即使受到感染，似乎也从来不会生病。或许那些病毒一度可

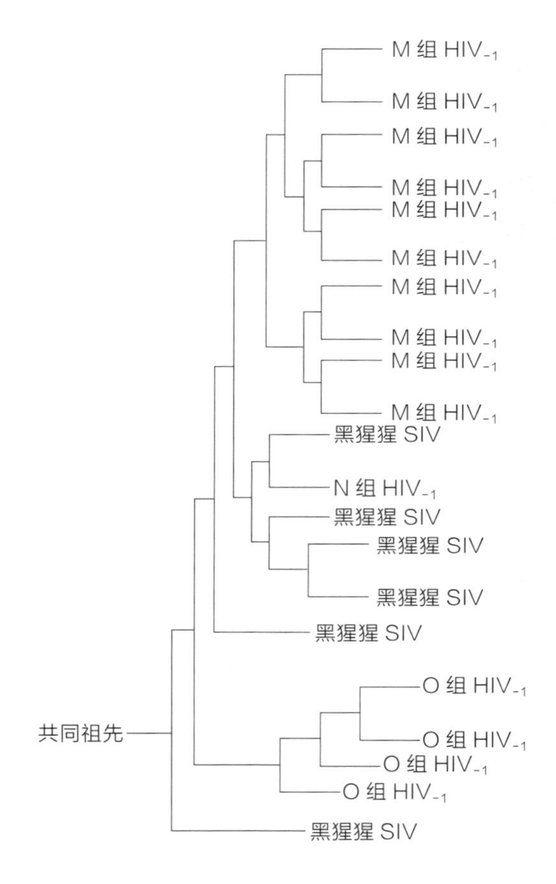

这株演化树代表科学界公认的 HIV_{-1} 病毒（艾滋病最主要病因）的起源。左边的树干代表病毒的共同祖先，分支出感染黑猩猩的病毒株 SIV。经过一段时间后，再分支出感染人类的新株，即 HIV。

以威胁它们的性命，就像现在的HIV之于人类，但自然选择只保留了具抗性的灵长类。

科学家已证实HIV流行病为SIV数度从灵长类传给人类后的结果。HIV有许多不同型的病毒株，可分成HIV_{-1}，即存在于世界大部分地区的病毒株，或HIV_{-2}，即局限于西非的病毒株。1989年，乔治城大学的病毒学家赫希（Vanessa Hirsch）及同僚发现，HIV_{-2}与感染西非白眉猴的SIV近似的程度，反而比和HIV_{-1}的近似度更高。同样的，感染西非白眉猴的SIV与感染其他猴类的SIV相似程度，反而不及它与HIV_{-2}的相似程度。西非人豢养白眉猴作宠物或猎捕宰食，赫希认为HIV_{-2}的起源是人类被猴子抓伤，经过伤口，受到白眉猴的血液感染所致。

尽管HIV_{-1}更常见，但它的历史一直到1999年才清楚浮现。亚拉巴马大学伯明翰分校的哈恩（Beatrice Hahn）及同僚发现，黑猩猩体内的数种SIV，是已知与HIV_{-1}最接近的亲戚。她所指的黑猩猩，并非所有的黑猩猩，而只限于住在加蓬、喀麦隆及其他西非赤道附近国家的一个特殊的黑猩猩亚种“黑脸黑猩猩”（black-faced chimpanzee，学名为Pan troglodytes troglodytes）。哈恩的结论是，黑脸黑猩猩的病毒，至少曾经分三次演化出不同的HIV_{-1}菌株。

哈恩与同僚目前已整理出HIV的起源过程。当然那只是一个假设，但这个假设已得到愈来愈多的新证据支持。过去数十万年来，白眉猴与黑猩猩的祖先体内一直携带着HIV的祖先。当猎人屠宰猴子与黑猩猩时，除了感染其他病原之外，有时也会感染这些病毒。但HIV的祖先不太能适应在人体内的生活，所以一直无法在新寄主体内生根。即使它们能够在某个猎人体内生存，也无法传播太远。病毒只有很少的机会与猎人接触，猎人又住在偏远村落里，少与外界接触，因此病毒很可能还没感染别的寄主就先死了。

20世纪来临，西非发生了剧烈变化，终于推动HIV大举入侵人类：城市兴起，铁路延伸到内陆，伐木工人深入森林，人们被迫涌入大型种植园工作；贩卖野味的市场生意兴隆，猎人大量捕杀野兽，与灵长类血液接触的机会增加。人们乘坐巴士及火车迅速横越乡野，病毒很容易便能从第一位人类寄主传到新的寄主。

赤道西非居民体内的HIV，其多样性远比世界其他地方的高，哈恩认为这是因为病毒分好几次从其他灵长类传给人类。HIV_{-2}至少分六次从白眉猴传给人类；HIV_{-1} 则至少分三次从黑脸黑猩猩传给人类。大部分跨种传染都会走入死胡同，六种 HIV_{-2} 病毒株中只有两种在人体内站稳脚跟。而全球性的艾滋病主要是由其中一种造成的，它随着西非与世界其他地区开始的密切接触，蔓延至欧洲、美国及其他地方。

上述假说仍有待证明。哈恩只根据取自六只黑猩猩体内的 HIV 病毒画出它的演化树，或许研究人员在搜集到新资料之后，必须重新排列树上的枝丫。然而想取得野生黑猩猩体内的病毒并非易事，而且这项工作现在愈变愈困难，因为当初可能引爆了艾滋病的黑猩猩肉品交易，如今正在急速地迫使小黑猩猩走上灭绝道路。

艾滋病生物史的第一章，或许就藏在这批濒危黑猩猩体内。它们虽感染与 HIV_{-1} 血缘最近的病毒，但它们的免疫系统却有能力牵制那种病毒。因为它们的病毒与 HIV 如此近似，它们所演化出来的适应方法，很可能就是治疗人类的秘方。如果它们绝种了，疗方也很可能随之消失。美国国家癌症研究所的病毒专家奥布赖恩（Stephen O’Brien）指出：“我们的医院里挤满了罹患艾滋病等传染性绝症的病人——这些疾病都曾经感染过动物，但动物并没有急诊室可去，它们只有自然选择。如果我们可以研究它们的基因组，发掘它们对付病毒入侵的方法，我们发明疗法的胜算才可能提高。”

黑死病救人一命?

奥布赖恩为了发掘另一种对付 HIV 的武器，潜心研究演化。过去人类曾为了应付寄生生物而演化，这些适应结果如今可能可以帮助某些人预防 HIV。他从 1985 年开始搜集感染 HIV 高危险群的血液样本，如同性恋或用静脉注射毒品的人。他分析他们的 DNA，比较感染 HIV 与未感染者的基因，希望找出能帮助人类防御 HIV 病毒的突变形态。

到了 20 世纪 90 年代中期，在奥布赖恩所带领的小组搜集了 1 万多个采样之后，大家开始泄气了，“我们提不起劲来。逐一筛检数百个基因之后，每个答案都一样——毫无所获！”情况终于在 1996 年有了转机。那一年，好几个科学家团队分别发现 HIV 在进入白血球以前，必须先打开细胞表面一个名

黑死病在 1347 年到 1350 年间，夺走了欧洲四分之一到三分之一的人的性命。

叫 CCR5 的受体（receptor）。奥布赖恩小组开始重新检视手上数千个样本，寻找制造 CCR5 的基因之突变体。

“结果令人咋舌。”奥布赖恩说。他们找到了一个 CCR5 突变体：有些人的 CCR5 缺少一段含有 32 个碱基的片段。突变破坏了 CCR5 基因应该制造出来的蛋白质，结果携带一对 CCR5 突变基因的人，其细胞表面就没有 CCR5 受体（携带一个突变基因的人 CCR5 受体数目少于一般人）。奥氏发现这个突变体与 HIV 感染关系极密切：携带一对 CCR5 突变基因的人几乎都未曾受到感染！他说：“这是我们第一个有关基因影响的发现，而且还是个非常重大的发现。”少了 CCR5 受体，HIV 进入白血球的门户就被堵住了。结果携带一对 CCR5 突变基因的人即使不断接触 HIV，却仍能抵抗它。而那些只携带一个突变基因的人，因为制造的 CCR5 受体比一般人少，所以虽然会感染 HIV，但艾滋病发作的时间却会延后二到三年。

奥布赖恩的小组整理出哪些人携带 CCR5 突变体之后，再次惊讶地发现这个情况对欧洲人来说，颇为普遍，约有 20% 的人口带有一到两个突变基因，最普遍的是瑞典人。愈往欧洲东南方向，携带突变基因的比率愈低。希腊人中只有极少数是携带者，亚洲中部更少。至于世界其他地区，则完全找不到这个特殊的突变基因。

CCR5 突变率如此之高，只有一个可能：它对北欧人的祖先来说价值极高，才会受到自然选择的青睐。奥布赖恩说："激活自然选择的压力想必非常惊人，唯一的可能，便是某种杀人无数的大型流行性传染病曾经放过携带突变者。"根据他的研究，眷顾这个突变基因的大事件发生在 700 年前的欧洲。他是借着检视

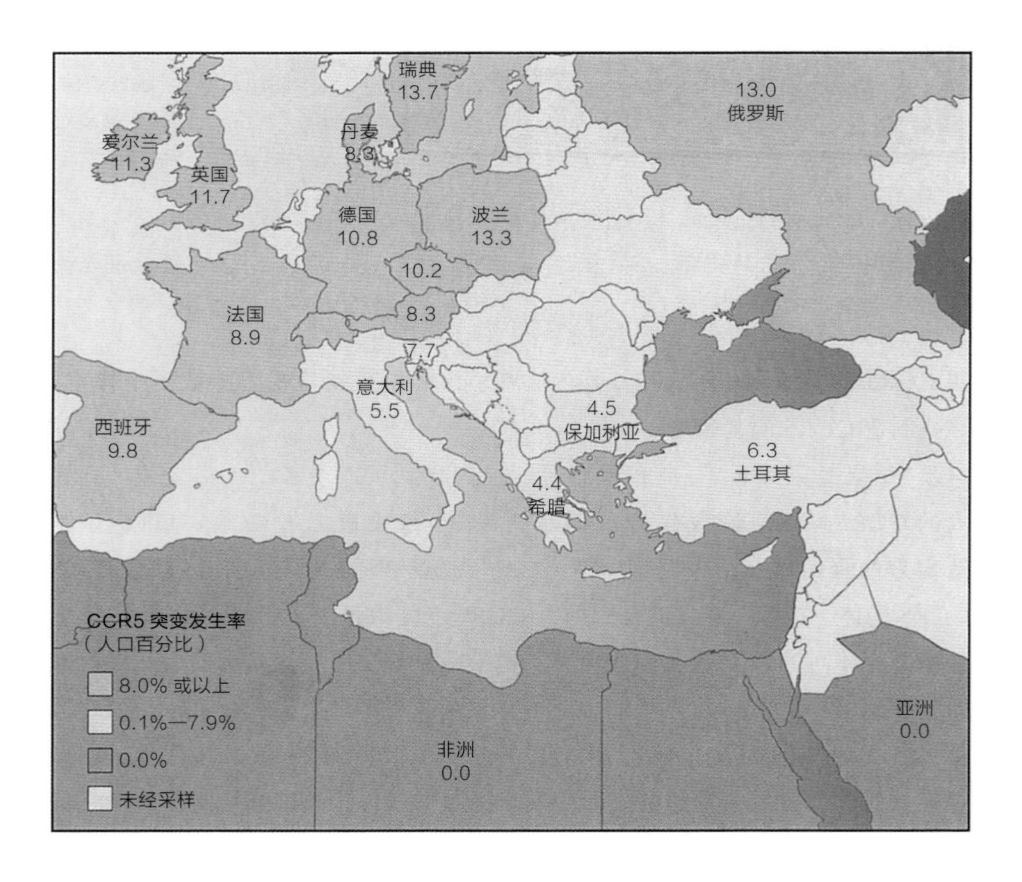

CCR5 细胞受体突变形态可以预防 HIV 感染，它在北欧最普遍，欧洲以外地区则极为罕见。研究人员怀疑欧洲人如此高的携带率，可能是黑死病及其他鼠疫流行的后果。

CCR5 突变体周围的 DNA，确定了这个时间。因为每经过一段时间，变异就会发生，奥布赖恩便运用这个变异性来估算突变基因是何时出现的。果然，在 700 年前，欧洲的确经历了剧烈的自然选择压力：黑死病（Black Death）。

黑死病这种鼠疫在 1347 到 1350 年间，夺走全欧洲超过四分之一的人口，而它只不过是数世纪以来一长串袭击欧洲的流行鼠疫中最致命的一场瘟疫罢了。瘟疫的作用就像人类的寄生生物，任何可以帮助欧洲人逃过一劫的突变基因，在下代中一定变得更普遍。奥布赖恩怀疑 CCR5 正是这样一个幸运的突变体，每经过一次瘟疫，其携带率就会骤升。

鼠疫是由鼠疫杆菌（*Yersinia pestis*）造成的，它活在老鼠体内，可以通过跳蚤叮咬传给人类。这种细菌和 HIV 一样，会附着到白血球上。但它并不会侵入细胞内，而只是将毒素注入细胞中，麻痹免疫系统，好让细菌繁殖而不受到攻击。奥布赖恩的小组目前正在研究鼠疫杆菌是如何锁定白血球的。倘若他的假设正确，鼠疫杆菌则必定会利用 CCR5。他认为生来便没有 CCR5 受体的欧洲人当初不会感染黑死病，现在他们的一些后代也可以避免感染 HIV。

倘若 CCR5 突变体真能抵抗鼠疫，这就是一个极为特殊的演化适应案例。拜黑死病残酷的自然选择作用之赐，有些欧洲人现在才能抵抗仰赖同一种细胞受体的病毒。艾滋病在非洲及东南亚的杀伤力远超过欧洲及美国，部分原因可能是这些大陆洲所经历的演化史不同。奥布赖恩希望最终能利用 CCR5 突变体来治疗艾滋病。倘若医学研究人员能够发明一种药来围堵正常的 CCR5 受体，就能使人类对 HIV 免疫，而且不会造成任何危险的副作用。

即使如奥布赖恩及哈恩等研究演化的科学家能够找出艾滋病的疗方，未来难缠的新病仍然很多。艾滋病之所以会爆发，是因为有 9 种不同的灵长类慢病毒由灵长类传给了人类。目前已知的灵长类慢病毒尚有 24 种，全部都是 HIV 的亲戚，也都在伺机而动。现代世界贫富差异悬殊，又充斥着国际客机与二手针筒，正好比一只待宰的肥羊！

驯服瘟疫

疾病出现如雨后春笋，有时医生必须尝试新的控制寄生生物的方法，

此画背后的灵感为1912年巴尔干战争期间爆发的霍乱。

即：驯化它们！寄生生物侵入寄主体内时，都得面对两种选择。一个选择是：它可以在人体内疯狂繁殖，吞噬寄主的组织，释出毒素，一直寄主死亡为止。在这个过程中，它虽然可能复制出几兆个自己，但如果它在感染新寄主之前就弄死了寄主，自己便有灭绝之虞。另一个选择是：它可以慢慢来，繁殖的速度慢到连寄主都不知道自己病了。这样一来，它借着一双筷子或一次握手传染别人的机会就大很多，因为它让寄主活得够久，可以把它传播出去。可是如果它必须和繁殖速度较快、侵略性较强的菌株竞争，又可能遭到淘汰而灭绝。

马萨诸塞州阿默斯特学院生物学家埃瓦尔德（Paul Ewald）专门研究各种寄生生物如何在得失间做选择。他发现，一般而言，如果寄生生物必须仰赖行动自如的寄主传播，就会变得比较温和。例如，造成感冒的鼻病毒（rhinovirus）只能借打喷嚏或皮肤接触传染，所以它们必须倚赖健康的、可以跟别人社交的寄主。埃瓦尔德说："不出所料，鼻病毒是已知最温和的病毒之一，目前还没听说谁因感染鼻病毒致死的，这在所有导致人类疾病的微生物中，几乎是唯一的特例。”

另一方面，如果寄生生物不须仰赖寄主的健康，便可以找到新寄主，那么它就可以更心狠手辣。疟疾即为一例，它利用蚊子做传媒，而病发后的猛烈高烧则经常令患者缠绵病榻。

但是，埃瓦尔德指出，并非每种病原都遵守这个规则。例如天花就没有像蚊子这样的病媒，得靠自己找寻新寄主。然而天花却是已知致命性最高的疾病之一。它之所以可以这么狠毒，是因为它不像感冒或其他温和疾病的病毒，而是可以在寄主的体外存活长达十年之久，耐心等待下一个寄主出现。一旦进入新寄主体内，它便立刻急速繁殖，直到寄主死亡，然后再等待下一次机会出现。

所有寄生生物都在不断顺应着环境而演化，埃瓦尔德的判断是：如果环境使得寄生生物的传播变得更容易或更困难，它们一定会跟着适应。他曾用几种疾病来检验自己的预测，其中包括霍乱。霍乱菌借着释放出毒素，令寄主下痢而离开寄主的身体。下一个人可能在厕所里沾上病菌，然后又接触到食物，接着再传染给别人。另外，霍乱也可借着被污染的饮用水来传播。第一条途径须仰赖能与其他人接触的健康寄主；第二条途径却只需不洁的水源。根据埃瓦尔德的理论，霍乱在水源受到污染的地区，毒性应该会变得比较强。

1991年南美暴发霍乱，果然证实了埃瓦尔德的说法。他解释道：“霍乱传染到秘鲁，很快地，不到两年便传遍整个中南美洲。每当病原入侵水源清洁的国家，毒性就会降低。”智利的水源很干净，霍乱演化成温和的形态；厄瓜多尔的水质差很多，霍乱的危险性就提高了。

埃瓦尔德因此认为，根除疾病困难重重，不如尝试驯服它们。人类驯化天敌，早有先例。埃瓦尔德表示：“在整个人类演化史中，狼一直对我们有害。但现在我们却和演化成狗的狼住在一起。狗不但不伤害我们，反而对我们有益。我认为我们也可以用同样的方式对待这些病原生物。”

驯化寄生生物其实并没有想象中这么难。若想驯化导致疟疾的疟原虫（Plasmodium），人们只需装上纱窗便可。携带疟原虫的蚊子无法自由进出窗户，在同一个夜里便叮不了那么多人，传播速度因此减慢。倘若某种疟原虫的菌株经演化后，杀死寄主的速度极快，纱窗便能造成它演化上的不利因素，

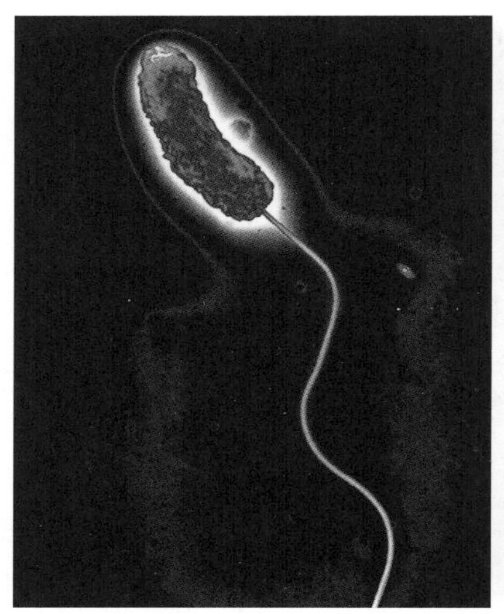

霍乱（由上图中的霍乱弧菌引起）可能引发致命的流行病。美国阿默斯特学院的生物学家埃瓦尔德（右图）发现，供应水不洁的地区会导致霍乱菌演化成毒性较强的形态。

因为它的寄主会在它传染给别人之前先死掉。温和的菌株因此可以淘汰掉狠毒的菌株，死于疟疾的人也将因此减少。

说到疾病，几千年来演化助纣为虐，一直对人类不利。现在我们应该利用演化来驾驭它，扭转局势。

10

激情也有逻辑：性的演化

生命是一支双人舞蹈——感冒病毒和它们鼻塞的寄主，兰花和替它们授粉的昆虫，束带蛇和毒蝾螈，都是最佳拍档。然而，生命之舞的舞伴名单如果不包括雌雄两性，绝不算完整。对大部分的动物来说，两性间的这场舞蹈，是它们生存的首要条件。

“性”除攸关生死外，更是个令人目眩神迷的谜。为什么雄孔雀要拖着巨大的尾巴，雌孔雀却不必？为什么当澳大利亚红背蜘蛛交配时，雄蜘蛛要把自己送到雌蜘蛛的毒牙上，自愿变成她交配后享用的大餐？为什么蚁窝里总有上万只不孕的雌性工蚁，同心协力侍奉一只具生殖力的蚁后？为什么雄性的精子总是体积小、活动力强，而雌性的卵总是体积巨大、不会动？说到头来，为什么要分雌雄两性？

答案都在演化里。现在生物学家怀疑，“性”本身便是一项演化适应的表现。当有性生殖的生物和无性生殖的生物竞争时，前者占了先天的优势。可是性虽然能让雌雄两性同时受益，却也会造成两性间的利害冲突。对雄性最有利的繁殖策略，不见得对雌性有利。经过无数世代，这种冲突逐渐从各方面塑造着动物，从身体结构，到行为表现，都显现出它的影响。而且冲突并不会因为两性交配后便结束，在子宫内，在家庭中，乃至塑造动物的社会中，斗争仍持续进行。

演化生物学家发现不论是雄孔雀的尾巴、不孕的蚂蚁，还是自杀的蜘蛛，只要往两性冲突的方向想，便意味深长。科学家了解动物都在接受“性”的塑造，但棘手的问题却因此自然浮现：那么人类的某些心理表现，是否也是承受性演化压力的后果呢？

为什么要有性？

“为什么要有性？”大部分的人并不会去想这个问题。我们发生性行为，因为我们想生小孩，或因为做这件事很爽，或两者皆然。可是许多生物不用性行为，也可以繁殖后代；细菌及许多单细胞动物不用另一半，便可自行一分为二。无性动物虽罕见，却仍存在。例如，美国西部有几种鞭尾蜥蜴便没有雄性。雌蜥蜴会骑上另一只雌性，咬它的脖子，和它缠成一圈，变得像个蜥蜴甜甜圈，同时模仿雄蜥蜴交配时的动作。爬虫学家怀疑这是在刺激被骑的雌性产卵。但后者不需要精子让它的卵受精，卵会自动分裂，形成胚胎。这些无性生殖的个体（clone）开始发育后，它们的母亲礼尚往来，再为假伴侣扮演雄性。当这些蜥蜴生产时，只生雌性，而且全都和母亲一模一样。

性不仅没有必要，而且照理说，还会造成演化上的大灾难。首先，这种繁殖方法效率很差。在一群无性的鞭尾蜥蜴里，每一只新生蜥蜴都可以自行产下小蜥蜴；但在有性鞭尾蜥蜴族群中，却只有半数能够生产。倘若有性和无性的蜥蜴住在一起，无性那种的数量应该很快就压倒有性的种类。而且性还牵涉别的代价：当雄性为雌性竞争，抵角搏斗或比赛唱歌，不但得消耗大量精力，有时还得冒遭受掠食者攻击的危险。加州蒙特雷湾水族馆研究所的弗里金赫克（Robert Vrijenhoek）即指出：“性的代价极端高昂。”

照理说，演化出有性生殖的动物应该立刻被无性生殖的动物淘汰，然而性却主宰了一切。雄孔雀无意摆脱它们的长尾巴；新一代的红背雄蜘蛛仍然跟父辈一样，往死亡之口里跳。同时，所有的脊椎类中，只有区区 1% 的成员效法贞洁的鞭尾蜥蜴，利用无性生殖繁殖。

性的缺点这么多，为什么还这么成功呢？最近科学家搜集到许多证据，都支持一项出人意料的假设：性可以击退寄生生物！寄生生物对寄主为害甚

红心皇后与爱丽丝拼命跑，结果却是仍留在原地不动——就像寄生生物与寄主周而复始的共同演化。

剧，因此，任何可以帮助寄主逃避寄生物的适应结果，都可能大获全胜。20世纪70年代，一群生物学家开始建立寄生生物与寄主之间共同演化的数学模型，结果显示它在兜圈子，仿佛一座至死方休的旋转木马。

假设池塘里有一群靠无性生殖繁殖的鱼，每条鱼都和它的母亲一模一样。但池塘里的鱼并非全都一模一样，有的鱼可能发生突变，并将它独特的突变基因传给后代，形成可以和其他鱼区分开来的独立的一族。

现在假设有一种致命的寄生物入侵鱼池。它开始扩散，同时发生突变，形成不同种类。有些种类因其特殊突变形态，特别适合攻击某一族鱼。能攻击最普遍的鱼的寄生物，因其寄主数量最多，很快便成为池里最普遍的一种寄生物，别的种类却因寄主数量少而逐渐式微。

可是寄生物会自掘坟墓。它们在适合自己的那一族鱼（姑且称之为甲族鱼）体内急速繁殖，往往不给寄主繁殖机会就把它们杀死了。甲族鱼的族群于是崩溃，从此消失，它们的寄生物一时之间找不到新寄主，族群也跟着崩溃。甲族鱼失败，等于给了较稀有的其他鱼族一次演化的契机。后者没有寄生物的烦恼，群数激增。迟早另一族鱼（乙族鱼）将取代甲族鱼，变得最为普遍。等它们势力变大后，又成为最适应它们的、较稀有的一种寄生物的繁殖沃土。于是这种寄生物大量繁殖，随着寄主也发生群数爆炸。最后乙族鱼的族群也崩溃了，再由丙族鱼取代，就这样周而复始。

生物学家称这种演化模型为“红心皇后假说”，命名灵感来自卡罗尔（Lewis Carroll）的名著《爱丽丝梦游仙境》里，带着爱丽丝在原地跑了老半天的红心皇后（Red Queen）说：“你瞧，你得跑好久好久，才能原地不动呐！”寄主与寄生生物都经历长期演变的过程，却都不能形成任何长期的变化，仿佛双方一直待在原地演化似的！

牛津生物学家汉密尔顿（William Hamilton）于20世纪80年代初指出，性可以为陷在红心皇后式赛跑中的动物带来一个好处：它会使得寄生生物较难适应寄主。经有性生殖产生的动物，并非母亲的翻版，它们混合了父母双方的基因，而且这种混合方式很复杂。当细胞分裂成卵或精子时，每一对染色体都相互缠绕，交换基因。拜这场性的舞蹈之赐，雌雄两性的基因可以在后代体内组合出几十亿种不同的形式。

结果是，有性生殖的鱼并不演化成不同的品系，它们的基因散播到池塘内整个族群，与其他鱼的基因混杂。失去防御寄生生物能力的基因，就可以储存在携带了防御效果较佳基因的鱼的DNA中。这些荒废的基因有朝一日或许可以用来防患新的寄生生物，再次散布到整个族群。寄生物虽然仍能袭击有性生殖的鱼，却不能逼迫它们陷入折磨其无性生殖表亲的那种暴起暴落的恶性循环中。

寄生生物迫使无性生殖的鱼暴起暴落，这可能令其基因恶质化。任何一个基因，有些鱼携带的是完美版本，有些鱼的则有瑕疵。每次鱼的群数经历一次崩溃，可能就有一些携带完美基因的鱼死去。崩溃的次数多了，完美基因可能会彻底消失。

一旦某个完美基因从鱼池内彻底消失，复返的几率便非常低。演化能够修复缺陷基因的方法只有一个，即等待某个突变改变DNA序列中有瑕疵的部分。可是突变的发生全凭运气，而且突变的后果往往弊多于利。经过一段时间，无性生殖的鱼群因为经历红心皇后现象，基因总会出现更多瑕疵，而有性生殖的鱼因为每一代都把它们的基因搀混一遍，所以完美基因不容易完全消失，鱼群整体的 DNA 一直保持高品质，甚至可能让它们的适应力变得比无性生殖的鱼更强。好基因可能带给它们更充沛的体力，或让它们能够从吃掉的食物中吸收更多能量。尽管繁殖速度慢一点，但抵抗寄生生物的能力却可以帮助它们在演化竞争中，更胜无性生殖的鱼一筹。

不过这到底只是个假设，理论模型看起来很可信，却仍须在真实世界里获得验证。20 世纪 70 年代，弗里金赫克发现一个做自然实验的对象，即活在墨西哥池塘及溪流里的食蚊鱼（topminnow）。食蚊鱼有时会和近亲交配，产下的混种携带三个拷贝的基因，而非一对拷贝的基因。这些混种鱼永远都是雌性，而且会借由无性生殖而非交配繁殖后代。虽然它们需要雄鱼精子刺激产卵，却不会将雄性的基因纳入卵内。

弗氏及同僚研究了不同池塘及溪流内的食蚊鱼，每一次都证实红心皇后假说无误。许多食蚊鱼染有寄生性吸虫（fluke），在肉里形成黑色囊肿。弗氏在一个池内发现混种无性生殖的食蚊鱼囊肿数比有性生殖的多出许多，因为寄生虫比较快就适应了前者的免疫系统。第二个池里住了两个不同的无性生殖的鱼族，数目比较多的那族鱼感染情况较严重——正符合红心皇后假说的预测。

第三个池内的食蚊鱼刚开始似乎与红心皇后假说背道而驰：有性生殖的鱼反而比无性生殖的鱼更脆弱。但弗氏深入研究后，发现这个池塘其实更能支持该假说。原来它在几年前一次干旱中曾完全干涸，情况恢复后，重返池塘的鱼极少。结果有性生殖的鱼密集地近亲交配，因而缺乏代表有性生殖优势的基因多样性。弗氏及同僚于是在鱼池里加了更多有性生殖的食蚊鱼，提高其 DNA 多样性，不到两年，有性生殖的鱼便开始对寄生虫具免疫性，后者于是转而攻击无性生殖的鱼。

精子与卵

性挟其优势，曾分别在许多不同的动植物、红藻，及其他真核生物谱系中出现过几十次。头一批有性生殖的动物，可能只是将其性细胞（称为配子[gametes]）注入大海洋流中，让雌雄配子自行设法找到对方。尽管性独立演化过无数次，但大部分配子的外观都差不多：卵子大而不会动；精子则是娇小的游泳健将。精子进入卵子时，只注入其细胞核中的DNA，线粒体及别的细胞器却被阻挡在外。

这种安排极常见，因为效果特佳。美国乔治亚科技学院的生物学家杜森伯里（David Dusenbery）建立了一个配子努力寻找对方的数学模型，证实了它的好处。在他的模型里，双方配子都可以游来游去或静止不动，体积可以相同或不同。结果他发现配子有点像两个夜里在大森林内迷失的人，倘若两人都不停乱走，则找到对方的机会就很小。最好是一个人守在原地，对另一个人发出信号。

人类可以靠大叫发出信号，配子的信号则是气味浓重的信息素（pheromone）。人叫得愈大声，对方愈容易听见，对配子来说，制造更多的信息素便相当于叫得更大声。杜森伯里发现配子的体积愈大，所能制造的信息素就愈多且传播范围愈广，而且全是由卵子散发信息素来吸引精子。当然，若能派出搜索大队以扇形扫过森林，效果肯定比单枪匹马好。因此提高接触率的方法之一，便是派出许多精子去找卵子，而非一个精子。杜森伯里指出，演化会眷顾任何一个令某物种的卵变大、精子数目增加的突变。这个物种的配子找到对方的几率提高，便可少耗费能量在繁殖上，因而能够在生殖效率较低的形态无法生存的地方生存。卵变大后，不但可以更有效地散发信息素，还能储存更多能量，在受精后细胞开始分裂时提供燃料。卵能提供的能量愈多，精子必须携带的能量愈少，于是它们可以变得更小而数目更多，提高使卵受精、广传其基因的几率。自然选择面对精子日益缩水和携带资源减少的情况，更加会选择可以提供更多能量的卵。假以时日，精子便演化成只是个活动的基因袋，卵则变成充满能量的巨大细胞。

大卵子小精子的状态演化定型之后，造成两性间极度的不平衡。一个男人一生中可以制造出足以使地球上每一个女人都怀孕许多次的精子，但女人每个月才排一次卵，而且她和别的哺乳动物一样，必须怀胎数月，生产后又得哺育婴儿。每次生育她都必须冒着因并发症死亡的危险，喂奶又得多消耗几十万个卡路里。因此男人巨大的繁殖潜能，必须要能和女人的生育瓶颈配合。

同一个物种内，一名雄性便能使所有的雌性受精，但其他的雄性也想这么做，导致许多物种展开了雄性间的战争。至于战斗的形态为何，端视不同的物种及生态环境而定。北海的海象以重达2000磅的身躯互撞，血溅百步，只为了独占数十头雌海象；北极冻原上的雄麝牛用厚重的角互抵，导致每10只公牛便有1只死于颅骨碎裂；就连雄甲虫及雄苍蝇都演化出特殊的角用来打斗，以争取交配的权利。

女性的选择

19世纪的博物学者，包括达尔文，当时已很熟悉雄性之间的这种竞争现象。它十分符合他的演化论：雄性为雌性竞争，胜利者交配的次数最多。如果头壳长硬点，可以增加胜算，那么下一代的雄性头壳一定都很硬；若头上长出两个硬块可以增加打斗的威力，这两个硬块很可能就会演化成角。

但雌性都在一旁干啥呢？达尔文纳闷。她们是否只是被动地等着被胜利者占有？或许有些维多利亚时代的绅士会很赞成雌性被动的想法，达尔文却意识到这中间有个很大的问题：碰到不搞雄性大对决这一套的动物，你怎么解释？

以雄孔雀和它艳丽的尾巴为例，“每当我凝视雄孔雀的尾羽，总感到一阵恶心！”达尔文曾经这样说过。布满虹彩眼睛图案的雀屏对孔雀这种动物来说，绝非必要——没有长尾巴的雌孔雀活得好好的。雄孔雀也不能用尾巴去攻击另一只雄性。它其实是个累赘；若碰上狐狸，雄孔雀尾大不掉，会跑不快。即使它的缺点这么多，雄孔雀每年还是会长出一批新的尾羽，来取代去年年底脱落的旧羽。

英国泰恩河畔纽卡斯尔大学生物学家皮特里（Marion Petrie）说：“雄孔雀令达尔文非常苦恼，因为它们似乎违反他的自然选择论。他常思索这个问题，经过许多年之后，才提出对雄孔雀长尾巴的解释。他创造了一个特别的名词来描述形成雀屏的过程，即‘性选择’（sexual selection）。”

雄孔雀在交配期间会成群聚集，以叫声吸引雌性。一看到雌性，雄孔雀立刻开屏，不停抖动尾巴。达尔文认为雌孔雀是根据尾巴来给雄孔雀打分数，某种尾巴特别能够吸引雌性，让她愿意和尾巴的主人交配。但达尔文并没有

雌孔雀喜欢拥有较大尾巴的雄性，因其可反映个体的基因品质。

说明雌性的评分标准是纯美学，抑或雄性某种诱人的特质。无论如何，挑选雄孔雀的雌孔雀就像养鸽育种者，专门挑选出自然选择在野外会忽略掉的某种特质。扇尾鸽让育鸽者赏心悦目；羽毛灿烂的雄孔雀则令雌孔雀赏心悦目。代代相传下来，雌孔雀的特殊喜好便不断提升尾羽美丽的雄性的繁殖成功率。达尔文认为，假以时日，雌性的选择便能创造出像雀屏这般毫无道理的东西。

达尔文所提出的这股新的演化力量——性选择——并未获得许多人支持。华莱士认为有自然选择就够了。他认为雌鸟羽色黯淡，乃因它们经常待在巢中，需要保护色。眩目的色彩可能是鸟羽本来应有的颜色，不这么需要保护色的雄鸟，自然不必承受使羽色变黯的自然选择压力。

往后数十年，大部分的生物学家仍旧对雌性在性这档事上的影响力心存怀疑。直到最近20年，研究人员才开始进行各项实验，求证雌性是否真有特殊喜好。结果证实她们的好恶非常强烈——强烈到足以驱策雄孔雀尾巴的演化。皮特里便证明了雌孔雀对于选择雄孔雀慧眼独具，他指出：“很多雌孔雀在有好几只雄性追求者的情况下，会主动走到某只雄性身边，这只雄孔雀也将虏获族群中大多数的雌性。”他同时证明，雌孔雀的选择标准，就是雄性的尾巴。愈花哨、眼状图案愈多的雀屏，愈能吸引雌孔雀。一般说来，每只雄孔雀的雀屏上应有150个眼睛，只要少了几个，皮特里估计，中选的机会便将大大降低。而眼睛少于130个的雄孔雀，几乎很少交配。

别的生物学家也证实其他物种的雌性对于选择配偶同样好恶分明。母鸡喜欢鸡冠又大又红的公鸡；母剑鱼喜欢尾巴长的公剑鱼；母蟋蟀喜欢鸣声最复杂的公蟋蟀。由于这些炫耀形式全是遗传的，性选择可能的确促成了它们的演化。又由于长尾巴、鲜艳的颜色及宏亮的鸣声，都将使雄性付出极高的代价，因此炫耀的程度有一定的极限。如果它们对雄性的生存影响太大，自然选择便会限制其演化。

达尔文对有关性选择的一个基本问题——为什么雌性会特别喜欢某种尾巴或鸡冠——总是有点言词闪烁。他只说雌性觉得它们具吸引力。1930年，英国遗传学家弗希尔进一步说明这个观点：如果母鸟觉得长尾巴有吸引力，短尾巴的公鸟就很难找配偶。选择长尾巴配偶的母鸟，应该会生下长尾巴的儿子，因而她的雄性后代找到配偶的机会就较高。换句话说，母亲们无非希望自己的儿子长得性感罢了。

但现在有愈来愈多的科学家相信，雌性挑选配偶绝不含糊，所有能够吸引雌性的炫耀方式其实都透露出雄性在基因上的潜力。

雌性把自己的基因传给下一代的机会远比雄性少，因此演化经常令雌性在挑选配偶时特别谨慎。对它的子女而言，最严重的威胁之一便是寄生物。即使某个雌性拥有优良基因，可以预防疾病，但如果它和拥有孱弱基因的雄性交配，则势将大大削弱它传给后代基因的力量。

雌性动物不可能将追求者的基因送到检验室里去作分析，但是它可以通过对方的外表及行为，发掘有关其健康状况的线索。一个被寄生物所累的雄性，不可能大声鸣唱或长出鲜艳的羽毛。至于雄性会演化出何种表现给雌性看的方式，每个物种都不一样。灵长类是唯一拥有灵敏色彩视觉的哺乳类，或许这可以解释为什么有些灵长类是唯一在性炫耀时运用鲜红及鲜蓝色的哺乳类。然而无论炫耀方式为何，它必定代表某种诚恳的献礼。倘若假炫耀可以欺骗雌性，它的后代就不能从父亲那边继承到优良基因，因此假炫耀的吸引力必定将随演化消失。

公鸡的鸡冠就像雄孔雀的雀屏，是雄性吸引雌性的工具。

公鸡的鸡冠虽然不像雀屏那般累赘，但它仍是一种诚恳的牺牲。鸡冠和其他许多雄性炫耀一样，需要雄性荷尔蒙睾丸酮（testosterone）来刺激生长。但睾丸酮同时也会减低公鸡的免疫力。若想长出鸡冠，公鸡必须冒容易生病的险；因此惟有真正强壮的公鸡，才能这样挥霍自己的免疫力。

另一种诚恳的广告是：对称。胚胎在发育期间会承受各种不同的压力。比方说，它的母亲在怀孕时可能找不到充足的食物，胚胎因此缺乏健康成长的必要能量。有些动物天生较能承受这些打击，仍能健康地长大；但有些动物的胚胎却因承受不了压力，在发育期间陷入大混乱，结果长大后可能不具生育能力，或体弱多病。雌性在寻找配偶时，必须避开这种不稳定的雄性，才能有好结果。

发育上的不稳定会在动物身体的对称性上留下明显的痕迹。动物的身体构造，大部分都是左右对称，有如镜像。建造身体左侧的复杂基因网络，在建造右侧时，必须精确重复每个动作。如果某个动物在发育时受到干扰，它身体的精确对称性就会受损，例如公鹿的两只角可能长得不一样长，雄孔雀雀屏两边的眼睛图案数目可能不一样。对称就像健康的徽章。

研究人员企图证实雌性是否利用雄性的炫耀来评断后者的基因，结果许多实验结果都支持这个论点。母蟋蟀喜欢鸣唱时多加音符的公蟋蟀，而且蟋蟀歌曲的长度可以确实显示雄性对寄生生物抵抗力的强弱。雌家燕（barn swallow）喜欢尾羽长且对称的雄燕，这是评断雄性是否健康的可靠线索。皮特里也证实雀屏较大的雄孔雀，存活率比雀屏较小的雄性高，它们的后代便将继承这种存活率。

雌家燕喜欢尾羽长且对称的雄燕。

若想测试任何一种演化假说的真实性，最好的办法便是找出例外，以此来验证常规。并非每一种动物都由雄性竞争，雌性评审。有几种动物在某些时候会性别角色互换，例如雌海龙（pipefish，学名 Syngnathus typhle）会把卵产在雄鱼身上一个囊里，所以怀孕的等于是雄鱼。它必须携带卵数周，从自己血液中提供养分及氧给卵子。每条雌鱼在每次交配季内都可产下足以供给两只雄鱼的卵，雌鱼因此必须为数目有限的雄鱼激烈竞争。所以负责挑选配偶的是雄鱼，而非雌鱼；它们喜欢体积大、色彩艳丽的雌鱼，不喜欢小而黯淡的雌性。

动物在选择配偶时，不会作有意识的决定。雌孔雀不会去数雄孔雀尾巴上的眼睛图案，然后自言自语："只有 130 个眼睛？不够好。下一位！"当雌孔雀看见一片极华丽的雀屏，受到吸引，便和雀屏的主人交配，或许她所经历的，只是一连串复杂的生理反应。其实大部分的适应行为皆如此：虽然只是本能，但是凭本能行事却足以执行极复杂的生存策略。

精子大战

雄性赢得雌性青睐，成功交配后，并不能保证一定可以当爸爸。它的精子仍须奋力深入雌性的生殖系统，找到卵子，使其受精。而且，通常它的精子都不孤单：它们还得和其他跟这个雌性交配过的雄性的精子竞争。

雌性花这么大工夫择偶，为什么还跟别的雄性交配呢？听起来挺奇怪。但只要一涉及性，没有一件事是简单的。有时雌性没有选择机会，被体积较大的雄性来个霸王硬上弓；还有些时候，雌性先选择了一位雄性，但后来又碰到更优秀的品种，于是再跟后者交配。例如，母鸡都喜欢和优势公鸡交配，但有时次优势的公鸡可以在被优势公鸡赶走之前，强迫母鸡交配。母鸡一点都不喜欢这样的露水姻缘，通常都会把次优势公鸡的精子挤出体外，如此才能增加稍后与优势公鸡交配、由后者受精的机会，进而产下较强壮的小鸡。

性关系乱七八糟在动物世界里极为普遍，就连被科学家公认为彻底忠贞的种类也如此。比方说，所有鸟类中，几乎 90% 都行一夫一妻制，公鸟与母鸟在一起一年或一辈子，一起筑巢，合力抚养小鸟。一夫一妻制攸关生存：

若得不到双亲的协助，无助的雏鸟多半夭折。然而，20世纪80年代鸟类学家开始抽样检验小鸟的DNA，却发现在许多种类的鸟中，一些雏鸟并不具备父鸟的基因。在大部分鸟种中，私生小鸟都至少占几个百分比；有些鸟种私生子的百分比竟高达55%。

一夫一妻制的雌鸟不会随便红杏出墙。以家燕为例，雌燕择偶的标准之一是雄燕的尾羽；在交配季节里与短尾雄燕配对的雌燕，之后欺骗配偶的几率，比与长尾雄燕配对的雌燕高许多。每一季雌燕择偶的时间有限，不可能无限期等待完美配偶出现。但它们却可借着与偶尔来访的优秀雄燕交配，弥补伴侣的缺点，同时还能拥有一个丈夫帮忙抚养小燕——即使它并不是真正的父亲。

雄性因此必须面对一个困境：千辛万苦追求到雌性，却不能保证自己的精子使它的卵受精；很可能它体内还有其他雄性的精子，也可能它待会儿又去跟别的雄性交配。许多物种的雄性因此演化出进入子宫后的竞争方法。

方法之一是制造大量精子。雌性体内的精子混战，就像摸彩票：雄性买的彩券愈多，中奖机会愈大。举例来说，灵长类睾丸的平均大小，与和雌性交配的雄性平均数量成正比。竞争愈激烈，雄性灵长类所制造的精子愈多。

另一个偷鸡摸狗中奖的办法，是毁掉竞争者的彩券。雄果蝇的精液有毒，可以麻痹前一只与雌蝇交配的雄蝇的精子；雄性黑翅豆娘蜓类似阴茎的器官上覆满尖刺，它们将自己的精子注入雌性体内之前，会拿尖刺当刷子，把前一只雄性的精子刷出来，刷掉精子的几率可高达90%—100%，因此大幅提高由自己的精子授精的机会；一种学名为Hadrothemis defecta的雄性蜻蜓在类似阴茎的器官上长有可膨胀的角，可将其他雄性的精子推入雌性体内深处，再将自己的精子放在最靠近卵的地方。

还有一个中奖的办法，即一开始就阻止别的雄性买彩券。雄果蝇除了拥有具毒性的精子之外，精液里还带有可以减低雌蝇性欲的化学物质。它若对交配兴趣缺失，接纳其他雄性精子的机会自然较小。美国内华达州的峰峦圆顶蜘蛛（Sierra dome spider），雌性会在蛛网上洒满吸引雄性的信息素，招徕配偶。雄蜘蛛一旦找到雌蜘蛛，立刻摧毁它的网，不让别的雄性找到它。

对有些物种的雄性而言，让自己的精子获胜最好的方法是：自杀！澳大利亚红背蜘蛛的雄性总是为了性而牺牲自己。求爱时它先拉扯雌蜘蛛织的网，

两只正在交尾的豆娘蜓；某些种类的雄豆娘蜓会将前一只与雌豆娘蜓交配的雄性的精子，从她的体内刷出来。

仿佛在传送一首情歌，历时数小时。如果没被它或另一只早已找上它的雄蜘蛛赶走，它便趋上前去。在它眼前，雌蜘蛛仿佛泰山压顶，体重比它重 100 倍。换做任何别的动物，此时也是死神当头，因为它的吻就跟它的亲戚黑寡妇蜘蛛一样毒！

红背雄蜘蛛爬到雌蜘蛛的肚子上，从头部伸出一支称为“触须”(palp)、看起来像个迷你拳击手套的附肢。附肢顶端有一根卷曲的长管，它把长管慢慢戳进雌蛛体内，开始把精子灌入。然后它突然以触须作为杠杆支点，将自己弹离雌蛛下腹部，来个鹞子翻身，落在雌蜘蛛毒牙上。雌蜘蛛立刻开始咀嚼它的腹部，同时把毒液注入它体内，将它的内脏化成黏浆。雌蜘蛛一边慢慢用餐，雄蜘蛛一边继续授精。几分钟之后，雄蜘蛛抽开身体，退到几公分距离外，开始整理仪容约十分钟。尽管它的内脏正在分解，它却再度趋前求欢，将第二根触须戳入雌蜘蛛体内，再来个鹞子翻身。雌蜘蛛恢复用餐，这次咬得更深。整个交配为时半小时；这时雄蜘蛛已经快死了。它抽回第二根触须，雌蜘蛛吐丝将它紧紧缠绕；这一次它可逃不掉了。雌蜘蛛继续享用几分钟，将它吸干吃光，只剩下一层干枯的皮。

加拿大多伦多大学生物学家安德拉德（May-dianne Andrade）研究红背蜘蛛的自杀是否是演化适应的结果，结果她发现并非所有的红背雄蜘蛛都会被吃掉；只有饥饿的雌蜘蛛才会吃伴侣，表演过鹞子翻身还能活命的雄性其实占三分之一。安德拉德锁定这个差异性，开始测量这种同类相食在繁殖上的成功率。

决定交配时间长短的，似乎是红背雌蜘蛛。安德拉德发现雌蜘蛛若不吃配偶，交配时间平均只有 11 分钟；可是它若决定吃掉配偶，交配时间便长达 25 分钟。雄蜘蛛可以在它享用自己身体的同时，用触须持续使它受精。牺牲自己，便能拉长性交时间。被吃掉的雄蜘蛛可以灌入更多精子，由它授精的卵数目比没被吃掉的雄蜘蛛的多两倍。而且雄蜘蛛死后，雌蜘蛛通常会把后来的追求者赶走——或许因为她吃饱了，也可能体内已充满精子。无论如何，这会降低其他雄蜘蛛精子跟它竞争的机会，它使卵受精的几率自然提高。这样的好处显然比雄蜘蛛自己的生命更有价值。雄蜘蛛交配机会不多，原因有好几个：一来它们的寿命很短，二来输送精子的触须会在性交过程中折断，变得无法再生育，所以这些蜘蛛必须珍惜仅有的一次机会。

两性之间的化学战

为性而斗争，是一场永远在变的战役，每一代都卷入其中。虽然我们很难在场目击，但多亏别出心裁的实验，科学家得以一瞥。加州大学圣巴巴拉分校的生物学家赖斯（William Rice）研究的就是雄果蝇如何利用化学战，帮助自己的精子和别的精子竞争。

雄果蝇的精液不仅可以麻痹其他雄蝇的精子，扼杀雌蝇的性欲，甚至还能令雌蝇提前产卵。令雌蝇在交配后马上产卵，可以减少雌蝇可能跟其他雄蝇交配的时间。雄蝇用的化学物质对雌蝇有毒，虽然雌蝇不会立刻死掉，可是它交配的次数愈多，寿命便愈短。雄蝇并不在意伴侣夭折，因为雄蝇不必照顾后代，所以它在演化上唯一的目标，便是使卵受精。

雄果蝇使用的化学武器会在雌蝇身上造成和农民使用农药同样的效果——迫使雌蝇演化。农药导致抗性的产生，同样的，雌蝇也演化出许多中和精液毒性的方法。但雌蝇的防御系统同时也驱使雄蝇的精液愈变愈毒。

1996年，赖斯记录到这场致命的双人舞。他养了一大群果蝇，然后利用果蝇遗传上的某些变异，操纵其繁殖，令所有后代都是雄蝇，而且只遗传父亲的基因。他再让这批由无性生殖产生的雄蝇与另一批雌蝇交配，产下新一代的雄蝇。每一批雌蝇对赖斯繁殖出来的雄蝇所使用的化学战都不熟悉，所以完全没有机会演化出防御系统。同时，那些能够制造毒性较强精液的雄蝇，便可更有效地操纵雌蝇，繁殖更多后代。经过41代后，赖斯制造了一群超级雄蝇，和祖先比起来，它们的交配次数以及使雌蝇受精的成功率都提高了。但雌蝇却必须付出昂贵的代价：雄蝇的精液毒性变强，使她们提早死亡。

赖斯接着迫使果蝇休战，又发现更多性武器竞赛的证据。1999年他做了一个实验，替雄蝇与雌蝇配对，厉行一夫一妻制。于是雄蝇不再与其他雄蝇竞争，只能和赖斯分配给它的伴侣交配。待蝇卵孵化，他又将新生果蝇配对。由于一夫一妻的雄蝇不需竞争，精液内的有毒化学物质便不再具有任何演化上的益处。雄蝇若放弃制造毒素，雌蝇演化出解毒剂的动机立刻消失。经过47代后，赖斯发现进行一夫一妻制的雄蝇，对配偶的毒性显著降低，而雌蝇对精液的抗性也减少了。

赖斯的果蝇因此可以享受太平天下，但这种和平却是被迫的。野生的果蝇是无法自行休战的。任何一只能够驱逐其他对手精子的雄蝇，肯定比一妻制的雄蝇更能广传自己的基因；而任何一只可以自我防卫的雌蝇，必定也会受到自然选择的青睐。演化缺乏实验室里的生物学家的远见，所以果蝇的爱情注定是盲目的。

子宫内的拔河比赛

即使在交配完毕、卵子已受精之后，父母双方仍可以运用演化策略，提高繁殖成功率。以人类等哺乳类来说，受精卵植入母亲子宫内，开始长出胎盘。胎盘将血管伸入母亲体内，吸收血液及养分。成长中的胚胎需要大量能量，有榨干母亲资源的危险。母亲若任由胚胎长得太快，自己就得蒙受严重损伤，威胁到未来的生育能力，甚至自己的性命。因此演化理应眷顾能够限制自己婴儿成长速度的母亲。

但这却不是父亲演化的目标。长得快又健康的婴儿对父亲来说，只有好处。因为婴儿的成长速度跟父亲的健康，或以后再生育的能力，毫无关系。

哈佛生物学家黑格（David Haig）认为父母双方的利益冲突，体现在他们分别给予婴儿的基因中。遗传自母亲的基因，其功用和来自父亲的基因不同。例如有一种叫做“类胰岛素生长因子 2”（IGF2）的基因，它制造的蛋白质会刺激胚胎从母体吸收更多养分。研究人员用怀孕的老鼠做实验，发现来自母亲的 IGF2 为隐性，来自父亲的 IGF2 却为显性。同时，老鼠还携带另一种基因，所制造的蛋白质可以摧毁 IGF2 的蛋白质。而来自母亲的 IGF2 摧毁基因为显性，父亲的则为隐性。

换句话说，父亲的基因企图加快老鼠胚胎的成长速率，而母亲的基因则企图减慢它。当科学家在实验中关闭父方或母方的基因时，你便可清楚看见这场斗争的结果。倘若被关闭的是来自父亲的 IGF2，新生老鼠的体积只达正常的 60%；若关闭的是来自母亲的 IGF2 摧毁基因，新生老鼠则比一般重 20%。倘若黑格的理论无误，我们全是父母双方利益冲突妥协下的产物！

母亲的投资

父亲的影响力毕竟有限。母亲却有不少法子，可以在完全不受配偶干预的情况下，控制腹中胚胎的命运，例如根据父亲的优劣程度，在蛋中作分量不同的“投资”，像母绿头鸭便会替优势公鸭下较大的蛋。

有些物种，母亲可以借预先决定孩子的性别来提高繁殖率。最擅长控制后代性别的动物，当属印度洋的海鸟塞舌尔莺（Seychelles warbler）。这种鸟实行一夫一妻制，每只鸟都有自己的区域，泾渭分明。在面积仅 70 英亩的库森群岛（Cousin Island）上，土地有限，后来者不见得可以分到领土，所以有些年轻雌莺会留在父母家中，而不去找伴侣。她们会协助筑巢、守护领土、孵蛋及哺喂幼雏。当食物充足时，她们是父母的好帮手；可是当家园品质不佳、食物来源不足时，女儿就会变成负担。

1997 年，当时在荷兰格罗宁根大学作研究的科姆德尔（Jan Komdeur），比较了产在高品质区域及低品质区域内的鸟蛋，发现在高品质区域内，幼雏性别的比例为 1 只公鸟比 5 只母鸟；低品质区域内的比例则为 1 只母鸟比 3 只公鸟。他进一步发现，这种性别比例的决定因素并非每只莺体内的基因。决定性别比例的，其实是母鸟自己。为了证实这点，他将几对莺从库森群岛迁到塞舌尔群岛其他两个没有这种鸟的小岛上。被他选中的，全是困在低品质区域内、爱生儿子的鸟。一旦被安置在食物充足的新家里，这些莺立刻开始多生女儿。

这个演化策略的逻辑非常明显。如果食物少，最好多生公鸟，因为它们会尽早离巢，去寻找自己的伴侣及领土，让父母可以利用有限的食物抚养新的幼莺（儿子很可能因为找不到领土而死，但这个险值得冒）。若生活无虞，女儿便是好帮手，所以母莺会想办法改变下一代的性别比例。至于这种莺是如何决定性别比例的，至今没人知道。但这并不能抹杀科姆德尔的发现：它们的确可以自己作选择！

达尔文式的家庭生活

动物出生后，可能在大家庭中长大，也可能变成孤儿。蜉蝣在下一代孵化时，双亲早已死亡；母黑熊必须照顾小熊一年左右，小熊的父亲却完全不管事；家燕的父亲和母亲一样努力喂哺小燕，直到它们能飞为止；象通常都和兄弟姐妹、姨舅和外祖母生活在一起，家族维系长达数十载。

抚养小孩对于繁殖成功率的重要性，可能和寻找配偶同样重要。一只雄蜣螂就算和几千只雌蜣螂性交，如果它的后代全部在孵化一周内死亡，那么从演化的角度来看，纵使它在性方面拥有辉煌战绩也是徒然。许多物种都由父母双方合作抚养小孩，然而两性之间的利益冲突却可能威胁到家庭的亲和力。雄性若帮忙抚养别的雄性的小孩，传播本身基因的机会就会变小。许多物种的雄性因此变得很精明，不让伴侣欺骗自己。英国莱斯特大学的狄克逊（Andrew Dixon）在观察芦鹀（reed bunting）如何喂养及保护幼雏期间，进

公狮接掌母狮群后，很可能将狮群中的幼狮杀光。母狮若不需喂乳，便会再度发情，生下新雄狮的子嗣。

行了 DNA 采样，以鉴定亲鸟子间的血缘关系。结果他发现巢中亲生幼雏的数目若很少，父亲便不会卖力地觅食带回家。

更有许多物种——从老鼠、长尾叶猴到海豚——雄性不仅忽视非亲生的幼兽，甚至会杀死它们。关于这种可怕的行为，研究最详尽者首推狮群。每群狮子约由 12 或 12 只以上的母狮及其幼狮，与至多 4 只雄狮组成。小雄狮一成年便被老雄狮赶走，年轻光棍聚集成群，寻找领袖雄狮已年老力衰的狮群，向老雄狮挑衅，倘若它落败逃走，胜利者便将狮群据为己有。幼狮在那时最危险，新来的雄狮经常将它们攻击至死。所有在一岁前夭折的幼狮，每 5 只便有 4 只是被雄狮杀死的。

这个在人类眼里至为残忍的行为，许多动物学家却认为极符合演化的逻辑。雄狮接掌母狮群的最终目的，乃是制造它自己的下一代。喂奶的母狮不会发情，因此狮群中有小狮意味着雄狮至少须再等几个月才能与母狮交配。每只雄狮平均在位时间只有两年，被篡位时自己的儿女若还太小，也可能被杀死，所以做继父的绝不可浪费时间。

母狮会尽力保护小狮。它们一听见陌生雄狮的吼声，立刻起身咆哮，聚集起来准备迎战。联合保护某只小狮的母狮数目愈多，小狮存活的机会愈大。这很可能是母狮成群结队最原始的目的——防止杀婴。

但母狮不见得随时都能保护自己的小狮。新雄狮掌权后，她们也想组织新家庭。一旦小狮被杀死，母狮便开始发情，而且很快性欲高涨，贪求无厌。每当一头母狮发情，优势雄狮每天必须和它交配将近100次，经过一两天，它便精疲力竭。这时位阶较低的雄狮便取而代之，再和同一头母狮交配个几天。四个月以后，它产下小狮，但父亲是谁却是个谜。难怪雄狮从来不杀自己狮群内的小狮，因为它很可能会杀死自己的小孩，而这将是它们自己在演化传承上的大灾难。

第一批有关动物杀婴的报告于20世纪70年代发表后，许多研究者都表示怀疑。他们认为那些雄性一定是因为病态，才会如此残暴。何况它们怎么可能确定哪些婴儿是自己的，哪些不是呢？可是愈来愈多的案例浮现。结果康奈尔大学的鸟类学家艾姆兰（Stephen Emlen）设计出了一个方法，可以测试杀婴的假说。

1987年时，艾姆兰正在研究巴拿马的水雉。这种鸟跟海龙一样，性别角色会转换。雄水雉负责孵蛋及抚养幼雏，雌水雉则在领土上逡巡，与许多雄水雉交配，并击退入侵的雌性。有时入侵者会把所在地的原住雌水雉打跑，接收它的伴侣。艾姆兰心想：如果雄狮可因杀死幼狮而得利，那么接收数只雄水雉的雌水雉一定也可以借着杀死它们的幼雏而得利。为了采集DNA，艾姆兰必须射杀某些水雉。他挑中两只雄性伴侣都正在抚育幼雏的雌水雉，在一天夜里先射杀了其中一只。隔天早晨，一只新的雌水雉已入驻前者的家园，开始猛啄巢中幼雏，把它们推到地上，直到整死为止。雄水雉在一旁干瞪眼，束手无策。但不到几个小时，雌水雉已开始引诱雄水雉交配，它也欣然从命。隔天晚上艾姆兰射杀了第二只雌水雉。翌日清晨同样的暴力事件再度上演。

艾姆兰说："如果从个体想将基因传给下一代的角度来看，这种事虽然恐怖，却很有道理。"

全是为了基因

杀婴的狮子、外遇的燕子，和改变后代性别比例的莺，让人觉得在动物生活中，除了为性而自私自利外，没有别的。然而在许多案例里，演化却又制造出完全放弃为性斗争的动物。

牛津大学的汉密尔顿对这种悖论感到十分好奇，尤其是蜂与其他社群性昆虫的例子。每个蜜蜂窝里都只有1只女王蜂、几只雄蜂和2万到4万只工蜂。工蜂不具生殖力，奉献一生努力搜集花蜜，整修蜂窝及喂养女王蜂产下的幼虫。它们会为了保卫蜂窝，与入侵者作战到死。以演化的角度来看，简直就是集体自杀。

汉密尔顿却认为，由于蜜蜂及其他类似昆虫特殊的遗传方式，工蜂其实是为了自己基因的长远利益而卖命。女王蜂产下女儿或儿子的方式大不相同：雄性都从未受精卵开始，不需精子便分裂发育为成熟的个体。由于未从父方遗传到任何DNA，所以雄蜂每个基因都只有一个拷贝。但生女儿时女王蜂会与一只雄蜂交配，依照标准的孟德尔模式重组创造出女儿，让每个女儿每一个基因都有两个拷贝。

蜜蜂姐妹之间的联系因此特别强——强过人类姐妹。人类姐妹遗传父亲两个基因中的一个，及母亲两个基因中的一个，由于遗传到同一个基因的机会只有50%，因此平均来说，人类姐妹基因相同的比例只占所有基因的一半。但由于雄蜂每个基因都只有一个，蜂姐妹遗传自父方的基因便完全一致。再加上来自母方的DNA，平均来说，蜂姐妹基因相同的比例便占总数的四分之三。倘若某只雌蜂想生下自己的女儿，它只能将自己基因的半数传给后代，另一半得来自配偶，因此雌蜂和女儿相似的程度，反而不及它的姐妹。

汉密尔顿认为在这样的情况下，难怪工蜂愿意放弃生育，专心为蜂窝效命。工蜂帮忙抚养的幼体，与它们的血缘关系如此近，若想加速自身基因的传播，这么做反而比自己尝试去交配更快。

汉密尔顿一针见血，解答了自达尔文时代便令生物学家大为困惑的利他悖论：倘若演化的竞争攸关个体的生存及繁殖，那么帮助别的个体便毫无道理。有些研究人员于是认为，或许动物会为了整个种，或至少整个族群，而有无私的表现。然而这种利他主义，却完全违背生物学家对基因传播的基本认识。

汉密尔顿从基因的角度来看利他主义：利他主义或许不能直接使利他的个体受益，却是复制利他个体的基因的有效方法。它可以提升动物的适应力，但其方式并非为了提高个体本身的繁殖机会。汉密尔顿称利他主义的这种间接效益为“包含式适应力”（inclusive fitness）。

汉密尔顿的包含式适应力理论后来获得完全证实。雌性工蜂和姐妹的血缘不仅会比和自己的女儿（如果它们生殖的话）还近，而且也比和兄弟的近。兄弟不像姐妹，它们未从父方遗传到任何基因，而遗传自母方相同的基因，也只占 50%。因此蜂姐妹相同的基因占 75%，与兄弟相同的基因却只占 25%。换句话说，工蜂和姐妹亲密的程度，是和兄弟亲密程度的 3 倍。这个差异反映在同窝兄弟与姐妹的数量上。在许多社群性昆虫的群体中，雌雄两性的比例皆为 3:1。而设定这个比例的，是雌性工蜂，而非女王蜂。工蜂在照料雄性幼虫时，总不如照料雌性幼体那么尽心尽力。

然而，照理来说，包含式适应力应该只有在一种情况下之才会形成 3:1 的性别比例，即女王蜂只交配一次，利用同一批精子制造出整窝蜂。倘若女王蜂再与另外一只雄蜂交配，也用上后者的精子，那么蜂姐妹自父方遗传的基因便不可能会相同。芬兰的昆虫学家森德斯特罗姆（Liselotte Sundstrom）发现在不同的蚂蚁群体中，有些蚁后只交配一次，有些蚁后却交配多次。在只有一个父亲的族群里，性别比例多为 3:1；但在多个父亲的族群里，性别比例却接近 1:1。既然姐妹的关系和兄弟一样，工蚁便没有必要特别照顾某个性别的幼体。

慷慨的孔雀

汉密尔顿的包含式适应力不仅适用于蚁群，或许也能解释鸟类及哺乳类的行为。皮特里刚开始研究孔雀时，令她好奇的不只是雀屏，还有公孔雀群。她不懂为什么公孔雀喜欢呼朋引伴，一起在雌孔雀面前接受检阅。不起眼的雄孔雀总是比不过羽饰华丽的同伴，如果每只公孔雀各自去找雌孔雀，不必彼此较劲，岂不更好？

英国惠普斯奈德（Whipsnade）野生动物园里有200只未圈养的孔雀。1991年，生物学家皮特里把园里8只雄孔雀送到100英里外的一座农场内，让每只雄孔雀和4只雌孔雀关在一起，每天搜集它们下的蛋，用孵卵器孵出小孔雀，并在每只脚上系上识别卷标，再让它们和来自其他笼内的小孔雀杂处。一年之后，她带着96只年轻的雄孔雀（8只雄孔雀每只各生下12个儿子）回到惠普斯奈德。

雄孔雀长到4岁时，便会选定某处，开始炫耀雀屏。1997年，皮特里观察她带回惠普斯奈德的那群雄孔雀如何选择友伴，聚集成群。她检查它们的脚环，查核记录，确定其双亲，很惊讶地发现兄弟及同父异母的兄弟聚集的几率，比无血缘雄孔雀聚集的几率高出许多——血亲相聚是随机相聚的5倍。虽然孔雀们不知父母是谁，也从来没有机会与手足相处，却能在芸芸众孔雀中找到彼此。

若从家族观点来看，雄孔雀的聚集便十分有道理了。兄弟共同的基因很多，所以只要兄弟繁殖成功，共同基因便得以永续。对某些雄孔雀来说，协助兄弟找到配偶，或许比自己去找一个更值得。只要有一只雌孔雀跟兄弟之间任何一个交配，它们共同的基因便是赢家。

包含式适应力或许还能解释自然界某些剧情最复杂的肥皂剧。比方说，肯尼亚有一种名叫白额蜂虎（whitefronted bee-eater）的鸟类，科学家一度认为它们的社群结构是典型的乌托邦。其社群极大，最多的有300只个体，鸟巢为泥崖上的洞，栉比如公寓。在早期鸟类学家眼中，成鸟奉行一夫一妻制，似乎生活安详美满，幼鸟长大后往往留在巢中帮忙父母照顾弟妹，有时甚至还会帮助邻居。

20世纪70年代，艾姆兰开始研究蜂虎，想了解它们的利他行为。他与同僚花了许多年时间，观察外形几乎没有分别的蜂虎在巢中穿梭来去，飞进飞出。他们测验蜂虎的DNA，为它们建立族谱，这才发现表面上看起来相当单纯的利他行为，骨子里却是极复杂的家族阴谋。

艾姆兰发现蜂虎的家庭形式并非简单的小家庭制，而是多代同堂，经常多达17位成员，包括父母、祖父母、甥舅叔侄等。同一个大家庭占据许多巢位，毗邻而居，亲戚常彼此串门。倘若有一窝雏鸟被掠食者杀死，帮忙照料它们的大哥哥便会搬到隔壁人家，继续帮忙。但它并不是去帮陌生的鸟，而是去帮叔叔或姐姐。由于亲戚拥有和它一样的基因，它若不能帮忙照顾自己的家庭，不如去帮亲戚。艾姆兰发现鸟巢内多一个帮手，差别极大，可使其繁殖成功率增加一倍。

蜂虎的生活中充满家族阴谋。雌鸟的确会去拜访陌生的鸟巢，但并不是去帮忙抚养小鸟，而是企图在别的巢内下蛋。对方若没发现，便会努力孵蛋，把小鸟养大，真正的鸟妈妈便可节省精力，在自己的巢中养更多小鸟。因此在母鸟下蛋后与小鸟孵出来前，全家总是戒备森严防范入侵者。可是艾姆兰又发现，有时女儿也会企图在母亲的巢内下蛋。他很惊讶这些仍和母亲住在一起的女儿居然有蛋可下，因为它们还没有找到伴侣。后来他才发现原来它们会飞到几英里外，和其他社群的雄蜂虎交配。做父母的也有阴谋。若儿子之一有了女伴，想自立门户，做父亲的便不时去串门子，让它无暇组织自己的家庭。这个儿子很可能只好回父母家，继续帮忙照顾新生弟妹。所以说，表面上像是个乌托邦，其实暗潮汹涌，充满包含式适应力的行为。

黑猩猩的性政治

艾姆兰及其他研究者戳破了许多所谓的利他行为的假象。现在看来似乎只有少数几种动物，才会帮助毫无血缘关系的陌生同类，而吸血蝙蝠便是其一。每天晚上它们出洞寻找可吸血的动物，如果没找到，便返回洞中乞求满载归来的陌生蝙蝠分点血给自己喝。美国罗格斯大学人类学家特里弗斯（Robert Trivers）把这种行为称为“互惠利他”（reciprocal altruism）。他认为演化的确可能眷顾互惠利他行为，因为从长远来看，两个非血亲的动物互相帮助，比起自私自利、各顾各的，生存机会必定较大。吸血蝙蝠燃烧食物能量的速度很快，若连续两三天找不到食物便会饿死。捐血给非血亲的蝙蝠虽是一种牺牲，却也像在买保险。

脑容量大的物种或许特别容易演化出互惠利他行为。如果你够聪明，记得住谁对你好、谁占过你便宜，便能运用“互惠利他”为己谋利。因此，有关动物帮助陌生同类的最精彩证据，来自和我们血缘最近的近亲——黑猩猩及倭黑猩猩——自然不足为奇。

灵长类专家兰厄姆（底图）协助揭开黑猩猩的社会内幕：雄性掌权，而雌性黑猩猩必须忍受暴力，甚至杀婴行为。

黑猩猩会和非血亲的黑猩猩合作，互相帮忙，甚至为对方牺牲；它们会一起去狩猎，寻找小羚羊或疣猴（colobus），然后分享猎物。互惠的合作可以协助黑猩猩争取社会权力，比方说，两只位阶较低的雄猩猩可以联合起来，推翻当家老大。但黑猩猩的忙可不是白帮的，它们会清楚记得帮过谁的忙，倘若被骗了，便停止示好，甚至惩处背叛者。

在黑猩猩的社会里，雄性可以利用互惠利他行为，雌性却不能。雄猩猩终生都和出生时所属的族群在一起，雌猩猩一旦成年，便得离开。等她加入别的族群后，生养小孩的责任又令它无法和新的队友建立长期关系。当猩猩群出外找水果吃时，要喂养孩子的母亲绝对跟不上队伍。而小猩猩倚赖母亲的时间又长达 4 年，所以雌猩猩一生离群的时间可能占了 70%。

结果便是雄猩猩掌握了所有的权力。它们与别的雄性结盟，协助自己提升地位。互惠利他还可以帮助

雄猩猩适应不稳定的食物来源。黑猩猩的主食为水果，为了寻找成熟的果树，必须不断长途跋涉。为补充营养，雄性还可合作狩猎，分享猎物的肉，有时甚至组织突击小组，攻击较小的猩群，侵占它们的果树。

从来没有机会结盟的雌猩猩，享受不到互惠利他的好处，因此无法像雄猩猩一样掌握权力。当一群黑猩猩找到食物后，雌猩猩总是得在一旁等待，等雄猩猩吃饱；雄猩猩还会对雌猩猩施暴，拳打脚踢，逼迫对方性交；或者当外地雌猩猩带着婴儿来投靠时，雄猩猩可能联合起来将婴儿杀死。哈佛大学灵长类专家兰厄姆（Richard Wrangham）说："黑猩猩的社会极端父权化，也极端残忍。"

和其他物种一样，雌猩猩不会逆来顺受。它们尽量设法保护孩子，寻找好伴侣。和其他人猿比起来，母黑猩猩性成熟的时间相当晚，有些灵长类专家认为这其实是一种策略，当它们成年离家时，若尚未交配，便可以减低带着婴儿加入新族群而使幼婴遇害的几率。

等母黑猩猩性成熟后，便用性来保护自己的小孩。每次一发情，它的生殖器便会肿大并变得粉红，它会去接近群体中每一只雄性。通常优势雄性和它交配的次数最多，但却不能阻止它和其他的雄性交配。因此每只母黑猩猩在生下一只小猩猩之前，平均会和 13 只不同的雄性交配 138 次。但生殖器肿大只是掩人耳目的虚招，它真正会受孕的时间其实很短，所以 90% 的性交其实都白做了。母黑猩猩跟母狮子一样，它们和许多不同的雄性性交，目的是为了预防雄性杀婴的本能，让雄性无法确定婴儿的父亲到底是谁。

要爱，不要战争

两性之间的冲突，有时导致如黑猩猩例子中雄性对雌性的暴力，但这并非必然的结果。若条件恰当，类人猿也可能演化出平和的生存状态，这时性不再只攸关基因的存续，却变成一项维持和平的工具。

这里所说的爱好和平的类人猿便是倭黑猩猩（bonobo，也称侏儒黑猩猩[pygmy chimpanzee]）。倭黑猩猩对科学家来说算是很新的物种，他们在 70 年前才意识到它和黑猩猩不同。1929 年，一位德国解剖学家在一所比利时殖民地博物馆研究一个“未成年黑猩猩”的颅骨，发现它其实属于一只完全不同种、体积较小的成年动物。倭黑猩猩住在扎伊尔河南边的刚果民主共和国境内，身材比普通黑猩猩小，也较苗条，腿长而肩窄。它嘴唇红润，耳朵小而黑，脸比黑猩猩扁，中分的毛发长而细。

黑猩猩与倭黑猩猩的差别不只身体构造而已。二次世界大战期间，盟军轰炸德国海拉布伦市（Hellabrun），市内一所动物园养了一群黑猩猩，丝毫不受恐怖爆炸声的影响，但附近另一所动物园内的一群倭黑猩猩，却全部吓死了。几年后，两位德国灵长类专家研究海拉布伦的倭黑猩猩，发现它们的性生活和黑猩猩大不相同。他们描述黑猩猩性交方式“像狗”，倭黑猩猩性交方式却“像人”。除了人类以外，倭黑猩猩是唯一面对面性交的灵长类。

这两位德国专家的观察结果却遭到其他类人猿专家的忽视。直到20世纪70年代，新一代科学家才重新发现倭黑猩猩与黑猩猩其实天差地别。和黑猩猩一样，雄性倭黑猩猩终生留在出生时所属的社群，雌性必须在成年后离家寻找新的社群。可是当它加入新团体时，却不必面对一群想杀它的婴儿或逼它性交的残暴雄性。在倭黑猩猩的社会里，占优势的是雌性。把一串香蕉丢到猩猩群中，先吃的一定是雌性，等在旁边的是雄性。倘若某只雄猩猩想攻击雌性，通常都会遭到一群愤怒的雌猩猩围攻。有人曾观察到一群雌猩猩将一只雄猩猩按倒在地，其中一只雌猩猩狠狠咬了它的睾丸一口。雄猩猩也有属于它们的社会位阶，但优势雄性必定是优势雌性的儿子，而且雄猩猩很少结盟。

雌性倭黑猩猩在加入新社群之后，同时也进入了一场永无止尽的性交狂欢会：雌性黑猩猩生殖器官肿大的时间仅占她们成年后寿命的5%，但雌性倭黑猩猩发情的时间却高达50%。它们的性生活开始得很早，年轻的倭黑猩猩早在具生育能力之前便开始性交。而且倭黑猩猩的性不局限于异性恋，年轻的雄猩猩会用阴茎当剑交锋，或彼此口交。而雌猩猩则擅长以性器官互相搓揉，直到达到高潮为止，灵长类专家称之为“g-g搓揉”（g-g rub，g代表生殖器［genitals］）。性对倭黑猩猩来说，不只是为了繁殖后代，甚至不是为了防止雄猩猩杀婴，而是一项社交工具。新加入社群的雌猩猩会逐一接近资深的雌性成员，为她提供各种满足性需要的服务。性服务可以替她赢得盟友；盟友愈多，愈能帮助她打入社群核心。

倭黑猩猩于200万至300万年前与黑猩猩分支独立。这两种动物从此演化出迥然不同的社会生活。黑猩猩的社会里雄性至上，但在倭黑猩猩的社会里，却由雌性当家。

性同时也能化解倭黑猩猩社群内的紧张情势。当它们找到食物时——不论是一棵果树或白蚁巢——大家会开始兴奋尖叫。但它们不会像黑猩猩那样陷入争食打架，却会开始性交。同样的，如果一只雄猩猩一时嫉妒，将另一只雄猩猩从某只雌猩猩身边赶开，这两只雄猩猩稍后很可能会聚在一起对搓阴部，和好如初。潜在的竞争因为性，而不至于恶化演变成全面战争。美国埃默里大学灵长类专家德瓦尔（Frans de Waal）在他的著作《倭黑猩猩：被遗忘的类人猿》（*Bonobo: The Forgotten Ape*）中写道："黑猩猩以权力解决性的问题；倭黑猩猩则以性解决权力的问题。"

灵长类专家估计黑猩猩与倭黑猩猩的共同祖先，大约活在200到300万年前。兰厄姆及其同僚认为两者间的差异，可能源自不同的生活环境。倭黑猩猩住在潮湿的丛林里，一年四季的水果供应和黑猩猩所居住的开放性森林比起来，要稳定许多。就算倭黑猩猩的水果吃完了，还可以改吃在森林里大量生长的草本植物。

得益于食物来源充足，倭黑猩猩不必像黑猩猩那样快速移动，四处觅食，雌猩猩即使抱着孩子，也跟得上队伍。由于每个个体都有足够食物，雌猩猩不必彼此竞争，却能建立长期的友好关系。雌猩猩联合阵线，便能制住雄猩猩。因此，杀婴在倭黑猩猩的社会里，从未听闻过。又因为每个族群中的雄猩猩都和平相处，也不会想和别的族群开战。当两个倭黑猩猩群遭遇时，并不会开打，反而开始性交。

兰厄姆说:“看来只要觅食生态稍微改变，便可导致如此巨大的性行为差异。”

对雌性倭黑猩猩来说，这样的社会结构好处非常明显：它们开始怀孕的时间比黑猩猩早很多年，可以生下的后代数量便多出很多。研究人员怀疑其中的差别关键在于，雌黑猩猩必须应付杀婴的威胁，但雌性倭黑猩猩由于掌握了社会权力，所以不必再为此忧心。

结盟、背叛、欺骗、信任、嫉妒、通奸、母爱、自杀式的爱……听起来全充满人性。当生物学家提及鸟类会“离婚”或老鼠会“通奸”时，这些字眼永远都带着有形或隐形的引号。然而，人类也是动物的一种，就像其他动物一样，男人会制造大量精子，女人所制造的卵子却极少，而我们的祖先所承受的演化压力，必定也和海龙或水雉一样大。因此，包含式适应、互惠利他原则，以及两性间的冲突，是否也多多少少决定了我们的行为模式，甚至我们的思想模式?

你若在生物学家聚集的酒吧里提出这个问题，小心别被飞来的啤酒杯砸破头。为什么有关人的话题就这么敏感呢?欲了解这个暧昧的问题，我们首先必须了解人之所以为人的起源。

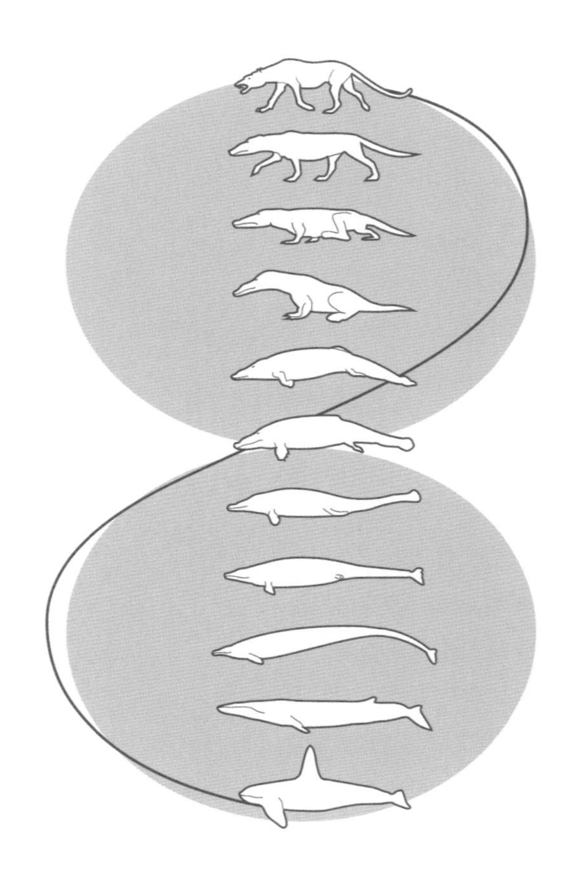

第 四 部 分

人性在演化中的地位与演化在人性中的地位

Humanity's Place in Evolution and
Evolution's Place in Humanity

11

八卦的类人猿：人类演化的社会根源

欲区分人类与地球上其他数百万物种，最明显的途径，便是看看我们所发明的东西。如果有一位外星博物学者乘着横越星际的“小猎犬号”经过地球，即使远在几万英里之外，他也绝不会错过人类的发明物：不计其数的人造卫星、太空站和扔在地球轨道上的太空垃圾；还有我们在地球表面留下的痕迹，从中国的万里长城，到黑夜里繁星点点的城市灯火；以及源源不绝发射到太空中的电话、卡通节目、棒球比赛，各种各样的电讯传送，热闹非凡。

科技虽然是人类最明显的指针，却非唯一的指针。和其他动物比起来，我们是极端社会化的动物；人类的社会网络跨越全球，形态包括部落、国家、联盟、朋友圈、俱乐部、球队、公司、工会及各种社团。或许外星博物学者很难侦测到我们的社会性本能，然而这个隐形的联系力量对于人类的重要性，却绝不亚于我们所建造的城市及公路。

当我们回溯人类的演化，我们的处境就和那位外星博物学者一样。我们看得见祖先留下来的技术痕迹，甚至可以触摸它们。早在250万年前，为了刮兽尸骨架上的肉，我们的祖先便已开始凿石为刃。到了150万年前，他们已能制作锐利的手握石斧，不仅方便刮肉，还可用来制作其他工具，例如用于挖掘的棍棒。40万年前，第一支长矛出现了，从此愈接近现代，工艺记录愈密集。在40亿年的地球生命史中，没有另一种动物曾经留下任何工艺的痕

一把在坦桑尼亚发现的距今 70 万年的手斧。

迹。但是，虽然你可以手握一把百万年前的手斧，却无法亲身体验制作它的人所生存的社会以及他的生活。

虽然我们无法目睹人类的社会演化，但科学家怀疑，这便是人类崛起的决定因素之一——也许是唯一的决定因素！我们貌似猩猩的祖先，曾经过着类似猩猩的社会生活，却在500万年前与其他的类人猿分支，开始在东非大草原上探索一个新的生态龛位，他们的社会生活变得复杂许多。许多人类的特质——脑容量大、智能、语言天分及使用工具的能力——都可能因此而演化出来。同时，人类祖先为了求偶及繁殖而竞争，也可能在我们的心理上留下痕迹，塑造出今日我们对爱、嫉妒与各种情绪的能力。

达尔文对非洲的臆测

达尔文在整理自己的自然选择学说时，当然也在思索人类起源的问题。当时没有100万年前的手斧供他检查，而且直到19世纪50年代末期，都没有任何远古人类的化石出土。有时他会把自己的想法写在笔记里，却从来不敢公开发表。1857年，即达尔文发表《物种起源》的前两年，华莱士曾在一封信里问他是否打算在书中讨论人类的起源。达尔文答道："对这个充满偏见的题目，我可能会避而不谈，但我必须承认，这其实是博物学者最感兴趣的、最终极的课题。"

他的沉默纯粹是一种策略。人类必然和其他动物一样，经演化而来。但达尔文选择不触及这个层面，希望读者能平心静气地听他讲述他的理论。尽管达尔文在写作《物种起源》时已分外谨慎，许多读者仍立刻质疑他的理论是否也适用于人类。当时适逢多位探险家从非洲丛林带着黑猩猩与大猩猩返国，更使得这个问题变得无法避免。经赫胥黎及其他生物学家检验，证实这些动物比红毛猩猩更像人类。1860年，达尔文去信华莱士，表示他已经改变初衷，将着手撰写一篇讨论人类的论文。

结果花了11年他才写完。期间他还忙着整理《物种起源》再版及关于兰花的著作，后者详述了动植物的驯化，竟膨胀成两册巨著。他一下子病了好几个月。即使令他分心的事如此之多，就人类的演化发表看法的压力却仍与日俱增。自然选择如何创造出人类这般奥妙的生物，并让其拥有语言及分析、爱与探险的能力？就连华莱士也放弃了。他判定人类过大的脑并非必要——就算我们的心智只比类人猿进步一点点，生存也绝无问题了。因此他的结论是：创造人类的一定是神圣的力量。

达尔文并不同意。1871年，他终于出版《人类的由来及性选择》（*The Descent of Man and Selection in Relation to Sex*），发表了他对人类演化的理论。这本书内容庞杂，先用几章向读者介绍了性选择理论，因为他认为这便是造成人类不同种族间差异的原因。（就连达尔文也免不了会犯一些错！）结果在这本原本应该叙述人类演化故事的书里，达尔文却以数百页篇幅详细解释了性选择如何影响别的动物。不过他的确也举出了一些证据，暗示人类是由类似类人猿的祖先演化成目前的形态的。

当达尔文着手撰写《人类的由来及性选择》时，有关人类古老起源的证据出土极少，而且都很暧昧不清。1856年，一位在德国尼安德山谷（Neander Valley）内工作的矿工，挖出了一副骨骸的碎片，它被命名为尼安德特人（Neanderthal Man）。它的额头低而宽阔，令人怀疑是否属于完全不同的物种，或者如赫胥黎所说，是人种分化的另一极端。别的科学家虽然没发现化石，却在英法两国现已灭绝的一种鬣狗化石旁发现了工具——如打火石及石刮刀等。这些工具足以显示人类历史久远，但其他方面能告诉我们的却少之又少。

由于化石与工具对解释人类的演化帮助有限，达尔文转而拿人类与大猿类（great apes）作起比较。就骨骼来看，这两者几乎没有分别。人类胚胎发育的过程及步骤也几乎和大猩猩或黑猩猩一模一样，直到发育末期，才开始分歧，形成不同的比例。达尔文认为，这些相似处显示类人猿及人类源自同一个远古共同祖先。我们的祖先独立分支后，才逐渐演化出人类的特质。由于人类和大猩猩及黑猩猩如此相像，而后两者又都住在非洲，达尔文因此猜测那便是人类起源之地：“看来人类先祖居住在非洲的可能性，比任何地方都大。”

在1871年，达尔文的读者可能觉得他是无的放矢。然而130年后，大批证据却证明他说得没错。现在研究者知道人类与非洲类人猿不仅在身体构造上，甚至在基因上的近似程度，都是令人咋舌的。1999年，一群跨国科学家根据有史以来最大规模的基因研究，画出了一棵人类的演化树，人类紧靠着黑猩猩谱系，独立形成一小簇。这棵树显示，从遗传学的角度来看，我们实质上可以算是黑猩猩的一个亚种。

科学家根据我们基因的突变速率，计算出黑猩猩与人类的共同祖先约活在500万年前。自达尔文的时代以来，古人类学家陆续发掘出许多古人类及十几种像人的物种（分类上为人科［hominids］）的化石，显示人类的演化可以分成五大过渡期：第一期于500万年前开始，逐渐驱使人类的祖先迁移到非洲大草原；第二期的指针为250万年前石器的发明；100万年后，第三期开始，粗糙的刀刃转变成巨型手斧；50万年前，人类祖先历经第四个过渡期，懂得怎么用火，并且能制造出精巧的长矛等工具；最后，在5万年前，人类开始留下真正属于现代心智的痕迹，如洞穴壁画、雕刻的首饰、精密武器及繁复的葬礼。

最像黑猩猩，同时年代也最久远的一副人科动物化石，于20世纪90年代早期由一队科学家在埃塞俄比亚发现。他们掘出一堆牙齿、一些颅骨碎片和几根臂骨，经鉴定其年代距今440万年。他虽然像类人猿，却拥有一些更像人类的特征。当他的嘴闭合时，有些上牙及下牙和人一样，可以咬合。而

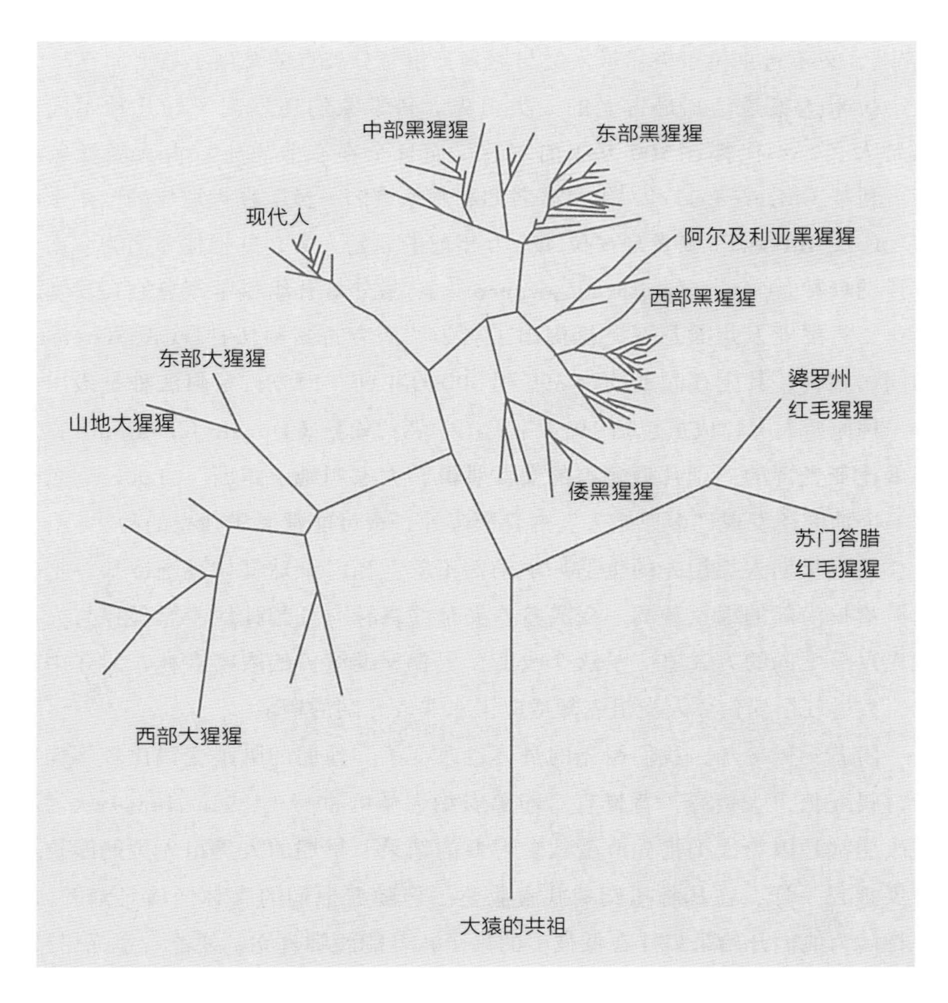

这棵根据DNA所画出来的演化树，显示出大猿类（Great Apes）的共同祖先是如何分支出红毛猩猩、大猩猩、黑猩猩及人类。每根枝丫的长度代表每一组类人猿在基因上与亲戚分化的程度。这棵演化树揭露了人类在遗传上，和倭黑猩猩及黑猩猩几乎没有区别。

且他的脊柱与颅骨底部连接，这也跟人一样（黑猩猩与其他类人猿的连接点较靠近头的后方）。不过这个埃塞俄比亚动物同时也拥有一些显然属于黑猩猩的特征：他的犬牙和黑猩猩一样，非常巨大，珐琅质也很薄，因此不可能吃很多肉或坚韧的植物，想必只能吃软的水果及嫩叶，就和现在的黑猩猩一样。

我们在前几章已见识过这类奇异的混合体——陆行鲸、有腿和脚趾的鱼、隐约已拥有脊椎动物大脑的无脊椎动物等。这个被命名为“拉密达地猿”（Ardipithecus ramidus）的埃塞俄比亚动物，并非是人与黑猩猩之间的“遗失环节”，只不过是位于极靠近人类与黑猩猩祖先分歧点的某根小枝上而已。

拉米达猿是已知最古老的人类祖先。科学家们还发现了好几种不同的原始人类，年代都在300万年前左右，而且全在东非出土。古人类学家美芙·利基（Maeve Leakey，她是著名的利基家族的一员）在肯尼亚的图尔卡纳湖（Lake Turkana）滨发现一位420万年前的原始人类，并把他命名为“南方古猿湖畔种”（Australopithecus anamensis）。另外好几组科学家分别在埃塞俄比亚、肯尼亚及坦桑尼亚，挖掘出了名为“南方古猿阿法种”（A. afarensis）的同一物种，其生存时期约为390到300万年前。南方古猿阿法种是最出名的一种原始人类，成员包括1974年美国学者约翰松（Donald Johanson）在埃塞俄比亚发现的一副几近完整的女性骨骸，大家叫她“露西”（Lucy）。东非同一个地区还发现许多原始人类的骨骸碎片，很可能都属于独立的种。

这批早期人类祖先的生活环境动荡不安。当时全球气候逐渐冷却，把非洲撒哈拉南部的绵亘丛林，变成参差夹杂的森林与开阔林地。黑猩猩与人类祖先以极不同的方式适应了这个改变。黑猩猩继续倚赖浓密森林，留守中西非，熬过气候变化。人类祖先却适应了东非较开阔的栖境。

随着气候冷却，我们祖先的身体也改变了。他们的脚趾变得比较不像手指，腿变长，头抬高，背挺直。印第安纳大学的亨特（Kevin Hunt）认为这些改变都是因为人类祖先改变饮食习惯的结果。早期的人类祖先可能跟现在的黑猩猩一样，在丛林里爬树找食物吃。但随着他们的森林栖境日渐开阔，亨特认为他们开始采集挂在低枝上的果子，若能两脚直立，便能一手抓树枝，一手采果子。饮食习惯改变的同时人类祖先走路的方式也改变了。最早期的人类祖先可能四脚着地慢慢爬，跟黑猩猩一样以指关节着地，支撑体重。一旦腿变长，他们便开始用两脚走路，不再使用指关节。

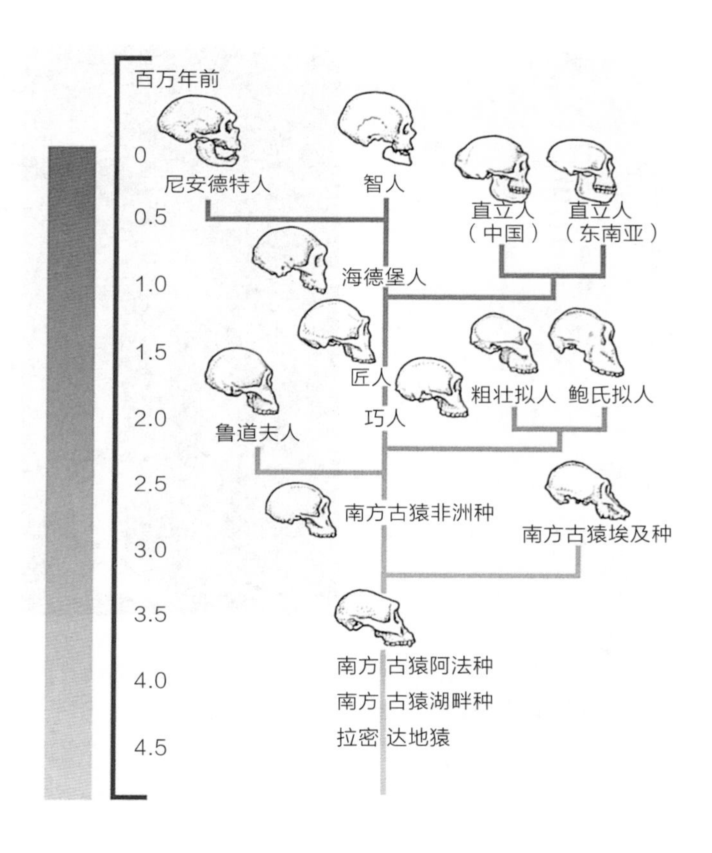

研究人员比较了已灭绝的人类祖先化石后，画出这株人类祖先的演化树。靠近树基的拉密达地猿在人类祖先与黑猩猩分支后不久即出现。接着超过一打的不同种原始人类在往后几百万年内各自演化——其中有许多人种毗邻而居。到了 3 万年前，存活的人类祖先却只剩下一种——现代人。

直立行走是我们老祖宗最大的改变之一，然而第一批用两脚走路的人类祖先却不能像我们今天这样漫步闲逛。现代人若踩着不费力的步伐，平均每个小时可以走 3 英里。但早期人类祖先的腿短，必须跑起来才能跑那么远。因为他们走得慢，所以每天能旅行的距离有限。早期人类祖先可能只会从这棵树走到下一棵树，有时站在地上采低垂的果子，有时用长手臂及弯曲的手指爬树，攀在树枝上。他们也可能经常需要爬树，以躲避剑齿虎等掠食动物。

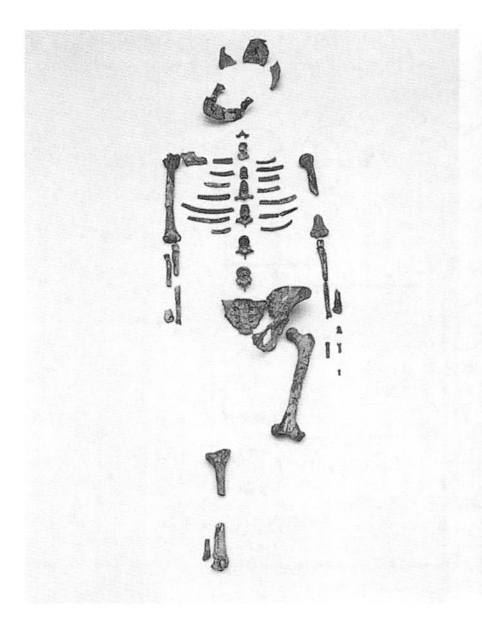

“露西”（Lucy）为300万年前一副几近完整的骨骸（左），她属于南方古猿阿法种的成员之一。右图为露西和一个男性的南方古猿阿法种重建模型。

时光递嬗，人类祖先逐渐扩大活动范围。新的人种出现，到处留下化石遗迹，北至乍得，南至南非。到了250万年前，他们开始留下全新的化石纪录：石器。

人类祖先用石块互击，敲掉边缘，制成简单的刀刃，用来劈砍或刨刮。他们并非唯一懂得制作及使用工具的类人猿。红毛猩猩会剥下长条树皮，用来搜寻树里的蜂蜜或白蚁；黑猩猩更灵活，懂得用树枝探物，还会把坚果放在石头上，再用另一块石头砸碎，仿佛在砧板上打铁的铁匠。它们也懂得拿树叶当海绵吸水，或在雨中当雨伞，或铺在湿泥上当椅垫。然而人类祖先在250万年前制造的石器，却远非其他类人猿亲戚的智力所能及。

20世纪90年代初，印第安纳大学的托特（Nicholas Toth）证实了黑猩猩的极限。当时他试图训练一只极聪明的驯养倭黑猩猩“肯西”（Kanzi）制作石器。肯西花了四个月时间猛敲石头，终究没有结果。问题出在它的拇指不如人类及某些人类祖先那般灵活，因此准头不够，凿不出形状。更重要的是，它的脑袋无法掌握敲石头过程中所有的变量，例如要用多大的力气、要用这块石头敲中那块石头的哪一点等等。250万年前，咱们的祖先却把这些问题全解决了。

制造工具的动因和改用两脚走路一样，也可能是由气候的改变所致。距今300到200万年前，东非与南非变得比从前干燥许多，许多林地被草原取代。人类祖先站得更直了，可能因为他们必须适应炎热的开阔栖地；如果他们站着，当头洒下的热带阳光便照不到他们身体太多部分，而且微风吹来，直立的身体也可吹到更多风。羚与瞪羚对新栖地的适应力强，很快在大草原上扩散开来，有些羚羊化石显示它们曾被切开，或是骨架上的肉被刮干净。人类祖先很可能跟随这些哺乳动物横越大草原，吃它们的肉——或许是去吃狮子及其他掠食者留下的兽尸，或许是把掠食者吓走，抢走猎物。

黑猩猩也懂得使用工具，图中的黑猩猩正在用细枝挖白蚁。但它们无法像人类祖先那样，自250万年前便开始制作石器。

“匠人”为活在170万年前的人类祖先，被视为第一批堪称为“人”的物种。

第一批石器露面时，非洲至少住了四个不同种的人类祖先。带头制造石器的最可能人选，是和我们现代人同为人属（Homo）的第一批成员。已知最早的人属化石纪录，大约在250万年前出现，和已知最古老的石器时代交集。这个属和其他的人类祖先有显著的不同点：他们两手的拇指可对立、脑容量大。根据颅骨空窝判断，早期人属的脑容量相对于身体比例，比第一批人类祖先大了50%。

有了石器，即使人类祖先没有鬣狗的颚骨或狮子的利爪，吃肉的机会也会增加。同时脑容量迅速演化变大，不到几千年时间，已变成黑猩猩的两倍，配上有着一双长腿、身高可达6英尺的身躯。此刻所有爬树的痕迹都已消失。这批被命名为“匠人”（Homo ergaster）的人类祖先，是第一批堪称“人类”的动物。他们和现代人一样，喜欢四处漫游，很快地便远离了非洲。到了 170 万年前，匠人已抵达现今里海海滨的格鲁吉亚共和国，在那里留下许多颅骨及工具。

但这批格鲁吉亚人所使用的简陋石器，亦即人类祖先至少用了 80 万年的标准工具，却很快遭到淘汰。留在非洲的人类祖先在 150 万年前左右，成就了另一项科技大突破，他们发明了手斧。比起早期简单地凿磨的石器，制造这些新型工具需要更高明的技巧。制造手斧时，必须将石头的两面一层一层凿薄，这样才会锋利。无论制作者是谁，他可不是乱敲一气，能用便行，他们的心里已有明确的工具蓝图。

发明手斧及其他新型石器后，非洲的原始人类才能替自己饥渴的心智补充足够的养料——同样体积的脑组织所需的能量，比休息状态中的肌肉所需高 22 倍。此刻的人类祖先脑容量巨大，需要消耗极多能量。人类祖先可能利用新工具获取更多肉，屠宰体积更大、皮更厚的动物。但若现代狩猎 / 采集者的生活能表明任何迹象，那便是这些人类祖先绝非只靠吃肉为生。

即使在今天，运用毒矛等精密武器的狩猎 / 采集者仍无法捕捉足够的猎物以喂饱家人。犹他大学的人类学家霍克斯（Kristen Hawkes）曾经研究过住在东非大草原上的哈扎人（Hadza）的饮食，发现他们虽然偶尔会吃一只瞪羚或其他大型动物，但平日仍倚赖树根及块茎提供稳定的卡路里来源。霍克斯因此认为早期的女性原始人在 150 万年前便开始使用改良石器，制作挖掘器具，用来挖根茎。

新型工具发明后不久，更大批的人类祖先陆续迁出非洲。约在 100 万年前，人类祖先带着他们的工具，开始移入亚洲及欧洲。到了 80 万年前，他们便已散布于整个亚欧非大陆，西至西班牙，东至印度尼西亚。但这些人类祖先却从未移往北纬 50 度以北的地区——即英格兰南界。还要再等好几十万年，他们才敢北征。霍克斯指出，这是因为北纬 50 度以北天气寒冷，是许多树根停止生长的界线。倘若人类祖先是听命于五脏六腑的长征军，一走到那条界线前，便不得不戛然而止。

工具与盟友

若没有工具，人类祖先不可能分布如此之广。到底是什么样的演化力量，让他们能够制造出工具？在人类祖先整个演化过程中，他们的脑容积断断续续地变大。随着脑袋愈变愈复杂，照理说人类祖先便可应付制造工具的挑战。但还有一个问题：大脑袋又是怎么发展出来的呢？

答案的根源可能在于类人猿与猴类的社会生活。与其他动物相较，灵长类是社会性特别高的一种动物，一生过着集体生活，忙着结盟，努力往社会阶层高处爬。灵长类对于周遭群居社会的变化相当敏感——通常更甚于对物质世界的知觉。比方说，绿长尾猴极怕蟒蛇，但却不懂得辨识蟒蛇新留下来的行迹；可是它们对群体中其他成员的家族及亲属关系却了然于心，倘若两只绿长尾猴打起架来，它们的亲戚便记恨在心，几天后还会互相挑衅。

有时灵长类因为对同伴了若指掌，所以可以互相欺骗。苏格兰圣安德鲁大学的灵长类专家怀顿（Andrew Whiten）有一次观察到一只名叫保罗的年幼大狒狒，蹑足溜到一只名叫梅儿的成年母狒狒身后。当时梅儿正在挖土，想刨出一个有营养的块茎。保罗四下张望，确定附近没有别的狒狒，便突然尖叫一声。它的母亲立刻在几秒钟内冲过来，认定梅儿在欺负自己的儿子，把

我们的大脑里包含许多“模块”，各自负责不同的工作，例如建立物体的边缘。上图形成的视觉“错觉”，便是建立边缘的神经元模块的工作成果。

梅儿赶下一片小断崖，保罗随即将梅儿的块茎据为己有。

除了人类以外，在所有灵长类中，最狡猾的当属和我们血缘最近的亲戚：类人猿。怀顿说："类人猿仿佛都读过权术家马基雅维利（Machiavelli）写的书，它们非常在乎自己的社会地位，积极地想结交盟友，帮助自己往高处爬。可是若碰到适当时机，又会听从马基雅维利的建议，欺骗背弃那些朋友。"

神经学者一度认为敏锐的社会智能（social intelligence）并不特别；人脑就像一个适合各种用途的信息处理机，运用同样的策略，解决遭遇到的任何问题——无论是有关社交或现实的问题。但是最新的证据却显示大脑的运作非常专门化，脑神经元网络分成许多的模块（module），各司其职，每个模块都专门负责解决某种特殊的问题。

想要实际体验这些模块的操作，请看前页图的视力练习。虽然图中是三个切掉一角的圆形，你却看见中间的三角形。这是因为在你脑中的视觉中心，有一个模块专门负责感知物体的边缘，即使边缘并未完全显现，你的脑却不认为那只是一堆毫无秩序的线条，而是某物体的界线。从眼睛传送给脑部的信号，分别经过许多不同的模块，它们负责各自的影像处理任务，任务执行完成后，你的脑便整合所有信息，形成你眼中所见的 3D 影像。

你不必去学校锻练这些视觉模块。在你仍是胚胎时，它们便开始成形，然后在你开始使用眼睛之后成熟。许多生物学家认为它们是自然选择创造出来的适应结果，就和象鼻或鸟喙一样，是针对我们祖先经常面对的问题而演化出来的。视觉模块可能因我们远房灵长类祖先的需要而演化，如辨识最爱吃的果子，或在树林里找路。如此一来，我们的脑子不必时时刻刻从零开始重新建立外在世界的影像，每秒钟来个 60 次，只需运用模块筛选精要信息便可。

我们运用特殊的模块去看世界，同样的，也运用特殊的模块去感知自己的社会。剑桥大学心理学家巴伦-科恩（Simon Baron-Cohen）通过研究脑部异常者，探究这种社会智能模块的运作。他的研究对象中有一群威廉氏症候群（Williams syndrome）患者，这种人通常智商很低，在 50 到 70 之间，分不清左右，也无法做简单的加法。然而很多患者却具音乐天赋，酷爱读书。他们对别人特别好奇，具有非比寻常的同情心（empathy，也称"同理心"）。

为了研究威廉氏症候群患者的社会智能，巴伦-科恩发明了一项测验。他从杂志里剪下一堆表情特别丰富的人脸图片，再剪下脸的一部分，比如那些人的眼睛，然后拿给威廉氏症候群患者看，请他们根据那些眼睛，猜测图中人的感觉。结果他们给的答案，和另一群作为对照组的正常人的答案相同，显示这些威廉氏症候群患者虽然脑部受损，却没有损害到他们透视灵魂之窗的能力。

巴伦-科恩接着对自闭症的小孩做了同样的测验，结果正好相反。自闭症患者不见得智商低，少数患者甚至非常聪明。可是他们总是无法理解社会规则，或了解别人在想什么、感觉如何。巴伦-科恩让自闭症患者看图中人的眼睛，结果他们完全无法猜测那些人的心态——他们的脑子就是不让他们设身处地替别人想。

巴伦-科恩的研究结果揭露了赋予我们社会智能的神经网络轮廓。当这类网络受损时，例如自闭症患者，其他方面的智力却可能完好无碍。威廉氏症候群患者则证实了社会智能可以在其他一些智能受损的情况下，完全不受影响。

社会智能的演化，可能是人类崛起最重要的因素之一，当然也是一般灵长类演化的关键。灵长类的脑便是最有力的证据。英国利物浦大学的心理学家邓巴（Robin Dunbar）曾针对脑容积作过比较——尤其是脑部最外层、处理深层思想的新皮层。有些灵长类，例如狐猴，新皮层相对于身体，所占比例较小，但其他像狒狒或黑猩猩等灵长类，这个比例却很大。邓巴发现一个惊人的模式：灵长类新皮层的大小，与它们所生活的团体大小密不可分。团体愈大，新皮层愈大。

邓巴的结论是：灵长类若与大团体共同生活，便需要较强的社会智能。它们必须记清朋友和敌人、亲戚与熟人。对这些物种来说，能产生较大、较有效力的新皮层的突变，必受自然选择眷顾，因为它可以强化其社会智能。而新皮层愈大的灵长类，愈擅长欺骗，那也就不足为奇了。

既然人类也是灵长类，适用于灵长类的法则理应适用于我们自身。因此，社会智能的演化，必定是人类发展出超级脑容量的关键。

演化出心智理论

最早期的人类祖先非常类似黑猩猩——无论是体型、所居住的栖地，还是脑容量。它们的社会生活可能也很像黑猩猩，所需的社会智能和现在的黑猩猩相当。科学家为了探索这两种动物的潜在关系，对黑猩猩进行了各项实验，了解它们对同伴的认知程度。黑猩猩马基雅维利式的行为表现，是否源于它们知道同伴拥有和它们相同的心智，因此可以“将心比心”？它们是否具有心理学家所谓的“心智理论”（theory of mind，指理解自己与别人的心理状态，并且借此预测和解释行为的一种能力）？

研究黑猩猩的结果显示它们的这种能力相当粗浅。比方说，它们知道同伴可以看见或看不见什么。哈佛的灵长类专家黑尔（Brian Hare）及同僚对优势及次优势黑猩猩做了一连串实验，证实了这一点。每当黑猩猩为食物发生争执时，赢的总是优势猩猩。在黑尔的实验中，一只优势与一只次优势的黑猩猩，同时从相反的方向被放进一个笼子里。笼里放了两个水果，猩猩老二知道猩猩老大只能看见其中一个，因为另一个被一根塑料管挡住，从老大的方向看不见它。结果猩猩老二每次都去拿藏起来的那个水果，避免和猩猩老大发生冲突。

哈佛黑猩猩专家兰厄姆表示：“我们愈来愈确定，黑猩猩的确具备了雏形的‘心智理论’要素。我们知道黑猩猩可以观察同伴，看见对方所看到的东西，然后依此发展出自己的对策。据我们所知，除了人类及黑猩猩之外，没有另一种动物具有这种能力。”

然而黑猩猩似乎并不能完全揣测到同伴的心态。路易斯安那州西南大学的灵长类专家波维内利（Daniel Povinelli）做过一个实验，比较黑猩猩与两岁小孩的社交能力。他让两者对两位观众打手势要食物吃，其中一位观众蒙口罩，另一位戴眼罩。结果两岁的小孩懂得带眼罩的大人看不见，便转头向蒙口罩的人要东西吃。黑猩猩却对戴眼罩和蒙口罩的人一视同仁，都打手势。

黑尔的实验证实黑猩猩了解某些有关视觉的基本事实，例如障碍会挡住别的猩猩的视线。但波维内利的实验却显示黑猩猩并不了解关于视觉的一切——它们不了解眼睛的后面还有一个心智在感知眼睛所收到的视像。

这些研究结果显示，黑猩猩与人类的共同祖先显然并不能理解同类亦拥有心智，和自己一样具有思考能力。换句话说，它们并没有发展出心智理论。所以我们的祖先必定是在500万年前与黑猩猩分支后，才开始演化出心智理论。

怀顿与邓巴都认为，人类祖先是在从茂密丛林移向开阔林地最后移向大草原的过程中，逐渐开始演化出心智理论。因为他们开始经常接触狮豹等危险的大型掠食动物，又无法再爬树躲藏，因此人类祖先赖以生存的团体变得比以前更大。和大团体共同生活将刺激他们演化出更高的社会智能，所需的脑容量也相对变大。人类祖先就这样演化成善解人意的高手，只要观察同伴的眼神，便知道对方可以看见什么，甚至在想什么。他们可以解读肢体语言、回想别人过去的行为。因此，人类祖先变得更善于互相欺骗，结交盟友，以及追踪、记录彼此的所作所为。

怀顿认为这种社会性的演化一旦起步，便一发不可收拾。任何一个人类祖先，只要天生具备较敏锐的“心智理论”，便能欺骗自己的团体，终至在繁殖后代方面获得更大的成功。怀顿说：“这么一来便对每个个体都形成一种被淘汰的压力，使他们愈来愈善于揭发欺骗。其实揭发欺骗就等于更清楚别人的心态，也就是更善解人意。”

人类祖先的演化可能因此变成一个“反馈循环”，社会智能不断提高，创造出愈来愈大的脑容量。这种愈演愈烈的演化趋势最后改变了人类祖先的社会形态，优势男性愈来愈无法主宰自己的集团，因为下属都愈变愈聪明了。人类祖先的社会于是从黑猩猩式的阶级制，转变成平等制。每位成员运用自己的“心智理论”与其他成员交往，确保没有任何人能够欺骗整个团体，或企图主宰大家。

怀顿认为只有当人类祖先的社会变平等之后，才可能彻底发挥狩猎 / 采集生活的优点。男性可以合作计划狩猎行动，安心把妇孺留在家中，不再疑神疑鬼；同样的，女性可以自行组织远征计划，外出寻找块茎及其他植物。有了工具，又懂得互相合作之后，人类祖先为自己在大草原上开辟出了一个新的生态龛位。

怀顿说：“心智理论令我们脱颖而出，因为我们可以深刻感受他人的感觉。同样的，这种能力也让我们变得比地球上任何一种生物更狡猾、更奸诈。”

更新世的激情

人类祖先在非洲大草原上，靠着吃腐肉、猎食动物和采集植物为生，生存了超过 100 万年时间。我们的祖先在这段漫长的现代生活序曲中，首度开始依赖工具，同时——根据邓巴的说法——首度发展出复杂的社会形态，以“心智理论”了解同伴。

在那个世界里，自然选择必定眷顾某些特定行为或能力。其中一些是基本的生存技巧，例如制造石器的能力，或是可以远远看见猎物的好眼力；另外一些则可以帮助他们求偶。创造出孔雀屏与公狮杀婴行为的演化力量，理应也在我们更新世祖先的身上发挥作用。

倘若人类祖先的行为是由性及家庭的需要塑造出来的，今天我们是否仍受制于更新世的激情？寥寥几个演化问题却引起了大量激烈的争论。不少科学家认为我们仍受制于这类激情，甚至声称能够解析它们，找出其最原始的适应值（adaptive value）。反对派则认为人类行为早已脱离其演化根源，任何欲将现代人之情绪或习俗，强行与 100 万年前非洲大草原上适应力画上等号的企图，纯粹是科学上的傲慢心理。这项争议不止牵涉先天与后天的影响力，更触及我们该如何去了解演化历史这个问题的核心。

哈佛大学的威尔逊于 1975 年出版了其划时代巨著《社会生物学》（*Sociobiology*），提出许多看法，惹起许多争议。这本书大部分内容在纵览那些科学家运用演化理论了解动物社会生活的成功案例。许多乍看之下像是演化悖论的例证，在经过审慎研究后，都变得极有道理，就像前一章里提到的：无生育力的工蚁也能让自己的基因传续下去，因为所有蚂蚁的血缘非常近；公狮占领新的狮群后将幼狮杀死，那是在促使母狮发情，好让她们生下自己的后代。

威尔逊在《社会生物学》最后一章的开头写道：“现在让我们来思考人类。让我们假装是来自外星球的动物学家，要编纂一份介绍地球上社会性物种的目录。”人类是生活在大型社会中的灵长类，人类的祖先可能演化出利他主义及分享食物的行为。如同欺骗和诡计，交换行为及互助合作成为早期人类社会的要素。在这样的早期社会里，男性与女性各自扮演特定的角色，男性宰杀猎物，女性抚养小孩及采集植物。威尔逊因此推测，性选择必定是驱策人类演化的要素之一。“侵略性受到抑制，旧有的领袖支配方式，被复杂的社会技巧取代，”他写道，“年轻男性了解融入社群的好处，于是控制自己的性欲及侵略性，耐心等待轮到自己登上领导地位的时机。”

威尔逊企图将心理学转化为演化生物学，造成轰动。《社会生物学》畅销一时，《纽约时报》甚至在头版发表评论。该报写道，人类的行为“很可能跟手或脑容量一般，同样是演化的产物”。不过威尔逊也引发许多反对声浪，大多来自左派学者，他们谴责威尔逊利用科学为社会现状辩护，以此作为现代社会一切不公平现象的遁辞。抗议人士每每冲进威尔逊发表演说的科学会议场所，高呼反社会生物学的口号，有一次甚至往他头上泼水。

较节制的批评家则认为人类并不能套入社会生物学的框架。或许包含式适应力的确是驱策不孕蚂蚁致力照顾蚁后后代的力量，却不能解释各种不同形式的人类家庭。以苏丹的努埃尔人（Nuer）为例，他们把不孕的女人当男人，让她们迎娶怀有私生子的女人。孩子生下后，即被视为不孕女人的子嗣。这样的家庭绝非源于遗传需要，而是特殊的文化传统。

今天仍有许多人类学家因类似理由，反对社会生物学。可是从20世纪80年代开始，许多反对派却发现自己的研究数据竟符合社会生物学。霍克斯便是其中一位。她的第一个人类学研究计划，对象为新几内亚高地的毕努玛瑞恩人（Binumarien）。她想研究亲属关系对他们行为表现的影响，于是她先学习毕努玛瑞恩人用来分别亲戚的称谓，并观察亲戚们如何互相帮助。等霍克斯返回美国之后，她才开始认真考虑演化影响人类文化的可能性，决定利用自己从毕努玛瑞恩人那儿搜集到的数据，测试社会生物学。

如果威尔逊说得对，毕努玛瑞恩人亲疏关系应该划分得很清楚。若想加强包含式适应力，当然应该先帮兄弟，再帮表亲。霍克斯却发现他们的语言无法分辨这类亲疏关系。例如在西方人说来应是堂表兄弟的两个男人，换做毕努玛瑞恩人，却互称兄弟。（西方社会的亲属称谓也有不清楚的地方：uncle可指父母的兄弟，他们和你共有的基因平均占1/4；也可指姨妈或姑妈的丈夫，他们则和你完全没有血缘关系。）

看来霍克斯发现了一个违反社会生物学的个案，因为毕努玛瑞恩人似乎认为亲疏差异程度并不重要。然而在他们家族称谓的表面底下，包含式适应力似乎仍在作用。毕努玛瑞恩人在院子里养猪及种植甘薯等作物作为食物。社区内每个成人都有自己的院子，因此如果他们去帮别人打理院子，用在自己院子的时间就少了。霍克斯发现虽然他们对亲戚的称呼一样，但去近亲院子里帮忙的时间，却总比去远亲院子里帮忙的时间多。

随着部分人类学家逐渐支持社会生物学，社会生物学本身在20世纪80年代亦愈趋成熟。拥护者不再争辩基因对行为具决定性的影响力，却提出证据显示，基因会调整动物在潜意识中作出有关择偶及抚养后代等决定的方式，这类适应性策略——鸟类学家艾姆兰称为“决定准则”（decision rules），会令动物在不同情况下，表现出不同的行为。

艾姆兰自己便以研究肯尼亚蜂虎的结果，示范这类决定准则的复杂性。一只年轻的雌蜂虎，在自己的第一个繁殖季里可以选择开始生养，或帮助大家族中另一对生养小鸟的蜂虎，或干脆什么事都不做。如果有一只尚未配对、较年长的优势雄鸟来追求它，它几乎百分之百一定会离开自己的家庭及领土，随雄鸟到社群的另一区去筑巢。雄鸟若还有一群帮手协助喂哺它们的雏鸟，那就更好了。但如果它可以挑选的对象只有次优势雄鸟，那么它就会拒绝它们，因为年轻的雄鸟帮手少，又得忍受公公常来打扰，叫老公回去抚养弟妹。

艾姆兰证实了演化的力量可以令小小一只鸟、一只脑袋小得几乎不能进行太多思考的动物，进行如此微妙又有弹性的策略。难道人类祖先就不能演化出同样复杂、同样属于潜意识层面的决定准则？

新一代的社会生物学家同时开始将焦点放在人类祖先在非洲大草原上所经历的演化压力。我们的祖先以同样的生活方式（组成狩猎/采集的小集团）在同样的地方（非洲草原）生存了超过100万年。他们用石器猎杀动物或刮除兽肉，并以挖掘块茎及采集其他植物补充食物。他们必须在同样的情况下寻找伴侣及抚养小孩。经过一段时间，他们的身体及心智都习惯了这种生活方式。他们可能演化出适应草原生活的心智模块。就像运用瑞士刀上不同的刀片，他们也根据狩猎/采集世界中不同的需要，灵活运用这些心智模块。

许多社会生物学家认为，人类生活在草原上的日子虽已远去，但就演化的观点来看，它并未被遗忘。工业文明存在至今不过两个世纪，就连人类自狩猎/采集生活变成农耕生活，亦不过几千年而已，对整个人类祖先的演化史来说，只占百分之一。尽管我们的生活已大为改观，但改变时间并不长，仍不足以让自然选择大幅改变人类的心理状态。

若从这个角度来看我们自己，应该就比较能够了解为什么我们的心智在处理某些问题时特别灵光，对别的事则不是。这种研究心智的方法，叫做“演化心理学”，其推广人是一对同在加州大学圣巴巴拉分校任教的夫妻搭

蜂虎必须为与谁配对，及如何抚养后代作许多选择。研究者发现它们在潜意识中作出的决定，是受到复制自我基因之欲望的影响。有些演化生物学家宣称人类也是如此。

档：科斯米迪（Leda Cosmides）以及图比（John Tooby）。两人分别为心理学家及人类学家，一起用此法解析一些经心理实验获得的怪异结论。比方说，科斯米迪曾经改良过一个名叫“沃森测验”（Watson Test）的经典心理逻辑实验。实验是这样的：想象有人在你眼前摆了四张牌，分别写着 Z，3，E，4。对方告诉你，每张牌另一面也有符号，基本规则为一面写了元音的牌，另一面一定是偶数。你应该翻开哪张或哪几张牌，查证它们有无违规？

答案是你必须检查 E 及 3（你不必检查 4 那张牌，因为即使另一面写的是辅音，也不算违规）。做过沃森测验的人，成绩通常很差。可是科斯米迪却证实，若改以社会用语来解释同样的测验，受测者的成绩便会大幅改进。比方说，你眼前摆了四张牌，分别写着：18，可乐，25，啤酒。牌的一面为酒吧内客人的年龄，另一面则是他们点的饮料。你该翻开哪几张牌，检查谁不满 21 岁就喝含酒精的饮料？

正确答案为 18 及啤酒。几乎每个做过这个测验的人都答对了，其实它背后的逻辑跟原来的沃森测验一模一样。科斯米迪及图比认为我们做这类测验之所以这么灵光，是因为我们都极善于掌握社会的复杂性。我们的祖先早已经演化出侦测欺骗者的心智模块，因为依赖狩猎/采集为生的团体必须分享肉、工具及其他珍贵物品，谁能够看穿爱占便宜的人，谁就必将受益。

演化心理学家认为我们的祖先在对待异性及子女的行为上，尤其需要极有效的心智模块。毕竟我们的繁殖成功率，最终由这两者决定。在这个方面，我们其实跟别的动物没有两样。雌孔雀仰赖演化而来的决定准则去择偶，但它在选择时，脑袋里并不会列出得失表；触发它采取某些行动的，是它所看见的、闻到的，以及它的经验。同样的，人不会因为做了冷静理智的基因优劣评估而陷入爱河，但根据演化心理学家的说法，引发爱欲及嫉妒等情绪的因素，皆为人脑的适应结果。

比方说，什么特质可以吸引人？毕竟那是择偶的第一步。许多动物都对“对称性”情有独钟，可能因为这是健康的可靠线索；它也适用于人类。墨西哥大学的韦恩弗斯（David Waynforth）曾经在一项研究中测验过中美洲伯利兹（Belize）男性脸孔的对称性，发觉脸部愈不对称的人，患重病的几率愈高。

脸孔的对称及不对称通常差别细微，一般人不会清楚地意识到，但它的确影响了我们对吸引力的评判标准。圣安德鲁斯大学的佩雷特（David Perrett）曾用计算机调整人脸的照片，创造出较对称及较不对称的脸，再把原来的照片及经过改造的照片拿给受测试的人看，请他们打分数。结果受测试者全偏爱对称的脸。

脸孔可能还不是咱们更新世祖先用来选择未来伴侣的唯一线索。女孩子长到青春期时，会具备某些特征，显示她们已具生育能力：她们的臀部会变宽，开始储备脂肪，以供怀孕时能量所需。具生殖力的女人腰围都占臀围的67%到80%。男人、小孩及停经后的女人，腰围占臀围的比例则为80%到95%。腰围臀围比例如果低，便意味着年轻、健康及具生育能力。

我们似乎对这个比例相当敏感。得克萨斯州大学的心理学家辛格（Devendra Singh）曾调查过不同年龄层及文化背景的男性及女性，给他们看腰臀比例不同的女性照片。结果一般人都认为比例为60%到70%之间最具吸引力，即使受测试者对女人的外表喜好不同，但这个比例仍然一样。辛格发现虽然这些年来《花花公子》杂志上的模特儿及选美皇后愈变愈瘦，但她们的腰臀围比例却一直没变。这项经得起时间考验的喜好标准，很可能在100万年前就出现了，好让男人挑出会生小孩的女人当伴侣。

不快乐的童话结局

雌雄两性之间存在不可避免的利益冲突。理论上，雄性可以在一生繁殖千万个后代，但雌性的繁殖机会却少很多，而且每生一个都得耗费许多精力。想必咱们活在更新世的老祖父及老祖母也经历过同样的演化冲突。男人不见得必须为生一个小孩付出昂贵代价，女人却逃不过沉重的负担，她们必须怀胎十月，随时可能因并发症死亡，又得因为哺乳而燃烧数万额外的卡路里。

冲突的结果，便是男性与女性演化出不同的性喜好——而且那些特质至今仍能吸引我们。得克萨斯州大学心理学家巴斯（David Buss）曾对来自37个不同文化——从夏威夷到尼日利亚——的上万名男女进行过一项长期调查，请他们评估最重要的择偶条件。巴斯发现通常女人都比较喜欢年纪较大的男性，男人却喜欢较年轻的女性；男人对外貌的重视高于女人，女人则重视经济能力。巴斯认为这种普遍存在的模式暴露了人类更新世祖先演化出来的适应结果：女人受到有能力供养小孩的男人吸引；男人则想找个具有生育能力的健康女人。

演化心理学家认为，男女两性因为这些利益冲突而表现出不同的行为。

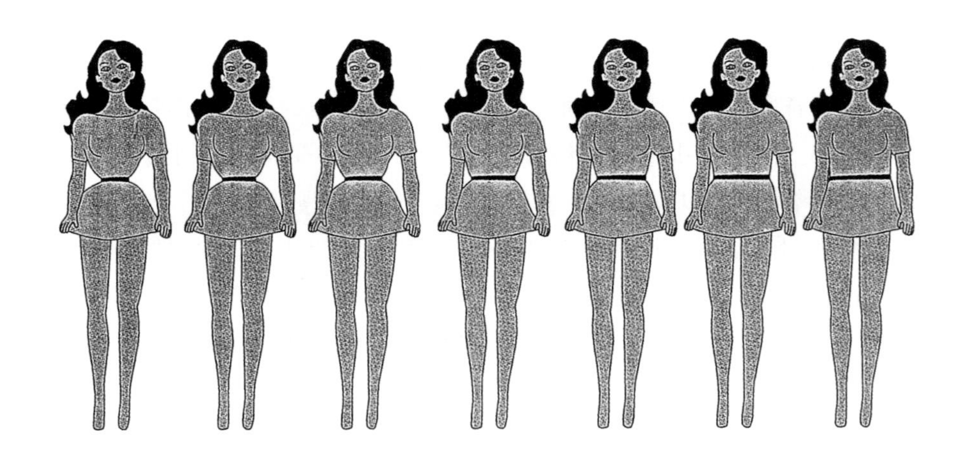

男人偏爱腰围对臀围比例在60%到70%之间的女性（上图从左边算起第三及第四位）。这到底是文化上偶然的结果，还是人类祖先的大脑在100万年前为了寻找好伴侣所演化出来的适应结果？

19世纪苏格兰画家费德（John Faed）1851年的画作《残酷的姐姐》，描绘一名女子怀疑爱人喜欢自己的妹妹。根据某些心理学家的理论，她的嫉妒情绪其实是一种演化而来的适应结果。

许多调查都证实大多数人一直怀疑的一件事：男人对性比女人更热衷。男人希望在一生中拥有的性伴侣数目，比女人高出四倍；男人性幻想的次数也比女人高出两倍；男人另寻新欢的等待时间较短，对尝试露水姻缘的兴趣也较高。

但即使更新世的女性演化出择偶的高标准，也不代表她们一定忠实对方。我们已在上一章看到，动物世界里充满欺骗伴侣的雌性。比方说，一夫一妻制的雌鸟，有时会和来访的雄鸟交配，却让戴绿帽的老公抚养雏鸟。雌鸟欺骗伴侣时必须冒险，因为雄鸟可能会弃巢而去。然而这个险值得冒，因为它可以找到一个基因较优的雄鸟做它孩子的父亲。更新世的女性对于不忠这种行为可能也演化出了类似的决定准则，而现代女性仍继承奉行。

圣安德鲁大学的潘顿–弗克（Ian Penton-Voak）曾经调查过哪一种男性的脸可以吸引女性。他利用计算机合成出“女性化”及“男性化”的脸，发现女人在排卵期间，会比较喜欢男性化的脸。所谓“男性化”，即指眉骨突出、方下巴、有力的颧骨等；这些特质可能就像雀屏，是男性优良基因的广告。其制造来源全是睾丸素，而睾丸素会抑制男性的免疫系统。这项交换显示有一张男性化的脸必须付出极高的代价——只有免疫系统很强的男人才付得起！

潘顿–弗克认为女性在最可能怀孕期间较受男性化男人的吸引，可能是为了替小孩争取优良基因的适应结果。当女人排卵时，比较容易和这样的男人发生韵事，但在月经周期其他时段里，却变得对协助她抚养小孩的男人更感兴趣。

我们的老祖宗受到这类利益冲突的驱策而演化，一些人类最丑陋的情绪可能便因此产生，成为有用的适应方法。巴斯认为嫉妒便是这类机制之一，而非病态情绪。伴侣不忠，经常没有明显的信号。男人甚至不知道女人何时排卵，因为女人不像其他灵长类，生殖器不会肿大。巴斯认为在这种不确定的情况下，嫉妒极符合演化的逻辑。脑中若存在一个“嫉妒模块”，你便会随时保持警觉，注意到完全理性的心智可能会忽略掉的细微线索（这种古龙水味道我怎么没闻过？）。倘若信号很多，超过警戒线，“嫉妒模块”便可能触发某种反应，或许可以因此避开威胁，或减少损失。

巴斯曾主持多项实验与调查，证实嫉妒为一种适应的结果。倘若你在男人的额头上连接电极，再请他想象爱侣欺骗他，便可测量出他感受的压力程度。男人若想象伴侣和别的男人发生性行为，所承受的压力比想象伴侣爱上别的男人更大（想象实际发生性行为会令他们心脏每分钟多跳五次，跟连喝三杯咖啡的效果一样）。

女人的反应却相反，在想象感情遭背弃时承受的压力较大。这样的调查结果在美国、欧洲、韩国及日本全部一致。巴斯因此断定：对男人来说，伴侣与别人发生性行为对其繁殖成功率的威胁较大；但对女人来说，情感上的背叛可能代表伴侣将遗弃她，不再供养她的小孩。

如果巴斯的理论正确，演化心理学便比传统心理学更适合处理嫉妒的问题。心理治疗师通常视嫉妒为不自然的情绪，建议病人通过培养自尊，或者不要那么敏感、不再整天想象配偶不忠而消除掉这种负面情绪。巴斯虽然并不包容嫉妒的丑陋面——如跟踪老婆或家暴等行为——却认为假装我们可以根除嫉妒心理是毫无意义的。他建议人们应利用嫉妒心理来巩固而非破坏两性关系。偶尔嫉妒一下，才不会视对方为理所当然。

巴斯及其他演化心理学家认为，我们并不会因为各种心理上的调试结果而注定不可能快乐，但我们必须面对它们、解决它们。举例来说，现在大家认为继父母都应该对亲生及非亲生的小孩一视同仁，演化心理学家认为这种要求根本不切实际。他们认为父母愿意为子女作出极大牺牲，这种对子女的爱，其实也是一种适应的结果，旨在确保自身基因的永续。倘若这种说法属实，那么继父母自然很难对非亲生的小孩产生同样深的慈爱。

许多令人齿寒的统计数字都支持这项假设。当继父母与非亲生小孩发生冲突时，他们之间缺乏生物性联结来减缓紧张，冲突比较容易升级到失控的地步。根据统计，最可能造成儿童受虐的因素，仍是非亲生的问题；而小孩被继父母杀死的几率，比被亲生父母杀死的几率，高出 40 到 100 倍。当然，并非所有的继父母都注定是大坏蛋，他们只是没发展出和亲生父母同样程度的耐心及宽容而已。演化心理学家因此指出一个减少冲突发生率的方法：身为继父母的人必须意识到，要想拥有美满的家庭，他们必须克服一些亲生父母不必面对的障碍。

真有标准模块吗?

新一代的社会生物学家也有批评者——其中包括不少演化生物学家。后者认为社会生物学家常搜集到一点数据便骤下结论，有时根本不了解演化的过程。

举个例子，2000 年，有一本名叫《强奸自然史》(*A Natural History of Rape*) 的书出版，引起了极大的争议。该书由桑希尔 (Randy Thornhill) 及帕尔默 (Craig Palmer) 两位生物学家合著，他们认为强奸其实是一种适应结果，目的是让没有机会亲近女人的男人提高其繁殖成功率。强迫式的性行为并非人类的专利，许多种类的哺乳动物、鸟类、昆虫等都有同样的记录。桑希尔提出证据，显示强奸是蝎蛉 (scorpion fly) 的交配策略之一。有些蝎蛉借储存雌虫爱吃的死昆虫来吸引异性，并将企图来偷死虫的其他雄虫赶走；还有些雄虫在树叶上分泌唾液，等雌虫来吃；有些雄虫干脆抓住雌虫，强迫对方交配。

桑希尔发现借储存死昆虫来吸引雌虫的，全是体积特别大的雄虫；中型的雄蝎蛉则以唾液作礼物，但女朋友数目少很多；最小的雄虫只好付诸暴力。但只要时机对，每一只蝎蛉都可以运用以上任何一种策略。倘若最大的雄虫消失了，中型雄虫便开始储存死昆虫，小个子则开始分泌唾液。

桑希尔及帕尔默认为我们的祖先可能也将强奸列入性策略之一，作为不得已的下下策。他们指出被强奸的受害人经常都处在生育巅峰期——暗示繁殖是强奸犯潜意识里的最终目的。处于生育年龄层的女性受害者，反抗程度比其他年龄的受害者激烈，因为根据桑希尔及帕尔默的说法，就繁殖观点来看，她们的损失最大。两位学者也宣称，调查结果显示，处于生育年龄层的女人受到的心理创伤也最大——她们在为自己丧失以正常求偶过程选择伴侣的机会而“哀悼”。

《强奸自然史》遭到《自然》杂志严厉的批评。两位演化生物学家——芝加哥大学的柯因（Jerry Coyne）及哈佛的贝瑞（Andrew Berry）——把书中提出的证据攻击得体无完肤。在1992年一项调查中，年龄小于11岁的女孩（还不具生育能力）仅占总人口15%，却占受害人的29%，若根据该书假设，这个百分比显然过高。两位作者宣称这个比例之所以很高，是因为美国女孩早熟，初潮时间比以前的女人早很多，因此“提升了许多不满12岁女孩的性吸引力”。柯因与贝瑞却不以为然：“这种完全无望的抗辩，只让人更注意到该数据无法支持作者之假说的事实。”

至于生育年龄的女人反抗最激烈一说，也跟演化毫无关系——她们只不过比小女孩和老女人更强壮罢了。柯因与贝瑞写道：“两位作者无视其他更合理的可能性，一味鼓吹他们对某现象的个人解释，不啻暴露其真正面貌——《强奸自然史》只是一种主张，而非科学。桑希尔及帕尔默倒是恪守社会生物学一向的传统，他们所谓的‘证据’，无非只是一连串无法验证的‘原来如此的故事’。”

柯因与贝瑞在此影射的是英国作家吉卜林1902年出版的《原来如此的故事》（*Just So Stories*），这些童话故事幽默地解释了豹子的斑点、骆驼的驼峰及犀牛厚皮的由来。柯因与贝瑞对演化心理学的不满，其实很多生物学家都有同感。他们明白，要编造演化的故事很容易，但探究自然现象的真正目的却难上加难。

为了记录真正的适应结果，生物学家必须利用一切可能的工具，验证所有他们能想到的不同解释，只要能够做实验，他们一定会去做。当许多不同物种发展出相同的适应方式时——比方说，花演化出极深的花蜜管——科学家便会架构出演化树，追踪每个物种适应过程的起源。

人脑比花复杂许多，而研究人员能够探究人脑演化史的方法又极有限。黑猩猩及其他类人猿可以让我们一瞥500万年前我们祖先可能的状况，但是，从那个时候开始，人类便朝另一个方向独立演化。我们不可能把100位直立人关起来做实验对象，看看谁会吸引谁。

另外，演化心理学家经常依靠调查报告，但他们的抽样对象通常是几十位美国大学生，而且大部分都是来自小康家庭的白人，很难代表普遍的人类状态。有些演化心理学家意识到这个问题，设法去别的国家做同样的调查。即使如此，他们仍可能会贸然得出放诸四海的结论。例如巴斯在其著作《危险的激情》（*The Dangerous Passion*）中写道："美国人及德国人的反应略同，这显示出，尽管文化不同，两国男女两性间对爱与欲并存的渴望，均存在着极大差异。"但如果与新几内亚的毕努玛瑞恩人或非洲俾格米人（pygmy）来比较，美国人及德国人之间相形之下就几乎没有任何文化差异。

人类的任何一种特殊行为，都可能是文化塑造出来的。即使它具有某种遗传上的根源，也未必真的是一种适应的结果。哈佛生物学家古尔德自从威尔逊的书出版后，一直在批评社会生物学，上述即是他批评的重点之一。古尔德和柯因及贝瑞一样，认为演化心理学家掉进了生物学家都得小心避免的陷阱。他认为生物学家若太急于用演化适应来解释某项事物，很可能会忽视他们其实面对的是一种"延伸适应"，即它并非原来的功能，而是旧功能挪为新用的结果。例如鸟类现在都用羽毛来飞行，但羽毛最早出现在不会飞的恐龙身上，很可能只是用来保暖，或对其他恐龙做求偶炫耀。

古尔德进一步宣称，许多看似演化适应所造成的结果，出现之初可能根本不具任何功能。古尔德及哈佛生物学家同事列文廷（Richard Lewontin）在1979年共同发表的经典论文中，举了个例子来做解释：威尼斯圣马可大教堂

威尼斯圣马可大教堂的圆形屋顶，已经成为社会生物学论战的著名隐喻。圆顶下四道拱门间的三角形空间，只不过是这栋建筑物整体设计的副产品。批评社会生物学的人认为，人脑的许多作用也可能只是演化的副产品，而非自然选择的直接结果。

（Saint Mark's Basilica）的圆形屋顶。圆顶是架在四个直角相交的拱门上，由于拱门顶都是圆的，因此每个角落都形成一块三角形的空间。大教堂建成之后三个世纪，这些称为“三角拱壁”（spandrel）的空间上已覆满镶嵌画。

若说建筑家专门为了容纳壁画而设计出三角拱壁，岂不荒谬？其实只要认为那些空间具有特殊的设计目的，就很荒谬。如果你想在四道拱门上加个圆顶，三角拱壁必将出现。或许日后你可以利用三角拱壁，但那些功用却和它原本的设计完全无关。

古尔德与列文廷认为演化也涉及许多“三角拱壁”。举个简单的例子：螺壳。每只螺都是环绕着一根轴生出壳来，因此在中央便会形成一个柱状空室。有些种类的螺，空室中装满矿物质，有些却是空的，有几种螺便利用这个空室作孵卵房。若碰上一个爱编故事的生物学家，他大可以说这个空室便是特别为孵卵演化出来的适应结果，还可能称赞它的设计巧夺天工，正好位居壳的中央。其实这个空室完全与适应功能无关，只不过符合几何学而已。

古尔德指责演化心理学家误把人脑中的三角拱壁当做精确的调适结果。他非常同意人脑因为适应非洲草原而变大，增加的脑容积及复杂度让我们的祖先思路灵活，知道要如何去猎杀野牛，或判断块茎何时会成熟，后来又帮助人们学习读写或驾驶飞机。但所有这些特殊技能，并非内建于人脑中的固定程序。古尔德强调："人脑内必定充斥着'三角拱壁'，它们是人性及人类自我认知的要素，但它们并非因演化适应而产生，因此不隶属于演化心理学的范畴。"

有关演化心理学的论战不可能很快有结果。此一关键课题深入人性核心，探讨自然选择对人性之影响有多强烈。然而这番论战却让许多人彼此怨憎，甚至充满恶意。演化心理学家有时会暗示批评他们的人全是天真的乌托邦主义者，批评者则指责演化心理学家是偏执的保守分子，只愿相信人类天生倾向资本主义及性别歧视。这类辱骂不但偏离正题，且经常完全错误。像是首先提出互惠利他之说的特里弗斯，便不是保守派；他自称为自由派人士，很高兴自己的研究结果显示了公平与公正具备生物性的基础。而第一位证实杀婴为许多动物社会中重要行为的人类学家赫蒂（Sarah Blaffer Hrdy），则用她在社会生物学上的研究，为演化提出一个女性主义的观点：女性并非像大家一度认定那样，是被动、羞怯的动物，而是演化竞技场中积极、活跃的角逐者。

虽然有时候很难不偏离正题，但是，在讨论演化心理学时，将焦点摆在科学性上才是最重要的。科学上的是非对错，最终要看科学证据有多少分量。

语言的发展

人类祖先冗长单调的生活，在大约 50 万年前开始发生变化。人类遗留下来的工具开始显示改变的征兆：他们不再将一块石头凿成一把手斧，而是摸索着如何在同一块石头上，同时凿出数片刀刃。一把 70 万年前肯尼亚人制造出来的手斧，和另一把在中国或欧洲制造的手斧，看起来不会有太大的差别。可是从 50 万年前开始，区域性的风格开始浮现。新的技术变得更普遍，人类学会制作标枪式的长矛，以及如何可靠地生火。和以前一样，新工具的出现亦反映出人脑的扩大。人脑在接下来 40 万年内以不可思议的速度变大，到了 10 万年前，便扩大到目前的容积。

根据邓巴对灵长类脑部的研究，脑部的扩大必定和人类社群愈变愈大同时发生。邓巴根据颅骨化石的体积，估计最早期的人科动物，如 300 万年前的南方古猿阿法种，所组成的团体可能在 55 人左右；活在 200 万年前的早期“人属”（homo），组成的团体大约 80 人；在 100 万年前，直立人的团体突破百人大关；到了 10 万年前，即人脑扩张到和我们现代人新皮层一样大的时候，人类的社群已扩大为 150 人。

从那个时候到现在，人类新皮层的平均体积并没有变，邓巴也看到许多证据，证明所有重要的社群团体人数，仍然停留在 150 人。新几内亚的狩猎 / 采集部落平均人数为 150 人；生活在公社农场上的原教旨主义基督徒哈特派（Hutterites），也把每个公社农场的人数限定在 150 人内，若社团变得太大，便另组新公社。而全世界各国陆军连的人数，平均也是 150 个人。邓巴宣称：“我想一般来说，我们每个人熟悉的、感觉亲近的人，差不多都在 150 个人左右。我们了解他们的癖性，熟悉他们的历史，以及他们和自己的关系。”

随着人类祖先的社群扩大，社群复杂性也跟着提高。邓巴认为一旦跨越某个界限，旧式的灵长类互动方式便不再适用了。灵长类对彼此表示亲热最重要的方式之一，是“理毛”（grooming）。理毛的目的不仅在清除虱子及其他皮肤上的寄生虫，且具安抚作用。灵长类将理毛变成一种社交筹码，用来交换对方的“人情”。可是理毛很费时间，灵长类的群体愈大，花在替彼此理毛上的时间愈长。以住在埃塞俄比亚大草原上的狮尾狒为例，它们的群数平均为 110 只，每天得花 20% 的活动时间互相理毛。

人类祖先的脑容积显示，他们的群数在 10 万年前便达到 150 人，那时理毛这项社交工具已变得不切实际了。邓巴表示：“每天工作量这么多，不可能还有足够的时间理毛。倘若我们想和别的灵长类一样，仅靠理毛来联系 150 人的群体感情，那么等于白天时间的 40% 到 45% 都得花在理毛上。这当然很棒，因为理毛会让你觉得世界很温暖、很友善，可惜却不切实际。你还得到草原上找食物吃，没有这么多空闲时间。”

人类祖先需要一个更好的联系方法，邓巴认为那个方法即是“语言”。

追溯语言之起源，至今仍是演化生物学最大的挑战之一。语言不可能变成化石，所以无迹可寻。在20世纪60年代以前，大部分的语言学家甚至不认为语言基本上是演化的产物。他们认为语言只是在人类历史某一阶段出现的另一项文化加工品，就和人类所发明的独木舟或方块舞（Square dance）一样。

这个观念和以往语言学家对脑部如何产生语言的想法有关。他们认定脑是一台万用的信息处理机，婴儿学讲话的方法，便是用脑去搞清楚他们所听到的每个单词所代表的意义，但麻省理工学院的乔姆斯基（Noam Chomsky）却持相反论调：婴儿出生时，脑里已设定了基本的文法规则。乔姆斯基问道：否则你怎么解释为何世界上每种语言都有一些共通的文法模式，像是主语和动词？一个小婴儿又怎么可能在三年之内便克服语言的复杂性？单词就跟历史上的日期一样没道理，没人会期待一个三岁小儿记住雅典与斯巴达的伯罗奔尼撒战争每一场战役的时间，但婴儿却可以很快地运用他们听到的单词去发掘文法规则。乔姆斯基认为，婴儿的脑子肯定已经为学习语言而预设好了。

自20世纪60年代以来，各项研究都显示人脑内具备特殊的语言模块，就和人脑具备看得见物体边缘及社会智能的模块一样。人脑利用它们来储存文法、造句法及语义学的规则——这些全是赋予语言意义及复杂内涵的要素。语言学家在观察小孩学讲话所犯的各种错误时，便能研究语言器官的运作方式：他们可能会运用复数形态或过去式动词的规则，创造出根本不存在的字，例如tooths，mouses，holded。小孩有能力在脑子里建立文法规则档案，却很难强行记住例外的不规则单词。

更多例证则来自某些因脑部受损而丧失语言能力，或仅丧失某部分语言能力的人。譬如有些人就是记不得专有名词或动物的名称；还有一群英国科学家曾经研究过一个人，他记得一大堆名词，包括许多艰涩冷僻的字，却只会用三个动词：have，make，be。上述两例都是因为某个特定的语言模块受损但脑子其他部分无碍的结果。

当然，一个三岁大的小孩不可能一开始便出口成章，他必须在脑部发育的过程当中，耳濡目染地接触浩如烟海的单词后，才能够运用内建的文法规则，将这些单词堆砌成语言。然而“语言本能”（language instinct，此为麻省理工学院语言学家平克［Steven Pinker］所发明的名词）却根深蒂固，孩子们甚至可能创造属于他们自己的新语言。1986年，南缅因州大学的语言学家凯格尔（Judy Kegl）便有幸观察到这样一种新语言的诞生。

那年凯格尔赴尼加拉瓜拜访聋哑学校。尼加拉瓜政府在 20 世纪 80 年代早期成立了好几所学校，但学生们一直在辛苦摸索。孩子们入学时都只懂得几个和父母发展出来的基本手势，老师们不教导已发展成熟的手语，只尝试教他们“手指拼音法”，即利用不同的形状代表单词中不同的字母。教手指拼音法的用意，是想帮助聋哑生跨越过渡阶段，开始发声，但孩子们完全不懂老师在教什么，所以整个项目彻底失败。

但老师们注意到孩子们虽然跟他们说话极吃力，彼此沟通却毫无问题。原来孩子们早就不再用从家里带来的那套粗陋的手语，而是另一套全新的、老师看不懂的复杂系统。于是老师们邀请凯格尔去学校协助他们。

凯格尔发现中学生所使用的，是由一堆暂时性手势拼凑而成、不成语法的混杂手语，但小学生所使用的手语却复杂许多。凯格尔万分惊讶地看见他们极快速地彼此打手势，其韵律及规则性俨然是一套成熟的、具备文法规则的手语。而且年龄愈小的孩子，手势打得愈纯熟。凯格尔表示：“你可以从那些手势的编排及结构中看出它绝不单纯，我开始意识到自己正在目睹一种语言形成的早期阶段。”

刚开始几年，凯格尔吃力地想解译这种语言，有时她诱使孩子们比出几个手势或整个句子，有时干脆旁观他们作冗长的叙述。到了 1990 年，她开始和孩子们一起看卡通，然后请他们叙述卡通里的故事。结果卡通变成她最可靠的译码线索。

凯格尔发现孩子们的手语优雅聪慧且极富想象力。在中学生的拼凑手语中，“讲话”这个字的比法是在嘴巴前面开阖四根手指及拇指。小学生改良了这个手势：对着讲话的人打开四根手指，再对着听话的人阖上手指。同时他们还发明了一种把介词当动词用的方法。比方英文会说：“杯子在桌上”；尼加拉瓜手语却说：“桌子、杯子、上”。或许讲英文的人会觉得这种语法很怪，但别的语言，如纳瓦霍语，却常用这种语法。

凯格尔在尼加拉瓜工作多年，与聋人社团合作编纂了属于他们的手语字典，目前已包含 1600 个单词。同时她还整理出有关尼加拉瓜手语起源的理论。据她推论，刚入学的孩子只从家里带来少数极简单的手势，孩童们把各自的手势凑起来，变成共通的一套手语，之后又加工拼凑成中学生使用的混

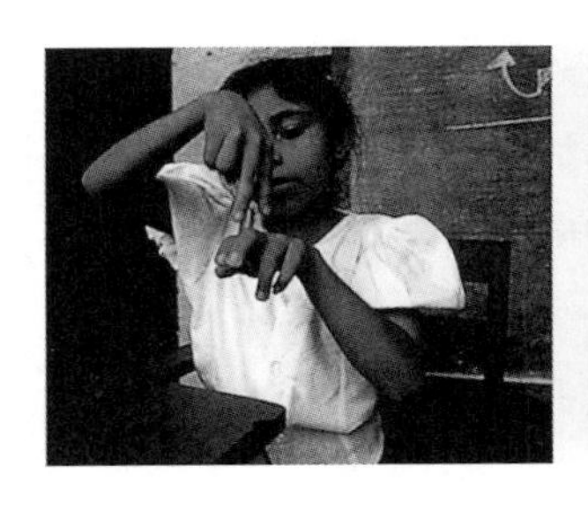  

一个小女孩打着尼加拉瓜聋哑儿童在20世纪80年代发明的一套特殊手语。

杂手语。小小孩带着早已为学习语言准备好的脑袋来学校，学会了大小孩的手势，并赋予它们文法。这些小孩凭空创造出一种语言，从一开始它便和任何一种有声语言同样复杂及完整，这个成熟的语言一旦出现，新的单词便随着新的经验不断创造出来。

凯格尔说："他们的手势愈来愈丰富、愈来愈有变化，但我们却看不见手势跃变为语言的过程，因为文法早已存在孩子们体内。"

若文法果真存在孩子们体内——换句话说，即文法规则早已设定在他们脑内——那么这项"设定"必定与演化有关，但这又牵涉到另一个复杂的问题：自然选择如何塑造出像语言这么复杂的东西？科学家不可能回到过去，目睹语言成形，不过最近他们借着在计算机里创造语言模型，发现了一些很有意思的线索。他们发现不止腿和眼睛可以逐步演化，语言的复杂性也可能是一步一步发展出来的。

普林斯顿高等研究院的诺瓦克（Martin Nowak）及同僚根据几项合理的假设，设计出一个语言演化的数学模型。他们的假设之一是：能让动物更清楚地沟通的突变，将提升其繁殖适应力。以绿长尾猴为例，它们运用一套特殊的声音来警告同伴有鸟、蛇或其他威胁逼近。能够辨识这些叫声与否攸关生死。倘若某只绿长尾猴将有蛇来袭的叫声，误认为有鸟来袭，窜下地去，结果却葬身蟒蛇口中。诺瓦克的另一项假设为：词汇量愈多（当然必须能够表达清楚），愈能造成演化上的优势。一只能同时了解有蛇及有鸟来袭的绿长尾猴，生存几率当然会比一只只了解其中一种警告的绿长尾猴高。

诺瓦克在计算机模型中给予许多个体一套类似绿长尾猴的、简单的沟通系统，这套系统只包括一些声音，每种声音都代表外界中某件事物。他让这些个体开始复制，后代发生突变，因而改变他们说话的方式。有些突变者能够处理的声音词汇量比祖先多，诺瓦克便赐给这些突变者更高的繁殖成功率作为奖赏。

诺瓦克发现他的模型总会得出同样的结果。刚开始，这些个体以少数几种明确的声音彼此沟通，后来随着新的叫声不断加入，他们的语言也愈变愈复杂。但词汇量增加后有个问题：新旧叫声经常会混杂。声音愈近似，愈容易搞混（如英文单词 bake 中的长元音，及 back 中的短元音）。

叫声种类多虽可带来演化优势，但混淆不清却能抹杀好处。诺瓦克经过不断的实验，发现所有的仿真词汇量都只能扩展到某个程度，然后就会停止发展。这个结果或许可以解释为什么除了人类以外，大部分动物都只能以少数几种不同的信号沟通：因为它们无法克服随繁多声音而来的、不可避免的困惑。

可是，如果我们的祖先演化出一个可以避开这个陷阱的方法呢？为了探索这个可能性，诺瓦克改变他的模型，让某些个体开始将一些简单的声音串联起来，也就是形成单词，然后将几个有能力说出单词的个体，和原来只能发出不同声音的个体混在一起。他发现如果这些个体需要传达给对方的信息有限，那么只要使用声音的那套系统就够了，但如果他们的环境变得比较复杂，必须传达许多信息，那么最后使用单词的个体一定会占优势。借着将少数几种声音串连成许多独特的单词，这些个体便能避免类似声音所造成的困惑。

但诺瓦克发现，讲单词也有其极限。一个字若想留存在某种语言内，必须经常被人使用。如果被人忘了，便等于死亡。现在我们有书及录像带、CD等等，可以让老旧的字词继续流传下去，但我们的老祖宗只有一张嘴巴，所有单词只能储存在脑袋里。脑的记忆容量有限，所以人类祖先能够使用的字词也有限。他们虽然可能发明新字，但老旧的字必须先被遗忘。

诺瓦克为了研究这项限制，二度改造他的语言模型，让某些个体不只能够运用单词描述一件东西或概念，还能组合不同的单词，描述事件。有些单词可以代表行动，有些代表与该行动有关的人或事物，另有些单词则可代表关系。换句话说，诺瓦克让这些个体懂得造句。一个人若懂得运用造句法，便可赋予区区数百个单词以数百万种不同的含意，端视他如何编排那些单词。但使用者若不小心，造句法同样可能造成困惑。譬如同样几个字可以排成两行不同的头条新闻标题："杜威击败杜鲁门"或"杜鲁门击败杜威"，意思完全相反。

诺瓦克与同事将造句法及简易单词沟通法混在一起，发现造句法不见得永远占优势。当需要描述的事只有几件时，无造句法的语言更占胜面；可是复杂性一旦超过某个界限，造句法就变得比较成功。当发生的事很多，又牵涉到很多人的时候，使用句子就会占优势。

诺瓦克的模型虽简单，却捕捉到语言如何从一套基本的信号渐渐演化的过程中的几个关键层面。发明尼加拉瓜手语的孩子们可能重现了语言从符号演变成单词，再演变成句子的演化过程。诺瓦克的实验结果同时暗示我们的祖先如何避开了卡住其他动物的沟通陷阱。因为我们祖先的生活愈变愈复杂，逼使他们必须发展出可以表达自己的复杂方法。

邓巴及其他学者的研究都显示，让人类的生活变得更复杂的，便是人类祖先不断演化的社会生活。不过，即使100万年前的人类祖先想表达自己，他们的身体构造也未必允许他们能"宣之于口"。现代人的发声结构非常特殊，和任何现生动物都不一样。别的哺乳类（包括黑猩猩）喉头都位居喉咙上方，这种构造可以让它们在吃喝的同时照常呼吸，因为它们的气管和食道是分开的。但也因为如此，在它们嘴巴和喉头之间的发声道就变得非常小；空间一小，舌头就不可能大幅活动，发出复杂的声音。

人类祖先演化到某个程度时，喉头必定下降到目前的较低位置。这种结构有其危险性，因为食物或水很容易滑进气管内，所以人模拟其他哺乳类都容易呛到。不过这种构造却腾出足够的空间，让舌头能够转来转去，制造出有声语言各种必要的繁复声音。

这并不表示语言一定是在喉头"就位"之后才开始发展的。人类祖先可以用手打信号——以他们在250万年前制作的工具来看，他们的手已经够巧了。他们可能将这些信号和简单的声音及姿势组合起来，创造出一种语言原型。有了这样的系统，演化便可能眷顾能够处理较复杂符号的大脑袋，以及能够讲出较复杂语言、较像现代人构造的喉头。

没有人确知这项演化的"编年史"，因为语言能力只在人类骨骼上留下极少的珍贵痕迹。喉头只是一块会腐烂的脆弱软骨，悬挂在一根名叫舌骨（hyoid）的C型细骨上，而舌骨也经常遭残酷时间摧毁。许多研究人员于是转向遗留在人类祖先颅骨上的间接证据：如观察颅骨基部的角度，希望借此计算出发声道的长度；或测量控制舌头的神经进入颅骨的孔隙宽度；或观察脑鞘上的印痕，寻找和语言有关的区域。好几次研究人员都宣称发现了语言最早的征兆，然而怀疑论者却指出，这些线索皆非可靠指标，不足以显示人类已开始说话。

大家为这些蛛丝马迹争辩不休，难怪专家们对语言何时进展到目前的形态，意见分歧。像是伦敦大学学院的艾伊罗（Leslie Aiello）便坚持语言必定随着人脑在50万年前开始加速增大而出现；但邓巴却认为语言的滥觞发生在15万年前，因为只有当我们祖先的生活群体扩大到某个程度，不可能再以理毛作为社交工具时，人类祖先才必须用语言代替理毛及其他的原始互动方式，维系社群关系。比方说，有了语言，你可以随时注意别人在干什么，或他们对你的看法如何；在一个大型社群里，你可以用语言操纵别人，维系自己的社会地位。即使在今天，语言的主要功能，仍是“闲聊”。邓巴曾在火车及餐厅里偷听陌生人讲话，发现一般人谈话内容的三分之二都和别人有关。邓巴因此认为，语言其实就是另一种形式的理毛。

还有一批研究人员认为，就连邓巴的估计——语言发轫于15万年前——都嫌太早。这些人认定语言的成熟是最近5万年的事。因为直到那时，人类化石记录才显示出惊人的心智爆炸，那时的人类才突然对自己及周遭的世界有了深切的认知，而这绝非他们的祖先所能企及。直到那个时候，现代人类的心智才告诞生，而语言很可能便是催生这一切发生的关键因素。

12

现代生活，公元前 5 万年：吾辈之黎明

1994 年 12 月 18 日的那个下午，肖维（Jean-Marie Chauvet）原本认为这只是个普通的下午。当时他和两位朋友在法国东南部的阿尔代什（Ardèche）地区沿着一条石灰岩峡谷步行，寻找洞窟。阿尔代什地区充满岩洞，肖维自小在那里长大，从 12 岁便开始洞穴探险。1988 年开始，他和另外两位洞穴探险家伊莱尔（Christian Hillaire）及德尚（Eliette Brunel Deschamps）一起，有系统地调查该区。往后 6 年，他们发现了不少新洞窟，其中 12 个洞里有古老的壁画。12 月 18 号那天很冷，肖维一行人决定去山峡入口处一片有阳光的区域探险。那一区并不偏僻，牧羊人常在那儿放羊，照理说别的洞穴探险家应该已探索过很多遍，就算有惊人之处，也早就该被发现了。

肖维一行人沿羊肠小径穿过橡树及黄杨林，来到一片峭壁前面，在那儿找到一个洞。洞很小，只够他们弓身钻入。他们很快发现自己置身在一条长仅数码、向下倾斜的通道中，很可能是条死胡同。但到了布满碎石的通道尽头，他们可以感觉到一丝过堂风。

三人趴在地上，轮流将通道内的碎石搬开，终于打通一条出路。三人中个子最小的德尚再往前钻了 10 英尺，发现通道尽头是敞开的，她用头灯往前照，光束射进一座巨大洞窟中，地面远在下方 30 英尺。

他们放下一条绳梯，垂到洞底，鱼贯爬进黑暗里。钟乳石和石笋在手电

随着现代人类抵达欧洲，简单的万用工具被复杂的抹子、镞及其他专门器具取代。

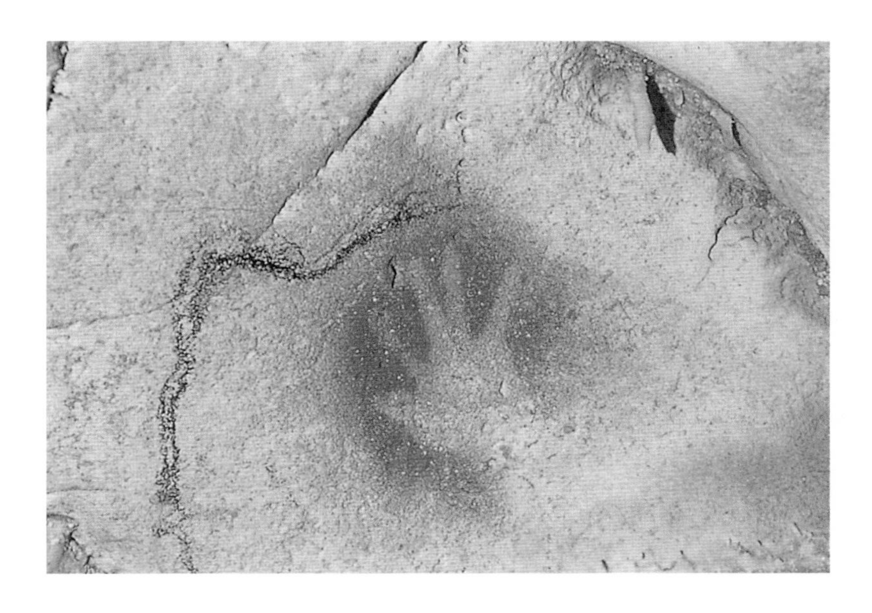

肖维洞窟石壁上的手掌轮廓，手印下面画了一只长毛象。洞中壁画年代可远溯至3.2万年前，是地球上已知最古老的图画。

筒光束中像是一根根尖牙。一道道方解石柱覆满水母般的卷须。他们继续深入洞穴。突然，一头长毛象窜进光束里，接着是一头犀牛，然后是三头狮子。原来穴壁上画满动物，有些形单影只，有些成群奔窜——马、猫头鹰、山羊、熊、鹿、野牛——夹杂着手掌轮廓和一行行神秘的红点。三位洞穴探险家都很熟悉洞穴壁画，却从来没见识过这么大规模的。眼前的动物园至少有 400 头动物！

后来这个洞窟便以肖维为名，它非常重要，而且重要的不只是壁画而已。考古学家测量了壁画中木炭内的碳 14，鉴定其年代，证实人类至少在 3.2 万年前便开始在肖维洞穴的壁上画动物了——这是世界上最古老的图画。

生命史中布满这样的日期，迤逦成列，仿佛曲道滑雪比赛滑道上的标杆，任何一个有关生命演化的理论都必须身手矫捷，在一根根标杆中穿梭自如。格陵兰西南部的岩石显示早在 38.5 亿年前，地球上便有生命出现；南非卡鲁沙漠的岩层则显示在 2.5 亿年前，几乎所有的生命全部灭绝。肖维壁画所标示的事件在生命史中占同样重要的地位：咱们的祖先就在那一刻跃进艺术、象征、复杂工具与文化的世界——我们就是因为这些事物才变得与众不同，一跃而成为人。

根据肖维洞窟及其他年代相近的遗址内种种迹象判断，这项大跃进发生得极突然。人类的远古谱系与近亲黑猩猩在500万年前分家后，断断续续地演化，产生许多分支，这些分支很早便灭绝了，最后剩下硕果仅存的一支。好几组科学家根据骨头形状及基因序列，估计人类祖先大约是在20万到10万年前，在非洲演化成为现代人。往后的几万年，除了割肉的工具之外，他们在地球上几乎未留下任何痕迹。直到5万年前，他们才开始迁出非洲，然后在接下来的区区几千年内，便取代了旧大陆上其他的人种。这一批新一代的非洲人不仅长得像我们，行为举止也跟我们一样。他们所发明的工具远比祖先精良，如有柄的矛、掷矛的道具、缝制衣服的针、钻子及网等，而且用的是新材料，如象牙、贝壳及骨头等。他们会盖房子、佩戴饰品、雕刻塑像，以及在洞穴里和崖壁上画画。

演化史上的重大转变，诸如生命的崛起，或寒武纪物种大爆炸，大部分都发生在几亿年甚至几十亿年前。比较起来，人类的转变仿佛发生在昨天，然而后者同样重要。现代人从此变成主宰世界的优势物种，有能力在地球任何一个地方生活。我们的成功惊天动地，甚至到了足以摧毁其他许多物种的地步。就在我们威胁到其他物种之演化的同时，我们也创造了一种新型的演化：文化的演化。

第一批现代人

直到最近20年，我们才开始看清这项革命。对于现代人崛起的过程，以前的科学家一直持有截然不同的想法。过去人们认为现代人的演化始于100万年前。当时只有一种原始人类，即直立人，同时居住在非洲、亚洲及澳大利亚。尽管直立人分布范围达数千英里，但各个群体仍和邻居有些联系。散居四处的部落男女时有通婚，直立人的基因在整个区域内交流，没有任何一个群体是完全孤立的，因此不可能分支成新种。只不过有些群体因适应当地环境，可能发展出了特殊形貌。比方说，为了适应欧洲严寒的冰河期，尼安

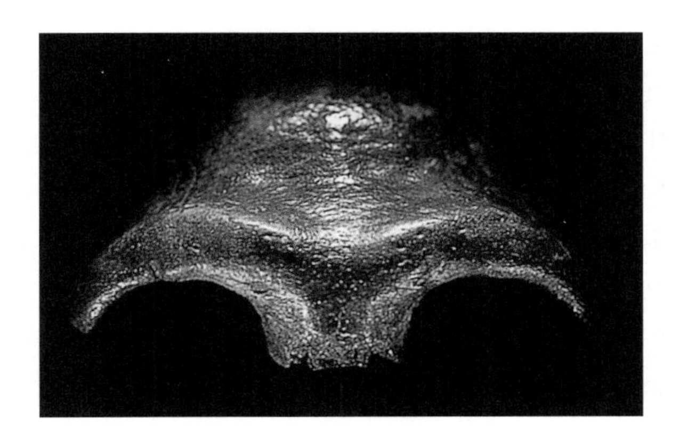

这片头盖骨为1856年所发现的第一批尼安德特人骨骸之一。一个世纪后，科学家发现这批化石内仍含有DNA，经化验证实，竟和现代人完全不同。

德特人便生得粗粗壮壮，颅骨厚而额很低。但住在热带亚洲的直立人，却变得既高且瘦。不过，依照以前的观念，所有这些原始人类是一起演化，变成现代人的形态的。

欧洲及近东都可以找到尼安德特人的化石，年代可追溯到20万至30万年前。科学家起初认为尼安德特人后来便演化成现代欧洲人，他们的工具也随着演化。最早的欧洲人（即克罗马努人［Cro-Magnons］）所使用的工具不像尼安德特人老式的石器及石矛，而是包含许多不同材料、制作精细的工具，例如鹿角及骨头制成的鱼钩，或矛头可拆下来的掷矛器。克罗马努人的葬礼仪式繁复，懂得佩戴项链及其他装饰品。在亚洲及非洲发现的化石记录比较少，但研究人员认为住在那些区域内的直立人，也在同时期演化成了现代人，并发展出新的技术。

然而，到了20世纪70年代，少数几位古人类学家对人类的演化开始抱持一种截然不同的看法。他们认为尼安德特人及亚洲的直立人根本是两种不同的人种，而且两者皆非“智人”的祖先。例如伦敦自然历史博物馆的古人类学家斯特林格（Christopher Stringer）便发现克罗马努人的化石看起来不像尼安德特人，反而比较像年代更古老一些的非洲人。因此他认为现代欧洲人的祖先并非尼安德特人，而是来自非洲的移民。斯特林格宣称，存活在3万年前的尼安德特人并没有演化成现代欧洲人，相反的，他们绝种了。

就在斯特林格瞪着颅骨化石钻研的同时，加州大学柏克莱分校遗传学家威尔逊（Allan Wilson）却试图用生化的方法来重建人类史。他决定分析人类线粒体中的DNA。线粒体是细胞中产生能量并自备DNA的工厂，他之所以选择线粒体，而非细胞核中其他基因，是因为线粒体代代相传，几乎很少改变。大部分的基因都是来自父母两者的混合体，但线粒体的基因只来自母亲（因为精子无法将其线粒体注入卵子内）。所以母子之间线粒体基因若有任何差异，必定是基因自然突变的结果。随着一代代累积出不同的突变，科学家便可利用线粒体DNA来区分出不同的谱系。

威尔逊领导的研究小组分析了来自世界各地的线粒体样本，排出其基因序列，然后依据相似性归类，画出一棵现代人类的演化树。威尔逊发现，现今的各支非洲人，全部可追溯至人类演化的最原始点。这株演化树显示，非洲应该就是现代人类共同祖先的发源地。

如果威尔逊所指的这种人类，居住在非洲的时间早在200万年前，即尚无人类祖先迁离非洲之前，或许大部分的古人类学家都会同意这个论调。然而威尔逊研究人类基因的结果却大出一般人意料。他的组员在架构出演化树之后，接着计算了现代人类共同祖先存活的时间。他们先估算出线粒体DNA的突变速率，然后比较基因多样性，借此判断出不同谱系各自发生多少突变。结果分子钟所计算出的第一位现代人祖先的年代，距今只有20万年。

这位俗称“线粒体夏娃”（Mitochondrial Eve）的共同祖先虽然年纪挺老的，但对于主张智人“多地区起源说”的科学家来说，却是太年轻了，年轻得让比较老的欧洲尼安德特人及亚洲直立人，全都不可能提供任何基因给现今的人类。然而对斯特林格来说，威尔逊的演化树却是他最有力的支持。

斯特林格、威尔逊及别的科学家开始替现代人撰写剧本，并定名为“非洲起源说”（Out of Africa，一称“走出非洲”，沿用同名小说及电影）。根据他们的理论，“人属”自非洲向外扩散后，分支成好几个不同的人种，彼此不杂交。直立人散居亚洲，尼安德特人则定居欧洲及近东。同一时期，早期的原始人类在非洲演化成智人。后来智人又迁移到亚洲和欧洲。肖维洞穴内的壁画，以及其他历史短于5万年的首饰、武器和人造工具等化石纪录，全是智人在探索这个世界时遗留下来的痕迹。等智人抵达直立人及尼安德特人的

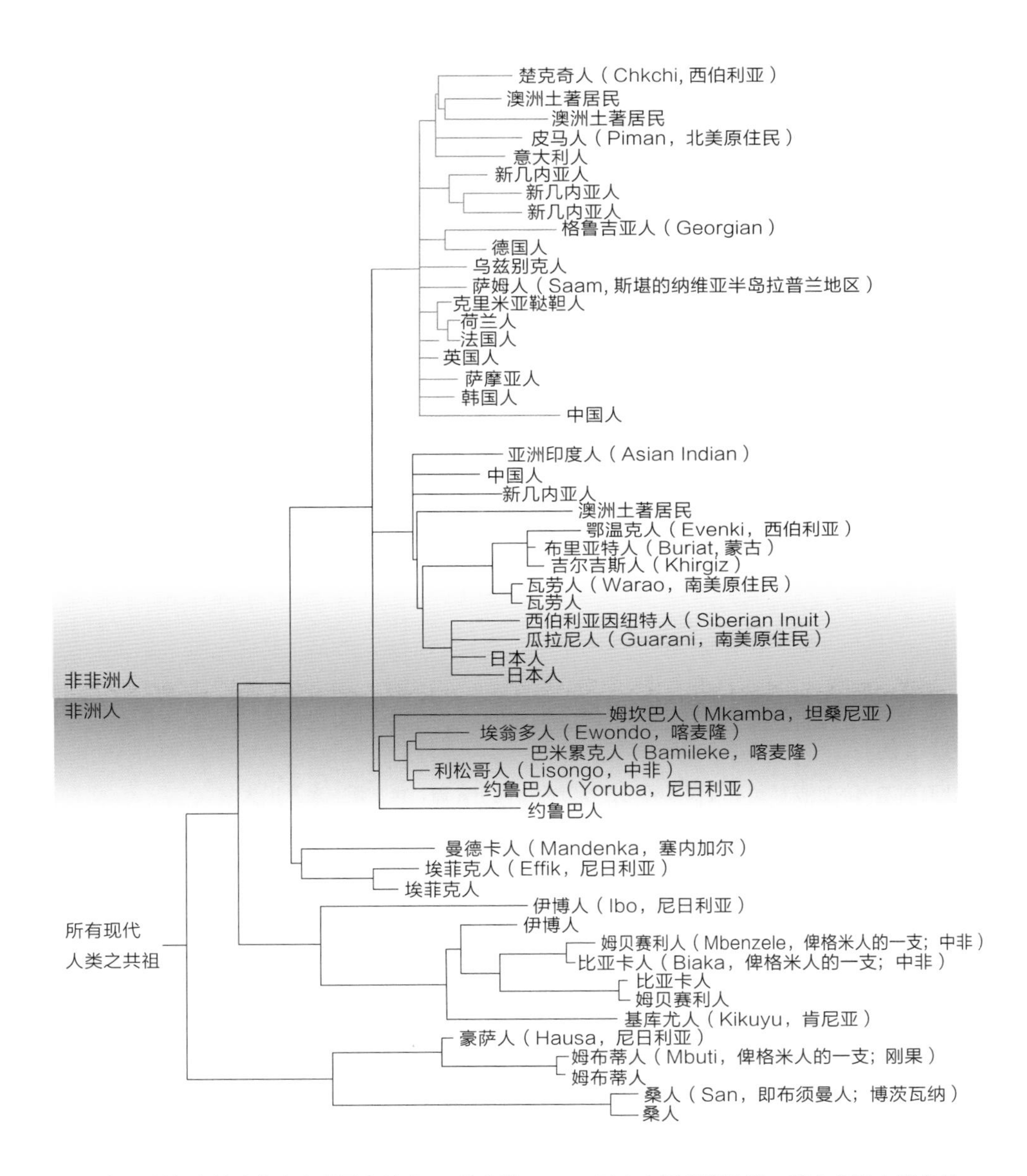

2000 年，研究人员比较来自世界各地的 53 种人类 DNA，画出上图的演化树。其中非洲人源自最古老的谱系，暗示所有现代人类的共同祖先即来自非洲大陆。根据 DNA 多样性计算，这位非洲共同祖先约活在 17 万年前。

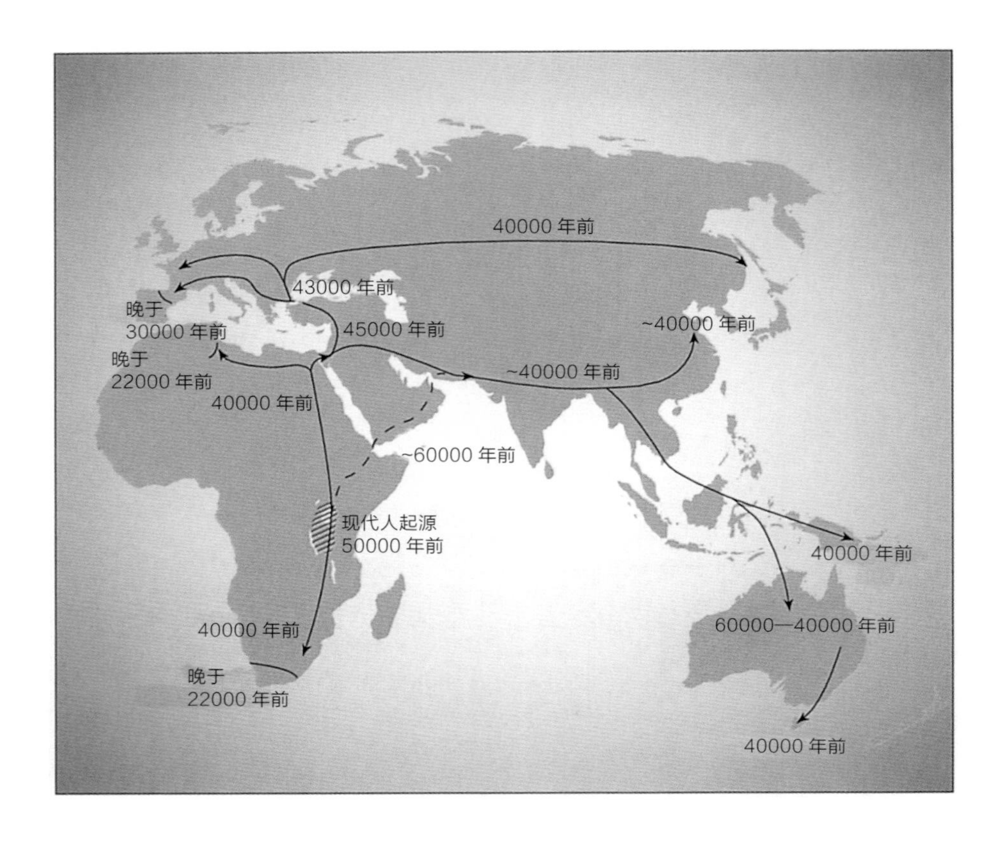

化石与基因的证据都显示现代人类约在 5 万前出现于非洲，再扩散至整个旧大陆。

地盘之后，后两者便消失了。

“非洲起源说”初发表时，引来猛烈的攻击炮火，但它获得了近年在欧亚及非洲新出土的化石记录的支持。古人类学家也在以色列发现了尼安德特人的化石，显示他们在消失之前，曾和身体构造为现代人的人类毗邻生存了 3 万年之久，但是没有任何迹象显示他们曾混杂过。亚洲的直立人在第一批智人出现后也继续存在了很久，有些证据甚至显示直立人在 3 万年前仍存活于现今的爪哇。在非洲的新发现也提供了支持。斯坦福大学的克莱因（Richard Klein）说：“倘若我们回头看 10 万年前的欧洲，居民几乎全是尼安德特人。然后你再去看非洲，会发觉住在非洲的人外貌和形体都已经非常现代化了。”

接续威尔逊研究工作的遗传学家，几乎全都证实了“非洲起源说”。无论他们以何种基因分析作为架构人类演化树的基础，非洲的分支永远都最靠近树基。有了更多基因序列可供比较之后，线粒体基因显示现代人起源于 17 万年前。20 世纪 90 年代末期，另一组遗传学家比较了人类的 Y 染色体（即决定胎儿为男性的染色体），指出现代人的出现仅在 5 万年前。不过，所有这些研究结果的误差范围都是几万年，所以它们未必互相矛盾。

当然，研究人员必须决定谁的估计最准确，谁的估计较错误，但所有的研究结果都在强调同一件事：我们是非常年轻的物种。

尼安德特人的 DNA

你若不相信我们的集体年龄还很年轻，那么尼安德特人的基因可以提供进一步的证据。1995 年，德国政府要求慕尼黑大学化石 DNA 专家帕博（Svante Pääbo）检查 1856 年发现的第一具尼安德特人化石，看看它是否还含有任何 DNA。帕博很怀疑，因为基因是极脆弱的东西，但他仍然同意了。他和他的研究生克林斯（Matthias Krings）从尼安德特人化石的上臂取下一小块骨头样本，着手分离形成蛋白质的基础：氨基酸。结果很惊讶地居然分离出一些来，他们想，如果氨基酸还能保存下来，或许也能找到 DNA，便开始寻找基因。

寻找过程相当困难，因为就连小小一粒沙，都可能污染化石，混入活人的 DNA。为保险起见，克林斯用漂白剂清洗骨头外层，并且在无菌室内架设器材。待确定绝无污染源后，才将尼安德特人的骨头磨碎，注入化学药剂，复制其中可能存在的 DNA。

克林斯凝视计算机屏幕显示结果的那一刹那，脊背一阵发麻：以 379 个碱基排列的 DNA 序列出现了，很像人类的 DNA，却不尽相同！即使如此，他们一直等到宾州大学斯托内金（Mark Stoneking）的实验室用尼安德特人化石的另一套样本重复过同样的程序后，才开香槟庆祝——斯托内金也得到同样的序列！

帕博的小组接着比较了尼安德特人与将近 1000 个人的 DNA，再加上黑猩猩的 DNA，架构出一株演化树。在这株树上，欧洲人与非洲人挤在同一根枝丫上，尼安德特人却自成一支。克林斯与同仁再根据尼安德特人与智人基因中所累积的差异数量，估算出这两者的共同祖先可能活在60万年前。这位共同祖先应该是住在非洲，其后代有一支迁往欧洲，成为尼安德特人；另一支却留在非洲，演化成我们。

帕博的小组于1997年发表研究报告，怀疑者认为如此微量的DNA片段不足以替尼安德特人的演化定位。可是到了2000年，科学界又获得两组尼安德特人的DNA：帕博的小组从一副克罗地亚出土、年代距今4.2万年的骨头中找到一组；另外一群科学家则从高加索山脉出土、年代距今2.9万年的尼安德特人化石中找到了基因。从这两者分离出的DNA片段，都和帕博最早发现的相同。这三组DNA序列彼此相似的程度，远超过其中任何一组与现代人类基因相似的程度，但它们的主人存活的时期却相隔数千年，居住地点亦相隔数百英里，在纯属偶然的情况下拥有如此相似的DNA序列，几率几乎是零。

从尼安德特人DNA中获得的新证据，进一步支持了尼安德特人灭种的假设。然而根据化石记录，尼安德特人并不是会坐以待毙的柔弱物种。他们是强悍又富谋略的人类，坚韧得足以度过欧洲的冰河期。他们制造的矛，均衡优雅，仿佛奥运会所用的标枪。他们用这些矛来屠杀马及其他大型哺乳动物，狩猎技术之高明，让他们几乎可以单纯靠肉食为生。尼安德特人也懂得照顾病患，这一点可从伊拉克的沙尼达尔洞穴（Shanidar Cave）出土的一副骨骸获得证实：那名男子头部及身体都有严重碎裂的痕迹，却继续存活了好几年！

同样的，直立人也非人类祖先中的温室花朵。他们的分布范围北至苍凉的中国北方，南至印度尼西亚湿热的丛林，生存时期则超过100万年。但是，如今智人依然存在，尼安德特人及直立人却已灰飞烟灭。到底我们特别在哪里，能够存活至今？

全新的心智

古人类学家认为，5万年前的现代人与直立人及尼安德特人之间最明显的差别，是他们所制造及遗留下来的东西。亚洲直立人的技术似乎一直无法超越手斧的程度；尼安德特人懂得制造矛及各型石刃，但仅此而已。

现代人却发明了技术难度极高的新型工具，而且发明的速度快得惊人。现代人以鹿角做矛头，这种材质既轻巧又坚韧，需在水中浸泡多时，再以砂石磨尖。他们又发明了架在肩上的掷矛工具，掷矛可及的距离因此大增。与手持木质刺刀与猎物肉搏的尼安德特人相比，现代人不但可以猎杀更多猎物，狩猎过程亦安全许多。

现代人的发明物并非完全用于狩猎等实际功能。例如，科学家曾在土耳其的洞穴内发现用螺壳及鸟爪做成的项链，年代距今4.3万年。虽然，打从一开始，现代人便穿戴首饰，他们可能借着这类装饰品标示自己所属的部落或社群地位。

纽约大学的怀特（Randall White）指出："人们耗费几千小时，辛苦制作穿戴在身上的装饰品，这是生活中的首要之务，即标示身份和角色。当你把某样东西戴在身上，等于立刻向别人表明自己的社会地位。"

这些远古遗留下来的工艺品，昭显了人类对自我及世界的认知之深远改变，或许他们的竞争优势即源自这项转变。克莱因

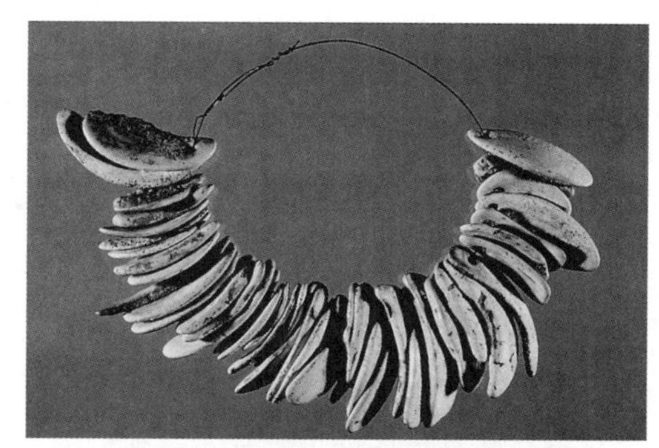

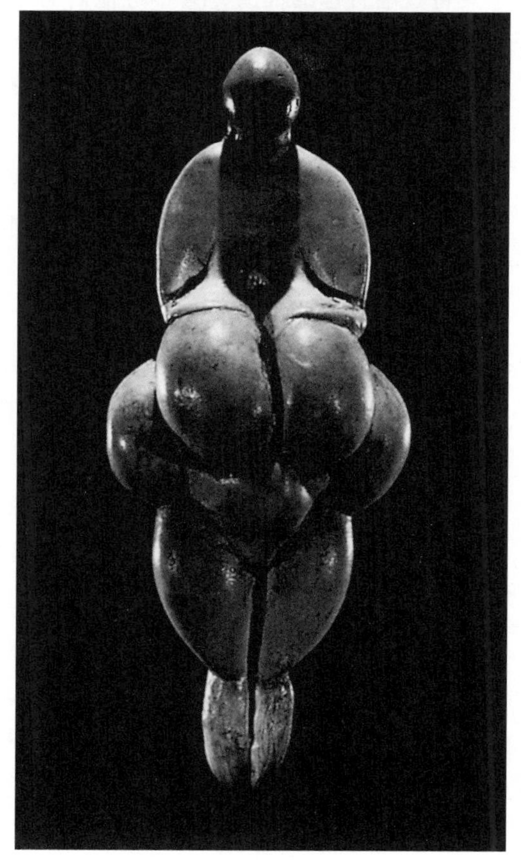

约在5万年前，现代人开始佩带首饰（上图）及其他装饰品，借以表明自己的身份地位或所属部落。同时他们开始创造艺术品，如这尊女性雕像（下图）。

解释道：“重大的转变发生在5万年前，地点在非洲。这些外形早已神似现代人的人类，行为也开始现代化。他们发展出各式各样的工艺品、新的狩猎及采集方法，足以供养更大的族群。”

现今的研究人员只能揣测造成这种转变的原因。有些人认为这种创造力的革命纯属文化事件：身体构造已经是现代人的人类在非洲经历了某种变化——或许是人口暴增——驱使他们的社会跨越了某道门槛。他们便在这种情况下发明了现代化的工具及艺术。怀特说：“就神经学来说，克罗马努人完全具备登陆月球的能力，只不过他们的社会状况并不要求他们这么做。当时没有足够的刺激，可以激发出这类发明。”

然而斯坦福大学的古人类学家克莱因却对这种解释表示怀疑。如果早在几十万年前，人类便已具备绘制肖维洞穴中壁画或制造精巧矛枪的潜能，为什么他们迟迟不行动呢？如果这种革命纯属文化事件，为什么和现代人毗邻而居数千年的尼安德特人没有模仿前者制造新型工具，就像今日的文化交流一样？

克莱因也指出，现代人的祖先在突然改变行为时，其群数可能并没有增加。现在遗传学家可以借分析当代人类DNA之变异性，来估算其原始群数，而这些估计数字都不大。看来目前全世界的人全都只是几千名非洲人的后裔。克莱因说：“彻底现代化的人类出现时，非洲人口似乎仍很稀少。”

小型群体或许并非文化变革的理想温床，但生物学家早就明白小群体极适合演化上的改变，因为突变可以迅速蔓延，迅速改造整个群体。克莱因以此为依据，提出现代人之黎明是由生物性的变化所造成。5万年前，塑造人脑的基因突变出现在非洲，赋予人脑创造艺术与新技术的能力，而这种能力是早期人类所没有的。克莱因说：“我个人认为，当时发生变化的是人脑。”

或许大脑的这种变化，让人类得以挣脱束缚我们祖先的智力桎梏。现代人不再仅视动物为食物，而开始意识到它们的骨头及角可以用来制成器具；他们不再把少数几种武器当做万用，而开始针对不同猎物——如鱼、山羊或红鹿等——发明专门的武器。英国雷丁大学考古学家米森（Stephen Mithen）把这种新的思考方式称为“流体智能”（fluid intelligence），人们因此甚至能够针对自然及自我进行抽象思考，再以绘画及雕刻的形式创造出象征性的代表符号。

语言——至少是真正成熟的语言——可能也属于这种晚熟的能力之一。克莱因指出:“在5万年前所发生的，可能是人类开始有能力快速地、清晰地运用语言，让别人能够了解、剖析，再进一步运用语言传播信息，以前所未有的方式传播做事情的新方法。”

这些新技术太过复杂，不可能仅靠模仿来传播。在俄国，人们以滚水煮长毛象的象牙，作为陪葬物。表达能力有限的尼安德特人，便不可能学会这样的传统习俗。现代人可以跟别人描述自己的新发明，迅速传播新观念；他们开始利用石头、象牙及其他出产地远在数千英里外的材质制造工具，只有语言才能让不同的部落彼此沟通，说明他们想交换的货物内容。有了语言，现代人才能赋予首饰及其他艺术品特殊的含义——不论这种含义是社会性的还是宗教性的。

研究人员至今不确知，具备新文化——或许也具备了新头脑——的现代人离开非洲，开始与直立人及尼安德特人接触时，发生了什么事。他们开战

尼安德特人（左）在欧洲及近东，与现代人（右）毗邻而居长达数十万年后才灭绝。

了吗？现代人是否将致命的传染病带往欧洲及亚洲，就像西班牙人把天花传给美洲的阿兹特克人（Aztecs）？还是如许多研究者所忖测的，现代人仅因具备新大脑便占尽竞争优势？克莱因说："只因为他们的行为更加老练世故，便在欧洲取代了尼安德特人。更重要的是，他们的采集狩猎方法有效率多了。"

现代人可以彼此交换补给品；争端出现时，可以运用复杂的语言解决，而不至于爆发致命的争斗；他们能够发明武器及工具，获得更多食物，替自己制作衣服，捱过消灭了其他人种的干旱及严冬。化石证据明确显示他们的社群密度比尼安德特人高出许多。后者最后可能退居深山角落，因近亲交配及天然灾祸而灭亡。

当然现代人并未全部移往欧洲。迁往亚洲的那一批刚开始可能只在滨海地区落户。红海沿海地区出土之工艺品显示，早在 12 万年前非洲人便移民当地，以贝类为食。很可能他们的后代便以这种生活方式定居在阿拉伯半岛及印度沿海一带，并继续朝印度尼西亚推进。讨厌的新来者抵达直立人势力范围后，久居当地的直立人可能便躲藏到内陆丛林去寻找庇护地，终于因为全面的孤立，而在 3 万年前灭亡了。这时有一批现代人逆河而上，深入亚洲内陆，另一批则投入海洋，乘船抵达新几内亚及澳大利亚这两块人类祖先从未涉足的陆地。到了 1.2 万年前，人类已从亚洲来到美洲，直抵最南端的智利。从演化的观点来看，智人仅在一瞬间便已分据各大洲，仅南极洲除外。曾经一度只是黑猩猩谱系的一个小分支、被放逐出森林的这个物种，就此接管了全世界。

非自然选择

生物演化在 5 万年前推动了文化革命，然而人类的文化力量日益强大，结果反客为主，如今影响生物演化趋势的竟是文化本身。基因的适应力决定了自然选择的方向，但人类发明的事物却可改变自身的适应力。科学家甚至可以在我们的 DNA 里看见人类文化的印记。

例如，因为文化与基因的共同演化，使有些人变得可以喝鲜奶。这对哺乳类来说是一种奇怪的天赋。鲜奶的主要成分之一是"乳糖"（lactose），哺乳动物若想吸收它，肠中必须制造一种名叫“乳糖酶”（lactase）的酶，将它切成可消化的小碎块。通常哺乳类只有在婴儿期才会制造乳糖酶，长大后便停止制造，因为一般的成年哺乳动物并不需要消化鲜奶，所以不必浪费能量去制造乳糖酶。

大部分的人也和其他哺乳类一样，长大后便停止制造乳糖酶。鲜乳对成人并不好，未经分解及消化的乳糖持续累积，反而变成细菌的食物，使细菌滋生，而细菌排泄出来的废物，又会造成胀气及腹泻。（奶酪及酸奶所含乳糖较少，较易消化。）

然而有些人（包括半数的美国人）的 DNA 却拥有突变，使乳糖酶的开关失去功能。他们成年后仍持续制造乳糖酶，喝奶毫无问题。这种能力是在 1 万年前牛被驯化后才开始扩散的。对于那些必须仰赖牧牛为生的族群，例如北欧或撒哈拉以南地区的部落，过了婴儿期还能喝鲜乳是一项演化上的优势，因此持续制造乳糖酶的突变基因便在这些部落中蔓延开来。但对那些从未仰赖过牛群的部族——诸如澳大利亚原住民及美洲印第安人——来说，适合喝鲜乳的基因并无好处，所以一直不普遍。

自古以来，人类不仅饮食内容改变了，还得面对不同的疾病。移居热带地区的人们必须与疟疾抗争，因为那里是携带疾病的蚊子的天堂。在疟疾流行的地区，许多别处罕见的血液疾病变得极普遍。例如，非洲及地中海部族的后代，容易患镰形细胞贫血症（sickle-cell anemia）。患者的红血球内携带着有缺陷的血红素（hemoglobin，亦称血色素，即红血球用来携带氧的分子）。红血球一旦缺氧，血红素就会崩解，红血球便从原本饱满的囊袋变成干瘪的管状物。这类红血球往往卡在微血管内，形成危险的血栓，甚至使血管爆裂。另一方面，当它们流经脾脏时，那里的白血球会判断出它们有缺陷而摧毁它们。血栓加上红血球不断流失，会造成患者骨质腐烂及视网膜剥离，甚至致命。

在撒哈拉以南的非洲，每年约有 15 万新生儿患有此病，患者多数早夭。但一个人必须从父母双方各遗传一个突变的血红素基因，才会得镰形细胞贫血症。很多人只有一个镰形细胞基因，血红素的缺陷并不严重。考虑到镰形细胞贫血症的杀伤力，照理说这种病到今天应该非常罕见，因为带有两个缺陷基因的患者逃不了一死，早该使这种基因从人类基因库中消失了才对。

这是受到疟原虫感染的红血球。过去数千年以来，世界许多地区的人类演化出不易入侵的红血球，适应了疟疾这种致命的疾病。

镰形细胞基因之所以能留存下来，是因为它不仅能夺走生命，也能赐予生命。引起最凶猛疟疾的恶性疟原虫（Plasmodium falciparum），在入侵红血球之后会吞噬血红素，引起高烧。遭入侵的红血球可能皱成一团，迅速形成致命的血栓。当疟原虫吞噬血红素时，红血球会缺氧。倘若受感染的细胞正好带着有缺陷的血红素基因，缺氧后便会塌陷变成镰状，不可能再和别的红血球黏成一团，因而免除了血栓的危险。而且镰形细胞明显变形，一到脾脏内立刻就会被摧毁，连带也摧毁了细胞内的疟原虫。

因此，可以杀死一般人的疟疾，却杀不死带有单一镰形细胞基因的人。自然选择摧毁带有一对这种基因的人，却让带有单一基因的人继续生小孩，借此传播这种基因。

镰形细胞基因表明了农业的扩散。人类开始务农以前，疟疾的威胁可能并不像今天这般严重。比方说，撒哈拉以南的非洲在五千年前原本覆满森林，森林底部蚊子很少，而且大部分种类主要都是吸食鸟类、猴类、蛇类及其他栖息于树林顶层的林冠动物的血液。后来一波波的农民深入撒哈拉以南地区，将森林夷为平地，土壤遭侵蚀而暴露，其上开始形成水池，成为之前极罕见、嗜吸人血的冈比亚按蚊（Anopheles gambiae）最理想的温床。农民在田野中工作，回村里睡觉，很容易便成为冈比亚按蚊的目标，再彼此传染疟原虫。疟疾普遍之后，抵抗它的方法亦开始演化。换言之，镰形细胞贫血症正是我们为农业付出的代价之一。

虽然有时文化可以改变自然选择的方向，但整体来看，文化却令人类演化的脚步放慢到几乎停顿的地步。许多基因可能曾经降低了人类的繁殖适应力，但如今已不再构成威胁。例如，每一万个在美国出生的婴儿中，便有一个患有先天性的苯丙酮酸尿症（phenylketonuria），病童无法分解苯丙氨酸（phenylalinine），于是摄取自食物内的苯丙氨酸在他们的血管里累积，最后破坏其脑部发育，造成智障。引起苯丙酮酸尿症的突变基因以前会降低人的适应力，但现在患童的父母都具备医学常识，可以供应苯丙氨酸含量低的饮食，让患童在成长期间脑部发育健全。拜医药及其他各项发明之赐，我们模糊了成功与失败基因之间的明显差异，令自然选择很难再发挥作用，造成改变。

未来，文化上的演化可能进一步减缓生物性的演化。自然选择只在个体繁殖成功率差异极大时——有些个体完全没有后代，有些却拥有大家庭——方能产生最快速的作用。如今全世界的人类享有较高水平的食物、健康及经济收入，而且每个人的家庭都变小了。人类繁殖成功率的差异日渐缩小，自然选择的威力亦随之减弱。

而人类基因组本身，也对未来的演化形成一大障碍。目前地球上所有的人类，全是 6 万至 17 万年前一小撮非洲人的后代。那一小群先祖拥有的基因多样性颇有限，人类演化的时间亦很短，不足以让新的多样性出现。就连住在科特迪瓦塔伊（Tai）森林内的黑猩猩，其基因多样性也比全人类的基因多样性高。不同群体中曾偶尔出现一些突变，自然选择亦在某些地方成功保存了这些新基因——如喝奶或抵抗疟疾等基因。然而基因也很容易随着人们的接触而散播及掺杂——毕竟人类历史就是一个大混合的故事。

斯坦福大学的卡瓦利–斯弗扎（Luigi Cavalli-Sforza）便在意大利看到了基因由希腊移民带入意大利本土及西西里岛东部、由腓尼基人及迦太基人带至西西里岛西部、由凯尔特人带至西西里北部的印记；被罗马人征服的神秘利古里亚人（Ligurians）则在热那亚留下痕迹；伊特鲁里亚人（Etruscans）的基因在其文明消失2500年后，仍残留在托特托特卡纳附近；而安科纳（Ancona）附近仍留存着一小撮传承自3000年前的奥斯科–温布罗–萨贝利文明（Osco-Umbro-Sabellian civilization）的基因。这些基因在人类只能仰赖帆船及马匹旅行时便混入意大利，随着人类交通工具的改良，混合的速度只会加快。欧洲人带着非洲奴隶来到新世界时，三大洲的基因开始大混合。今天，搭乘飞机的移民更加快了基因全球流动的速度。在这样一个不断翻搅的基因大海中，不可能存在孕育新人种的隔离环境。曾经至少拥有15个分支的人类祖先演化大树，在可预见的未来，仍然会是我们这一支一枝独秀的局面。而且即使在我们这一个物种之内，自然选择恐怕也很难再引起什么改变了。

人造演化

姑且不论人类的生物性演化在未来是否会持续下去或陷入停顿，有一种新的演化已然发生了，那就是，文化本身会演化：语言会演化、飞机会演化、音乐会演化、数学会演化、烹饪会演化，就连帽子的款式都会演化。人类的创造物随时间改变的方式，其实不可思议地反映出我们生物性的演化。例如，新语言的形成，就像物种的分支，任何一种方言与母语隔离得久了，必将日益分歧。语言学家也可以运用追溯人类祖先演化的方法，借着画出演化树来追溯语言的历史。

生物性演化最常见的特色之一是“延伸适应”（exaptation），亦即旧的身体构造被挪去发挥新功用——像是鱼的“脚”被用来在地上走路。演化生物学家古尔德指出，科技的演化也会发生同样的情况。比方说，你可以在内罗毕的市场上买到用汽车轮胎做的凉鞋。“轮胎非常适合做凉鞋，”古尔德写道，“但没有人会宣称百路驰（Goodrich）当初造轮胎是为了提供第三世界的制鞋材料。改制成耐用的凉鞋只是汽车轮胎的潜能之一，而这种凉鞋的制作即说明了这种奇特的功能转换。”

生物性演化及文化演化极其相似，令科学家怀疑两者是否遵循着相同的法则。道金斯（Richard Dawkins）在其1976年的著作《自私的基因》（*The*

Selfish Gene）中指出，我们的思想和基因具有出奇类似的特性。比方说，一首歌即是烙印在我们脑内的一段信息，当我们唱给别人听的时候，它就烙印在别人的脑内；这就像是我们打了个喷嚏，把感冒的病毒传染给对方。道金斯把这种类似病毒的信息片段称为“文化基因”（memes）。主宰基因兴衰的法则也适用于文化基因：有些基因就是比别的基因适合复制；会在眼睛内形成有缺陷的感光器的基因，普遍性绝对比不上能让眼睛看清楚的基因。同样的，有些文化基因就是比别的容易散播，而某些文化基因的突变形态，反而会比原始的更占竞争优势。

一个文化基因要想成功，不见得必须在智识内涵上超过其他文化基因，它只需设法让自己被复制便可。道金斯最喜欢的例子是“幸运连锁信”——只要收信人继续将信转寄给朋友，便可获得好运。幸运信既不能让人中奖，也不能帮人治愈癌症，只不过利用人们的希望，便能传遍世界。现在计算机网络上充斥低级笑话和名人裸照，传十传百，这也要归功于上网者的欲望或无聊生活。

但文化与病毒的演化方式也有很多不同点：人们不会令某个想法产生小突变，然后将畸形的观念传往世界各地，任其自生自灭。人们会思考清楚并融合其他的想法，形成新的想法；文化基因也不会像 DNA 那样一字不差地代代相传，直接从一个脑袋复制到另一个脑袋里；人们会观察他人的行动并试图模仿他们，有时成功，有时失败。

从某些角度来看，文化演化其实比较符合拉马克的理论，而非达尔文的。拉马克认为长颈鹿的脖子若在生前变长，便可将长脖子传给后代。父亲教儿子如何铸剑，儿子可能根据自己的经验，发明更棒的冶炼法，再把改良过的秘方传给他儿子。

现在科学家很清楚，基因不会永远耐心地等候代代相传，它们曾经横跨生命树许多次——通过病毒将它们携带到另一个物种体内，或由某个物种吞噬另一个物种。同样的，某个文化的一部分，也可能跨入另一个文化，经融合后产生新面貌。譬如马可波罗将火药传入欧洲，或非洲黑奴将切分音节奏（syncopated rhythm）带到美国。我用英文写这本书，但这种英文绝非乔叟（Chaucer，14 世纪英国大诗人）所使用的英文之纯种后代，而是融合了世界各地字词之后的英文。

想法、趋势、信仰，甚至流行一时的事物（例如 20 世纪 50 年代流行的呼拉圈热）都会像病毒一样，在人类的文化中传播开来。

我们与我们的文化共生。只有某个人想到要造一把犁，犁才可能存在；若没有犁，大部分的人都会饿死。基本上所有科技发明皆是人体的延伸：猎人不需长出利爪或利牙，便可用矛杀死麋鹿；用风车磨坊磨谷子的效率远比我们自己用牙齿咀嚼来得高；而书籍便是人脑的延伸，能带给我们人类的集体记忆，其力量远非个人所能及。

20 世纪 40 年代，人类开始迈入了另一种类型的文化：计算机。比起书，计算机是人脑更深层的延伸。计算机储存信息的密度更高（可比较牛津字典精装本和储存同样信息的一张磁盘）。更重要的是，计算机是第一个可以用人脑的基本思考方式处理信息的工具，它拥有理解、分析及计划的能力。当然，计算机不可能独立作业，必须经过程序设定，就像细胞必须由 DNA 设定程序一般。

在20世纪50年代，全球的随机存取内存（RAM）总共还不到一兆字节，今天任何一台廉价的家用计算机都可能拥有50兆字节。而且计算机不再是孤独的硅岛：20世纪70年代以来，全球计算机开始联机，全球网络就像真菌的菌丝一样蔓延开来。网络环绕地球，不只连接计算机，还含括汽车、收款机及电视等。我们把自己环绕在一个全球性的脑子里，它又与我们的脑子衔接，形成一片仰赖隐形菌丝网络生存的智能森林。

计算机会听我们的话，忠实执行指令。它们可以控制宇宙飞船的轨道，去绕行土星环，或追踪糖尿病患者体内胰岛素的升降。但很有可能，有朝一日，当全球网络变得更复杂，它将自动变成一种像是人类智能甚至人类意识的东西。有关人工生命及演化计算的研究已显示，计算机可以演化出和人类不同的智能。倘若我们让计算机自行设计解决问题的办法，结果可能完全不符合人脑的逻辑。谁也不知道全球网络将演化成何种形态。未来，我们的文化可能变成一个“熟悉的陌生人”、一个共生的脑子。肖维洞穴壁上的狮子也将开始起舞了！

17 世纪佛兰德斯画家扬・勃鲁盖尔（Jan Brueghel，1568—1625）所绘的“伊甸园”。

13

上帝在演化中的角色

伊丽莎白·施托伊宾（Elizabeth Steubing）是伊利诺伊州惠顿学院（Wheaton College）四年级的学生，该校校训为："为了基督和祂的国度。"（Christo et Regno Ejus.）施托伊宾自己也是虔诚的基督徒，信仰带给她无限的力量。她说："我觉得一个人的世界观的确会影响他的人生方向。我想当医生，帮助别人。当医生不一定要有我这样的世界观；但因为我想侍奉上帝，实现祂加给我的生命使命，我的人生视野因此变得更为辽阔。而且知道自己并非孤军奋斗，也令人心安。"

施托伊宾是一位常问问题的基督徒——比如"恶"的存在与无辜者受苦等令人困扰的问题。她说："我们很难解释人类的痛苦，我经常思索这个问题。有几位教授，我经常会去找他们请教棘手的问题，他们也不见得统统都有答案。可是我还是喜欢听听他们的意见，因为他们走这条路的时间比我长多了。"

施托伊宾来美国上高中之前，在非洲的赞比亚长大。"我们住在城外森林里，养过各式各样的宠物：变色龙、猴子、蛇……我们一直活在自然里。"她在惠顿主修生物学，教授们教她学习演化。她说："我不会用演化论来发誓，但我觉得它是目前最符合各项证据的理论。"

施托伊宾知道很多惠顿的同学反对学习演化论，有些父母甚至因此拒绝将小孩送来惠顿读书。她说:“我实在搞不懂，如果这是一门学问，我绝不会因为它可能威胁到我的神学信仰就躲避它。”

但施托伊宾仍然在问问题。演化对她信仰的意义为何？她并不觉得身为基督徒，就必须否认演化。“我认为演化过程没什么问题，已经有太多证据了。但若因为这样就排除上帝，未免也太狂妄了。如果上帝想借着他的自然选择来做工，又有何不可呢？今天我们常说上帝通过物质来教导我们，为什么以前他就不能这样做呢？”

施托伊宾知道有些人认为这两者彼此冲突。她表示:“如果你根据演化模型引申说，自然选择是今日人之所以为人的唯一动力，那么人性是什么，的确就会变成一个很大的问题。”

基本上，关于演化，她最终的问题是:“如果凡事都有一个自然的原因，那么上帝到底应该被摆在哪里？这个问题我想了很多。”

她一点都不孤单!

自《物种起源》出版后，人们便不断在思索演化对自己的生活以及生命本身的意义。我们到底只是一项生物学上的意外产物，还是宇宙的神圣任务？对有些人来说，解决施托伊宾这个问题的唯一办法，便是彻底否认演化的一切证据。1860 年时，这便是威尔伯福斯主教的做法；如今反对达尔文的声浪仍咄咄逼人，主要来自一个达尔文从未涉足的国家：美国。

美国遇到达尔文

尽管达尔文从未去过美国，但他的理论却由植物学家朋友格雷（Asa Gray）引进了美国。格雷曾在《大西洋月刊》(*Atlantic Monthly*)上评论《物种起源》，宣称美国不应再依据《圣经·创世记》的内容来解答生物学的问题。毕竟物理学家并没有因为圣经说上帝创造天地，便因此满足，他们仍着手研究太阳系如何从一片尘云中演化出来。格雷写道:“我们不能期望现代人不明就里地盲从古老的信仰。”

大部分的美国科学家到了 19 世纪末，也和欧洲同行一样，接受了演化论，只不过有些人仍对自然选择的细节存疑。但是，就我们所知，并没有哪位科学家因为阅读达尔文的书而放弃信仰。格雷本人是虔诚的基督徒，他认为神的旨意可能借某种途径，引导了自然选择的走向。

达尔文学说刚被引进美国时，有些新教徒领袖虽满怀敌意，却并没有公开挞伐。只要科学家对该理论还抱持怀疑，他们愿意作壁上观。到了19世纪末，科学界的怀疑消退，新教徒领袖便开始讲话了。他们认为达尔文学说非但错误，而且极危险，因为惟有当上帝以其形象造人时，才有道德基础可言。达尔文学说却只把人类视为另一种动物而已。倘若我们只是自然选择的另一项产物，那我们怎么可能是上帝特别创造的呢？如果我们不是上帝创造的，那么人们何必遵奉圣经？

他们的道德考虑远胜于科学考虑。直到19世纪末20世纪初，大部分的美国新教徒几乎仍完全相信《圣经》的字面意义，但很少人真的相信地球是几千年前在六天内创造出来的。有些人相信《创世记》的第一行“起初，神创造天地”，其实指的是一段极悠长的时间，所有物质、生命，甚至化石，都在这段时间创造成形。然后上帝摧毁了前亚当时期的世界，在公元前4004年（根据厄谢尔主教的估算）重建伊甸园。上帝以六天时间（真正的六天），在这个世界里重新创造了一批动植物及所有其他的生命。这样的宇宙观可以纳入一个古老的宇宙和一个古老的地球，足以解释在地球上发现的已灭绝的古生物化石及古老地质，因为一切皆可归纳到那个悠久的“起初”。

还有人认为《创世记》里的“天”，其实是比喻性的文字，并不特指24小时。他们将创世的六天解释成上帝创造世界及万物的六段漫长时期。因此拥有悠久生物史的古老地球并不会威胁到他们对圣经的信仰。无论世界有多古老，最重要的是上帝——而非演化——创造了生命，尤其他创造了人。

即使到了19世纪末，达尔文学说对美国保守派基督徒而言，仍只是个遥远的威胁，是少数几所大学里搞科学的人热衷的玩意。可是到了20世纪20年代，达尔文引发的论战便从小火慢熬，突然沸腾起来。

宣战

造成这项变化的一个主要原因是公立学校的兴起。1890年时，全美只有

20万个小孩上公立学校，到了1920年，注册人数却高达200万。学校的生物课本里介绍了演化，描述它是一个基因突变及自然选择的过程。对于反对演化论的人来说，这些教科书简直就是无神论，是在污染他们的小孩。

另一项造成冲突的理由，是演化论在美国及欧洲一些令人不安的文化变动中所扮演的角色。第一次世界大战是一次史无前例的大屠杀，一些德国人却企图用演化论来为这种暴行找借口。这批人深受德国著名的生物学家海克尔（Ernst Haeckel）影响，他主张人类是一切演化的巅峰产物，而且人类还会继续往更高处演化。海克尔在其著作《创造史》（*History of Creation*）中写道："我们为自己远远超越低等动物祖先而至感骄傲，我们因而坚信，整个人类将在未来持续光荣地进步，更上层楼，臻完美之心智。"

海克尔认为某些人又比其他人更进步。他将人类分成12个种族，依序排列。最低等的是非洲各族及新几内亚人，最高等的则是欧洲人，即他所谓的"地中海人"。在地中海人中，海克尔的同胞——德国人——又排名第一。他声称："目前将文明传至全球各地，并为更崇高心智文化之新时代打下基础的，主要是西北欧及北美的日耳曼人种。"迟早所有人种都将"在生存竞争中彻底臣服于最优秀的地中海人种"。

海克尔对人类远景的看法成为以生物学为基础发展出来的"一元论"（Monism）的基调。他的一群徒众，即所谓的"一元联盟"，宣称下一个演化阶段需要德国变成世界超级强国，因此鼓励所有德国同胞不为政治目的，而为实现演化使命，参与第一次世界大战。

同时，在英美两国，演化则遭到另一种形式的误用——它被拿来为自由放任的资本主义辩护。英国哲学家斯宾塞（Herbert Spencer）提出一套混合了达尔文自然选择学说及拉马克版本的演化论的论调，宣称自由市场的竞争可以促使人类演化出更高的智能。他承认在这个过程中一定会造成痛苦——例如爱尔兰大饥荒便是人类踏上"通往灭绝的快捷方式"的一个例子，但这些苦难很有代价，因为人性将因此升华，达到道德完美之境界。

斯宾塞的信徒遍布全球，因工业革命而致富的新贵尤然。美国的钢铁大王卡内基（Andrew Carnegie）便尊称斯宾塞为"大师"。这批信徒奉斯宾塞的论调为圭臬，形成所谓社会达尔文主义（Social Darwinism）。他们认为，造成19世纪初贫富悬殊的，并非社会不公，而是一种生物现象。倡导社会达尔

反对演化论的人攻击达尔文，因为他的理论把人和其他动物连在一起，令人不安；倘若我们跟动物一样，那我们的行为表现何必比动物高一等呢？

文主义的耶鲁大学社会学家萨姆纳（William Graham Sumner）声称："百万富翁是自然选择下的产物，自然选择从全人类中挑选出适合的人，完成某些特定工作。"

社会达尔文主义跟一元论一样，都毫无科学根据，不仅硬将自然选择从生物学中抽离出来，套在社会环境里，还将达尔文的理论与拉马克陈腐的理论胡乱搅和。但是尽管社会达尔文主义毫不科学，却仍能为政府控制人种演化的行动提供某种权威。20世纪初，美国及许多国家替智障及其他被认为是退化的人结扎，防止他们污染本民族的演化，即为例证。

当时美国有些公立高中所使用的教科书赞许这类控制生育行动。在1914年出版的《公民生物学》（*A Civic Biology*）中，作者提到某些家庭具有犯罪的基因（当然是谬论）："如果这些人是低等动物，我们可能会杀掉他们，防止他们繁殖。但人道不允许我们这么做，补偿做法便是在收容所及其他机构内，以各种方法隔绝两性，预防这类低等人种通婚或继续繁殖后代。"

在20世纪初的大混乱中，还出现了基督教原教旨主义。顾名思义，他们决心使新教回归基本教义，这意味着必须阻止公立学校教授演化论。领导原教旨主义打这场仗的，是知名政治家布赖恩（William Jennings Bryan）。他曾经三度获得民主党提名竞选总统，又曾担任威尔逊总统的国务卿，所以由他带领的反演化运动，全国瞩目。

布赖恩对演化的敌意，并非基于科学观点。他和许多原教旨主义基督徒一样，认为神在六天内创世只是个比喻，并非真指144小时。布赖恩甚至不反对动植物可能由较古老的物种演化而来。他之所以反对演化，主要因为他认为达尔文学说会污染灵魂。布赖恩宣称："我反对达尔文的理论，因为如果我们相信自古以来，圣灵的力量从未介入人类的生命或影响国家的命运，那么我怕我们在日常生活中将不再意识到上帝的存在，不以神的律法为念。我另外一个反对的理由是，达尔文的理论意味着人类演进到目前的完美境界，是受到仇恨法则——弱肉强食的残酷无情法则——的驱动。"

如果布赖恩指的是社会达尔文主义或一元论，那么他说得很对，因为那两者是在为暴行、贫穷及种族歧视辩护。然而这两种哲学观的基础，皆是被断章取义的《物种起源》，再加上大量的拉马克伪科学理论。布赖恩没有认清这一点，便认定达尔文为死敌，结果造成至今仍普遍存在于美国的误解。

猴子大审：斯科普斯案

1922年，布赖恩得知肯塔基州浸礼会传道理事会通过决议，要求该州立法禁止公立学校教授演化论。他非常赞成，甚至巡回全州演讲支持。尽管这项提案在州议会上以一票之差未被通过，但反演化运动却在布赖恩及相信神创造世界及万物的创世论信徒推动下，深入南方各州。结果田纳西州在1925年首先通过禁令。

美国公民自由联盟（American Civil Liberties Union）认为该法剥夺了教

“斯科普斯猴子大审”期间，难得达罗（左）与布赖恩（右）一团和睦，摆出姿势合照。

师的言论自由，因此强烈反对。他们发誓将予以推翻，宣布将替任何一位田纳西州违反此法的教师辩护，并计划利用一个他们认为绝对会输的案子，引起大众注意，再以该法违宪为理由上诉。如果上诉胜诉，该法将自动遭到废除。

在田纳西州一个冷清的小镇代顿城（Dayton）内，几位市民代表听到了公民自由联盟的提议，虽然他们对那条法律无甚感觉，却都同意来一场可以替小城打造知名度的法庭秀。于是他们和一位名叫斯科普斯（John Scopes）的年轻教师兼足球教练约在一家药店里见面。斯科普斯平常教物理，但他表示代课时曾教过《公民生物学》中有关人类演化的章节，市民代表问他愿不愿意示范受审；斯科普斯想了一下，说他愿意。市民代表开了一张拘捕票给他，他便离开店里打网球去了。

公民自由联盟预期斯科普斯将被判有罪，随即处以罚金，这样他们便能着手上诉，开始办正事。可是情况出人意料。当时正在田纳西州的布赖恩突然宣布他将亲赴代顿，“协助”起诉，本来就引人注目的案子，变得更加轰动。这时联盟又接到一名辩护律师达罗（Clarence Darrow）的通知，他主动请缨，令他们无法拒绝。达罗前一年（1924年）替两名为了好玩而杀掉一个小男孩的大学生利奥波德（Nathan Leopold）及罗布（Richard Loeb）辩护胜诉，登上全国头条新闻，声名大噪。他的辩词是两名青年虽然有罪，却不该被判死刑：该项谋杀并非基于冷血的动机，而是两颗“有病脑袋”的后果。这种将人性“物化”的观点正是布赖恩所鄙视的；而直言不讳的不可知论者达罗也看不惯布赖恩，认为后者无非是一名江湖郎中罢了。达罗发了一份电报给公民自由联盟，自愿替他们担任律师，还将电报拷贝给新闻界。公民自由联盟遭记者包围，只好接受。从那一刻起，情况便失去控制了。

有这么两位名震一时、舌灿莲花的大人物打对台，这场审判举国瞩目。又因为正逢收音机首度变成一般美国家庭用品，全国人民都成了听众。日后以“斯科普斯猴子大审”（Scopes Monkey Trial）著称的这场官司，果真戏剧性十足（以它为题材写成的舞台剧《向上帝挑战》[*Inherit the Wind*]后来还改拍成电影）。达罗甚至传唤布赖恩本人作证，以创世论各种矛盾论调严厉质问后者，逼迫后者承认他也不相信创世实际是在六天内完成的，借此显示圣经可以用许多不同方式诠释——有些诠释甚至可能容纳演化论！但隔天法官便决定不采用布赖恩的证词。达罗立刻要求庭上判处斯科普斯有罪，因为他已计划上诉。

后人常记得达罗在斯科普斯猴子大审中的胜利，但其实演化论的教学反而因为他哗众取宠的表现而受挫。陪审团判决斯科普斯有罪，法官判处他罚款100元美金后，达罗向田纳西州最高法院上诉，后者在一年之后裁决原判无效——却并非如公民自由联盟所希望的以宪法为依据。初审中判处斯科普斯罚金的是法官本人，但田纳西州法律规定只有陪审团才有权力判处50美元以上的罚金。田纳西州最高法院便以此项权力缺失为由，判处诉讼无效。法官宣布：“继续拖延这个怪案子，毫无益处。”

达罗显然只对发表精彩演说有兴趣，忽略了案件本身，因此忘了在初审中反对法官罚款的判决。结果公民自由联盟失去挑战禁止教授演化论法令的机会，田纳西州继续执行反演化论法令长达40年。到了20世纪20年代末期，布赖恩及盟友更是陆续促成了密西西比州、阿肯色州、佛罗里达州，及俄克拉何马州通过类似的法令。

“创世科学”之崛起

20世纪40及50年代，美国成为演化生物学的温床，是杜布赞斯基、迈尔、辛普森等现代综合论领袖的大本营；在美国蓬勃发展的古生物学、遗传学及动物学，令全世界艳羡。可是这些新知识却极少从博物馆及生物学系外流给一般大众，因为创世论者对教科书出版商施加压力，不准在课本中提及演化，出版商怕丢生意，只好屈服。

20世纪60年代，情势开始转变，原因之一是苏联于1957年发射了第一颗人造卫星。苏联的科技领先造成全美对科学教育——包括演化论教学——落居人后的大恐慌。教科书编辑开始重新审查演化论，到了1967年，就连田纳西州议会也废止了当初令斯科普斯遭到逮捕的法令。

同时，阿肯色州一位名叫苏珊·埃珀森（Susan Epperson）的年轻生物老师，在一场新官司里扮演了斯科普斯的角色。埃珀森向该州反演化论的法令挑战，指责该法企图在公立学校里传教。但阿肯色州最高法院拒绝受理该案，只表示州政府有权施行该法。公民自由联盟等了42年，终于等到这次机会，便于1968年将此案上诉到美国最高法院，结果后者判处阿肯色州必须废止该法。福塔斯（Abe Fortas）法官在判决书中写道，该法令具有宗教目的，“特意将某项理论排除于公立学校教育之外”。

反讽的是，福塔斯反而因此帮助创世论者发现一个新策略，而他们至今仍在使用这套策略：愈来愈多反演化论者不再一味坚持达尔文的理论不道德，反而宣称创世论也是一项可以解释生命起源的科学理论。若有人企图将所谓的创世科学（Creation Science）排除在课堂之外，便犯了“特意将某项理论排除于公立学校教育之外”之罪。因此创世论者要求公立学校同时教授两项理论，让学生自行选择。

第一本宣扬创世科学的书于1961年问世，是一位名叫莫里斯（Henry

Morris）的水力工程师所写的《创世记大洪水》（*Genesis Flood*）。在他笔下，彻底相信《圣经》字面意义的创世论得以复活，认为地球的确是在六天之内造成的，而且只有几千年的历史，地球上所有的化石及地形全在诺亚大洪水期间形成。莫里斯又宣称一切证明地球极古老的证据，例如以放射性衰变为测量标准的地质时钟，全都有瑕疵，不可靠；他接着提出他所谓的科学证据来解释《圣经》中描述的事件。比方说，亚当的确有能力在一天之内替所有的动物命名，因为他处在伊甸园的完美境界中，智能比现在的人类高出许多。1972 年，莫里斯成立"创世研究所"，从此开始出版书籍、杂志，制作录像带，甚至设立网站。

许多创世论者受到莫里斯的启发，也开始以科学外衣包装他们对演化论的反对意见。有一群标榜"古老地球创世论"的人，接受宇宙具有 130 亿年的历史，而地球具有 45 亿年历史的理论，却宣称人类独一无二，是最近才由上帝创造的。创世论各宗各派互相嘲讽也不足为奇："古老地球"创世论者攻击"大洪水地质"创世论者忽视地质与天文方面的事实；"大洪水地质"创世论者则指责"古老地球"创世论者违背《圣经》，甘愿堕入达尔文主义与无神论的罪恶渊薮。尽管各派创世论者一致反对达尔文，但他们却不站在同一阵线上。

科学的考验

推动创世科学的人说服阿肯色州政府通过一项法令，要求学校拨出同样的时间教授"创世科学"及演化论，但创世论的新包装并未打动法院。1982 年，阿肯色州法令遭地方法庭挑战，奥弗顿（William Overton）法官判决创世科学根本不是科学，而是企图在公立学校里传教的促销手段。

科学是以自然因素解释我们所观察到的周遭世界的一种探究过程，其核心为理论的建构。一般所谓"理论"，有时可能意味着一种推测或预感，但对科学来说，"理论"却具有特殊的意义：一项理论是一套针对宇宙某种方面的概括性提案。例如病菌理论主张某些疾病乃由生物引起；牛顿的引力理论则主张宇宙中所有物体都会互相吸引。

理论并不能直接被证明是对是错，不过，理论可以衍生出假设，即针对这项理论之适用性所做的预测，而且可经实验验证。如果这些假设获得证实，如果它们引导科学家对世界的运作方式获得新发现，或者不同的研究结果能互相支持印证，那么理论便得到确认。然而科学知识必须不断接受新的考验，以发掘更深层的事实。牛顿的引力理论适用的层面极广，甚至可以用来发射宇宙飞船去探测别的星球，但后来我们发现，它实际是包含在一个更广泛的理论之中，即爱因斯坦的相对论。爱因斯坦认为引力甚至可以弯曲空间，有一项衍生自相对论的假设指出源自遥远恒星的光，应该会在太阳周围弯折，后来这项假设在 1919 年一次日食中获得证实。现在物理学家正试图针对宇宙之运作，建立适用层面更广的理论，能同时涵括相对论及量子物理学等别的理论。

科学的预测能力，让我们对自然界的认知远超过我们的感官所能企及。没有人看过地心，但地质学家借测量地心磁场及地震震波通过地心时的变化，知道地球的核心由铁构成。我们不可能实际目睹黑洞，但相对论不但预测崩溃的恒星会形成黑洞，还预测它们会留下某些记号——诸如被吸进黑洞的物质所射出的 X 射线；而现今的天文学家也的确记录到这类放射线。

同样的，大部分演化的运作虽然并非肉眼可见，却可以想象。没有人活在两亿年前，但我们根据地质记录，可以推测当时的生物生存的环境跟今天颇多类似。现生动物受演化支配，古代的动物必定也受演化支配。虽然我们没有生命史每一分每一秒的记录，但是根据留下来的证据，我们对过去 40 亿年来发生的事情，多少可以有些了解。

奥弗顿法官 1982 年的判决非常正确，创世论并不符合科学的要求。科学家提出有关自然运作的解释，这些解释有因果关系，可以测试验证。我们也可以测试创世论的一些解释，但它们却都无法通过考验。比方说，莫里斯曾宣称，若根据目前人口成长速度计算，智人的历史只有几千年；他从今日的人口数目往前推算到地球上只有两个人（亚当及夏娃，想当然尔）的时候，宣称：“根据已知的人口统计数字推算，人类起源最可能的时间，大约是 6300 年前。”

莫里斯的理论有许多推论，比方说，我们可以用它来计算历史上任何一点的人口数量。历史记录明白显示埃及金字塔大约在 4500 年前建成，如果你

有些创世论者宣称地球上所有的化石及地质构造全是由诺亚大洪水造成的。但这种说法早在300年前就被地质学家否决了。

用莫里斯的时间表来计算当时地球上的人口总数，结果只有600人。根据历史纪录，4500年前还有人住在埃及以外的地方，因此那600个人不可能全住在埃及。以埃及仅占地表总面积1%来推算，全埃及当时可能只有6个人。我们若想相信莫里斯所说人类只有6300年历史的理论，必须先相信屈指可数的几个人便可建造金字塔。

创世论者为了巩固自己的理论，企图“整编”科学家搜集到的证据，但他们是有选择性的，见树不见林。例如，有些创世论者指寒武纪物种大爆炸为上帝创世的证据。富赖尔（Wayne Frair）及戴维斯（Percival Davis）在合著的《创世论据》(*A Case for Creation*)中写道:“从我们的立场来看，所谓的地质历法中有一个时期特别重要，即一般称为寒武纪的那个时期，那时突然出现大批较古老岩层内从未见过的化石。单单从科学的立场来看，已足以显示当时必定发生了惊人的事件。由此指出寒武纪之遽变乃上帝创世之结果，似乎很合理。”

但这些创世论者略掉了几项重要的事实：在寒武纪大爆炸之前就有的化石记录，足足有30多亿年的历史；而古生物学者发现的最古老的多细胞动物化石，可远溯至5.75亿年前，而且其中有些显然是在4000万年后寒武纪大爆炸时出现之动物的亲戚，虽然以地质史的标准来看，寒武纪大爆炸的发生仅在一瞬间，但它其实延续了1000万年，再根据各种动物胚胎的构造方式来判断，只需几种小型的基因变化，便可能引发当时出现的许多动物身体产生的戏剧性的转化。

其实大多数创世论者的论证根本不是论证，而是诡辩。比方说，许多创世论者承认某物种可能以小规模的方式演化，例如细菌可以演化出抗性，达尔文芬雀的雀喙可能改变形状。但创世论者说这类微观演化(microevolution)不可能产生宏观演化(macroevolution)——如全新的身体构造。为了证明他们的说法，他们宣称从来没有任何人目睹过这类转化的发生，也未找到居间物种的化石。

达尔文早在《物种起源》中便讨论过这个问题，指出完整的化石极罕见，因此化石记录必定是断断续续的。但即使化石罕见，古生物学家仍然发现了许多创世论者坚持并不存在的居间形态。比方说，以前创世论者常因陆行鲸的化石阙如而沾沾自喜，结果古生物学家便陆续挖掘出许多鲸脚来。

古生物学家挖出来的许多有脚的鲸鱼，可能只是现生鲸的古代表亲，而非直系祖先。即使如此，它们在演化树上的位置却足以显示鲸很早便从陆上迁入海洋。鲸的外形或许和它血缘最亲的现生亲戚(如牛和河马)截然不同，甚至让人无法想象中间的演化过程，然而鲸的居间形态化石却显示转化可以逐步完成。例如，长得像鳄鱼的陆行鲸，可以用它短短的腿来踢水，像河獭般泅泳；后腿极小的原鲸(Protocetus)，因臀部关节较松，可以靠摆动尾巴形成更大的动力。

游泳鲸的起源，和化石记录中别的转化一样，耗时千百万年以上——这样的演化速度比目前在野生动物身上记录的变化（如特立尼达的孔雀鱼）要慢许多。我们不可能根据这种短期变化测知宏观演化的模式。但无论如何，只要你接受微观演化，宏观演化便是免费附送的礼物。

佩利复辟

奥弗顿法官于1982年拒绝“创世科学”后，创世论者便回家再想办法，找寻重新进入公立学校的方式。今天他们最喜欢的策略是根本不提上帝与圣经。

新创世论摇身一变，成了“智慧设计论”。这派人士认为生命太复杂，不可能是演化出来的，必定有一位“设计者”。你或许要问：那这位设计者是谁呢？智慧设计论者很客气地让你自己去决定。老派的创世论者看出他们可以利用智慧设计论撬开公立学校紧锁的大门；“创世记里的答案”这个信奉大洪水地质派的组织，便大力称赞1989年出版的智慧设计论童书《关于熊猫和人》：“这本书旨在作为公立学校的教材，文字精练，虽未涉及《圣经》内

没有肺，我们就活不下去；但可以呼吸空气的鱼，如图中的肺鱼，却不见得需要它。

科学家捕捉活在南极水域里的鱼，研究其血液中的天然防冻剂。负责制造这项奇迹的基因，至今仍保留着自别的基因演化而来的痕迹。

容，却针对支持演化论之教科书所列举的各项‘经典’证据，提出创世记的诠释。”

智慧设计论的信徒自诩站在科学的尖端，不再紧咬“遗失环节”或地球年代这类老问题向演化论挑战，却打着生化及遗传学的招牌，宣称生命的分子运作有着无法削减的复杂性。比方说，要让伤口止血，必须经过一长串的化学反应，才能形成凝血分子；只要少一个反应，伤者便将流血至死。演化怎么可能从较简单的部分建造出这么复杂的系统？

各位应该觉得智慧设计论听起来非常熟悉，简直就是200年前佩利牧师躺在石南荒原里的那只表的重现。佩利认为你若看见某样构造复杂、少了任何一个部分便无法运作的东西，那么这个东西肯定是经过设计的。但佩利的论点有个瑕疵：复杂的设计不见得需要设计师！

以肺为例：显然早在任何呼吸空气的陆上脊椎类存在以前，鱼就已经演化出肺，而且至今仍有一些原始的、可以呼吸空气的鱼存活于世，如非洲的多鳍鱼（bichir）。肺对多鳍鱼有好处，却非不可或缺，因为它还是可以通过鳃获得氧气。但多鳍鱼若不时用肺呼吸一下，便可多输送些氧到心脏，提升游泳的耐力。大约在3.6亿年前，一支能呼吸空气的鱼类谱系开始常常爬到陆地上，随着它们离水的时间加长，它们的鳍变得像四肢，足以在走路时支撑体重。后来它们的鳍终于完全消失了，经过数百万年的时间，这批早期的四足动物最后变得必须完全仰赖肺呼吸——这整个过程都有化石为证。

这便是一套复杂系统——四足动物的身体——的好例子，如果你拿走其中一个部分（肺），整个系统便将崩溃。然而化石记录及现生动物却证明如此复杂的系统，并非经不起改动。演化可以加一个肺进去，因为它有好处；经过一段时间后，附加上去的部分可能就变得不可或缺，再也无法去除了。

演化可由简至繁，制造出复杂的身体构造，同样也可以制造出复杂的生化反应。最近这几年，科学家已成功地针对两项个案——南极的鱼如何不冻死，以及血液如何凝结——提出极有力的假说。

先来看不会冻死的鱼：有一类俗称“南极冰鱼”（notothenioids）的鱼，因为血液中含有天然防冻剂，所以可以生存在冰点以下的水中。它们的肝会制造一种糖化蛋白质，可以附在冰的微晶体上，防止晶体继续变大。南极冰鱼因为具有这种防冻剂，在南极海里大量繁殖，目前已知种类有94种，而且每年还持续发现新种。

制造防冻剂是一项极复杂的过程，没有防冻剂，南极冰鱼就活不了。尽管它非常复杂，却不表示不可能由演化形成。伊利诺伊大学生化学家郑琪欣（Chi-Hing Cheng）及其同僚已研究出防冻基因演化的线索。他们发现这种基因和一种在胰脏里作用的基因有许多相似处。后者在胰脏里制造出一种消化酶，再注入肠内。郑琪欣发现制造防冻分子的指令，储存在一段有九个碱基的序列里，而这个序列在同一个基因内重复了数十遍（因为这些重复，同一个基因便可制造许多防冻剂）。她又发现制造消化酶的那个基因内也同样含有九个碱基的序列。这个基因之所以不会制造防冻剂，是因为该序列位于“垃圾DNA”的段落中，还未被用来建造蛋白质以前，就会先被删除掉。

郑琪欣还发现这两个基因有别的相似处：两者前端都有一个担任“运货

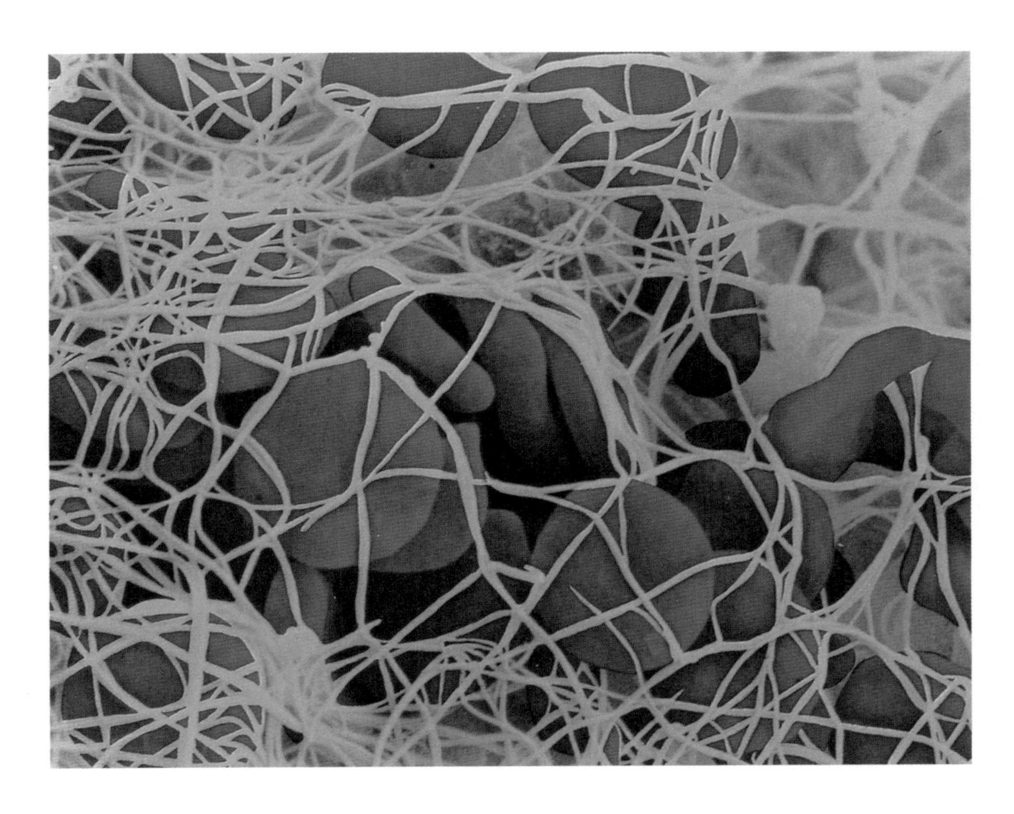

血液在伤口周围凝结。目前科学家正在研究这个反应背后的生化演化过程。

标签”作用的序列，告知细胞释放出蛋白质，而不要把蛋白质留在细胞内；两个基因的这个标签几乎完全相符。而且两个基因的末端都含有一个指令，指挥细胞停止将它转译成 RNA；两个基因中的这段指令也几乎完全一致。

掌握这两项发现后，郑琪欣提出防冻基因出现的假设：在遥远过去的某个时候，制造消化酶的基因意外被复制了。原来的基因继续制造酶，复本则开始经历一连串突变。有 9 个碱基的那段序列从垃圾 DNA 段落移往新位置，不再被删除，却开始制造一种蛋白质——防冻剂。稍后，那 9 个碱基又因突变，重复了许多遍，好让同一个基因可以制造更多的防冻剂。基因上防冻部分加长，原本制造消化酶的部分便被删除掉。最后属于原始基因的部分只剩下前端的“运货标签”及末端停止转译的信号。

由于最早的消化酶是在胰脏里制造的，郑琪欣认为最早期的防冻蛋白质也是在那里制造的。胰脏制造消化酶，注入肠内，帮助肠分解食物。因为鱼会把冷水吞进肚里，所以肠子是最容易结冰的地方。原始防冻蛋白质一旦进入鱼肠里，鱼就能在冷水中生存，不至于冻死。后来控制防冻基因激活时间及地点的信号也演化了，不再在胰脏细胞内激活，而改在肝脏细胞内激活。胰脏将酶注入肠内，肝脏则将酶注入血液中。鱼的血液中充满防冻剂，便可全身防冻，忍耐更低的温度。

1999 年，郑琪欣领导的小组又获得一项惊人的发现：他们找到一个嵌合体基因（chimera gene），证实了之前的假说。他们在一条南极海鱼的 DNA 内，发现一个同时含有制造防冻剂及制造消化酶两种指令的基因，它正是科学家所预测的，从消化基因演化成真正防冻基因过程中的居间形态。

凝血的历史

南极冰鱼的防冻剂虽然不可思议——不可思议得可能会让某些人把它归为“智慧设计论”，但各项证据显示它其实是由基因复制及渐进式的突变造成的。演化还可以利用这类突变，制造更大的奇迹：演化可以制造出整个分子系统，维系我们的生命。

以形成血凝块的分子为例，当我们健康的时候，这些分子（称作凝血因子）在我们的血液里循环，不发挥任何作用。可是你若被刀割伤了，割破的血管流出的血与四周组织混合，情况就变了。组织内某些蛋白质会对某型凝血因子起反应，激活后者，凝血因子因此便开始一串连锁反应：先抓住第二型的凝血因子，激活它；第二型因子再激活第三型因子，如此连续下去；最后一型凝血因子会切开一个名叫“白纤维蛋白原”（fibrinogen）的分子，令后者变黏，形成凝块。凝血系统的力量来源即在于其复杂度：一开始只需一个凝血因子，便可在第二步激活好几个因子，这些因子又可以在第三步激活更多因子。就这样，一个小小的触发力，便能激活数百万个白纤维蛋白原分子。

这种修护伤口的系统当然不可思议，而且所有构成分子缺一不可，一个人若天生少了某一型凝血分子，就变成血友病患者，小小的擦伤便可致命。但这并不表示这套系统必须经过“智慧设计论”。

过去30年来，圣地亚哥加州大学的杜利特尔（Russell Doolittle）一直在测试一项有关脊椎类凝血机制演化过程的假说。其实凝血因子可以激活其他凝血因子，并不稀奇；所有动物体内都含有可以激活蛋白质的酶，好让后者去执行各项任务，而其中一种酶可能就是所有凝血因子的“共同祖先”。

让我们想象有一种早期的脊椎动物，它没有任何凝血因子。其实这并不难想象，因为像蚯蚓或海星就没有这类因子，但它们并不会流血至死，因为它们的血液里有一种可以变黏、形成粗凝块的细胞；接着再想象一个会制造能够切开其他分子的酶的基因被复制了。复本演化成只能在血液内制造出来的简单凝血因子。它碰到伤口，就会激活，然后切开血中的蛋白质，有些蛋白质会变黏，形成凝块，而且比旧有的凝块更有效果。倘若这个最早的凝血因子再被复制，连锁反应的过程便会加长，而且变得更灵敏。若再加入另一种因子，灵敏度又会再提高。就这样，整个凝血过程便循序渐进地演化成形。

杜利特尔着手测试这项假说，结果发现证据唾手可得。原来所有的凝血因子都非常类似，而且杜利特尔发现它们全和一个特殊的消化酶关系密切，他因此预测白纤维蛋白原（即被凝血因子变黏、形成凝块的蛋白质）乃是咱们无脊椎老祖宗体内某种担任其他工作的蛋白质之后代。经搜寻后，他在海参体内找到一个白纤维蛋白原的表亲。尽管海参不能执行凝血的连锁反应，体内却具有类似白纤维蛋白原的蛋白质。

测试这类假说并不容易。为了研究防冻基因，科学家必须去布满冰山的海中捞鱼；对凝血的研究则在实验室里进行了整整30年。而这些努力还不能解释胆固醇、胶原，或其他成千上万地球生物所制造的奇特分子的演化。智慧设计论的信徒最爱强调演化生物学家对生化演化的无知，认为这种无知便是分子太过复杂、不可能用演化来解释的证据，所以智慧设计论一定是对的。其实这只证明了一件事：科学家发现DNA已超过60周年，但有关生命史的奥秘，还有太多太多要探索。

推拖战术

智慧设计论对演化论的攻击伎俩一旦被戳破，就没什么科学内容可言了。

智慧设计论如何解释无处不在的、支持演化的证据——从化石记录、突变率，到物种之间的类同与差异？到底那位设计者何时插手干预马的演化、鸟的飞行，或寒武纪大爆炸？那位设计者又是怎么做的？我们如何测试这些主张？智慧设计论做过哪些导致重大发现的预测？你若想探究这些问题的答案，只会得到互相矛盾或无法测试的说辞；更常发生的情况是：毫无响应，一片沉默。

1996年，宾州利哈伊大学的生化学者贝希（Michael Behe）出版《达尔文的黑匣子》（*Darwin's Black Box*），企图替智慧设计论辩护。他举出一些复杂的生化案例，宣称它们都不可能是演化来的，同时却又承认“以小规模来看，达尔文的理论获胜”。换句话说，在智慧设计论的世界里，物种的确会演化：芬雀会改变雀喙的大小；艾滋病毒可以适应新寄主；进入美国的外来鸟种会分支成新种类。但是，这类小规模的改变却不可能制造出复杂的生命。

这是智慧设计论的矛盾处。因为小型改变的确能够累积，造成重大影响。假以时日，动物或其他物种族群DNA内的突变不断增加，小型变化累积到一定程度，同一族群便可能演化成不同的物种。科学家可以根据物种间的遗传差异，研究出它们之间的关系。如果贝希接受微观演化，那他就非得接受生命树不可。（顺便一提，根据生命树显示，人类是黑猩猩的表亲。创世论者当然不喜欢这个自己祖先是类人猿的想法，但他们必须承认：智慧设计论在这一点上已经投降了。）而且贝希从未表示他反对化石记录及同位素鉴定年代法，显然他也接受生命树在过去40亿年中开枝散叶的观点。

那么到底演化何时停止，“设计”何时开始？很难说！是否有一位“智慧设计论者”在5亿年前现身，在最早期的脊椎动物体内装置了凝血连锁反应？然后那位设计者又在1.5亿年前，让哺乳动物演化出一套复杂分子，在母体子宫内植入胎盘，制止母体的免疫系统排斥胎儿？每次某种马利筋草（milkweed）又制造出一种对抗昆虫的新毒素时，都有这位设计者插手吗？贝希从来没告诉我们。

更令人糊涂的是，贝希甚至承认某些分子看起来不像是经过设计的。红血球里负责携带氧气的分子“血红素”，其结构与人体肌肉中负责储存氧气的分子“肌红蛋白”（myoglobin）极为类似。贝希因此表示，血红素不是智慧设计论的好例子。他写道：“稍加修改肌红蛋白之行为，便可表现血红素之行为。”至于肌红蛋白，根据贝希的说法，这种分子复杂到不可化简——因为他无法想象它是怎么演化出来的!

智慧设计论试图再掺一点演化论，但根本无法构成经得起检验的假说。如果我提出某个分子复杂到不可化简，结果有证据显示它是由基因复制，或其他过程演化而来，那我可以立刻改变说辞，说它的确是演化的产物，但其较早的形态却不是。贝希甚至有意将智慧设计论一直推到生命史的一开始，认为第一个细胞的“设计”，可能便具备了一切日后用在各种不同生物体上的复杂基因网络。不同种的生物持续使用某些基因，其他基因则不表现（即不起作用）。

罗切斯特大学的生物学家奥尔（H. Allen Orr）表示:“这种观念让分子的演化有很大一部分无法解释，让人不知从何着手。”有些基因经过一段时间后便不再表现出来，这是事实。比方说，某个基因可能被复制，其中一个副本开始突变，直到它无法再制造蛋白质为止，这类无作用的基因被称为“假基因”（pseudogene）。但奥尔指出，我们体内携带的假基因，必定类似我们的活性基因。如果贝希的理论属实，我们应该就可以在人体DNA内找到各种类似其他生物活性基因的假基因。为什么我们没有携带制造响尾蛇毒液或花瓣的假基因?为什么我们只有很多和黑猩猩一样的假基因?

演化论给了我们一个直截了当的答案:因为这些假基因是在咱们老祖宗与花及响尾蛇分家之后，才演化出来的。智慧设计论却只能一再重复:其余不表现的基因就是不表现，无法解释。到头来智慧设计论还是跟以前各派创世论一样，他们给了我们一位“设计者”，而他费尽心思，只为了让我们误认生命会演化。

智慧设计论的失败，在于它背弃了科学探索的重点。道金斯表示:“倘若你可以随便假设有件东西极为复杂，复杂到足以用智慧设计出宇宙，那么你等于出卖了你的过去。你根本是放任自己，一股脑认定那件东西的存在，而我们还致力想加以解释。自然选择演化的美，在于它从简单的事物开始，缓慢地逐渐累积成复杂的事物，包括复杂得足以去设计出别的事物的东西——简言之，就是脑。你若一开始就任意使用‘设计’这个想法，那么你等于一开始就投降了，根本没有提供任何解释。”

科学的极限

拥护智慧设计论及其他各派的创世论者，无法提出有力的科学论据，只好诡辩。比方说，他们宣称演化其实只是一种观念论，是崇拜自然主义的结果；演化论者主张宇宙中没有上帝，一切事物皆由自然因素所造。大力鼓吹创世论的法律教授约翰逊（Phillip Johnson）认为，信奉达尔文主义的人"因自我本位，以及一心一意想贬低上帝而执着于此一迷思"。约翰逊宣称演化生物学家拒绝考虑超自然力量对宇宙的影响，并对演化论的种种弱点视而不见。他坚持若举办公正的听证会，将神干预也列为生命史可能的解释之一，创世论必将获胜。

其实科学，无论任何形式的科学——化学、物理，或演化生物学——都只能解释这个世界恒常不变、有如律法的现象。倘若上帝每天都改变质子的

1998年5月27日，教宗约翰·保罗二世在圣彼得大广场上向信徒致意。在此之前，他针对演化发表了一场演说，宣布演化与天主教教义不相违悖——但任何相信生物皆可能具有灵魂的主张，则"与有关人的真理不兼容"。

质量，物理学家便不可能预测原子的运作。科学方法从未夸言世上一切皆由自然因素所造成，但我们可以用科学方法了解的，惟有自然的因果关系。科学方法虽有用，但是对于超出它范畴的事物，科学必须保持缄默。根据定义，超自然力量本来就超越自然定律，因此也超越了科学的范畴。

约翰逊与其他创世论者将愤怒的矛头指向演化生物学，其实却在攻击所有的科学专业。当微生物学家研究流行性抗性肺结核时，不会花时间去研究上帝干预的可能；当天文物理学家企图了解一团原始的星尘如何逐步形成我们的太阳系时，不会只在那团星尘和已成形的星球间画一个大方块，然后写上："这儿发生了一个奇迹！"当气象学者对飓风走向预测错误时，不会辩称是上帝的旨意改变了风向。

科学不能把自然界一切未知都推给神，要是果真如此，那根本就无所谓科学了。诚如芝加哥大学的遗传学家柯因（Jerry Coyne）所说："科学史给我们最珍贵的教训就是，如果我们把自己的无知统统贴上'上帝'的标签，那么我们永远不会进步。"

"创世科学"其实对真正在研究生命史的科学家毫无影响力。古生物学家不断发掘关键性的化石，帮助我们了解人类、鲸及其他动物的起源；发育生物学家不断聆听建造胚胎之基因的交响乐，以便更深入了解寒武纪大爆炸发生的原因；地质化学家不断发现生命在地球上崛起的同位素线索；病毒专家不断揭露艾滋等病毒征服寄主的新战略。这些人研究工作的基础，向来都是演化生物学，而非创世论。

即使创世论在科学界一败涂地，至今其信徒却仍尽其所能想控制美国公立学校教授科学的方式。一般民众不会注意到他们的行动，但1999年因为堪萨斯州的一项丑闻，创世论再度登上新闻头条。

堪萨斯的创世论

堪萨斯州的中学生都必须参加一项全州统一的考试，出题标准则由该州的教育理事会核准通过。1998年，理事会邀请由科学家及科学老师组成的委员会来修订标准。委员会以美国研究评议会在1995年订立之标准为基础，过程中还咨询美国科学促进会（American Association for the Advancement of Science）及各主要科学机构。1999年5月，委员会向理事会提出从天文学到生态学，包括一切科学区域，以科学界最新共识为基础的考试标准。其中要求学生了解演化的基本观念，即各生物谱系如何适应环境，以及生物学家如何运用演化理论解释生命多样性之自然现象。

就在委员会提出考试标准时，怪事发生了。一位理事突然提出一套完全不同的标准，后来发现原来是出自密苏里州某创世论组织笔下。撰写考试标准的小组拒绝接受，但他们同意试着将某些保守派理事所关心的问题纳入考试标准中。理事会要求标准中包含一篇容忍不同观点的声明，撰述小组依言将这篇声明纳入。理事会又要求撰述小组界定微观演化及宏观演化，于是小组解释了一代接一代的变化（微观演化）如何产生可称为宏观演化的大范围模式及过程，诸如全新身体结构的起源，以及灭绝速率的改变等。但理事会接下来又企图逼迫他们删除一切有关宏观演化的进一步讨论，撰述小组则拒绝照办。

理事会于8月集会，考试标准委员会决定采取立场，要求理事会投票表决，接受或拒绝他们所制订的标准。结果理事会出其不意地又提出另一套标准，取代了委员会订立的标准。乍看之下，这套新标准很像委员会所提出的内容，但细看后才发觉，原来所有关于演化的文字统统遭到删除，少数几段残存的文字还宣称教授自然选择时，应强调那是一个“不会在现存遗传密码中加入新信息”的过程。州联考将不会测试学生任何有关演化，甚至大陆漂移、地球年代或宇宙大爆炸的题目。理事会以6票对4票，通过了新标准。

理事会借着删除原文，增加错误的文字，令科学课程完全处在创世论者的掌握之中。试想，老师该如何教学生“自然选择不会在现存遗传密码中加入新信息”？事实上，像基因复制这样的突变，结合自然选择的作用，无时无刻不在创造新的遗传信息。理事会在考试标准中加入这种谬论，不啻支持创世论“接受微观演化、否认宏观演化”的主张。

理事会对地质学的要求也符合创世论。理事会删除了要求学生了解大陆漂移（此乃研究地球科学的基石）的规定，另建议让学生了解“至少有某些岩层可能是快速形成的，例如意大利的埃特纳火山（Mount Etna）及美国华盛顿州的圣海伦斯火山（Mount St. Helens）”。其目的便是支持大洪水地质构造创世论，企图解释地质构造可以在几千年内形成。

教育理事会为了不让创世论在课堂内受到威胁，结果等于不让考试标准委员会教导学生认识科学的本质。科学理论不再是“有充分证据的解释”，而只是“一种解释”而已——换句话说，只是一项猜测。科学不再是“人类在观察周遭世界之后，寻求自然之解释的活动”，而变成追求“合乎逻辑的解释”的活动。文字一经变动，理事会等于在暗示，科学家可以发现超自然的力量。

记者很快便风闻理事会的决定，堪萨斯州教育理事会突然成为全国瞩目的焦点。堪萨斯州州长格雷夫斯（Bill Graves）声明他对理事会的行动深痛恶绝，堪萨斯州每一所州立大学的校长全都出面谴责投票结果。投票赞成创世论标准的理事在突然受到全国新闻界包围的情况下，表示他们这么做完全是为了提倡科学，但在表达立场的过程中暴露了自己的无知。“像狗一样的动物怎么会变成像海豚一样的动物？牛又怎么会变成鲸鱼？这些证据到底在哪里？”教育理事会主席霍洛韦（Linda Holloway）如此质问美国全国广播公司（NBC）的记者，显然，他对有脚的鲸的化石记录一无所知。

堪萨斯州的一般民众开始反对这套变质的标准，反对声浪在接下来几个月内持续扩大。到了2000年教育理事会改选时，倾向创世论的派系大败。两位理事（包括霍洛韦）在初选中被温和派共和党员击败，另一位理事自行辞职，也由温和派共和党员取代。2001年2月，理事会终于通过原来的那套标准，完整保留了教授演化的原则。

创世论者虽然在堪萨斯州输了这一仗，却持续在美国各州进行政治抗争。2000年5月，保守派众议员邀请智慧设计论支持者到国会山发表其主张。俄克拉何马州议会则通过法令，规定生物教科书上必须声明宇宙是上帝创造的。在亚拉巴马州，教科书上都加贴警告，表明演化只是一项争议性极高的理论，并非事实。2001年春天，路易斯安那州议会提出一项法案，禁止州政府散布不实的信息——诸如放射性年代测定。

立法并非阻止老师教授演化的唯一方式——还有胁迫。中学生物老师为了避免引起争端，或与某些父母对立，经常选择避开达尔文。美国科学教育中心的执行长斯科特（Eugenie Scott）说：“我跟来参加科学教师大会的老师聊天，他们告诉我校长交代今年暂且不教演化，因为有选举。新的教育理事会刚选出来，他们都不想惹麻烦。简直太疯狂了，这样怎么实行一贯教学？”

偿付代价

这些冲突的后果，不是制造出新一代的创世论者，而是制造出一代不懂演化论的学生。这是很糟糕的事，不只因为演化论乃过去200年来最伟大的科学成就之一，而且这些学生将来想从事的工作很可能必须具备演化的知识。比方说，你若想探油或采矿，必须先了解地球生命史。过去40亿年来，物种不断演化，新的崛起，旧的灭绝，其化石可以作为在它们活着的时候形成之岩层的记号。地质学家若在某种油矿丰富的岩层内发现特殊的浮游生物化石，下一次在别处找到同样的浮游生物，也可能钻到油。

演化对生物科技更重要，因为研究者欲改造生命本身时，必须先面对生命会演化的事实。细菌对许多抗生素产生抗性，并非偶然，而是根据自然选择的原则——拥有最能抵抗药物之基因的细菌，必能大量繁殖。研究者若不懂演化，根本不可能发明新药，及决定如何用药。

疫苗也一样。微生物在演化时，会独立分支成具不同基因组的种群，在演化树上形成新支。某种疫苗可能对艾滋病这类疾病的某一菌株有效，对其他较常见的菌株却无效，因为两者的亲缘关系很远。同时科学家可以根据演化树得知疾病的起源（以艾滋病为例，源头很可能是黑猩猩），从而发现可能的治疗方法。

最大规模的演化，则攸关商业利益。今天的生物科技产业多将主力投入基因组序列，即彻底解译人类以及其他如细菌、原生动物、昆虫及蠕虫类等生命形态的基因密码。从业者愿意大量投资，因为预期将回收大量利润。科学家研究果蝇的基因，因为它们和人类的基因很像。因此果蝇实验很可能在未来引发医药奇迹，如延长人类寿命等。但科学家必须先研究人与蝇的相似处是如何演化来的。换言之，医药的根源，即寒武纪物种大爆炸。

同样的应用技术，也可能来自于对不同物种融为一体的方式的了解。以疟疾为例，这种每年夺走200万条人命的疾病，令最先进的现代医药也束手无策。最近科学家才发现疟原虫竟携带了来自藻类的基因。或许在10亿年前，疟原虫的祖先吞噬了某种藻类，结果没将后者消化掉，反而把它变成自己的共生伙伴，所以至今还保留了藻类的一部分基因。这项发现很可能带来抵抗疟疾的新方法。倘若疟原虫具有某些藻类的特性，可以杀死植物的毒药，或许也可以杀死疟原虫。若没有演化的背景，科学家可能永远都不会尝试用除草剂去消灭疟疾。

生物科技日新月异，但是这种科技永远都会以演化作为它的最高指导原则。它不会等候那些因为别人决定不需要学习演化所以不懂得生命如何演化的人。

演化 VS 上帝

布赖恩这位政治家在20世纪20年代向演化论宣战，动机并非反对科学，而是痛恨将世界拱手让给达尔文。对他来说，演化危及上帝创造了道德宇宙，并以其形象造人的观念，剩下的只有霸权至上，以及残酷的斗争，毫无意义可言。

布赖恩错把当代的某些社会运动误认为演化生物学，但他的确提出了一个极重要、极基本的问题，一个纵使有再多证据支持演化论也不能规避的问题：在一个由演化运作、由自然选择取代昔日造物主地位的世界里，还有上帝存在的余地吗？

上帝和演化并非互不兼容。演化是一种科学现象，科学家可以研究它，因为它是可观察且可预测的。但挖掘化石并不代表反对上帝的存在，或反对宇宙中存在更高的目的。然而这些都超越了科学的范围。格雷说得好：若是宣称达尔文学说是一种宗教信仰，“就像说我的信仰是植物学一样”。

把《物种起源》介绍到美国的格雷，是一位福音派基督徒。继格雷之后，虔诚信仰宗教的美国演化学家辈出。格雷曾经描述达尔文的理论“可以从有神论，也可以从无神论的角度来看。当然，我个人认为后者不仅错误，而且荒谬”。1999年，堪萨斯州教育理事会企图把演化排除在中学教育之外，当时批评最力的人士之一，也是一位福音派基督徒：堪萨斯州立大学的地质学家基思·米勒（Keith Miller）。他宣称：“上帝是创造一切的主，没有上帝的旨意，任何事物都不可能存在。”但他仍然接受演化的证据。“如果上帝利用演化机制创造了动植物，我认为没有理由反对人类的演化起源。”

另外一位在布朗大学任教的生化学者肯尼斯·米勒（Kenneth Miller）则是一位天主教徒，他认为演化为上帝预留了极大的空间。他于1999年出版了《寻找达尔文的上帝》（*Finding Darwin's God*），指出推动演化的突变，发生在量子的层次，因此我们永远不可能百分之百确定某项突变是否会发生。当一道宇宙射线射入某个细胞的细胞核内部，与DNA发生撞击，它可能会也可能不会转化其中一个碱基。他说：“演化历史的转折点可能发生在一个非常、非常小的地方——小到单一一个次原子粒子这种量子层面上。”因为量子物理学的不确定性，就算上帝想借着搬弄突变来影响演化，科学也永远不可能侦测出他的行动。

而且，就算上帝的确在影响突变，也并不意味他在巨细靡遗地控制生命。米勒指出许多基督徒早就接受了的事实：人类史或许真的具有一个我们所无法领会的、全面性的目的，却仍受到机遇与偶然性的影响。米勒认为自然也一样。拜机遇与偶然性之赐，生命才能演化。米勒表示：“统辖演化过程的上帝，并不是一位无能的、被动的旁观者，而是一位天才，他创造了一个森罗万象的世界，令其永续之创造过程巧妙地与物质交织在一起。”

米勒认为，命运包藏在演化当中，而我们也是其中的一部分。“演化迟早将呈献给造物主他所想要的——一种跟我们一样，有能力认识他并爱他，能够感知天堂和憧憬星星的生物；这个生物终将发现演化这个神奇的过程使得上帝的大地上充满了这样多的生灵。”

因为上帝根据特定的自然律法建造宇宙，我们才可能了解他所创造的一切；又因为机遇与偶然性存在，我们才能拥有基督教所要求的自由。米勒写道：“上帝任他所创造的万物自由；这不是抛弃，而是赐给他的子民真正的自由。他用演化作为工具，解放了我们。”

社会生物学巨擘威尔逊（E. O. Wilson），也在其著作中提出迥然不同的宗教观。威尔逊从小在美国南方浸礼会的家庭里长大，14岁时决定受洗。在佛罗里达州彭萨科拉市（Pensacola）一座教堂内，牧师将他浸入水池中，事后他回忆说：“就像在跳交际舞，往后、往下，直到我整个身体和头全浸入水中。”那次受洗经验对威尔逊影响至深，但并非他所期望的心灵震撼，而是肉

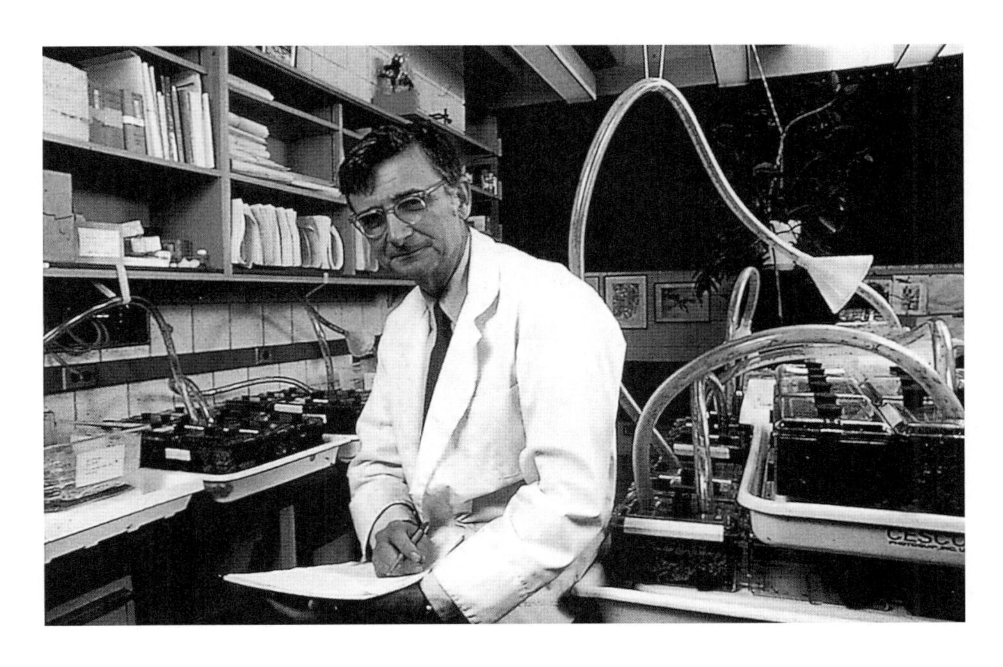

生物学家威尔逊拒绝了他所谓的“生物性的上帝”，转向自然神论，相信上帝在创造宇宙之后，便放手不管，任其根据自然律法去运作。

体的冲击。他不禁怀疑，万物，甚至整个世界，是否也只有肉身而已。“一道小小的裂痕出现了。我一直把一颗完美圆润、晶莹剔透的宝石握在手里，这时在某道光线照射之下，我竟然发现一道瑕疵，破坏了一切。”

威尔逊从此放弃了他所谓的“操纵生物演化及干预人间事的生物性上帝”，转而投向自然神论（Deism）。他相信上帝在激活宇宙之后，便不再插手干预。威尔逊觉得活在这样一个宇宙里，并没有什么不好，他写道：

> 真正的演化史诗，如诗篇般被传颂，在本质上和任何宗教史诗一样尊贵。科学所发现的物质现实，比所有宗教的宇宙观全加起来，更具内涵、更壮观。人类谱系之延续，可追溯至深邈的过去，比西方宗教所想象的古老千百倍。这项研究带来新的启示，深具道德意义。让我们明白“智人”的定义，远超过各部落与种族的集合。我们是一个基因库，每一代的个体都是从它衍生出来，然后又融入到下一代，因为这共同的传承

与未来，永远结合在一起。这个以事实作为基础的观念，可以导致新的生命不朽观，演化出新的信仰。

这三位科学家——一位福音派基督徒、一位天主教徒和一位自然神论信徒——当然不能代表所有的科学家，遑论全人类。科学是一项事业，目的在于发现可以解释自然界的理论，以及引申出各种假说，再经我们感官所搜集之证据加以测试检验。至于这个世界的意义，无论你是不是科学家，是基督徒、犹太教徒、穆斯林、佛教徒，是信仰者、怀疑论者、无神论者——每个人都要靠自己去思索。

达尔文的缄默

这本书在这般不和谐的、众说纷纭的状态中结束，或许会令某些读者感到不快。若能提出大一统的真理，或许更令人心安些。但这样的结尾，或许正是达尔文想要的。

达尔文自成年后，常为信仰问题感到困扰，却从未公开讨论过自己的挣扎。22 岁，他登上小猎犬号，开始航绕世界，那时他是一个虔诚的英国国教教徒。后来他阅读赖尔，目睹南美洲地质形成的缓慢过程，开始怀疑《创世记》的字面意义。随着他在航行途中蜕变为成熟的科学家，他也开始怀疑奇迹。即使如此，他仍参加菲茨罗伊船长每周在船上举行的布道会，而且每次上岸必定寻找教堂做礼拜。他还与菲茨罗伊联合在南非写了一封信，赞许基督教传教士在太平洋地区扮演的角色。待达尔文返抵英国时，他虽不再是位准牧师了，却也没变成无神论者。

回国后的达尔文开始写笔记，探索自然选择下的演化的各种含义，不管多么离经叛道。倘若眼睛及翅膀都可以不仰赖设计者而演化成形，那么行为必定也可以。难道宗教不也是一种行为吗？每个社会都拥有某种宗教，各宗教的相似性令人惊异。或许宗教是人类祖先演化出来的。达尔文曾随手写下关于宗教的定义："系于本能之信仰。"

然而这些都只是一些不时浮上脑海的思维，偶尔占去他一些心思，他主

达尔文 1878 年（去世前 4 年）所拍摄照片。他一生从不公开表露他对信仰的观点。他本身在宗教信仰上的挣扎主要是因小女儿的病逝，和演化论并无太大关系。

要的工作，仍在于研究演化如何塑造出自然世界。达尔文的确在那段时间内经历严重的心灵危机，却跟科学无关。

39 岁那年，达尔文目睹父亲拖延数月的死亡过程。他常思索父亲私底下对宗教的怀疑，不知这对父亲往生后有何影响。当时达尔文正好在阅读大诗人柯勒律治讨论基督教义的《促思集》（*Aids to Reflection*）。柯勒律治在书中宣告，不信神者都应该遭受天谴。

罗伯特·达尔文在 1848 年 11 月过世。他一直给予达尔文无尽的父爱、经济上的支持，以及实用的忠告。如今达尔文是否应该相信持怀疑论的父亲即将被打入地狱，接受永恒的惩罚？果真如此，那世上这么多的无信仰者，包括达尔文的哥哥及多位好友，也应该下地狱？如果这就是基督教的精髓，达尔文不禁怀疑为什么有人要相信如此残酷的教义。

达尔文在父亲死后不久，自己的健康状况也急转直下，经常呕吐，肠胃胀气。他转而求助一种维多利亚时代的疗法——水疗，让病人冲冷水澡、泡蒸汽浴、裹着湿被单等。他写信向埃玛报告，说自己经常被擦洗得“像只龙虾”。后来他的健康情形改善，得知埃玛再度怀孕后，精神更为之一振。1850年11月，埃玛产下他们的第8个小孩莱纳。可是不出几个月，死亡又重返唐恩小筑。

1849年，达尔文的三个女儿亨瑞雅塔、伊丽莎白和安妮，一起染上猩红热。虽然亨瑞雅塔和伊丽莎白康复了，9岁的安妮却一直很虚弱。她是达尔文最钟爱的孩子，总爱用双臂勾住他的脖子，不停亲吻他。到了1850年，安妮的健康情况仍未见起色，不时呕吐，令达尔文忧心忡忡。“我怕她遗传了我差劲的消化系统。”他说。达尔文发现塑造自然万物的遗传作用，如今即将夺走他的女儿。

1851年春天，安妮得了流感。达尔文决定带她去自己接受水疗的莫尔文市（Malvern），把她留给家庭护士及医师照顾。但不久后她又开始发烧，达尔文独自赶回莫尔文，埃玛因为又有身孕，数周后将临盆，所以无法同行。

达尔文一踏进安妮在莫尔文的房间，立刻倒在沙发上。女儿病重，令他不忍面对，而且空气里的樟脑及氨味，让他又回到在爱丁堡习医时噩梦般的日子，回忆起他曾经目睹不给小孩打麻醉剂便动手术的情景。整整一个星期——还是复活节假期——他眼看她病入膏肓，口吐绿汁。他写给埃玛的信充满痛苦:“有时候G大夫说她可以撑过去，我却看见他没有信心——噢，亲爱的，我实在太痛苦了！”

安妮在1851年4月23日那天去世。达尔文写信给埃玛说:“愿上帝保佑她！以后我们更要彼此依靠，我亲爱的妻子。”

达尔文的父亲死后，他只感到一种麻木的空虚感。如今，返回唐恩小筑的他，以不同的方式哀悼，他感到既痛苦又愤怒，充满约伯般的悲伤。他写道:“我们失去了这个家的开心果和老年的慰藉。”他称安妮是“小天使”，但言语并不能抚慰他的心。他再也无法相信安妮不合道理的早夭能让她的灵魂在天堂里获得永生。

就在那个时候——就在他发现自然选择13年之后——他放弃了基督教信仰。多年以后，他为孙辈整理出一篇自传，在其中表明:“年纪愈老，我愈感觉一般来说（但并非所有的时候），最适合描述我心态的名称，应是‘不可知论者’。”

但达尔文并没有到处宣扬他的不可知论。后代学者必须细读他的私人自传及信札，才能从字里行间拼凑出他在安妮死后的信仰本质，例如他曾经为一份名为《索引》（*The Index*）的美国杂志写过一封支持信，这份刊物鼓吹所谓的“自由宗教”，宣称“人性的灵修”是“个人性灵圆满与整个人类性灵合一的唯一希望”。

可是当《索引》邀请达尔文替他们写一篇论文时，他却婉拒了。他回信道：“我并不认为自己对这方面（指宗教）想得够深入，足以发表任何言论。”他明白自己不再是一位传统的基督徒，却尚未厘清自己对信仰方面的观点。1860 年，他写信给格雷说：“我现在倾向于认为，万物皆为经过设计的律法运作的结果，但其细节——无论好坏——却由我们所谓的‘机遇’决定。其实这个概念我并不完全满意。我总觉得这个题目对人类的智力来说太深奥了，还不如叫一条狗去揣测牛顿的心智！”

在海克尔及其他人企图用演化论推翻传统宗教信仰的同时，达尔文却一直保持沉默。私底下他会抱怨社会达尔文主义曲解了他的研究结果。有一次他写信给赖尔，讥嘲道：“我收到一份曼彻斯特的报纸，里面有一篇不错的讽刺文章，说我已证实‘强权有理’，所以拿破仑有理，所有奸商也都有理。”但达尔文仍决定不发表任何精神宣言，他太重视自己的隐私权了。

尽管他保持沉默，晚年却仍经常受到各方骚扰，要求他发表对宗教的看法。他埋怨说：“整个欧洲有一半的傻瓜都写信给我，问些奇蠢无比的问题。”这些好奇的信触动了他内心最深处的痛苦。对陌生人，他的回信比写给格雷的信简短多了。在其中一封信中，他只表示当他写《物种起源》之际，他自己的信仰和高阶神职人员一样坚定；在另一封信中则表示一般人绝对可以“同时做一位虔诚的有神论者和演化论者”，然后举出格雷作为代表。

然而达尔文至死未发表任何有关宗教的言论。别的科学家或宣称演化与基督教完全可以兼容，或如赫胥黎者，以不可知论嘲骂主教，达尔文却从来不出面。无论他相信或不相信什么，他表示都“不关任何人的事”。

达尔文和埃玛在安妮死后，极少谈论他的信仰问题，但他变得愈来愈依赖她。她在他生病时照顾他，平常鼓励他。他 71 岁时，重读新婚后她写给他督促他牢记基督恩典的那封信。读后他在最底下写道："当我死后，请记住，我曾亲吻这封信，为它哭泣不知多少遍。"

两年后，达尔文在唐恩小筑、在埃玛的怀抱中晕厥，接下来6个星期，她悉心照顾他，听他大声向上帝呼叫，目睹他咳血，渐渐不省人事。1882年4月19日，达尔文与世长辞了。

埃玛本来计划把丈夫葬在当地教堂的墓园内，但赫胥黎及别的科学家却认为英国应为他举行国葬。当达尔文开始变成科学家时，"科学家"这个名词根本还不存在，博物史只不过是侍奉神的美化装饰而已。50年后，科学家却变成领导社会的人，深入钻研生命本身的运作，与日俱进。威斯敏斯特大教堂不只容纳国王及神职人员，探险家利文斯敦（David Livingstone）与发明蒸汽机的瓦特（James Watt）也在此安柩。英国因殖民地与工业变得强盛伟大；英国也因达尔文而伟大。

数日后，威斯敏斯特大教堂内挤满哀悼者，达尔文的棺木被抬至左右翼走廊交会的大厅中央。圣诗班吟唱一首改自圣经箴言的赞美诗：

> 找到智能，获得了解的人有喜乐。
> 她比红宝石更珍贵；
> 你所欲求的一切都不能与她相比。
> 她的右手掌握光阴；
> 左手掌握财富与荣耀。
> 她的道路是喜悦的道路；
> 所有她的道路都平安。

达尔文被安葬在威斯敏斯特大教堂地下，牛顿就在附近。对于他的信仰，从此他将永远保持缄默。他揭开了自然界神秘的面纱，把我们留在里面；这是一个古老的世界，我们在其中只是个如婴儿般的物种。基因交织如锦的大河环绕我们、穿越我们；它的河道因小行星与冰河、因隆起的山岳与扩展的海洋而改变。当达尔文写下《物种起源》之际，曾经承诺将展现给读者"宏伟的生命观"。如今生命所展现的宏伟，甚至远超达尔文的理解。他先开始探索这个神奇的世界，然后又先走一步，让我们继续深入这个世界，踽踽独行。

致谢

WGBH/NOVA科学组及Clear Blue Sky制片公司于千禧年合作推出“演化项目”，此书为同步出版的配套书。该项目包括七集电视节目、一个网站、一个多媒体图书馆和一个延伸教育方案。能够和这么多精英合作，共襄盛举，我至感荣幸。

电视节目的执行制作人理查德·赫顿，面对千头万绪的演化生物学，指挥若定，创造出七集令人信服的节目。他必须向几十位顶尖科学家咨询，调度拍摄小组行遍全球，竟然还总拨得出时间和我聊聊白垩纪—第三纪（Cretaceous-Tertiary）的大灭绝或达尔文的家庭生活。我真的很感谢有这么一位良师益友。

七集节目的每一集制作人也都勉力拨冗与我分享他们的研究结果、剧本及毛片，而且极有耐心地审阅我书中的相关章节。我感谢他们每一个人。

这是一本介绍科学的书，所以理当向协助完成此项目的科学家致敬。“演化项目”顾问小组成员包括：查尔斯·阿夸德罗（Charles Aquadro），威廉·H.开尔文（ William H. Calvin），莎伦·埃默森（Sharon Emerson），珍·古道尔（Jane Goodall），莎拉·赫蒂（Sarah Blaffer Hrdy），唐·约翰森（Don Johanson），玛丽-克莱尔·金（Mary-Claire King），肯·米勒（Ken Miller），斯蒂芬·平克（Steven Pinker），尤金妮·斯科特（Eugenie Scott）及大卫·魏克（David Wake）。尤其要感谢斯蒂芬·杰·古尔德，他不但担任节目顾问，并允诺替本书写序。

感谢每一位在节目及书中出现的科学家，也感谢其他热心为我解释其研究内容或替我审阅相关手稿的专家。另外，我还想感谢Harper Collins出版社的编辑盖尔·温斯顿（Gail Winston）；没有她的指导及协助，此书绝不可能从一本配套书籍，蜕变成独立作品。

最后，谨将最深的谢意献给吾妻格蕾丝，过去一年虽然忙碌，她却总能面面俱到。

缩略语

AA　Animals Animals

AMNH　Courtesy Dept. of Library Services, American Museum of Natural History

AP / WW AP / Wide Worid Photos

BAL　Bridgeman Art Library

BCI　Bruce Coleman Inc. New York

CP　Culver Pictures

FMC　French Ministry, of Culture and Communication, Regional Direction for Cultural Affairs—Rhone —Alpes region—Regional department of archaeology

GC　The Granger Collection, New York

GH　Runk / Schoenberger / Grant Heilman Photography, Inc.

MF　Masterfile

MEPL　Mary Evans Picture Library

NGS　National Geographic Society Image Collection

NHM　The Natural History Museum

PA　Peter Arnold, Inc.

PR　Photo Researchers

SPL / PR　Science Photo Library / Photo Researchers

名词对照

A

棘螈 Acanthostega

阿卡斯塔岩石 Acasta rocks

疑源类 acritarchs

艾滋病（获得性免疫缺乏症候群）AIDS（acquired immunodeficiency syndrome）

等位基因 allele

利他 altruism

陆行鲸 Ambulocetus

氨基酸 amino acid

羊膜动物 amniotes

安氏中兽 Andrewsarchus

圣诞之星（兰花名）Angraecum

环节动物 annelid

“创世记里的答案” Answers in Genesis

抗体 antibody

抗原 antigen

磷灰石 apatite

迷惑龙 Apatosaurus

类人猿 ape

古生菌 archaea

原型 archetype

统兽总目 Archonta

拉密达地猿 Ardipithecus ramidus

节肢动物 arthropod

人工生命 artificial life

小行星 asteroid

原牛 auroch

南方古猿阿法种 Australopithccus

南方古猿湖畔种 Australopithecus

阿维达 Avida

B

狒狒 baboon

苏力菌 Bacillus thuringiensis

背景灭绝 background extinction

细菌 bacteria

家燕 barn swallow

藤壶 barnacle

碱基 base

龙王鲸 Basilosaurus
蜂虎 bee-eater
甲虫 beetle
毕努玛瑞恩人 Binumarien
生化战 biochemical warfare
生物多样性 biodiversity
生物入侵 biological invasion
生物科技 biotechnology
黑死病 Black Death
盲点 blind spot
倭黑猩猩 bonobo（pygmy）
波塔契欧尼峡谷 Bottaccione
苔藓虫门 bryozoans
鼠疫 bubonic plague

C
寒武纪 Cambrian
寒武纪大爆炸 Cambrian explosion
空肠弯曲杆菌 Campylobacterjejuni
蔗蟾 cane toad（Bufo marinus）
食肉目（食肉动物）Carnivora
大肉桂 Cassia grandis
灾难性大灭绝 catastrophic mass
洞穴壁画 cave painting
新生代 Cenozoic era
黑猩猩 chimpanzee
叶绿体 chloroplast
脊索动物门 chordates
脊索汀 chordin
染色体 chromosome
慈鲷鱼 cichlid
克氏蛤 Claraia
无性生殖 cloning
凝血 clotting of blood
腔棘鱼 coelacanth
共同演化 coevolution
针叶树 conifers
珊瑚礁 coral reef
创世科学 creation science
创世论 creationism
白垩纪 Cretaceous period
克罗马努人 Cro-Magnons
文化演化 cultural evolution
藻青菌 cyanobacteria
犬齿龙类 cynodonts

D
消化酶 digestive enzyme
消化系统 digestive system
双胚层动物 diploblast
脱氧核糖核酸 DNA(deoxyribonucleic acid)
矛齿鲸 Dorudon
蜣螂 dung beetle

E
生态龛位 ecological niche
生态系统 ecosystem
埃迪卡拉动物群 Ediacarans
胚胎 embryo
肠球菌 Enterococcus

真核生物 eukaryote
板足鲎 eurypterid
演化医药学 evolutionary medicine
演化心理学 evolutionary psychology
延伸适应 expantation
灭绝 extinction

F
白纤维蛋白原 fibrinogen
大洪水地质（“创世论”组织）Flood Geology
视网膜中央凹 fovea

G
配子 gametes
牛顿巨鸟 Genyornis newtoni
啮形类 Glires
离草雀 grassquit

H
栖地（亦称栖境）habitat
哈氏虫 Halkieria
平衡棒 halteres
手斧 hand axe
小海马区 hippocampus minor
艾滋病毒 HIV
小猎犬号 HMS Beagle
同源转化 homeosis
人科 hominids
匠人 Homo ergaster
智人 Homo sapiens
同源性 homology
旋蜜雀 honeycreeper
霍克斯基因群 Hox genes
水螅 hydroid

I
包含式适应力 inclusive fitness
杀婴 infanticide
智慧设计论 Intelligent Design
同位素 isotope

K
卡鲁沙漠（南非）Karroo Desert
考爱岛 Kauai
喀拉喀托岛 Krakatau
K-T 交界 K-T boundary

L
乳糖 lactose
瓢虫 ladybird
图尔卡纳湖 Lake Turkana
维多利亚湖 Lake Victoria
文昌鱼 lancelet
鱼石螈 lchthyostega
慢病毒 lentiviruses
肉鳍鱼类 lobe-fins
露西（南方古猿阿法种）Lucy
肺鱼 lungfish
水龙兽 Lystrosaurus

M
巨幅演化 macroevolution
马德拉 Madeira
马哈乌雷普山洞 Mahaulepu
长毛象（猛犸）Mammoth
有袋类 marsupials
总开关基因 master control genes
糖蜜草 Melinis minutiflora
文化基因 meme
中爪兽 Mesonychids
中生代 Mesozoic era
陨石 meteorite
微幅演化 microevolution
中洋脊 mid-ocean ridge
线粒体 mitochondria
线粒体夏娃 Mitochondrial Eve
恐鸟 moa
现代综合论 modern synthesis
一元论 Monism
单孔类 monotremes
绿山 Monte Verde
麝足兽 Moschorinus
鲻鱼 mullet
突变 mutation
结核分枝杆菌 Mycobacterium

N
自然选择 natural selection
尼安德特人 Neanderthals
新皮质 Neocortex
神经索 nerve cord
神经索 nerve cord
神经液 nervous fluid
尼罗鲈 Nile perch
诺亚洪水 Noah's flood
脊索 notochord

O
古老地球（"创世论"组织）Old Earth
欧巴宾海蝎 Opabinia
红毛猩猩 orangutan
非洲起源说（亦称单源说）"Out of Africa" hypothesis

P
巴基鲸 Pakicetus
古生代 Paleozoic era
触须 palp
黑脸黑猩猩 Pan troglodytes
泛生论 pangenesis
寄生生物 parasite
青霉素 penicillin
二叠纪 Permian period
苯丙酮尿症 phenylketonuria
信息素 pheromone
胎盘哺乳类 placental mammals
胎盘类 placentals
质体 plasmid
恶性疟原虫 plasmodium falciparum

更新世 Pleistocene epoch
预先适应 preadaptation
前寒武纪 Precambrian era
原核生物 prokaryotes
原生动物 protozoan
假基因 pseudogene
翼龙 pterodactyl

Q
喹诺酮类抗生素 quinolones

R
放射性 radioactivity
互惠利他 reciprocal altruism
红血球 red blood cell
红心皇后假说 Red Queen hypothesis
鼻病病毒 rhinovirus
普氏立克次体 Rickettsia prowazekii
环物种 ring species
罗德侯鲸 Rodhocetus

S
沙门氏菌 Salmonella
波塞冬龙 Sauroposeidon
灌木芒草 Schizachyrium condensatum
性选择 sexual selection
塞席尔莺 Seychelles warbler
镰形细胞贫血症 sickle-cell anemia
猴类免疫缺乏病毒 SIV（simian immunodeficicncy viruses）
社会达尔文主义 social Darwinism
社会智能 social intelligence
社会生物学 sociobiology
固醇 sterol
链球菌 Streptococcus
链霉菌 Streptomyces
叠层 Stroma-folite
垫藻岩 stromatolite
苏美尔人 Sumerians
超新星 supernova
共生 symbiosis
单弓类 synapsids
海龙 Syngnathus typhle

T
四足动物 tetrapods
心智理论 theory of mind
迁变 transmutation
生命树 tree of life
三叠纪 Triassic period

V
吸血蝙蝠 vampire bat
万古霉素 vancomycin

W
象甲 weevil
白血球 white blood cell
威廉氏症候群 Williams syndrome

Y

鼠疫杆菌 Yersinia pestis

尤卡坦半岛 Yucatan Peninsula

Z

斑马贻贝 zebra mussel

锆石 zircon

图表来源

ENDPAPERS AND p.18: Laura Hartman Maestro, adapted from *Charles Darwin* by Janet Browne, Princeton University Press, 1995; p.18: Deborah Perugi, adapted from *Charles Darwin* by Janet Browne, Princeton University Press; 42: Laura Hartman Maestro, adapted from *At the Water's Edge* by Carl Zimmer, Free Press, 1998; 70–71: Deborah Perugi; 77: Laura Hartman Maestro; 84: Deborah Perugi, adapted from *Evolution* by Mark Ridley, Blackwell Science, 1996; 89: Deborah Perugi, adapted from *Proceedings of the National Academy of Sciences* 96: 5101–6; 102: adapted from *Science* 285: 1025–6; 120: Deborah Perugi; 124, 130: Laura Hartman Maestro; 139: Deborah Perugi, adapted from *At the Water's Edge*, Zimmer; 187: Deborah Perugi, adapted from *Nature* 403: 853–8; 224: adapted from *Science* 287: 607–14; 228: Deborah Perugi; 267: adapted from *Proceedings of the National Academy of Sciences* 96: 5077–82; 268: Deborah Perugi, adapted from *The Human Career* by Richard Klein, University of Chicago, 1999; 304: adapted from *Nature* 403: 708–13; 305: Deborah Perugi, adapted with permission from Richard Klein

图片来源

FRONTISPIECE: Background: Laura Varacchi / WGBH.Left to right: Sam Abell / NGS; Geological Survey of Canada / SPL / PR; Ernest A.Janes / BCI; FMC PART ONE: p.1: Sam Abell / NGS; Geological Survey of Canada / SPL / PR; Ernest A.Janes / BCI; FMC

CHAPTER 1: p.2: Sinclair

Stammers / SPL / PR; 3, 5: MEPL; 7: Royal Naval College, Greenwich, London, UK / BAL; 11, 13, 15, 16: MEPL; 17: Neg.No.338957 AMNH; 19: Neg. No.326796 AMNH; 22: Sam Abell / NGS; 23: Schafer & Hill / PA; Kelvin Aitken / PA

CHAPTER 2: p.26: Courtesy Oxford University Press; 27: CP; 29: Neg.No. 338680 Photo by Beckett AMNH; 31: Hulton Getty / Liaison Agency; 32: MEPL; 34: GC; 36, 37: George Richmond (1809-96)Down House, Downe Kent, UK / BAL; 38: MEPL; 41: Ron Sefton / BCI; 44: MEPL; 47: CP; 52: Neg. No.338956 AMNH

CHAPTER 3: p.56: NHM; 57:

Transparency No.K10275(4)AMNH; 58: NHM; 59: GC; 60: MEPL; 62: Mark A.Schneider / PR; 63: Pekka Parviainen / SPL / PR; 67: John Dawson / NGS; 68: Harvard University via AP / WW; 69: Transparency No.K10275(4) AMNH; 70: Neg.No.992(1) / AMNH.

CHAPTER 4: p.72: Tripos Associates / PA; 73: Hans Reinhard / BCI; 75: Bettmann / CORBIS; 86: Photograph by Benoni Seghers; Courtesy of David Reznick; 90–91: Hans Reinhard / BCI: 93: Manfred Kege / PA

PART TWO: p.99: Geological Survey of Canada / SPL / PR; Ernest A. Janes / BCI; FMC; Sam Abell / NGS

CHAPTER 5: p.100: GH; 101: Science Pictures Limited / CORBIS;

104: Ronald E.Royer / PR; 105: Raymond Gehman / CORBIS; 110: John Reader / SPL / PR; 112: Science Pictures Limited / CORBIS; 114: Professors P. Motta & T.Naguro / SPL / PR.

CHAPTER 6: p.116: GH; 117: Kjell Sandved / PR; 119: David M.Phillips / PR; All others Oliver Meckes / PR; 129: Adam Hart-Davis / SPL / PR; AA / Bruce Watkins; James Robinson / PR; Kjell Sandved / PR; Gregory G.Dimijian / PR; 134: J. P.sylvestre / BIOS / PA; 137: Chris Schmidt / WGBH; 141: Courtesy of Carl Buell

CHAPTER 7: p.144: Neg.No.035338 Photo by Thomson / AMNH; 145: GC; 149: Kate Churchill / WGBH; 154: GC; 159: Neg.No.338591 AMNH; 160: Tom McHugh / PR; Gary Bell-TCL / MF; 165: Geological Survey of Canada / SPL / PR; 166: Dr. David Kring / SPL / PR; 169: Transparency No.2554(4)AMNH; Tom McHugh / PR; 174: Lida Pigott Burney; 179: Transparency No.6287(2) Photo by Beckett AMNH;

PART THREE: p.189: Ernest A.Janes / BCI; FMC; Sam Abell / NGS; Geological Survey of Canada / SPL / PR

CHAPTER 8: p.190: Dr.Jeremy Burgess / SPL / PR; 191: AA / Leen Van Der Slik; 195: Neg.No.338955 AMNH;

194: AA / Leen Van Der Slik; 198: Lee Rentz / BCI; Stephanie Ito / WGBH; 201: AA / Breck P.Kent; 205: Richard R. Hansen / PR; 208: Jill Shinefield / WGBH; 209: J.P.Varin / Jacana / PR

CHAPTER 9: p.214: Oliver Meckes / Eye of Science / PR; 215: Jean-Loup Charmet / SPL / PR; 216: Antoine Gyori / Corbis Sygma; 218: Hans Oswald Wild / TimePix; Science Museum / Science Society Picture Library; 223: Chris Steele-Perkins / Magnum Photos, Inc.; 227: Private Collection / BAL; 231: Oliver Meckes / Gelderblom / PR; Jill Shinefield / WGBH; 230: Jean- Loup Charmet / SPL / PR

CHAPTER 10: p.232: AA / Stouffer Prod.; 233: Jonathan Scott–TCL / MF; 236: GC; 240: Ernest A.Janes / BCI; 242: Gloria H.Chomica / MF; 243: Louis Quitt / PR; 245: M.Fogden / BCI; 251: Jonathan Scott-TCL / MF; 257: Norman Tomalin / BCI; John Heminway / WGBH; 259: John Guistine / BCI PART FOUR: P.261: FMC; Sam Abell / NGS; Geological Survey of Canada / SPL / PR; Ernest A.Janes / BCI CHAPTER 11: p.262 ;

D.Roberts / SPL / PR; 263: Neg.No.4744(5)Photo by D. Finnin / C.Chesek AMNH; 264: John Reader / SPL/PR; 269: John Reader / SPL / PR; Neg.No.4744(5)Photo by D. Finnin / C.Chesek AMNH; 270: Peter Davey / BCI; 271: Transparency No. K19057 AMNH; 280: M.P.Kahl / PR; 283: Photograph Courtesy Devendra Singh; 284: Bury Art Gallery and Museum, Lancashire, UK / BAL; 289: Historical Picture Archive / CORBIS; 293: Susan Meiselas / Magnum Photos, Inc.

CHAPTER 12: p.298: Archivo Iconografico, S.A. / CORBIS; 299: Meckes / Ottawa / PR; 300: FMC; 302: John Reader / SPL / PR; 308: Archivo Iconografico, S.A. / CORBIS; Neg. No.338394 AMNH; 310: John Reader / SPL / PR; 313: Meckes / Ottawa / PR; 316: Bettmann / CORBIS

CHAPTER 13: p.318: Scala / Art Resource, NY; 319: GC; 323: Private Collection / BAL; 325: AP / Wide World Photos; 329: Philadelphia Museum of Art / CORBIS; 332: Tom McHugh / PR; 333: Courtesy of C.-H.Chris Cheng; 335: CNRI / SPL / PR; 340: AP / Wide World Photos; 345: Ira Wyman; 349: GC

文
景

社 科 新 知　文 艺 新 潮

Horizon

演化的故事：40 亿年生命之旅

[美] 卡尔 · 齐默 著
唐嘉慧 译

出 品 人：姚映然
责任编辑：王　萌
封面设计：曲培煜
美术编辑：安克晨

出　　品：北京世纪文景文化传播有限责任公司
（北京朝阳区东土城路 8 号林达大厦 A 座 4A　100013）
出版发行：上海世纪出版股份有限公司
印　　刷：北京盛通印刷股份有限公司
制　　作：北京楠竹文化发展有限公司

开 本：710mm × 1020mm　1/16
印 张：26　　字 数：412,000
2018年1月第2版　　2024年7月第6次印刷
定 价：108.00 元
ISBN：978-7-208-14871-0 / Q · 7

图书在版编目（CIP）数据

演化的故事：40 亿年生命之旅 /（美）卡尔 · 齐默 (Carl Zimmer) 著；唐嘉慧译．—2 版．—上海：上海人民出版社，2017
书名原文：EVOLUTION: The Triumph of an Idea
ISBN 978-7-208-14871-0

Ⅰ．①演…　Ⅱ．①卡…　②唐…　Ⅲ．①生物－演化－普及读物　Ⅳ．① Q11-49

中国版本图书馆 CIP 数据核字（2017）第267246 号

本书如有印装错误，请致电本社更换　010-52187586